새 수리통계학의 이해

Mathematical Statistics

오혜영 지음

KYOWOO

머리말

수리통계학은 자연과학, 인문학, 사회과학의 여러 학문 분야뿐만 아니라 4차 산업 혁명을 대표하는 인공 지능과 빅데이터 기술에도 꼭 필요한 수학으로 활용되어 중요성이 강조되고 있다. 이제 많은 학생들은 여러 분야에서 수리통계학의 기본 개념을 접하게 되어 수리통계학에 대한 이해는 필수적인 것이 되었다.

이 책에서는 수리통계학의 기본 개념과 원리를 명확하고 알기 쉽게 정리를 통해 증명하였다. 또 기본 개념을 바탕으로 적절한 방법을 이용하여 다양한 예제에 적용하는데 도움이 되도록 하였다. 범주형 자료의 단원을 추가하여 질적 자료 또는 범주형 자료의 검정 방법을 소개했다. 또한 중등교사 임용고시를 준비하는 예비 수학교사들이 시험 준비를 할 수 있도록 시험에 필요한 확률 및 통계학의 중요한 내용을 수록했다.

이 책은 다음과 같이 구성되었다. 1,2장은 통계학에 대한 기본적인 이해와 함께 자료를 정리하고 요약하는 기술통계학에 대해 다루었다. 3,4장은 확률 및 통계학의 기초가 되는 확률 이론과 기본적인 확률분포를 설명했고, 5,6장에서는 이산확률분포와 연속확률분포를 소개했다. 또 7장에서는 4,5,6장에서 다룬 확률분포를 바탕으로 한 표본분포를 알아보았고, 8,9장에서는 통계적 추론 중 가장 기본이 되는 추정과 검정을 다루었다. 10장은 두 모집단의 모평균, 모비율의 비교를 살펴보았다. 11장에서는 질적 자료 또는 범주형 자료의 분석에 적합한 방법을 소개했고, 12장에서는 두 변수 사이에 관계가 있는지를 알아보는 상관분석과 두 변수 사이의 관계식에 대한 추론을 다루는 회귀분석을 소개했다. 13장에서는 시계열분석을 설명했다. 각 장의 마지막에는 연습문제를 수록하여 그 장의 내용을 반복하여 연습하도록 했고, 홀수 문제와 몇 가지 문제에 대한 정답을 실었다.

몇 년간 강의한 경험을 바탕으로 학생들이 잘 이해할 수 있는 좋은 책을 만들려고 노력했지만 부족한 점이 있다고 생각한다. 앞으로 계속 보완할 것을 약속하며 여러분의 조언과 지도 편달을 바란다. 끝으로 이 책이 나오기까지 많은 격려와 조언을 준 교우사 사장님을 비롯한 편집부 여러분께 감사드린다.

저자 오혜영

차례

제 13 장 시계열 / 331

제 1 장

자료의 정리

제 01 장 자료의 정리

01 본장의 개요

현대사회에서 통계학은 인문, 사회, 자연과학 전 분야에 이용되고 그 중요성이 강조되고 있다. 통계학이란 학문이 필요한 이유와 통계적인 방법이 필요한 경우를 생각해 보자. 예를 들어, 우리나라 각 지역별 초등학생의 키를 조사한 **자료**(data)를 분석한다고 하자. 이런 자료가 매우 방대한 경우, 많은 수치를 하나씩 살펴봄으로써 지역별로 초등학생의 키에 차이가 있는지 없는지를 파악하기란 대단히 힘든 일일 것이다. 이러한 경우에 많은 양의 자료를 정리 요약하여 전체를 쉽게 파악하는 방법이 필요한데, 이때 통계적인 방법을 이용한다.

또 다음과 같은 예를 살펴보자. 어떤 타이어 공장에서 생산되는 제품 A의 평균 수명을 조사한다고 하자. 이 제품의 평균수명을 알아내기 위하여 그 공장에서 생산되는 제품 A의 모든 수명을 검사하기는 불가능하다. 그리고 한번 검사한 타이어는 다시 시장에 팔 수 없기 때문에 이것은 좋은 방법이 될 수 없다. 이때 생각할 수 있는 다른 방법은 그 공장에서 생산되는 제품 A 중 몇 개만을 선택하여 그 선택된 타이어의 수명을 검사하여 전체 타이어의 평균수명을 추측하는 방법이다. 이런 과정을 과학적이고 효율적으로 실행하기 위하여 통계학을 이용한다.

이와 같이 **통계학**(statistics)이란 관심의 대상에 대한 자료를 수집하고 정리 요약하며, 제한된 자료나 정보를 토대로 불확실한 사실에 대하여 과학적인 판단을 내릴 수 있는 방법을 제공하는 학문이다.

첫째 예와 같이, 수집된 자료가 방대할 때는 자료의 내용을 쉽게 파악하기 위하여 이를 정리 요약할 필요가 있다. 이와 같이 자료를 수집하고 정리하여 도표나 그래프를 만들거나 자료를 요약하여 대푯값이나 산포도와 같은 자료의 전반적인 특성을 기술하는 방법을 다루는 분야를 **기술 통계학**(descriptive statistics)이라 한다.

둘째 예는 현대 통계학에서 핵심이 되는 분야인 **추측 통계학**(inferential statistics)과 관련된다. 추측 통계학은 자료에 내포되어 있는 정보를 분석하여 현재의 상태를 파악하거나 미래의 현상을 예측하는 데 도움을 주는 **통계적 추론**(statistical inference)을 다루는 분야이다. 즉 추측 통계학은 통계적 모형을 설정하고, 또한 설정된 모형의 합리성 여부를 평가하며, 자료로부터 얻은 정보를 근거로 하여 미지의 특성에 대한 결론을 내리고 미래에 일어날 현상을 예측하는 분야이다.

1.1 모집단과 표본

제약회사에서 새로운 두통약을 개발하면 이를 임상실험할 필요가 있다. 임상실험을 통하여 새로운 약이 종래의 약보다 얼마나 더 효과적인지를 확인해 볼 수 있다. 이때 모든 환자를 대상으로 한 조사는 경제적인 면에서나 시간적인 면에서 바람직하지 못하다. 그래서 전체 환자 중 일부분을 뽑아서 정확히 조사하여 전체 환자에 대한 결과를 파악하는 것이 효율적이다.

통계조사의 목적은 적은 양의 자료를 기초로 하여 연구대상이 되는 집단의 특성을 설명하고 과거의 사실에 대한 통계자료로부터 장래를 예측한다든지, 일부분의 조사결과로부터 전체를 추측하는 등, 미지의 것에 대한 추론을 하는 것이다. 앞에서 본 타이어의 예와 위에서 제시한 두통약의 예는 관심의 대상이 되는 전체 집단을 모두 다 조사하지 않고 그 중 일부분을 뽑아서 통계처리한 경우를 보여준다. 이때 관심의 대상이 되는 집단의 모든 개체의 관측값이나 자료값들의 집합을 **모집단**(population)이라 하고 통계처리를 위하여 모집단에서 실제로 뽑은 일부분의 관측값이나 자료값들의 집합을 **표본**(sample)이라 한다. 그리고 모집단에서 표본을 뽑는 것을 표본을 추출한다고 한다.

1.2 자료의 종류

분석의 대상이 되는 자료는 크기나 양을 가진 수치로 표현할 수 있는지 없는지에 따라 **양적 자료**(quantitative data)와 **질적 자료**(qualitative data)로 나누어진다.

양적 자료는 크기나 양을 수치로 나타낼 수 있는 자료로 키, 몸무게, 나이, 성적 등이 이에 속한다. 양적 자료는 자료 자체가 숫자로 표현되어 있으며 자료의 속성을 그대로 반영한다.

질적 자료는 양을 나타내는 수치가 아닌 기호나 문자로 나타낼 수 있는 자료로 **범주형 자료**(categorical data)라고도 하는데 성별, 교육수준 등이 이에 해당된다. 성별을 나타낼 때 편의상 남자는 1, 여자는 0과 같이 수치화할 수도 있다. 그러나 이때의 수치는 그것이 지정하는 자료의 속성과는 전혀 무관하며 단지 편의상 정한 약속에 불과하다.

자료들은 여러 특성을 갖고 있는데 조사대상에 대해 관심을 갖고 있는 특성을 **변수**(variable)라 한다. 앞에서 언급한 키, 몸무게, 나이, 성적, 성별, 교육수준 등과 같이 한 가지 이상의 자료값을 가질 수 있는 것이 변수이다. 변수는 자료에 대응되므로 **질적 변수**(qualitative variable)와 **양적 변수**(quantitative variable)로 분류된다. 키, 몸무게처럼 양적 자료값을 가지는 변수를 양적 변수라 하고 성별, 교육수준과 같이 질적 자료값을 가지는 변수를 질적 변수라 한다.

1.3 질적 자료의 표현방법

자료를 그래프나 도표로 나타내면, 자료 전체의 분포상태를 시각적으로 빠르게 전달할 수 있다. 이 절에서는 질적 자료의 경우에 사용하는 도표와 그래프에 대하여 알아본다.

1.3.1 돗수분포표

진로희망, 고민사유와 같은 질적 자료의 경우에 자료값이 반복해서 나타나므로 반복된 횟수를 셀 수 있는데, 이때 반복되는 횟수를 **돗수**(frequency)라 하며 이 돗수를 전체 자료의 개수로 나눈 값을 **상대돗수**(relative frequency)라 한다.

돗수분포표(frequency table)는 각 자료값에 대하여 돗수나 상대돗수를 나열해 놓은 도표이다.

예제 1-1

어떤 학교 식당의 음식을 좋아하지 않는 학생 20명을 뽑아서 그 이유를 조사한 결과 다음 표를 얻었다. 이 자료에 대한 돗수분포표를 그려라.

표 1.1 학교 식당의 음식을 좋아하지 않는 이유

학생	이 유	학생	이 유
1	비위생적이다.	11	음식의 질이 낮다.
2	음식의 질이 낮다.	12	비싸다.
3	비싸다.	13	비위생적이다.
4	양이 적다.	14	비위생적이다.
5	음식의 질이 낮다.	15	음식의 질이 낮다.
6	음식의 질이 낮다.	16	음식의 질이 낮다.
7	음식의 질이 낮다.	17	음식의 질이 낮다.
8	비위생적이다.	18	비싸다.
9	비위생적이다.	19	비위생적이다.
10	비싸다.	20	양이 적다.

풀이 조사한 자료를 이용하면 다음과 같은 돗수분포표를 얻는다.

표 1.2 학교 식당의 음식을 좋아하지 않는 이유의 돗수분포표

이 유	돗 수
비위생적이다.	6
음식의 질이 낮다.	8
비싸다.	4
양이 적다.	2
합 계	20

■

위의 돗수분포표에 상대돗수를 나타내기 위하여 각 항목의 상대돗수를 구하면 다음과 같다.

비위생적이다 : $6/20 = 0.3$　　음식의 질이 낮다 : $8/20 = 0.4$

비싸다 : $4/20 = 0.2$　　양이 적다 : $2/20 = 0.1$

돗수분포표에 상대돗수까지 나타내면 다음과 같다.

표 1.3 예제 1.1의 돗수분포표

이 유	돗 수	상대돗수
비위생적이다.	6	0.3
음식의 질이 낮다.	8	0.4
비싸다.	4	0.2
양이 적다.	2	0.1
합 계	20	1

1.3.2 상대돗수 막대그래프

주어진 질적 자료를 그래프로 정리하는 방법의 하나는 **상대돗수 막대그래프**(bar graph)이다. 상대돗수 막대그래프는 각 자료값의 상대돗수를 같은 폭의 막대로 나타내며, 하나의 자료값에 하나의 막대를 대응시킨다. 다시 말해서, 상대돗수 막대그래프는 가로축에 서로 다른 자료값을 나타내고 세로축에는 상대돗수를 나타내어 수평선상에 막대를 그리는 그래프이다.

예제 1-2

표 1.2의 돗수분포표를 이용하여 상대돗수 막대그래프를 그려라.

풀이 상대돗수 막대그래프는 그림 1.1과 같다.

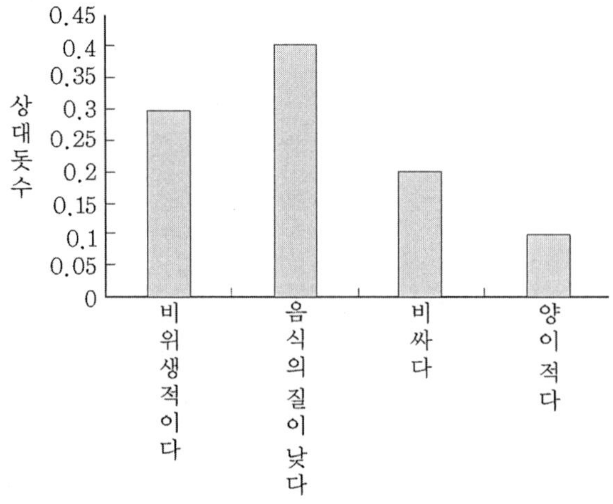

[그림 1.1] 학교 식당의 음식을 좋아하지 않는 이유의 막대그래프

1.3.3 원형그래프

질적 자료를 그래프로 정리하는 다른 형태로 **원형그래프**(pie graph)가 있다. 원형그래프는 먼저 완전한 원을 그린 다음, 피자를 자르듯이 원을 부채꼴 모양으로 자료값의 종류만큼 몇 개의 조각으로 나누어서 해당하는 자료값의 상대돗수에 비례하게 각 조각의 크기를 그린다. 그리고 각 조각에는 해당 자료값과 상대돗수를 기입한다.

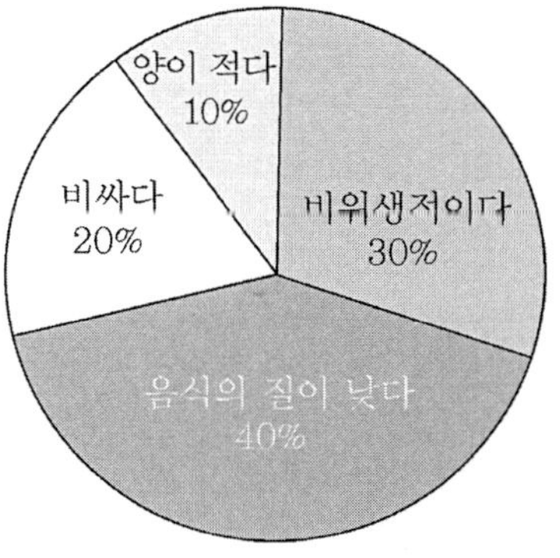

[그림 1.2] 학교 식당의 음식을 좋아하지 않는 이유의 원형그래프

1.4 양적 자료의 표현방법

양적 자료의 분포상태를 쉽게 파악할 수 있도록 질적 자료와 마찬가지로 도표와 그래프를 이용하는데, 이 절에서는 **줄기-잎-그림**(stem and leaf charts), 돗수분포표, **히스토그램**(histogram), **돗수다각형**(frequency polygon) 등을 소개한다.

1.4.1 줄기-잎-그림

이 방법은 터키(John Tukey)가 1977년에 도입했다. 줄기-잎-그림은 연속적인 가로줄의 수들로 구성되어 있는데, 각 가로줄은 줄기라고 부르는 수와 잎이라고 부르는 수로 나누어져 있다. 이 그림을 그리는 엄격한 규칙은 없지만 일반적으로 다음 단계를 따른다.

(1) 자료의 줄기부분을 선택하고 줄기를 제외한 부분을 잎으로 정한다. 이 줄기는 보통 한 자리나 두 자리의 수이다.

(2) 줄기값을 크기순으로 세로로 나열한 뒤 줄기 오른쪽에 수직선을 긋는다.

(3) 각 자료의 잎의 값을 해당 줄기값의 오른쪽에 가로로 적는다.

(4) 분포의 형태를 알아보기 위하여 그림을 시계 반대방향으로 90° 돌려본다.

예제 1-3

다음 자료는 어떤 통계학 과목을 수강한 학생들의 성적이다. 통계학 성적의 줄기-잎-그림을 그려라.

74	73	87	52	98	88	72	41	57	64	56	73	70	75	45
86	50	78	66	73	78	80	94	81	92	95	66	60	84	80
84	96	87	72	65	41	80	40	63	90					

풀이 줄기-잎-그림을 그리기 위하여 줄기에 해당하는 수를 정한다. 보통 줄기부분으로 자료들의 십의 자리의 수를 이용한다. 잎으로는 자료의 일의 자리의 수를 이용할 것이다. [그림 1.3]은 수직선으로 줄기를 구분한 것이다. 즉, 줄기와 잎을 정한 다음 먼저 줄기의 값을 크기순으로 세로로 나열한 뒤 각 줄기에 해당하는 각 자료의 잎의 값을 해당 줄기의 값의 오른쪽에 가로로 적는다. 그리고 줄기의 값과 잎의 값을 구분하기 위하여 줄기와 잎 사이에 수직선을 그어준다.

예제 1.3의 자료를 이용하여 줄기-잎-그림을 그려보면 [그림 1.3]과 같다. 이 자료들은 정규분포하는가? 줄기-잎-그림을 시계 반대반향으로 90° 돌려보면 통계성적분포가 종모양에 가깝지 않음을 알 수 있다. 이는 정규분포가 아닐거라는 의심을 하게 한다.

줄기	잎	줄기	잎	줄기	잎
4		4		4	1 5 1 0
5		5		5	2 7 6 0
6		6		6	4 6 6 0 5 3
7		7	4	7	4 3 2 3 0 5 8 3 8 2
8		8		8	7 8 6 0 1 4 0 4 7 0
9		9		9	8 4 2 5 6 0
(1)		(2)		(3)	

[그림 1.3] (1) 줄기-잎-그림에서 4, 5, 6, 7, 8, 9는 줄기에 해당된다.
(2) 수 74는 줄기 7과 잎 4를 갖는다.
(3) 예제 1.3의 완전한 줄기-잎-그림

줄기-잎-그림은 자료 전체의 형태를 빨리 파악하고 자료값을 그대로 유지하고 특정한 자료값이 얼마나 자주 나타나는지를 쉽게 알아볼 수 있는 장점이 있으나 대략적으로 알 수 있는 자료나 자료의 크기가 클 때는 부적절하다.

1.4.2 돗수분포표

돗수분포표를 작성하기 전에 다음과 같은 용어를 정의하자. 자료를 수량으로 나타낸 것을 **변량**이라 하고, 변량을 나눈 구간을 **계급**(class)이라 하며, 계급의 작은쪽 끝을 **계급하한**(lower limit)이라 하고 큰쪽 끝을 **계급상한**(upper limit)이라 한다. 각 계급의 너비를 **계급간격**(class interval width)이라고 하며, 각 계급에 속하는 자료의 개수를 **계급돗수**라고 한다. 그리고 계급을 대표하는 값으로서 각 계급의 중앙의 값을 그 계급의 **계급값**이라 하는데, 이것은 주어진 계급의 계급하한과 계급상한의 값을 더하여 둘로 나누어 구할 수 있다.

양적 자료의 돗수분포표를 작성하기 위해서는 먼저 서로 인접한 자료값들을 집단화하여 전체 자료를 몇 개의 그룹으로 나눌 필요가 있다. 전체 자료를 몇 개의 그룹으로 나누어 돗수분포표를 작성하는 과정을 단계별로 살펴보면 다음과 같다.

돗수분포표를 작성하는 방법

1. 계급의 개수를 결정해야 한다. 계급의 개수에 대한 공식은 스터제스(H. A. Sturges)가 개발한 다음과 같은 공식이 많이 이용된다.

$$k = 1 + \frac{\log n}{\log 2}$$

   여기서 k는 계급의 개수이고 n은 전체 자료의 개수이다.
2. 자료의 최댓값과 최솟값을 찾고 두 수의 차를 구한다. 여기서 최댓값과 최솟값의 차를 **범위**(range)라 한다.
3. 범위를 계급의 개수로 나눔으로써 최소의 계급간격 $c = \dfrac{R}{k}$를 구한다. 여기서 R은 범위이고 k는 계급의 개수이다. 이때, 각 계급은 서로 중복되는 부분이 없어야 하며 어떠한 자료값도 계급의 경계점에 놓여서는 안 된다. 그러므로 모든 자료값을 포함하는 실제 계급간격은 최소의 계급간격보다 조금 더 길어야 한다.
4. 실제의 계급간격은 최소의 계급간격을 올림함으로써 구한다.
5. 첫 번째 계급하한은 최솟값으로부터 최소단위의 반을 뺀 값을 사용한다.
6. 나머지 계급의 경계값은 앞의 경계값에 실제의 계급간격을 더함으로써 얻는다.
7. 각 계급의 돗수를 구한다.
8. 각 계급의 돗수를 총돗수로 나누어 계급의 상대돗수를 구한다.

예제 1.3의 자료를 통하여 구체적인 방법을 알아 보자. 이 예제는 40개의 자료값을 가지고 있다. 스터제스의 공식대로 계급의 수를 6으로 하자. 이 자료의 최댓값과 최솟값은 각각 98과 40이고 범위는 $98-40=58$이다. 계급간격을 구하기 위하여 58을 계급의 수 6으로 나누면 된다.

최소의 계급간격은 $\frac{58}{6} \fallingdotseq 9.7$이지만 자료를 분류하는데 필요한 실제 계급간격은 소숫점 아래 첫째 자리의 수를 올림해서 정수로 나타내야 한다.

여기서 올림하는 이유는 양쪽 극단적인 값, 즉 가장 큰 값과 가장 작은 값을 돗수분포표에 포함시키기 위해서이다. 그러므로 실제의 계급간격은 최소의 계급간격 9.7을 올림한 수 10이 된다.

첫째 계급하한은 어떠한 자료값도 계급의 경계값에 놓이지 않게 하기 위하여 자료의 최솟값으로부터 최소단위의 반을 뺀 값을 사용한다. 즉 첫째 계급하한은 $40-\frac{1}{2}\times 1=39.5$이다. 나머지 계급의 경계값은 앞의 경계값에 10을 연속적으로 더함으로써 얻어진다. 이렇게 얻은 여섯 개의 계급이 표 1.4에 주어져 있다.

경계값들은 자료값보다 한 자리 더 많은 소숫점 아래의 자리를 갖고 있기 때문에 어떠한 자료값도 경계값에 놓이지 않는다. 즉 각 자료값은 정확하게 한 계급에만 속한다. 각 계급에 속하는 자료의 돗수를 구하고 구한 계급의 돗수를 전체 자료의 개수로 나누어 계급의 상대돗수를 계산한다. 표 1.4는 이렇게 만든 통계학 성적의 돗수분포표이다.

표 1.4 통계학 성적의 돗수분포표

계 급	돗 수	상대돗수
39.5~49.5	4	0.10
49.5~59.5	4	0.10
59.5~69.5	6	0.15
69.5~79.5	10	0.25
79.5~89.5	10	0.25
89.5~99.5	6	0.15
합 계	40	1.00

1.4.3 히스토그램

주어진 자료를 돗수분포표로 정리요약한 다음, 자료의 분포상태를 한눈에 알아보도록 히스토그램(histogram)을 그릴 수 있다. 자료를 몇 개의 계급으로 나누고 각 계급에 속하는 돗수를 세어서, 가로축에는 각 계급의 끝 값을, 세로축에는 대응하는 돗수를 나타내어 그린 수직 막대그래프를 히스토그램이라 한다. 다시 말해서, 히스토그램은 각 계급의 크기를 가로로 하고 돗수 또는 상대돗수를 세로로 하는 직사각형을 그린 것이며, 막대그래프와는 달리 각 계급에 속하는 기둥들이 계급의 경계에서 서로 연결되어 있다. 가로의 길이는 일정하므로 각 직사각형의 넓이는 각 계급의 돗수에 비례한다.

세로축에 돗수, 상대돗수, 누적돗수를 사용하느냐에 따라 각각 **돗수 히스토그램**, **상대돗수 히스토그램**, **누적돗수 히스토그램**으로 나눌 수 있다.

히스토그램을 이용하면 중심위치, 산포도, 치우침의 정도를 쉽게 파악할 수 있다.

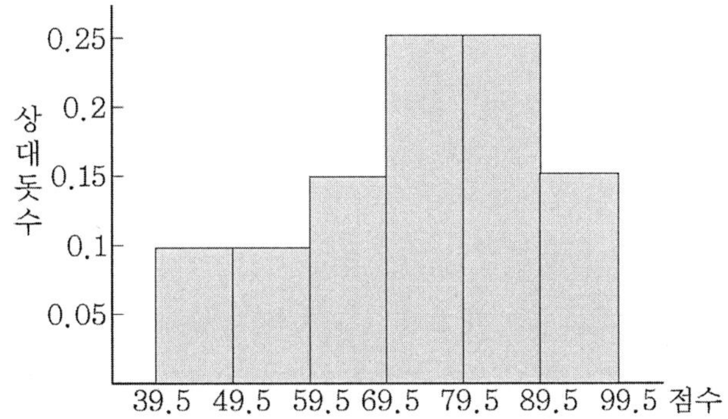

[그림 1.4] 통계학 성적의 히스토그램

1.4.4 돗수다각형

돗수 히스토그램과 상대돗수 히스토그램에서 각 직사각형의 윗변의 중점을 차례로 선분으로 연결하여 얻은 그래프를 각각 **돗수다각형**(frequency polygon)과 **상대돗수 다각형**(relative frequency polygon)이라 한다. 즉 돗수다각형은 히스토그램에서 계급값을 가로축의 좌표로 하여 각 계급에 대응하는 돗수를 점찍어 연결한 그림이다. 그리고 양 끝은 돗수가 0인 계급을 하나씩 추가하여 그 중점과 연결한다. 히스토그램의 직사각형의 넓이의 합과 돗수다각형으로 둘러싸인 부분의 넓이는 같다. 돗수다각형을 이용하면 분포의 모양에 따라 자료의 대칭성이나 자료 전체의 특징을 알 수 있고, 두개 이상 자료의 분포를 쉽게 비교할 수 있어 편리하다.

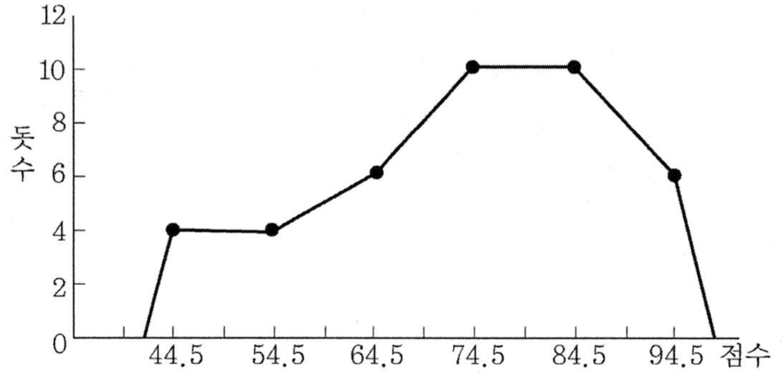

[그림 1.5] 예제 1.3의 돗수다각형

1.4.5 누적돗수다각형

주어진 자료로부터 돗수의 분포외에 자료값의 누적돗수분포를 생각하는 것도 흥미롭다. 돗수분포표에서 각 계급의 돗수를 변량의 값이 작은 쪽부터 차례로 어떤 계급의 돗수까지 더한 합을 그 계급의 **누적돗수**(cumulative frequency)라고 한다. 돗수분포표에서 돗수 대신에 누적돗수를 이용하여 자료를 나열하여 놓은 표를 **누적돗수분포표**라 한다. 가로축에 계급을 세로축에 누적돗수를 표시하고 각 계급상한에 그 계급까지의 누적돗수를 대응시켜 점으로 표시한 후, 이들 점을 작은쪽에서 큰쪽으로 차례로 선분으로 연결하여 그린 그래프를 **누적돗수다각형**(cumulative frequency polygon)이라고 한다.

앞의 예에 대한 누적돗수분포표와 누적돗수다각형은 다음과 같다.

표 1.5 예제 1.3의 누적돗수분포표

계 급	돗 수	누적돗수
39.5~49.5	4	4
49.5~59.5	4	8
59.5~69.5	6	14
69.5~79.5	10	24
79.5~89.5	10	34
89.5~99.5	6	40
합 계	40	40

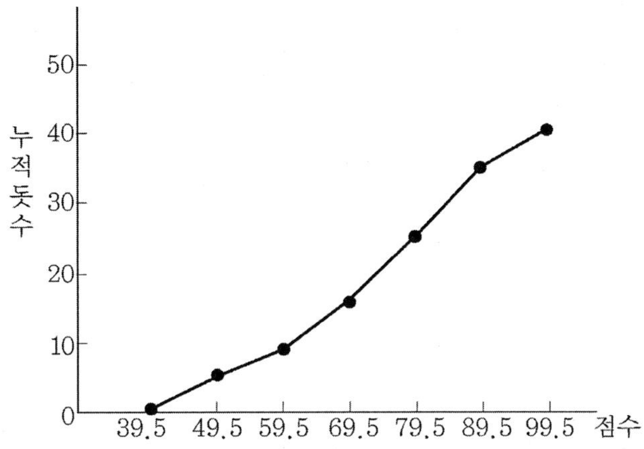

[그림 1.6] 예제 1.3의 누적돗수다각형

1.4.6 점도표

자료의 크기가 작을 때는 **점도표**(dot diagram)를 이용하는 것이 편리하다. 점도표는 모든 자료를 포함할 수 있도록 눈금을 정한 수직선 위에 개별적인 자료값을 점으로 표시한 것이다.

예제 1-4

다음 자료를 점도표로 나타내면 [그림 1.7]과 같다.

6, 8, 3, 8, 5, 8, 4, 8, 3, 4, 1, 2, 1, 1, 4, 4, 7, 7, 7

풀이

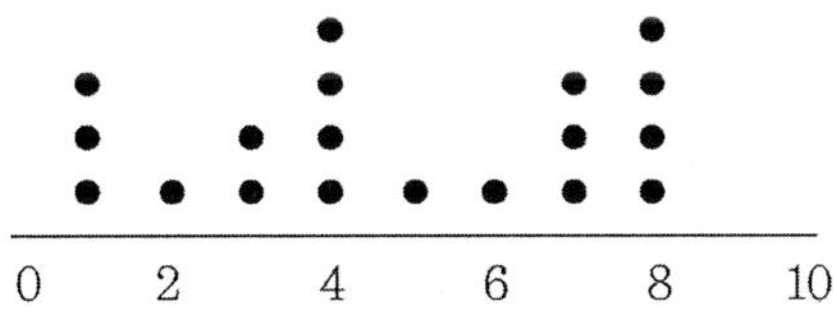

[그림 1.7] 점도표

연습문제

1. 다음 자료를 질적 자료와 양적 자료로 분류하라.

(1) 초등학교 학생들이 좋아하는 과자의 이름

(2) 어떤 대학의 학과별 취업률

(3) 회사의 매출액

(4) 매일 주식거래량

(5) 월별 실업률

(6) 200명의 성인들이 가장 좋아하는 라면의 이름

2. 다음은 중학생 40명의 키를 측정한 결과이다.

162	147	146	139	158	156	149	143	146	161	151	162	152	166
151	146	150	148	134	153	154	146	145	147	146	164	137	142
150	146	154	158	151	149	163	129	148	157	150	143		

(1) 적절한 돗수분포표를 작성하라.

(2) 상대돗수 히스토그램을 그려라.

(3) 누적돗수를 구하고 누적돗수다각형을 그려라.

3. 자료의 개수가 64인 통계 집단에서 스터제스에 의한 계급의 개수를 결정하라.

4. 자료의 개수가 $n = 60$일때 계급의 개수를 결정하라.

5. 돗수분포표를 작성하려면 계급의 개수와 계급간격을 결정해야 한다. 계급의 개수가 8이고, 최댓값이 92, 최솟값이 52일때, 적절한 계급간격을 구하라.

6. 자료의 개수가 100이고 범위가 50일때 계급간격을 구하라.

제 2 장

대푯값과 산포도

제 02 장 대푯값과 산포도

01 본장의 개요

1장에서 도표나 그래프를 이용해서 자료를 정리하는 방법들에 대하여 알아보았다. 이런 방법들은 시각적인 효과는 있으나 작성자의 주관적인 판단에 좌우되어 자료의 분석에 어려움이 따른다. 자료를 더 객관적으로 요약하고 비교하기 위하여 중심 위치의 측도, 산포의 측도, 상대적 위치의 측도와 같은 수리적인 측도가 필요하다. 특히 중심 위치의 측도는 주어진 자료가 어떤 값을 중심으로 분포되어 있는지를 알려주는데 이를 위하여 **대푯값**을 계산하게 된다.

또한 대푯값만으로는 자료의 분포에 대한 충분한 정보를 얻을 수 없기 때문에 분포의 특성을 좀더 명확하게 설명하기 위해서 자료의 변이성(variability)을 나타내는 산포도의 개념을 생각해야 한다. **산포도**(measure of dispersion)란 자료값이 중심 위치에서 떨어져 있는 정도를 하나의 수로 나타낸 값이다. 이 값은 대푯값과 함께 자료의 분포의 특징을 살피는데 중요한 측도로 간주되고 있다.

2.1 대푯값

대푯값에는 계산적 대푯값과 위치적 대푯값이 있다. **계산적 대푯값**이란 관측한 자료값이 모두 계산하는 데 사용되는 대푯값으로 산술평균, 기하평균, 조화평균, 평방평균 등이 있다. 계산적 대푯값을 구할 때는 자료값을 모두 이용하기 때문에 자료 중에 극단적인 값이 있을 때는 극단적인 값의 영향을 받는다는 단점이 있다.

2.1.1 산술평균

계산적 대푯값 중 가장 중요하고 가장 많이 사용되는 것이 **산술평균**(arithmetic mean)이며, 평균이라 하면 통상 산술평균을 의미한다.

산술평균은 전체 자료의 값을 합하여 이 값을 자료의 개수로 나눈 값이다. 즉 관측한 자료값을 x_1, x_2, $\cdots$, x_n이라 표기할 때 산술평균 $\overline{x}$는 다음과 같이 정의된다.

산술평균

$$\overline{x}=\frac{x_1+x_2+\cdots+x_n}{n}=\frac{\sum_{i=1}^{n}x_i}{n}$$

전체의 자료를 몇 개의 계급으로 나누고, 각 계급에 속하는 돗수를 조사하여 표로 정리한 돗수분포표에서는 각 돗수에 해당하는 자료값을 알 수 없는 경우가 있다. 이때에는 각 계급에 속하는 돗수 전체를 대표하는 자료값을 그 계급의 계급값으로 택한다.

돗수분포표가 다음과 같다고 하자.

계급값	x_1 x_2 $\cdots$ x_n	합 계
돗 수	f_1 f_2 $\cdots$ f_n	N

이때, 산술평균 $\overline{x}$는 다음과 같이 정의된다.

돗수분포에서의 산술평균

$$\overline{x}=\frac{1}{N}\sum_{i=1}^{n}x_i f_i=\frac{1}{N}(x_1 f_1+\cdots+x_n f_n)$$

단, x_i는 각 계급의 계급값, f_i는 돗수, $N=\sum_{i=1}^{n}f_i$이다.

이렇게 정의된 $\overline{x}$를 특히 **가중산술평균**(weighted arithmetic mean)이라 한다.

주어진 자료가 모집단일때는 평균을 **모평균**(population mean)이라 하며 통상 μ로 나타내고, 표본일때는 **표본평균**(sample mean)이라 하고 $\overline{x}$로 나타낸다.

예제 2-1

어떤 병원에서 같은 날 태어난 신생아 다섯 명의 몸무게를 재었더니 다음과 같았다(단위 : kg). 평균을 구하라.

3.1　　2.7　　3.5　　2.8　　2.9

풀이 5개의 자료값에 대한 평균은 다음과 같다.

$$\begin{aligned}\overline{x} &= \sum_{i=1}^{n} x_i/n = (3.1+2.7+3.5+2.8+2.9)/5 \\ &= 15/5 = 3(\text{kg})\end{aligned}$$

즉, 주어진 자료의 평균은 3kg이다.

산술평균의 성질

1. 자료값과 평균과의 차이 $x_i - \overline{x}$를 편차(deviation)라고 하는데 자료값의 편차의 합은 0이다.

$$\sum_{i=1}^{n}(x_i - \overline{x}) = 0$$

2. 산술평균은 극단적인 값의 영향을 많이 받는다.
3. 산술평균은 편차의 제곱의 합을 최소로 한다. 즉 산술평균에 대한 편차의 제곱의 합은 임의의 어떤 다른 수에 대한 편차의 제곱의 합보다 크지 않다.

$$\sum_{i=1}^{n}(x_i - \overline{x})^2 \le \sum_{i=1}^{n}(x_i - a)^2 \text{ (단, } a\text{는 상수)}$$

4. 변량 X와 Y에 대해 상수 a와 b가 존재해서 $Y = aX + b$와 같은 선형관계가 만족될 때 X와 Y의 산술평균을 각각 $\overline{x}$와 $\overline{y}$라고 하면 $\overline{y} = a\overline{x} + b$가 성립한다.

예제 2-2

다음의 돗수분포표에서 산술평균을 구하라.

계 급	돗 수
10~20	2
20~30	4
30~40	10
40~50	3
50~60	1
합 계	20

풀이 $\overline{x}=\frac{1}{n}\sum_{i=1}^{k}x_i f_i$에서 $n=20$, $k=5$이고 x_i는 계급값으로 각 계급의 중앙값을 뜻한다. 즉 계급값은 각각 15, 25, 35, 45, 55이다. 그러므로 평균은 다음과 같다.

$$\begin{aligned}\overline{x} &= \frac{1}{20}(15\times2+25\times4+35\times10+45\times3+55\times1)\\ &= 33.5\end{aligned}$$

예제 2-3

예제 2-2에서 각 계급의 계급값을 x_i라 하고 $y_i=\frac{1}{5}x_i-3$이라 할 때 $\overline{y}$를 구하라.

풀이

x_i	15	25	35	45	55
y_i	0	2	4	6	8
f_i	2	4	10	3	1
$y_i f_i$	0	8	40	18	8

$y=\frac{1}{n}\sum_{i=1}^{k}y_i f_i$에서 $n=20$, $k=5$이므로 $\overline{y}=\frac{1}{20}\sum_{i=1}^{5}y_i f_i=\frac{1}{20}(74)=3.7$이다.

또는 예제 2-2의 $\overline{x}=33.5$를 이용하여 다음과 같이 구할 수도 있다.

$\overline{y}=a\overline{x}+b$로부터 $a=\frac{1}{5}$, $b=-3$이므로 $\overline{y}=\frac{1}{5}(33.5)-3=3.7$이다.

2.1.2 기하평균

비율의 평균 계산에 많이 이용되는 대푯값으로 **기하평균**(geometric mean)이 있다.

인구변동률, 물가상승률 등의 계산에 기하평균이 사용된다. 관측한 자료값들을 x_1, x_2, $\cdots$, x_n으로 나타낼 때 기하평균은 다음과 같이 정의된다.

기하평균

$$G = \sqrt[n]{\prod_{i=1}^{n} x_i} = \sqrt[n]{x_1 \times \cdots \times x_n}$$

예제 2-4

자본금 900만원으로 시작한 사업은 첫 해에 자본금이 2배로 되었다. 다음 해에는 첫 해의 4배, 셋째 해에는 둘째 해의 4배로 늘었고, 넷째 해에는 셋째 해의 $\frac{1}{2}$로 줄었다. 자본금은 연평균 몇 배로 늘었는지 구하라.

풀이 넷째 해의 자본금은 $900 \times 2 \times 4 \times 4 \times \frac{1}{2}$만원이다. 매년 평균 x배로 증가한다면 넷째 해의 자본금은 $900 \times x \times x \times x \times x$만원 $= 900 \times 2 \times 4 \times 4 \times \frac{1}{2}$만원이 된다. 따라서 $x^4 = 2 \times 4 \times 4 \times \frac{1}{2}$이다. 그러므로 구하려는 값 x는 2, 4, 4, $\frac{1}{2}$의 기하평균으로 다음과 같다.

$$x = \sqrt[4]{2 \times 4 \times 4 \times \frac{1}{2}} = \sqrt[4]{2^4} = 2$$

■

예제 2-5

최근 3년간 물가상승률이 각각 4.5%, 9%, 18%일때 연평균 물가상승률을 구하라.

풀이 연평균 물가상률을 G%라고 하면, $G \times G \times G = 4.5 \times 9 \times 18$이다. 즉 G는 4, 5, 9, 18의 기하평균으로 다음과 같다.

$$G = \sqrt[3]{4.5 \times 9 \times 18} = 9(\%)$$

■

2.1.3 조화평균

관측한 자료값들을 $x_1, x_2, \cdots, x_n$이라 할 때 역수를 취한 자료값들의 산술평균을 구한 다음, 다시 그 값의 역수를 취하여 대푯값을 구하는데 이 대푯값을 **조화평균**(harmonic mean)이라 하며 다음과 같이 정의한다.

조화평균

$$H = \frac{1}{\dfrac{\sum_{i=1}^{n} \frac{1}{x_i}}{n}} = \frac{n}{\sum_{i=1}^{n} \frac{1}{x_i}}$$

이것은 시간에 따라 변하는 변량이나 속도, 상품시세의 평균계산에 이용된다.

예제 2-6

두 지점을 왕복하는데 갈 때는 시속 4km로 걷고 올 때는 시속 6km로 걸었다. 이 두 지점을 왕복하는데 평균시속은 얼마인지 구하라.

풀이 두 지점의 거리를 $s$km라 하면 두 지점의 왕복거리는 $2s$km이다. 왕복하는데 걸린 총 소요시간은 $\frac{s}{4}+\frac{s}{6}$이다. 그러므로 평균시속은 다음과 같다.

$$\text{평균시속} = \frac{\text{총 거리}}{\text{총 소요시간}} = \frac{2s}{\frac{s}{4}+\frac{s}{6}} = \frac{2}{\frac{1}{4}+\frac{1}{6}} = 4.8\text{km/h}$$

■

2.1.4 평방평균

자료값들의 제곱을 평균하여 그 제곱근으로 계산되는 추상적 대푯값을 **평방평균**(quadratic mean)이라 한다. 관측한 자료값들을 $x_1, x_2, \cdots, x_n$이라 할 때 평방평균은 다음과 같이 정의된다.

평방평균

$$Q = \sqrt{\frac{1}{n}\sum_{i=1}^{n} x_i^2}$$

예제 2-7

자료 1, 3, 5, 7의 평방평균을 구하라.

풀이 $Q=\sqrt{\frac{1}{n}\sum_{i=1}^{n}x_i^2}$ 에서 $n=4$이므로 위의 공식을 이용하면 다음을 얻는다.

$$Q=\sqrt{\frac{1}{4}(1^2+3^2+5^2+7^2)}=\sqrt{21}$$

■

이제 위치적 대푯값을 알아보자. 계산적 대푯값은 자료 중에 극단적인 값이 있을 경우에 극단적인 값의 영향을 받는 단점이 있다. **위치적 대푯값**은 계산적 대푯값의 단점을 보완한 대푯값으로 차이가 심한 극단적인 값이 존재할 때 주로 사용된다. 위치적 대푯값에는 중앙값, 최빈값, 사분위수, 백분위수 등이 있다.

2.1.5 중앙값

위치적 대푯값에서 가장 중요하고 많이 이용하는 대푯값으로 **중앙값**(median)이 있다. 중앙값은 자료를 크기순으로 나열할 때 가운데 놓이는 자료값이며 이를 **중위수**라고도 하고 Me로 나타낸다.

$x_1, x_2, \cdots, x_n$을 크기순으로 배열한 자료값이라 하면, n이 홀수이면 중앙값의 위치는 $(n+1)/2$번째가 되어 $(n+1)/2$번째 자료값이 중앙값이 되고 n이 짝수일때는 가운데 위치한 2개의 자료값의 평균으로 중앙값을 정의한다. 즉 n이 짝수일때는 $n/2$번째 자료값과 $\frac{n}{2}+1$번째 자료값의 평균이 중앙값이 된다.

예제 2-8

예제 2-1의 자료에서 신생아 몸무게의 중앙값을 구하라.

풀이 자료를 크기순으로 배열하면 다음과 같다. (단위 : kg)

2.7　2.8　2.9　3.1　3.5

$n=5$이기 때문에 $\frac{n+1}{2}=\frac{5+1}{2}=3$번째 있는 자료값 2.9가 중앙값이다.

■

예제 2-9

관측한 자료값이 9, 12, 11, 10, 101, 13일때 이 자료값들의 평균과 중앙값을 구하라.

풀이 여섯 개의 자료값들의 합은 156이다. 그러므로 평균은 $\overline{x}=\dfrac{156}{6}=26$이다. 그러나 이 값을 중심 위치의 적절한 측도로 생각할 수 없다. 왜냐하면 여섯 개의 자료값 중에서 다섯 개의 자료값이 26보다 작기 때문이다. 101을 제외하고 평균을 구하면 $\overline{x}$는 11이 되어 평균이 크게 변했음을 알 수 있으며, 평균 11이 앞에서 구한 26보다 훨씬 더 좋은 중심 위치의 측도임을 알 수 있다.

중앙값을 구하기 위하여 자료값을 크기순으로 배열하자. 크기순으로 배열하면 주어진 자료는 9, 10, 11, 12, 13, 101이 된다. $6/2=3$번째 자료값과 $6/2+1=4$번째 자료값이 가운데 위치한 자료값이므로 중앙값은 $(11+12)/2=11.5$가 된다. 여기서 중앙값 11.5가 평균 26보다 더 적절한 중심위치의 측도임을 알 수 있다. ■

평균은 극단적인 값의 영향을 많이 받는 반면에 중앙값은 극단적인 값의 영향을 받지 않기 때문에 자료에 극단적인 값이 존재할 때는 평균보다 중앙값이 중심위치의 측도로서 더 큰 의미를 가진다는 사실을 예제 6-9는 보여준다.

심하게 비대칭인 분포에서는 중앙값이 평균보다 중심위치의 더 적절한 측도이다. 그러나 심하게 비대칭이 아닌 분포에서는 중앙값보다 평균을 더 많이 사용하고 있는데 그 이유는 중앙값을 사용하는 것이 모집단의 특성에 대한 추론을 어렵게 하기 때문이다.

자료의 총 돗수 n이 클 때는 돗수분포표를 작성하여 근사적인 중앙값을 구하는데, 이때 n이 크고 근사적인 중앙값을 구하기 때문에 n이 짝수건 홀수건 구별하지 않고 $\dfrac{n}{2}$번째 자료값을 계산에 의하여 다음과 같이 구한다.

돗수분포에서의 중앙값

$$Me=L+\left(\frac{n}{2}-F_{-1}\right)\frac{c}{f}$$

여기서 L은 중앙값이 속한 계급하한, n은 자료의 총돗수, F_{-1}은 중앙값이 속한 계급 이전까지의 누적돗수, c는 계급간격, f는 중앙값이 속한 계급의 돗수이다.

이 공식을 얻는 과정은 아래를 보라.

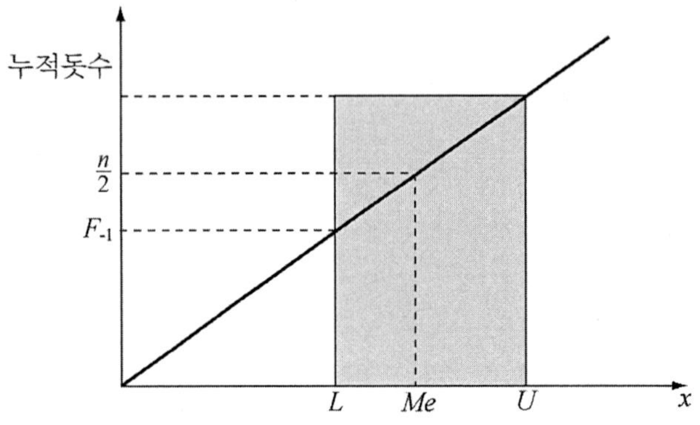

[그림 2.1] 중앙값이 속한 계급의 누적돗수 히스토그램

[그림 2.1]은 누적돗수 히스토그램의 일부분을 나타낸 것이다. 중앙값 Me가 L과 U 사이에 속한다고 하자. 그러면 다음 비례식이 성립한다.

$$(Me-L):\ c=\left(\frac{n}{2}-F_{-1}\right):\ f$$

그러므로 다음을 얻는다.

$$Me=L+\left(\frac{n}{2}-F_{-1}\right)\cdot\ \frac{c}{f}$$

예제 2-10

다음 돗수분포표에서 중앙값을 구하라.

계 급	돗 수	누적돗수
35~45	5	5
45~55	8	13
55~65	12	25
65~75	8	33
75~85	7	40
합 계	40	40

풀이 중앙값은 자료를 크기순으로 배열할 때 가운데 위치하는 값으로 추정되는 값으로 40/2번째 정도에 위치하게 된다. 세 번째 계급의 누적돗수가 25이므로 20번째 자료값은 세 번째 계급 55~65에 속함을 알 수 있다. 세 번째 계급 55~65는 14번째부터 25번째까지 12개의 자료값을 포함하고 있고 20번째 자료값은 이 중 7번째에 해당한다. 이 계급에 속한 12개의 자료들이 일정한 간격으로 분포되어 있다고 생각하면 7번째 자료값은 계급하한 55로부터 $(65-55)\times\frac{7}{12}$ 만큼 떨어져 있다고 생각할 수 있다. 따라서 중앙값은 다음과 같다.

$$55+\left(\frac{40}{2}-13\right)\times\frac{10}{12}=60.83$$

■

중앙값의 성질

1. 극단적인 값의 영향을 받지 않으나 대수적 취급이 불편하다.
2. 중앙값에 대한 편차의 절댓값의 합을 최소로 한다. 즉 다음이 성립한다.

$$\sum_{i=1}^{n}|x_i-Me|\le\sum_{i=1}^{n}|x_i-a| \text{ (단, } a\text{는 상수)}$$

2.1.6 최빈값

최빈값(mode)은 자료값 중에서 가장 자주 나타나는 값이며, 이는 의류업계에서 기성복의 치수를 정할 때 주로 이용된다. 양적 자료의 대부분의 경우는 많은 종류의 자료값을 가지는데 이때 대부분의 자료값들은 한 번만 나타나서 최빈값을 구하는 것이 곤란하거나 불합리할 때가 많다. 이런 경우 자료를 몇 개의 계급으로 나누어서 가장 돗수가 높은 계급, 즉 **최빈계급**(modal class)의 계급값을 최빈값으로 정한다.

예제 6-11

다음 자료에서 최빈값을 구하라.

(1) 2, 2, 3, 3, 5, 5, 5, 9, 10

(2) 2, 2, 2, 3, 3, 5, 7, 9, 9, 9

(3) 1, 2, 3, 4, 5

풀이 (1) 5의 돗수가 3이므로 가장 자주 나오는 값이다. 따라서 최빈값은 5이다.
(2) 2와 9의 돗수는 3이므로 가장 자주 나오는 값이다. 따라서 최빈값은 2와 9이다.
(3) 주어진 자료값의 돗수가 모두 같으므로 최빈값은 존재하지 않는다.

■

예제 2-12

다음 돗수분포표에서 최빈값을 구하라.

계 급	돗 수
10~20	3
20~30	7
30~40	3
40~50	2
합 계	15

풀이 최빈계급은 20~30이므로 최빈값은 이 계급의 계급값인 25이다.

■

2.1.7 사분위수

자료의 크기가 매우 클 때(25나 30보다 클 때) 중앙값의 개념을 확장하여 자료를 크기순으로 배열하여 4등분하는 것이 유용하다. 배열된 자료를 2등분하는 수를 중앙값이라 하는 것과 마찬가지로 크기순으로 배열된 자료를 4등분하는 수를 **사분위수**(quartiles)라 한다. 사등분하는 수 중 첫 번째에 위치한 수를 **제 1 사분위수**(lower quartile), 두 번째에 위치한 수를 **제 2 사분위수**(second quartile), 세 번째에 위치한 수를 **제 3 사분위수**(upper quartile)라 하며 각각 Q_1, Q_2, Q_3로 표기한다. 여기서, Q_2는 앞에서 공부한 중앙값에 해당된다.

사분위수

$$\text{제 1 사분위수 : } Q_1 = L_1 + \left(\frac{n}{4} - F_1\right)\frac{c}{f_1}$$

$$\text{제 3 사분위수 : } Q_3 = L_3 + \left(\frac{3}{4}n - F_3\right)\frac{c}{f_3}$$

여기서 n은 자료의 총 돗수, L_1은 Q_1이 속한 계급의 하한, F_1은 Q_1이 속한 계급 이전까지의 누적돗수, c는 계급간격, f_1은 Q_1이 속한 계급의 돗수, L_3은 Q_3이 속한 계급의 하한, F_3은 Q_3이 속한 계급 이전까지의 누적돗수, 그리고 f_3은 Q_3이 속한 계급의 돗수이다.

예제 2-13

예제 2-10의 돗수분포표에서 제 1 사분위수 Q_1과 제 3 사분위수 Q_3를 각각 구하라.

풀이 $\frac{n}{4} = 10$이므로 제 1 사분위수는 두 번째 계급 45~55에 속한다.

$Q_1 = L_1 + \left(\frac{n}{4} - F_1\right)\frac{c}{f_1}$에서 $L_1 = 45$, $F_1 = 5$, $f_1 = 8$, $c = 10$이므로 다음을 얻는다.

$$Q_1 = 45 + (10 - 5)\frac{10}{8} = 51.25$$

$\frac{3}{4}n = 30$이므로 제 3 사분위수는 네 번째 계급 65~75에 속한다.

$Q_3 = L_3 + \left(\frac{3}{4}n - F_3\right)\frac{c}{f_3}$에서 $L_3 = 65$, $F_3 = 25$, $f_3 = 8$, $c = 10$이므로 다음을 얻는다.

$$Q_3 = 65 + (30 - 25)\frac{10}{8} = 71.25$$

■

2.1.8 백분위수

크기순으로 배열된 자료를 100등분하는 수를 **백분위수**(percentiles)라 하는데 이는 사분위수의 개념을 확대한 수이다. **제 p 백분위수**(p-percentile)는 주어진 자료를 크기순으로 배열할 때 자료값 중 p%가 그 값보다 작거나 같고 $(100-p)$%가 그 값보다 크거나 같게 되는 값이다.

사분위수와 중앙값은 다음과 같은 백분위수에 해당된다.

제 1 사분위수=제 25 백분위수

중앙값=제 50 백분위수

제 3 사분위수=제 75 백분위수

제 p 백분위수는 다음과 같이 정의된다.

백분위수

제 p 백분위수 : $L + \left(\frac{pn}{100} - F\right)\frac{c}{f}$, $p = 1, 2, \cdots, 99$

여기서 n은 자료의 총 돗수, L은 제 p 백분위수가 속한 계급의 하한, F는 제 p 백분위수가 속한 계급 이전까지의 누적돗수, c는 계급간격, f는 제 p 백분위수가 속한 계급의 돗수이다.

2.2 산포도

산포도에는 절대적 산포도와 상대적 산포도가 있다. 대푯값이 비슷한 집단 사이의 산포도를 비교하기 위해서 **절대적 산포도**(absolute measure of dispersion)를 이용한다. 절대적 산포도에는 범위, 평균편차, 분산과 표준편차 등이 있다.

2.2.1 범위

산포도 중 가장 쉽게 구할 수 있는 것이 **범위**(range)이다. 범위는 자료값 중에서 가장 큰 값과 가장 작은 값의 차를 말한다. 예를 들면 1, 2, 3, 7, 9, 11, 91이라는 값을 가진 7개 자료의 범위는 가장 큰 값 91에서 가장 작은 값 1을 뺀 값, 즉 $91-1=90$이다.

범위는 계산하기 쉬운 산포도이지만 극단적인 값의 영향을 많이 받으므로 불안정한 단점이 있다.

예제 2-14

다음 돗수분포표에서 범위를 구하라.

계 급	돗 수
10~20	3
20~30	7
30~40	3
40~50	2
합 계	15

풀이 돗수분포표에서 가장 큰 값과 가장 작은 값을 알지 못할 경우에는 최상 계급상한과 최하 계급하한을 이용한다. 최상 계급상한은 50, 최하 계급하한은 10이므로 범위는 $50-10=40$이다.

2.2.2 평균편차

다음 자료 (1)과 (2)에서 보는 바와 같이 중심 위치는 같더라도 자료의 분포형태는 완전히 다를 수 있다.

(1) 2, 2, 3, 3, 4, 4, 4, 4, 4, 5, 6, 7

(2) 1, 1, 1, 2, 2, 3, 3, 4, 7, 7, 8, 9

자료 (1)에서 자료가 중심 위치에 떨어져 있는 정도를 알아보자. 각 자료값에서 평균을 뺀 값을 그 자료값의 **편차**(deviation)라고 하는데 먼저 편차를 구해 보자.

$$-2,\ -2,\ -1,\ -1,\ 0,\ 0,\ 0,\ 0,\ 0,\ 1,\ 2,\ 3$$

편차를 모두 합하면 0이 된다. 그런데 평균에 대한 편차의 합은 자료 (1)과 자료 (2)에서와 마찬가지로 다른 모든 자료에 대해서도 항상 0이다. 그 이유는 다음과 같다.

자료값들을 $x_1,\ x_2,\ \cdots,\ x_n$이라 할 때 평균에 대한 편차는 다음과 같다.

$$(x_1-\overline{x}),\ (x_2-\overline{x}),\ \cdots,\ (x_n-\overline{x})$$

그런데 $\sum_{i=1}^{n} x_i = n\overline{x}$이기 때문에 다음이 성립한다.

$$\sum_{i=1}^{n}(x_i-\overline{x}) = \sum_{i=1}^{n}x_i - n\overline{x} = n\overline{x} - n\overline{x} = 0$$

이와 같이 n개의 편차 중 평균보다 큰 자료값의 편차는 양의 값을 갖고 평균보다 작은 자료값의 편차는 음의 값을 가져서 서로의 값을 상쇄시키기 때문에 모든 편차의 합을 0으로 만든다. 이러한 이유 때문에 편차의 평균은 산포도로서 의미가 없다. 따라서 편차의 합이 0이 되지 않도록 하기 위하여 각 편차의 절댓값을 취하든지 제곱을 한다.

각 편차에 절댓값을 취하여 산술평균을 구한 것을 **평균편차**(average deviation)라 하며 MD로 나타낸다. 즉 평균편차는 다음과 같이 정의된다.

평균편차

$$MD = \frac{1}{n}\sum_{i=1}^{n}|x_i-\overline{x}|$$

평균편차는 분산이나 표준편차보다 극단적인 값의 영향을 덜 받는다는 장점이 있으나 절댓값이 포함되어 있어 다루기가 불편하다.

예제 2-15

자료 10, 6, 8, 8, 6, 10의 평균편차를 구하라.

풀이 산술평균을 먼저 구해야 한다.

$$\overline{x} = \frac{1}{n}\sum_{i=1}^{n} x_i = \frac{1}{6}(10+6+8+8+6+10) = 8$$

그리고 평균편차는 다음과 같다.

$$\begin{aligned} MD &= \frac{1}{n}\sum_{i=1}^{n} |x_i - \overline{x}| \\ &= \frac{1}{6}(|10-8| + |6-8| + |8-8| + |8-8| + |6-8| + |10-8|) \\ &= \frac{8}{6} = \frac{4}{3} \end{aligned}$$

2.2.3 분산과 표준편차

자료가 중심 위치에서 떨어져 있는 정도를 알아보기 위하여 편차를 이용하여 산포도를 구했는데 모든 편차의 합은 0이었다. 그래서 6.2.2절에서는 각 편차에 절댓값을 취했는데 여기서는 절댓값을 취하는 대신에 편차를 제곱하는 방법을 생각해 보자.

편차의 제곱의 합을 이용하는 산포도를 **분산**(variance)이라 하는데, 편차의 제곱의 합은 자료의 개수가 증가하면 매우 커져서 그 자체로는 산포의 측도가 될 수 없기 때문에 편차의 제곱의 합을 자료의 개수로 나누어서 분산을 구하게 된다.

자료가 x_1, x_2, $\cdots$, x_n일때 분산을 s^2으로 나타내며 이를 식으로 정리하면 다음과 같다.

분 산

$$s^2 = \frac{1}{n}\sum_{i=1}^{n}(x_i - \overline{x})^2$$

표준편차(standard deviation)는 분산의 양의 제곱근으로 정의되며 s로 나타낸다. 즉 다음과 같이 나타낼 수 있다.

표준편차

$$s = \sqrt{\frac{1}{n}\sum_{i=1}^{n}(x_i - \overline{x})^2}$$

분산과 표준편차는 자료가 평균의 주변에 흩어져 있는 정도를 나타내므로, 그 값이 클수록 평균을 중심으로 하여 자료가 흩어져 있는 정도가 심하다고 할 수 있다. 반대로 분산과 표준편차가 작을수록 자료의 분포상태는 고르다고 할 수 있다.

예제 2-16

다음 자료의 분산과 표준편차를 구하라.

(1) 2, 2, 3, 3, 4, 4, 4, 4, 4, 5, 6, 7

(2) 1, 1, 1, 2, 2, 3, 3, 4, 7, 7, 8, 9

풀이 산술평균 $\overline{x}$는 4이므로 다음이 성립한다.

(1) $\sum_{i=1}^{n}(x_i-\overline{x})^2=(-2)^2+(-2)^2+\cdots+3^2=24$

그러므로 분산은 다음과 같다.

$$s^2=\frac{1}{n}\sum_{i=1}^{n}(x_i-\overline{x})^2=\frac{24}{12}=2$$

따라서 표준편차 $s=\sqrt{2}$ 이다.

(2) $\sum(x_i-\overline{x})^2=(-3)^2+(-3)^2+\cdots+5^2=96$

그러므로 분산은 다음과 같다.

$$s^2=\frac{1}{n}\sum_{i=1}^{n}(x_i-\overline{x})^2=8$$

따라서 표준편차 $s=2\sqrt{2}$ 이다.

■

분산의 간편한 계산식을 소개하면 다음과 같다.

$$\begin{aligned}s^2=\frac{1}{n}\sum_{i=1}^{n}(x_i-\overline{x})^2&=\frac{1}{n}\sum_{i=1}^{n}(x_i^2-2\overline{x}x_i+\overline{x}^2)\\&=\frac{1}{n}(\sum x_i^2-2\overline{x}\sum x_i+n\overline{x}^2)\\&=\frac{1}{n}\sum x_i^2-2\overline{x}^2+\overline{x}^2\\&=\frac{1}{n}\sum x_i^2-\overline{x}^2\end{aligned}$$

예제 2-17

여섯 개의 실험물체에 일정한 강도로 자극을 주는 임상실험을 하고 있다. 실험물체에 대한 반응시간이 4, 2, 3, 3, 6, 3으로 나타났을 때, 이 반응시간에 대한 평균, 분산, 표준편차를 구하라.

풀이 먼저 평균을 계산하자.

$$\bar{x} = \frac{21}{6} = 3.5$$

분산과 표준편차를 구하기 위해서 다음과 같이 표를 만들면 편리하다.

x_i	4	2	3	3	6	3	$\Sigma x_i = 21$
$(x_i - \bar{x})$	0.5	-1.5	−0.5	−0.5	2.5	−0.5	$\Sigma(x_i - \bar{x})^2 = 9.5$
$(x_i - \bar{x})^2$	0.25	2.25	0.25	0.25	6.26	0.25	

$$\text{분산} \quad s^2 = \frac{\Sigma(x_i - \bar{x})^2}{n} = \frac{9.5}{6} \fallingdotseq 1.5833$$

$$\text{표준편차} \quad s = \sqrt{1.5833} \fallingdotseq 1.2583$$

간편식을 이용하여 분산을 구하면 다음과 같다.

x_i	4	2	3	3	6	3	$\Sigma x_i = 21$
x_i^2	16	4	9	9	36	9	$\Sigma x_i^2 = 83$

$$\text{분산} \quad s^2 = \frac{1}{n}\Sigma x_i^2 - \bar{x}^2$$

$$= \frac{83}{6} - 3.5^2 = \frac{9.5}{6} \fallingdotseq 1.5833$$

$$\text{표준편차} \quad s = \sqrt{1.5833} \fallingdotseq 1.2583$$

■

돗수분포표가 다음과 같이 정리되었다고 하자.

제곱값	x_1	x_2	$\cdots$	x_n	합계
돗수	f_1	f_2	$\cdots$	f_n	N

이 자료의 평균을 $\bar{x}$라 하면 분산 s^2과 표준편차 s는 다음과 같이 정의된다.

돗수분포에서의 분산과 표준편차

$$s^2 = \frac{\sum_{i=1}^{n} (x_i - \overline{x})^2 f_i}{N}, \quad s = \sqrt{\frac{\sum_{i=1}^{n} (x_i - \overline{x})^2 f_i}{N}}$$

예제 2-18

다음 돗수분포표에서 분산과 표준편차를 구하라.

계 급	돗 수
50~60	1
60~70	2
70~80	4
80~90	2
90~100	1
합 계	10

풀이 먼저 산술평균을 구하면 $\overline{x} = 75$ 이다. 분산을 구하기 위하여 다음과 같이 표를 만들자.

계급값(x_i)	돗수(f_i)	$x_i - \overline{x}$	$(x_i - \overline{x})^2$	$(x_i - \overline{x})^2 f_i$
55	1	-20	400	400
65	2	-10	100	200
75	4	0	0	0
85	2	10	100	200
95	1	20	400	400
합 계	10			1200

분산 $s^2 = \frac{\sum (x_i - \overline{x})^2 f_i}{N} = \frac{1200}{10} = 120$

표준편차 $s = 2\sqrt{30} \approx 10.9545$

■

분산의 간편한 계산식은 다음과 같다.

$$\text{분산} \quad s^2 = \frac{1}{N} \sum_{i=1}^{n} x_i^2 f_i - \overline{x}^2$$

지금까지 자료의 개수가 n일때의 분산을 정의하였다. 자료가 모집단일때의 분산을 **모분산**(population variance)이라 부르며 기호 σ^2으로 표기하고, 자료가 표본일때의 분산을 **표본분산**(sample variance)이라 부르며 s^2으로 표기한다. 일반적으로 표본분산으로 $\frac{1}{n}\Sigma(x_i-\overline{x})^2$보다 $\frac{1}{n-1}\Sigma(x_i-\overline{x})^2$을 더 많이 사용하지만, 표본의 크기 n이 크면 다음과 같이 나타낼 수 있다.

$$\frac{1}{n}\Sigma(x_i-\overline{x})^2 \approx \frac{1}{n-1}\Sigma(x_i-\overline{x})^2$$

그러므로 $\frac{1}{n}\Sigma(x_i-\overline{x})^2$과 $\frac{1}{n-1}\Sigma(x_i-\overline{x})^2$ 중에서 어느 것을 사용해도 표본분산으로 큰 차이가 없다.

2.2.4 사분위편차

제1사분위수를 Q_1, 제3사분위수를 Q_3이라 할 때 **사분위편차**(quartile deviation) Q는 제3사분위수와 제1사분위수의 차를 2로 나눈 몫으로 정의한다. 또 제3사분위수와 제1사분위수의 차를 사분위수 범위라고 한다.

사분위편차

$$Q=\frac{Q_3-Q_1}{2}$$

예제 2-19

예제 2-10에서 사분위편차를 구하라.

풀이 $Q_3=71.25,\ Q_1=51.25$이므로 사분위편차는 다음과 같다.

$$Q=\frac{Q_3-Q_1}{2}=\frac{71.25-51.25}{2}=10$$

예제 2-20

다음 자료에서 사분위수 범위를 구하라.

10, 11, 12, 12, 13,

14, 14, 15, 16, 17

풀이 Q_1은 처음 다섯 개 자료값의 중앙값인 12이고 Q_3은 여섯 번째 자료값에서 열 번째 자료값의 중앙값인 15이다.
따라서 사분위수 범위는 $15 - 12 = 3$이다. ■

자료의 개수가 적을 때는 제1사분위수와 제3사분위수가 불안정하기 때문에 사분위편차는 산포도로서 부적당하다.

이제 상대적 산포도에 대해 알아보자. 대푯값의 차이가 큰 집단 사이의 산포도를 비교하기 위해서 **상대적 산포도**를 이용한다. 상대적 산포도는 각각의 절대적 산포도를 적당한 대푯값으로 나누어 구한다. 상대적 산포도에는 변이계수, 사분위편차계수, 평균편차계수 등이 있다.

2.2.5 변이계수

변이계수(coefficient of variation)는 **변동계수**라고도 하며 산술평균에 대한 표준편차의 비율로 정의되며 통상 백분율로 나타낸다.

변이계수

$$\frac{s}{\bar{x}} \times 100(\%)$$

변이계수는 측정단위가 서로 다르거나 평균이 크게 다를 때, 집단 사이의 산포도를 비교하기 위해서 가장 많이 사용되는 상대적 산포도이다.

예제 2-21

다음 자료에서 A, B 두 집단의 산포도를 비교하라.

A	2	3	4	5	6
B	20	22	24	26	28

풀이 A, B 두 집단의 산포도를 비교하기 위해서 변이계수를 이용한다. A집단의 평균은 4이고 표준편차는 $\sqrt{2}$ 이므로 A의 변이계수는 $\frac{\sqrt{2}}{4}\times 100 = 25\sqrt{2} = 35.355\%$이다. B집단의 평균은 24이고 표준편차는 $\sqrt{8} = 2.828$ 이므로 B의 변이계수는 $\frac{\sqrt{8}}{24}\times 100 = \frac{25\sqrt{2}}{3} = 11.785\%$이다. 그러므로 B집단이 A집단보다 평균을 중심으로 더 밀집되어 있다고 말할 수 있다. ■

2.2.6 사분위편차계수

자료들의 사분위편차를 Q, 중앙값을 Me라 할 때 자료값들의 **사분위편차계수**(coefficient of quartile deviation)를 다음과 같이 정의한다.

사분위편차계수

$$\frac{Q}{Me}\times 100 = \frac{\frac{Q_3 - Q_1}{2}}{Me}\times 100$$

2.2.7 평균편차계수

평균편차 MD를 산술평균 $\overline{x}$ 또는 중앙값 Me로 나눈 값을 **평균편차계수**(coefficient of mean deviation)라고 하는데 다음과 같이 정의한다.

평균편차계수

$$\frac{MD}{\overline{x}}\times 100 \text{ 또는 } \frac{MD}{Me}\times 100$$

2.3 상자그림과 5점 요약표시

2.3.1 상자그림

상자그림(box plot)은 줄기-잎-그림을 보완하여 돗수분포표의 특성을 잘 보여주는 그림이다. 상자그림은 분포의 대칭성, 자료의 중심 위치, 산포의 정도, 특히 돗수분포의 꼬리부분의 집중 정도를 파악하는데 유용하다. 주어진 자료들의 특성을 잘 나타내기 위해서 최댓값, 최솟값, 중앙값 및 사분위수를 이용하여 상자그림을 그린다. 상자그림의 위치에 따라 자료의 중심이 어디에 있는지를 한눈에 알아볼 수 있다.

상자그림을 작성하는 방법은 다음과 같다. 먼저, 제 1 사분위수 Q_1과 제 3 사분위수 Q_3 사이를 중앙부분이라 생각하여 상자 형태로 나타내고 중앙값 Me의 위치에 내부 수직선을 그린다. 제 1 사분위수 Q_1보다 작거나 제 3 사분위수 Q_3보다 큰 수는 손 발 부분으로 생각하여 제 3 사분위수 Q_3를 나타내는 선에서 $Q_3 + 1.5(Q_3 - Q_1)$을 넘지 않는 최댓값까지 실선으로 연결한다. Q_1과 Q_3로부터 각각 좌우로 $1.5(Q_3 - Q_1)$의 경계를 벗어나는 값을 극단적인 값으로 보아 각각의 값을 *로 표시하고 그 사이를 점선으로 연결한다. 이를 그림으로 나타내면 다음과 같다.

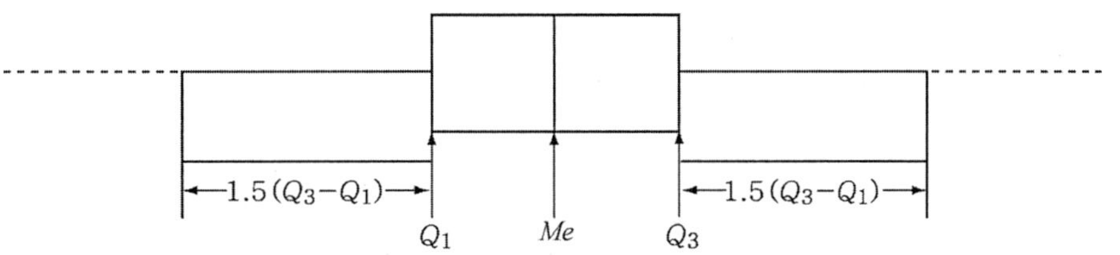

[그림 2.2] 상자그림

예제 2-22

수학교육과 2학년의 통계학 성적 자료에 대한 중앙값이 48, 제 1 사분위수가 46, 제 3 사분위수가 50, 최솟값이 31, 최댓값이 78일때, 이에 대한 상자그림을 그려라.

풀이

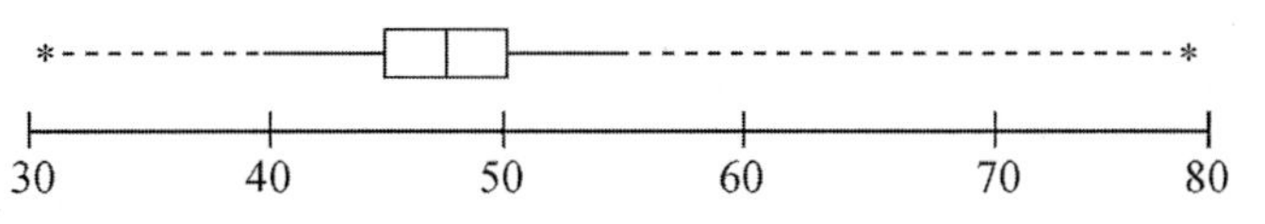

[그림 2.3] 상자그림

주어진 자료에 대한 상자그림은 자료의 중심이 왼쪽으로 치우쳐져 있음을 보여준다. ■

2.3.2 5점 요약표시

주어진 자료를 중앙값 Me, 제 1 사분위수 Q_1, 제 3 사분위수 Q_3, 최솟값 Min 및 최댓값 Max의 다섯 개의 통계량 [Min, Q_1, Me, Q_3, Max]으로 나타내는 방법을 5점 요약표시(5-number summary)라 하는데 이는 줄기-잎-그림과 함께 자료의 특성을 나타내는 중요한 표시방법이다.

연습문제

1. 자료 1, 2, 3, ⋯, 20의 산술평균과 중앙값을 구하라.

2. 다음 각 자료에 대해 평균과 중앙값을 구하라.

(1) 13, 16, 12, 15, 14

(2) 20, 22, 26, 23, 20

(3) 4, 8, 12, 16

(4) −2, 1, −1, 3, 5, 7, 8

3. 다음 자료에서 최빈값을 구하라.

15, 18, 20, 17, 18, 23, 15, 18

4. 다음 자료에서 산술평균, 중앙값, 최빈값을 구하라.

5, 8, 3, 8, 7, 4, 8, 3

5. 6명의 학생의 몸무게가 다음과 같다고 하자. 다음 자료에 가장 알맞은 대푯값을 구하라.

60, 61, 64, 65, 70, 101

6. 다음 돗수분포표에서 중앙값과 사분위수 및 최빈값을 구하라.

계 급	인원수
0~10	4
10~20	8
20~30	15
30~40	16
40~50	10
50~60	7
합 계	60

7. 어떤 불우이웃돕기 바자행사에 10,000원, 50,000원, 100,000원의 경품이 각각 23개, 5개, 1개 들어 있는 경품함이 준비되어 있다. 돈을 지불하면 1회 뽑는 기회가 주어진다면 지불한 금액과 같은 값의 경품을 얻으려 할 때 필요한 금액을 구하라.

8. 다음 돗수분포표에서 산술평균을 구하라.

계 급	돗 수
0~10	4
10~20	3
20~30	10
30~40	2
40~50	1
합 계	20

9. 다음 자료의 범위와 평균편차를 구하라.

28, 37, 41, 48, 51, 55, 60, 64, 65, 66

10. 다음 자료에서 분산과 표준편차를 구하라.

2, 8, 2, 6, 5, 8, 7, 10

11. 다음 자료를 이용하여 평균과 표준편차를 구하라.

계 급	돗 수
0.0~1.0	3
1.0~2.0	2
2.0~3.0	10
3.0~4.0	8
4.0~5.0	6
5.0~6.0	1

12. 다음 돗수분포표에서 평균편차와 표준편차를 구하라.

계 급	돗 수
20~30	2
30~40	4
40~50	3
50~60	1
합 계	10

13. 다음 돗수분포표에서 분산을 구하라.

계 급	돗 수
55~65	1
65~75	5
75~85	4
합 계	10

14. 다음 표를 보고 물음에 답하라.

(1)

반	평균 몸무게	학생 수
1	51	25
2	52	15

40명 학생의 평균 몸무게를 구하라.

(2)

반	평균 몸무게	표준편차	학생 수
1	51	5	25
2	51	4	15

40명의 학생의 표준편차를 구하라.

15. 다음 표에 두 반의 성적이 주어져 있다. 산포도를 비교하라.

반	평 균	표준편차
1	80	4
2	85	5

16. 어느 회사의 남자직원과 여자직원의 임금을 조사하여 다음과 같은 결과를 얻었다. 남자직원과 여자직원 사이의 산포도를 비교하라.

구분	평균 임금	분 산
남자	1,800,000	10000
여자	1,520,000	8100

17. $A = \{1, 2, 3, 4, 5\}$, $B = \{2, 4, 6, 8, 10\}$. $C = \{3, 6, 9, 12, 15\}$의 세 집단이 주어졌을 때 세 집단의 변이계수를 비교하라.

제 3 장

확 률

제 03 장 확 률

01 본장의 개요

통계학은 표본에 숨어있는 정보를 찾아내어 모집단에 대해 일반화하고 체계적으로 추론하는 학문인데, 이와 같은 일반화 과정에 논리적인 근거를 제시해 주는 이론이 바로 확률론이다.

확률론은 우연에 대한 이론으로부터 시작되었는데, 1654년 파스칼(Pascal)과 페르마(Fermat)가 도박에서의 승부에 대한 확률적인 연구를 시작하였으며 체계적인 이론은 야곱 베르누이(Jakob Bernoulli)에 의해 전개되었다. 오늘날에는 생물학, 의학, 경제학, 천문학 등 여러 학문분야에 학률론을 널리 응용하고 있다.

일상생활에서 다음과 같은 문장이 많이 사용된다. "내일 비가 올 것인가? 오지 않을 것인가?" 또는 "흡연자는 폐암에 걸릴 가능성이 높은가? 높지 않은가?"

이와 같이 우리 주변에서 일어나는 현상 가운데 그 결과를 예측하기 어려운 것이 많이 있다. '비가 올 가능성' 또는 '폐암에 걸릴 가능성'과 같이 어떤 일이 일어날 가능성이 어느 정도인지를 수치로 나타내는 것을 **확률**(probability)이라 한다.

3.1 사 상

주사위를 던져서 나온 눈의 수를 읽거나 전화 한 통화의 시간을 재는 것과 같이, 같은 조건 아래에서 여러 번 반복할 수 있고 그 결과가 우연에 의해서 지배된다고 볼 수 있는 관찰이나 실험을 **시행**이라 하고, 시행의 결과로 일어나는 것을 **사건** 또는 **사상**(event)이라 한다. 임의의 사상을 나타내기 위하여 보통 대문자 A, B, C, $\cdots$ 등을 사용한다.

확률의 개념은 불확실한 결과를 갖고 있는 반복적인 실험과 관련되어 있는데, **확률실험** 또는 **실험**이라 할 때는 다음 성질들이 잘 만족되어 있는 과정을 뜻한다.

(1) 잘 정의된 규칙들의 집합에 의하여 시행된다.

(2) 자연적으로 반복되거나 또는 그렇게 되도록 고안한다.

(3) 각 시행의 결과는 우연에 의한 것이고, 따라서 일의적으로 예측될 수 없다.

어떤 확률실험을 반복 실시할 경우에 모든 실험 결과를 미리 아는 것은 매우 중요한데, 어떤 실험에 의하여 발생할 수 있는 모든 가능한 결과 전체의 집합을 **표본공간**(sample space) 또는 **전공간**이라 하며 Ω로 나타낸다.

예를 들면, 주사위를 한번 던질 때 주사위는 1, 2, 3, 4, 5, 6의 여섯 면 가운데 한 면만이 나타난다. 따라서 표본공간 Ω는 6개의 원소를 가지고 $\Omega=\{1, 2, 3, 4, 5, 6\}$으로 쓸 수 있다. 또 '홀수의 눈이 나온다'는 사상은 '1의 눈이 나온다', '3의 눈이 나온다', '5의 눈이 나온다'는 세 가지 사상으로 세분할 수 있으나 '1의 눈이 나온다', '2의 눈이 나온다'와 같은 사상은 그 이상 세분할 수 없다. 이와 같이 더 이상 세분할 수 없는 사상을 **근원사상**(elementary event) 또는 **단순사상**(simple event)이라 하는데, 서로 다른 단순사상은 동시에 일어날 수 없다.

표본공간을 구성하는 각 단순사상을 표본공간의 원소 또는 **표본점**이라 한다. 어떤 표본공간이 유한이냐 무한이냐는 유한 개의 원소를 갖고 있느냐 무한 개의 원소를 갖고 있느냐에 따라 결정된다.

공집합 ϕ을 **공사상**(empty event)이라 하고 표본공간 Ω의 임의의 사상 A와 B에 대하여 A 또는 B가 일어나는 사상을 A와 B의 **합사상**이라 하고 $A\cup B$로 나타낸다. 또 A와 B가 동시에 일어나는 사상을 A와 B의 **곱사상**이라 하고 $A\cap B$로 나타낸다. 사상 A에 대하여 A가 일어나지 않는 사상을 A의 **여사상**이라 하고 A^c로 나타낸다. $A\cap B=\phi$인 두 사상, 즉 동시에 일어날 수 없는 두 사상 A와 B를 서로 **배반**(mutually disjoint)인 **사상**이라 한다.

3.2 순열과 조합

3.2.1 합의 법칙과 곱의 법칙

한 개의 동전을 던질 때 나타날 수 있는 면은 앞면과 뒷면의 두 가지이고, 이때 앞면이 나타날 경우는 한 가지이다. 이와 같이 어떤 사상이 일어날 수 있는 경우의 가짓수를 **경우의 수**라 한다.

먼저 기본적인 셈 법칙인 합의 법칙과 곱의 법칙을 알아보자.

예제 3-1

한 개의 주사위를 던질 때, 3 이하 또는 5 이상의 눈이 나올 경우는 몇가지인지 구하라.

풀이 3 이하의 눈이 나올 경우는 1, 2, 3의 세 가지이고 5 이상의 눈이 나올 경우는 5, 6의 두 가지이다. 따라서 3 이하의 눈 또는 5 이상의 눈이 나올 경우의 수는 $3+2=5$가지이다. ■

예제 3-2

한 개의 영어 알파벳 대문자와 한 자리 자연수를 이용하여 알파벳과 숫자의 순으로 대형강의실의 의자에 번호표를 붙이려고 한다. 서로 다르게 번호표를 붙일 수 있는 의자의 최대 수를 구하라.

풀이 의자에 번호표를 붙이는 과정은 두 개의 작업으로 구성되어 있다. 알파벳 26자 중 하나를 할당하는 방법은 26가지이고 알파벳 각각에 대하여 한자리 자연수를 할당하는 방법은 아홉 가지이므로 알파벳에서 한 문자를 할당하고 나서 한 자리 자연수를 할당하는 방법은 모두

$$26 \times 9 = 234$$

가지이다. 따라서 서로 다르게 번호표를 붙일 수 있는 의자의 최대 개수는 234개이다. ■

예제 3-1, 3-2를 일반화하면 합의 법칙과 곱의 법칙을 다음과 같이 정리할 수 있다.

합의 법칙과 곱의 법칙

합의 법칙(rule of sum) : 두 사상 A와 B가 동시에 일어나지 않을 때, A는 m가지 방법으로 일어나고 B는 n가지 방법으로 일어나면, A 또는 B가 일어나는 경우의 수는 $m+n$가지이다.

곱의 법칙(rule of product) : 두 사상 A와 B가 있고 A는 m가지 방법으로 일어나고 B는 n가지 방법으로 일어나면, A와 B가 동시에 일어나는 경우의 수는 $m \times n$가지이다.

예제 3-3

국어책 3권, 영어책 4권, 수학책 5권이 있다. 이 책 중에서 서로 다른 종류의 책 두 권을 선택할 수 있는 방법은 모두 몇 가지인지 구하라.

풀이 국어책과 영어책을 선택할 수 있는 경우 : $3 \times 4 = 12$가지
국어책과 수학책을 선택할 수 있는 경우 : $3 \times 5 = 15$가지
영어책과 수학책을 선택할 수 있는 경우 : $4 \times 5 = 20$가지
이 세가지 경우는 동시에 일어나지 않으므로 전체 경우의 수는 합의 법칙에 의하여 $12 + 15 + 20 = 47$가지이다.

3.2.2 순열

서로 다른 원소 n개로 이루어진 집합으로부터 r개를 선택해서 한 줄로 순서있게 배열하는 것을 **순열**(permutation)이라 하며, 이 순열의 총 가짓수를 ${}_nP_r$로 나타낸다. 순열의 수는 곱의 법칙에 의하여 다음과 같이 구한다.

순열

$$ {}_nP_r = n \times (n-1) \times \cdots \times (n-r+1) = \frac{n!}{(n-r)!} $$

또한, 순열에서 다음이 성립한다.

$$ {}_nP_n = n(n-1) \cdots 3 \cdot 2 \cdot 1 = n! $$

$$ 0 \neq 1,\ {}_nP_0 = 1 $$

예제 3-4

20명인 수학교육과 학생중에서 회장, 부회장, 총무를 뽑으려고 한다. 뽑을 수 있는 방법의 총 가짓수를 구하라.

풀이 순서가 중요하기 때문에 20명에서 세 개의 직책을 배정할 수 있다. 구하는 총 가짓수는 ${}_{20}P_3 = 20 \times 19 \times 18 = 6840$가지이다.

(1) 복수순열

n개의 원소 중에서 같은 것이 몇 개 포함되어 있을 때 n개를 순서있게 일렬로 늘어놓는 것을 **복수순열**이라 하며 이것은 다음과 같이 구한다.

복수순열

n개의 원소 중에서 x개, y개, z개가 각각 서로 같고 나머지는 서로 다를 때(단, $x+y+z \le n$), n개를 모두 일렬로 늘어놓는 순열의 수는 다음과 같다.

$$\frac{n!}{x!\,y!\,z!}$$

예제 3-5

statistics의 영어 알파벳을 모두 사용하여 만든 순열의 수는 모두 몇 가지인가?

풀이 만약 세 문자 "s", "t", 두 문자 "i"가 모두 다르다면 10! 가지의 다른 순열이 존재할 것이다. 그러나 반복된 문자 "s"를 바꾸어도 다른 순열을 만들지 못하므로 10!을 3!로 나누어야 한다. 반복된 문자 "t"와 "i"에 대해서도 마찬가지로 적용하면 구하는 순열의 수는

$$\frac{10!}{3!\,3!\,2!} = 50400$$

이다.

(2) 중복순열

서로 다른 n개에서 중복을 허락하여 r개를 뽑아 한 줄로 배열하는 순열을 n개에서 r개를 뽑는 **중복순열**이라 하고, 총 가짓수를 ${}_n\Pi_r$로 나타낸다. 이때 다음이 성립한다.

중복순열

서로 다른 n개에서 r개를 뽑는 중복순열의 총 가짓수는 다음과 같다.

$${}_n\Pi_r = n^r$$

예제 1-6

5통의 편지를 A, B, C 세 우체통에 넣는 방법의 총 가짓수를 구하라.

풀이 구하는 총 가짓수는 서로 다른 세 우체통 A, B, C에서 중복을 허락하여 5개를 뽑아 한 줄로 나열하는 방법의 수와 같으므로 3개에서 5개를 뽑는 중복순열과 같다. 즉 ${}_3\Pi_5 = 3^5 = 243$이다.

(3) 원순열

n개의 서로 다른 원소들을 원형으로 배열하는 순열을 **원순열**이라 한다. 원순열에서는 회전하여 겹쳐지는 것은 모두 같은 배열로 생각한다.

예제 1-7

A, B, C, D 네 사람이 원탁 테이블에 둘러앉는 방법의 총 가짓수를 구하라.

풀이 A, B, C, D 네 사람을 한 줄로 배열하는 방법은 ${}_4P_4 = 4!$이다. 이들을 원주위에 배열할 때는 4가지 경우가 회전하여 겹치고, 회전하여 겹쳐지는 경우는 같은 배열로 생각하므로 구하는 총 가짓수는 다음과 같다.

$$\frac{{}_4P_4}{4} = \frac{4!}{4} = 3! = 6\text{가지}$$

일반적으로 다음이 성립한다.

원순열

1. 원형으로 배열하는 총 가짓수 : $\dfrac{n!}{n} = (n-1)!$
2. 원형으로 늘어놓고 뒤집어 놓을 수 있는 총 가짓수 : $\dfrac{(n-1)!}{2}$

3.2.3 조합

서로 다른 n개의 원소로부터 순서를 생각하지 않고 r개를 뽑는 것을 **조합**(combination)이라 하고, 조합의 총 가짓수를 ${}_nC_r$ 또는 $\binom{n}{r}$로 나타내며 다음과 같이 구한다.

조합

$$\binom{n}{r} = \frac{{}_nP_r}{r!} = \frac{n!}{(n-r)!r!} \qquad (\text{단, } 0 \le r \le n)$$

예제 3-8

10명의 수학교육과 학생 중에서 학생회 임원 3명을 뽑으려고 한다. 뽑을 수 있는 방법의 총 가짓수를 구하라.

풀이 10명 중에서 3명을 뽑는 방법의 총 가짓수는 다음과 같다.

$$\binom{10}{3} = \frac{10 \cdot 9 \cdot 8}{3 \cdot 2 \cdot 1} = 120$$

■

예제 1-9

어느 동아리는 남학생 10명과 여학생 10명으로 구성되어 있다. 이 중에서 남학생 3명과 여학생 2명을 뽑는 방법의 총 가짓수를 구하라.

풀이 남학생 10명 중에서 3명을 뽑는 방법은 ${}_{10}C_3$이고 여학생 10명 중에서 2명을 뽑는 방법은 ${}_{10}C_2$이므로, 곱의 법칙에 의하여 구하는 총 가짓수는 다음과 같다.

$${}_{10}C_3 \times {}_{10}C_2 = \frac{10 \cdot 9 \cdot 8}{3 \cdot 2} \times \frac{10 \cdot 9}{2} = 5400$$

■

(1) 중복조합

n개의 서로 다른 원소로부터 중복을 허락하여 r개를 선택하는 것을 **중복조합**이라 하고 ${}_nH_r$로 나타낸다.

예제 3-10

3, 4, 5의 세 개의 수에서 중복을 허락하여 두 개를 뽑는 방법의 총 가짓수를 구하라.

풀이 실제로 구해 보면 다음 집합이 문제의 뜻에 해당되는 경우이다.

$$\{33,\ 34,\ 35,\ 44,\ 45,\ 55\}$$

위의 집합의 각 원소의 십의 자리의 수에 0을, 일의 자리의 수에 1을 더하자. 그러면 다음과 같이 된다.

$$33 \rightarrow 34 \qquad 34 \rightarrow 35$$
$$35 \rightarrow 36 \qquad 44 \rightarrow 45$$
$$45 \rightarrow 46 \qquad 55 \rightarrow 56$$

즉 문제의 뜻에 해당되는 집합은 {34, 35, 36, 45, 46, 56}으로 바뀌어진다. 바뀌어진 집합은 3, 4, 5, 6의 네 개의 수로부터 중복을 허락하지 않고 두 개의 수를 선택하는 것과 같다. 따라서 세 개의 수에서 중복을 허락하여 두 개를 뽑는 방법의 수는 다음과 같다.

$${}_3H_2 = {}_4C_2 = {}_{3+2-1}C_2 = 6$$

이 예제의 개념을 일반화하면 다음과 같은 중복조합의 공식을 얻는다.

중복조합

서로 다른 n개의 원소로부터 중복을 허락하여 r개를 선택하는 중복조합 ${}_nH_r$은 서로 다른 $n+r-1$개의 원소로부터 중복을 허락하지 않으면서 r개를 선택하는 방법의 수 ${}_{n+r-1}C_r$과 같다. 즉 다음과 같다.

$${}_nH_r = {}_{n+r-1}C_r$$

예제 3-11

다음 방정식을 만족하는 정수해는 몇 쌍인지 구하라.

$$x+y+z=12 \quad (\text{단, } x \geq 1,\ y \geq 2,\ z \geq 3)$$

풀이 $x-1,\ y-2,\ z-3$을 각각 $X,\ Y,\ Z$로 치환하면 다음이 된다.

$$X=x-1,\ \ Y=y-2,\ \ Z=z-3$$

그러면 다음이 성립한다.

$$X+Y+Z=x-1+y-2+z-3=6$$

$$X \geq 0,\ \ Y \geq 0,\ \ Z \geq 0$$

그러므로 $X+Y+Z=6$을 만족하는 음이 아닌 정수해는 $X,\ Y,\ Z$에서 중복을 허락하여 6개를 선택하는 중복조합이 된다. 따라서 구하는 개수는 다음과 같다.

$$_3H_6 = {_8C_6} = 28(\text{쌍})$$

■

예제 3-12

흰색 구슬 3개와 검은색 구슬 5개가 있다. 이 구슬들을 네 명의 학생들에게 나누어 주는 방법의 수를 구하라. (단, 같은 색의 구슬은 구별되지 않는다.)

풀이 흰색 구슬 3개를 네 명에게 나누어 주는 방법의 수는 $_4H_3 = {_6C_3}$이고,
검은색 구슬 5개를 네 명에게 나누어 주는 방법의 수는 $_4H_5 = {_8C_5}$이다.
따라서 구하는 방법의 수는 다음과 같다.

$$_4H_3 \cdot {_4H_5} = {_6C_3} \cdot {_8C_5} = 20 \cdot 56 = 1120$$

■

3.3 확률의 정의

어떤 시행을 n번 반복하였을 때 사상 A가 r번 일어나면 값 $\frac{r}{n}$을 사상 A의 상대돗수라고 한다. 그리고 n을 충분히 크게 하면, 이 상대돗수는 일정한 값 p에 가까워진

다. 이 일정한 값 p를 사상 A가 일어날 확률 또는 간단히 사상 A의 **확률**이라 하고, 기호 $P(A)$로 나타낸다.

표 3.1은 10원짜리 동전을 던졌을 때 앞면이 나타날 확률을 구하기 위하여, 10원짜리 동전을 던져서 나온 상대돗수를 조사한 것이다.

표 3.1 10원짜리 동전 던지기

던진 횟수	50	200	500	1000	2000	5000	10000
앞면이 나온 횟수	24	105	251	510	1006	2520	5010
상대돗수	0.48	0.525	0.502	0.51	0.503	0.504	0.501

표 3.1에 의하면 앞면이 나타난 상대돗수는 대략 $\frac{1}{2}=0.5$에 가까워짐을 알 수 있다. 이와 같이 같은 조건 아래에서 많은 횟수의 시행을 반복할 때 어떤 사상 A가 일어날 상대돗수가 일정한 값에 가까워지면, 이 일정한 값을 사상 A가 일어날 확률이라고 한다. 따라서 10원짜리 동전을 던질 때 앞면이 나타날 확률은 0.5라고 할 수 있다.

그러나 확률을 계산할 때 매번 위의 예와 같이 많은 수의 실험을 행하는 것은 불편하다. 많은 경우에 위와 같은 실험없이 확률을 계산할 수 있다.

한 개의 주사위를 던지는 시행에서, 그 주사위가 정확하게 만들어졌다는 가정 아래 각 눈이 나올 확률을 생각해보자. 물론 주사위를 수없이 많이 던져 각 눈이 나타나는 횟수를 세어 확률을 계산할 수는 있지만 굳이 그럴 필요가 없다. 왜냐하면 1에서 6까지의 주사위의 각각의 눈이 나올 가능성은 똑같다고 생각할 수 있으므로 매우 많은 실험을 할 경우 주사위의 1에서 6까지의 각각의 눈은 같은 횟수만큼 나오리라 예상되기 때문이다. 따라서 주사위의 각각의 눈이 나올 확률은 $\frac{1}{6}$이다. 이와 같이 계산된 확률은 라플라스(Laplace)에 의한 확률의 고전적 정의를 따른 것이다. 각각의 단순사상이 일어날 가능성이 같은 경우에 라플라스는 다음과 같이 확률을 정의하였다.

라플라스의 확률의 고전적 정의

어떤 시행에서 표본공간 Ω의 원소의 개수를 $n(\Omega)$로 나타내고, 각 단순사상이 일어날 가능성이 같은 경우에 사상 A에 속하는 단순사상의 개수를 $n(A)$라고 하면 사상 A가 일어날 확률은 다음과 같다.

$$P(A)=\frac{n(A)}{n(\Omega)}$$

예제 3-13

빨강 카드 3개와 노랑 카드 2개가 들어 있는 상자에서 카드 2개를 뽑을 때, 빨강 카드 1개와 노랑 카드 1개가 나올 확률을 구하라. (단, 상자 안에 들어 있는 모든 카드의 모양과 크기는 서로 같다.)

풀이 빨강 카드를 r_1, r_2, r_3라 하고 노랑 카드를 y_1, y_2라 하면 표본공간을 다음과 같이 나타낼 수 있다.

$$\{\{r_1,\ r_2\},\ \{r_1,\ r_3\},\ \{r_1,\ y_1\},\ \{r_1,\ y_2\},\ \{r_2,\ r_3\},\ \{r_2,\ y_1\},\ \{r_2,\ y_2\},\ \{r_3,\ y_1\},\ \{r_3,\ y_2\},\ \{y_1,\ y_2\}\}$$

또, 빨강 카드 1개와 노랑 카드 1개가 나오는 사상 A는 다음과 같다.

$$A=\{\{r_1,\ y_1\},\ \{r_1,\ y_2\},\ \{r_2,\ y_1\},\ \{r_2,\ y_2\},\ \{r_3,\ y_1\},\ \{r_3,\ y_2\}\}$$

이 경우에 어떤 2개의 카드가 뽑힐 가능성은 모두 같다고 할 수 있으므로 다음을 얻는다.

$$P(A)=\frac{6}{10}=\frac{3}{5}$$

만약 이후의 논의에서 '동전을 던질 때', '주사위를 던질 때' 또는 '52장의 카드에서 뽑은'이라는 용어를 사용한다면 동전의 각 면, 주사위의 각 면이나 52장의 카드 안에 있는 각 카드가 뽑히는 확률은 동일하다고 가정한다.

예제 3-14

균형 잡힌 세 개의 주사위를 동시에 던질 때, 윗면에 나타난 수들의 합이 6이 되는 확률을 구하라.

풀이 균형 잡힌 세 개의 주사위를 빨강, 노랑, 파랑 주사위로 생각하자. 각 주사위에서 나올 수 있는 경우는 여섯 가지이므로 표본공간의 수는 $6 \cdot 6 \cdot 6 = 216$이다. 순서쌍 $(1,\ 2,\ 3)$에서 첫째, 둘째, 셋째 성분은 각각 빨강, 노랑, 파랑 주사위 윗면에 나타난 숫자라고 하자. $(1,\ 2,\ 3)$과 성분이 같은 다른 순서쌍은 여섯 개가 존재한다.

합이 6이 되는 다른 경우는 (1, 1, 4)가 있는데 성분이 같은 다른 순서쌍은 세 개 존재한다. 또 합이 6이 되는 경우 (2, 2, 2)도 있다. 그러므로 주사위 뒷면에 나타난 눈의 합이 6이 되는 사상 A는 다음과 같다.

$$A=\{(1, 2, 3), (1, 3, 2), (2, 1, 3), (2, 3, 1), (3, 1, 2), (3, 2, 1), (1, 1, 4), (1, 4, 1), (4, 1, 1), (2, 2, 2)\}$$

따라서 구하고자 하는 확률은

$$\frac{10}{216}=\frac{5}{108}$$

이다.

예제 3-15

52장의 카드에서 같은 숫자의 카드 세 장과 또 다른 같은 숫자의 카드 두 장이 들어오는 경우를 풀하우스라고 한다. 풀하우스가 들어오는 확률을 구하라.

풀이 예를 들면 세 장의 에이스와 두 장의 킹이 들어오는 경우를 풀하우스라고 한다. 같은 숫자의 카드 세 장을 선택하는 방법은 네 장에서 세 장을 선택하는 방법 $\binom{4}{3}$이고, 또 다른 같은 숫자의 카드 두 장을 선택하는 방법은 $\binom{4}{2}$이다. 이 두 가지 숫자의 카드를 순서적으로 선택하는 경우 ${}_{13}P_2$도 고려해야 한다. 그러므로 풀하우스가 들어오는 경우는 곱의 법칙에 의해 다음과 같다.

$${}_{13}P_2\binom{4}{3}\binom{4}{2}=13\cdot 12\cdot 4\cdot 6=3744$$

다섯 장의 카드를 선택하는 경우는 $\binom{52}{5}$이므로 구하는 확률은 다음과 같다.

$$\frac{3744}{2,598,960}\approx 0.0014$$

라플라스는 일어날 가능성이 같은 경우의 개념으로 확률의 개념을 정의하였는데, 이 정의는 일어날 가능성이 같은 경우가 유한 개 있는 실험에만 적용될 뿐이다. 그러나 실제 문제는 '일어날 가능성이 같은' 형태가 아닌 것도 있고 전체 조사 결과의 개수가 무한인 경우도 많아서 라플라스의 확률의 정의보다 좀더 일반적인 확률의 개념을 필요로 한다. 이런 개념을 이끌어 내는데 콜모고로프(Kolmogorov)는 다음과 같이 확률을 공리적으로 정의하였다.

확률의 공리적 정의

1. 표본공간 Ω의 임의의 사상 A에 대하여 $0 \le P(A) \le 1$이다.
2. 표본공간 Ω에 대하여 $P(\Omega) = 1$이다.
3. 서로 배반인 사상 A_1, A_2, $\cdots$에 대하여

$$P(A_1 \cup A_2 \cup \cdots) = P(A_1) + P(A_2) + \cdots$$

이다.

위의 공리 1, 2, 3을 만족할 때, $P(A)$를 사상 A의 확률이라 한다.

확률의 공리적 정의로부터 다음과 같은 성질들이 유도된다.

확률의 성질

1. $P(\phi) = 0$
2. 서로 배반인 사상 A_1, A_2, $\cdots$, A_n에 대해 다음이 성립한다.
$$P(A_1 \cup A_2 \cup \cdots \cup A_n) = P(A_1) + P(A_2) + \cdots + P(A_n)$$
3. $P(A^c) = 1 - P(A)$
4. 표본공간 Ω의 임의의 사상 A와 B에 대해 다음이 성립한다.
$$P(A \cup B) = P(A) + P(B) - P(A \cap B)$$

증명 1. $A_i = \phi$, $(i = 1, 2, \cdots)$들은 서로 배반인 사상이므로 공리 3에 의하여 다음이 성립한다.

$$P(\phi) = P(\bigcup_{i=1}^{\infty} \phi) = \sum_{i=1}^{\infty} P(\phi)$$

공리 1에 의해 $P(\phi) \ge 0$이므로 $P(\phi) = 0$이다.

2. 무한인 표본공간에서 $i \ge n+1$에서 $A_i = \phi$라 하자. 그러면 사상 A_1, A_2, $\cdots$은 서로 배반이고 $\bigcup_{i=1}^{\infty} A_i = \bigcup_{i=1}^{n} A_i$가 된다. 따라서 공리 3에 의해 다음 식이 성립한다.

$$P(\bigcup_{i=1}^{n} A_i) = P(\bigcup_{i=1}^{\infty} A_i) = \sum_{i=1}^{\infty} P(A_i)$$

$$= \sum_{i=1}^{n} P(A_i) + \sum_{i=n+1}^{\infty} P(A_i)$$
$$= \sum_{i=1}^{n} P(A_i)$$

3. $A \cup A^c = \Omega$이고 A와 A^c은 서로 배반인 사상이므로 다음이 성립한다.

$$\begin{aligned} 1 &= P(\Omega) \\ &= P(A \cup A^c) \\ &= P(A) + P(A^c) \end{aligned}$$

따라서 $P(A) = 1 - P(A^c)$이다.

4. $A \cup B = A \cup (A^c \cap B)$이고 A와 $(A^c \cap B)$는 서로 배반인 사상이므로 다음 식이 성립한다.

$$P(A \cup B) = P(A) + P(A^c \cap B) \qquad (1)$$

또 $B = (A \cap B) \cup (A^c \cap B)$이고 $(A \cap B)$와 $(A^c \cap B)$는 서로 배반인 사상이므로 다음 식이 성립한다.

$$P(B) = P(A \cap B) + P(A^c \cap B) \qquad (2)$$

식 (1)과 (2)로부터 다음 식을 얻는다.

$$P(A \cup B) = P(A) + P(B) - P(A \cap B)$$

참고 $P(A \cup B \cup C) = P(A) + P(B) + P(C) - P(A \cap B)$
$\qquad - P(A \cap C) - P(B \cap C) + P(A \cap B \cap C)$

예제 3-16

우리 나라 사람들의 혈액형의 분포는 대략 다음과 같다. A형은 전체의 22%, B형은 23%, AB형은 3%, O형은 52%이다. 어떤 환자가 응급실에서 혈액형을 조사받고 있다. 이 환자의 혈액형이 A형이나 B형 또는 AB형일 확률을 구하라.

풀이 이 환자의 혈액형이 A, B, AB, O형일 사상을 각각 A_1, A_2, A_3, A_4라 하자. 그러면 이 실험의 표본공간은 다음과 같다.

$$\Omega = \{A_1, A_2, A_3, A_4\}$$

사상 A_1, A_2, A_3는 서로 배반사상이고, $P(A_1 \cup A_2 \cup A_3)$의 값을 구하고 있다. 확률의 성질 4에 의해서 다음을 얻는다.

$$P(A_1 \cup A_2 \cup A_3) = P(A_1) + P(A_2) + P(A_3)$$
$$= 0.22 + 0.23 + 0.33$$
$$= 0.48$$

■

예제 3-17

52장의 카드에서 임의로 한 장을 뽑을 때 퀸이나 빨간색 무늬의 카드가 나올 확률을 구하라.

풀이 A를 퀸이 나올 사상이라 하고, B를 빨간색 무늬의 카드가 나올 사상이라 하자. 그러면 $A \cap B$는 빨간색 무늬의 퀸이 나올 사상이고 다음을 얻는다.

$$P(A) = \frac{4}{52},\ \ P(B) = \frac{26}{52},\ \ P(A \cap B) = \frac{2}{52}$$

확률의 성질 3을 이용하면 구하는 확률은 다음과 같다.

$$\begin{aligned} P(A \cup B) &= P(A) + P(B) - P(A \cap B) \\ &= \frac{4}{52} + \frac{26}{52} - \frac{2}{52} \\ &= \frac{28}{52} = \frac{7}{13} \end{aligned}$$

■

예제 3-18

홀수가 나오는 횟수가 짝수가 나오는 횟수의 두배가 되는 주사위가 있다. 한번 던졌을 때 4보다 큰 수가 나올 확률을 구하라.

풀이 표본공간은 $\Omega = \{1, 2, 3, 4, 5, 6\}$이다. 짝수가 나올 확률을 p라 하면 홀수가 나올 확률은 $2p$이다. 확률의 공리에 의해 $2p + p + 2p + p + 2p + p = 1$이다. $p = \frac{1}{9}$이고 4보다 큰 수가 나올 확률은 다음과 같다.

$$\frac{2}{9} + \frac{1}{9} = \frac{1}{3}$$

■

정리 3.1

표본공간 Ω의 임의의 사상 $A_1, A_2, \cdots, A_n$에 대하여 다음 부등식이 성립한다.

$$P(A_1 \cup A_2 \cup \cdots \cup A_n) \le P(A_1) + P(A_2) + \cdots + P(A_n) \quad (1)$$

즉 $$P(\bigcup_{i=1}^{n} A_i) \le \sum_{i=1}^{n} P(A_i)$$

증명 확률의 성질에 의해 $n=2$일때 식(1)이 성립한다. 수학적 귀납법에 의해서 $n=k$일 때 식(1)의 성립을 가정하자.

$\bigcup_{i=1}^{k+1} A_i = (\bigcup_{i=1}^{k} A_i) \cup A_{k+1}$이므로 $n=k+1$일때 다음 식이 성립한다.

$$\begin{aligned} P(\bigcup_{i=1}^{k+1} A_i) &= P[(\bigcup_{i=1}^{k} A_i) \cup A_{k+1}] \\ &\le P(\bigcup_{i=1}^{k} A_i) + P(A_{k+1}) \\ &\le \sum_{i=1}^{k} P(A_i) + P(A_{k+1}) = \sum_{i=1}^{k+1} P(A_i) \end{aligned}$$

정리 3.2 본페로니의 부등식(Bonferroni' s Inequality)

표본공간 Ω의 임의의 사상 $A_1, A_2, \cdots, A_n$에 대하여 다음 부등식이 성립한다.

$$P(\bigcap_{i=1}^{n} A_i) \ge 1 - \sum_{i=1}^{n} P(A_i^c)$$

증명 드 모르간 법칙에 의하여 $\bigcap_{i=1}^{n} A_i = (\bigcup_{i=1}^{n} A_i^c)^c$이 성립한다. 여사상과 정리 1.1에 의하여 다음 식이 성립한다.

$$\begin{aligned} P(\bigcap_{i=1}^{n} A_i) &= P[(\bigcup_{i=1}^{n} A_i^c)^c] \\ &= 1 - P(\bigcup_{i=1}^{n} A_i^c) \\ &\ge 1 - \sum_{i=1}^{n} P(A_i^c) \end{aligned}$$

예제 3-19

어떤 휴대폰은 50개의 부품으로 구성되어 있다고 한다. 각 부품의 수명은 3년 내에 고장나지 않을 확률이 모두 0.997로 같다고 할 때, 이 휴대폰이 3년 내에 고장나지 않을 최소 확률을 구하라.

풀이 A_i를 i번째 부품이 고장나지 않을 사상이라 하자. 휴대폰이 3년 이내에 고장나지 않으려면 50개 부품이 모두 고장나지 않아야 하므로 구하고자 하는 확률은 $P(A_1 \cap A_2 \cdots \cap A_{50})$이다. 따라서 본페로니의 부등식에 의해 다음 확률을 얻는다.

$$P(\bigcap_{i=1}^{50} A_i) \geq 1 - \sum_{i=1}^{50} P(A_i^c) = 1 - 0.003 \times 50 = 0.85$$

3.4 조건부 확률

사상 A가 일어났을 때 사상 B가 일어날 확률을 구할 필요가 종종 있다. 이 확률은 사상 A가 주어졌을 때 사상 B의 **조건부 확률**(conditional probability)이라 하고, 이를 $P(B|A)$로 나타낸다. 이때 A는 새로운 표본공간의 역할을 하고 $P(B|A)$는 $P(A)$에 대한 $P(A \cap B)$의 비로서 정의한다. $P(A)$는 주어진 사상 A가 일어날 확률이고 $P(A \cap B)$는 주어진 사상 A와 제기된 사상 B가 동시에 일어날 확률이다. 이를 정리하면 다음과 같다.

조건부 확률

사상 A가 일어났을 때, 사상 B의 조건부 확률 $P(B|A)$는 다음과 같이 정의한다.

$$P(B|A) = \frac{P(A \cap B)}{P(A)} \quad (\text{단, } P(A) > 0)$$

마찬가지로 사상 B가 일어났을 때, 사상 A의 조건부 확률 $P(A|B)$를 다음과 같이 정의한다.

$$P(A|B) = \frac{P(A \cap B)}{P(B)}$$

참고 조건부 확률은 다음과 같이 확률의 성질을 만족한다.

$$P(\phi | A) = 0$$

$$P(B^c | A) = 1 - P(B | A)$$

$$P[(A \cup B) | C] = P(A | C) + P(B | C) - P[(A \cap B) | C]$$

특히, 서로 배반인 사상 A_1, A_2에 대하여 다음이 성립한다.

$$\begin{aligned} P[(A_1 \cup A_2) | B] &= \frac{P[(A_1 \cup A_2) \cap B]}{P(B)} \\ &= \frac{P(A_1 \cap B) + P(A_2 \cap B)}{P(B)} \\ &= P(A_1 | B) + P(A_2 | B) \end{aligned}$$

예제 3-20

주사위 한 개를 계속해서 두 번 던진다. 첫 번째 던진 주사위의 눈이 두 번째 던진 주사위의 눈보다 작을 때 첫 번째와 두 번째 던진 주사위의 눈의 합이 9가 될 확률을 구하라.

풀이 첫 번째 던진 주사위의 눈이 두 번째 던진 주사위의 눈보다 작은 사상을 A, 두 주사위의 합이 9일 사상을 B라 하자. 표본공간은 다음과 같다.

$$\Omega = \{(1, 1), (1, 2), \cdots, (6, 5), (6, 6))\}$$

그러므로 Ω의 원소는 36개이다. 사상 A는

$$A = \{(A_1, A_2) | (A_1 < A_2\} = \{(1, 2), (1, 3), \cdots, (5, 6)\}$$

이고, A의 원소는 15개이다. 그러므로 다음을 얻는다.

$$P(A) = \frac{15}{36}$$

또, $B = \{(3, 6), (4, 5), (5, 4), (6, 3)\}$이고

$$A \cap B = \{(A_1, A_2) | (A_1 < A_2,\ A_1 + A_2 = 9\} = \{(3, 6), (4, 5)\}$$

이므로 다음을 얻는다.

$$P(B) = \frac{4}{36}, \quad P(A \cap B) = \frac{2}{36}$$

따라서 구하는 조건부 확률은 다음과 같다.

$$P(B|A) = \frac{P(A \cap B)}{P(A)} = \frac{\frac{2}{36}}{\frac{15}{36}} = \frac{2}{15}$$

■

이제, 이 문제를 새로운 표본공간을 이용해서 풀어 보자. 첫 번째 던진 주사위의 눈이 두 번째 던진 주사위의 눈보다 작은 조건 아래에서 모든 가능한 실험 결과의 집합, 즉 표본공간은 다음과 같다.

$$A = \{(A_1, A_2) | (A_1 < A_2\} = \{(1, 2), (1, 3), \cdots, (5, 6)\}$$

새로운 표본공간 A의 원소는 15개이다. 첫 번째 던진 주사위의 눈이 두 번째 던진 주사위의 눈보다 작을 때, 두 주사위의 눈의 합이 9가 되는 사상을 새로운 표본공간 A에서 찾으면 되는데 이 사상은 $\{(3, 6), (4, 5)\}$이다. 그러므로 구하는 조건부 확률은 $P(B|A) = \frac{2}{15}$이다.

예제 3-21

예제 3-18의 주사위를 이용하여 던진 주사위의 눈이 2 이상이 나왔을 때 그 눈이 완전제곱일 확률을 구하라.

풀이 주사위의 눈이 2 이상인 사상을 A, 주사위의 눈이 완전제곱일 사상을 B라 하자.

$$A = \{2, 3, 4, 5, 6\} \text{이고 } P(A) = \frac{1}{9} + \frac{2}{9} + \frac{1}{9} + \frac{2}{9} + \frac{1}{9} = \frac{7}{9}$$

이다. 또 $B = \{1, 4\}$이고 $A \cap B = \{4\}$이다. 그러므로 $P(A \cap B) = \frac{1}{9}$이다.

따라서 구하는 조건부확률은 다음과 같다.

$$P(B|A) = \frac{P(A \cap B)}{P(A)} = \frac{1/9}{7/9} = \frac{1}{7}$$

■

조건부 확률의 정의로부터 다음의 곱셈법칙이 성립함을 쉽게 알 수 있다.

곱셈법칙

$$P(A \cap B) = P(A) \cdot P(B|A) = P(B) \cdot P(A|B)$$

예제 3-22

어떤 중학교의 재학생 중에서 컴퓨터 보유자는 30%이고 그 중 40%가 안경을 쓰고 있다고 한다. 그 학교에서 임의로 한 학생을 뽑았을 때 그 학생이 안경을 쓴 컴퓨터 보유자일 확률을 구하라.

풀이 컴퓨터 보유자일 사상을 A, 안경을 쓸 사상을 B라 하자. 컴퓨터 보유자는 30%이므로 $P(A) = 0.3$이고 컴퓨터 보유자 중 40%가 안경을 쓰고 있으므로 $P(B|A) = 0.4$이다. 그러므로 다음을 얻는다.

$$P(A \cap B) = P(A)P(B|A) = 0.3 \times 0.4 = 0.12$$

■

예제 3-23

상자 안에 불량품 2개, 양호품 10개 들어 있다. 여기서 1개씩 차례로 2개를 추출할 때 처음 1개는 불량품, 나중 1개는 양호품이 나올 확률을 구하라. 비복원추출과 복원추출의 경우로 나누어서 구하라.

풀이 첫 번째 꺼낸 제품이 불량품일 사상을 A, 두 번째 꺼낸 제품이 양호품일 사상을 B라 하자.

(1) 비복원추출의 경우 : 추출된 것은 되돌려 놓지 않고 추출해 나가는 방법이다. 처음에 불량품이 나올 확률은 $P(A) = \frac{2}{12}$이다. 왜냐하면 12개의 제품 중 2개가 불량품이고 또 임의로 추출하므로 각 제품이 추출될 확률은 모두 $\frac{1}{12}$이기 때문이다.
사상 A가 일어났다면, 상자 안에는 11개의 제품이 있고 그 중에서 1개가 불량

품이다. 그러므로 11개의 제품 중에서 양호품이 나올 확률은 $P(B|A)=\dfrac{10}{11}$이다. 따라서 다음을 얻는다.

$$P(A\cap B)=P(A)\cdot P(B|A)=\frac{2}{12}\cdot\frac{10}{11}=\frac{5}{33}$$

(2) 복원추출의 경우 : 추출된 것을 되돌려 넣고 추출하는 방법이다. 처음에 불량품이 나올 확률은 $P(A)=\dfrac{2}{12}$, 나중에 양호품이 나올 확률은 $P(B|A)=P(B)=\dfrac{10}{12}$이다. 왜냐하면 사상 A가 일어났더라도 추출된 것을 되돌려 넣으므로 12개의 제품 중 불량품의 개수는 처음 상태 그대로 2개이기 때문이다. 따라서 다음을 얻는다.

$$P(A\cap B)=P(A)\cdot P(B|A)=P(A)\cdot P(B)=\frac{2}{12}\cdot\frac{10}{12}=\frac{5}{36}$$

■

정리 3.3

사상 A, B, C가 $P(A\cap B)\neq 0$인 임의의 사상이라 하자. 이때 다음이 성립한다.

$$P(A\cap B\cap C)=P(A)\cdot P(B|A)\cdot P(C|A\cap B)$$

증명 곱셈법칙으로부터 다음을 얻는다.

$$\begin{aligned}P(A\cap B\cap C)&=P[(A\cap B)\cap C]\\&=P(A\cap B)\cdot P(C|A\cap B)\\&=P(A)\cdot P(B|A)\cdot P(C|A\cap B)\end{aligned}$$

참고 $P(A_1\cap A_2\cdots\cap A_n)=P(A_1)P(A_2|A_1)\cdots P(A_n|A_1\cap A_2\cap\cdots\cap A_{n-1})$

예제 3-24

상자 안에 30개의 전구가 있는데 그중 5개는 불량품이다. 3개를 비복원추출한다고 할 때, 3개 모두 불량품일 확률을 구하라.

풀이 첫 번째 꺼낸 제품이 불량품일 사상을 A, 두 번째 꺼낸 제품이 불량품일 사상을 B, 세 번째 꺼낸 제품이 불량품일 사상을 C라 하자. 그러면

$$P(A)=\frac{5}{30},\ P(B\,|\,A)=\frac{4}{29},\ P(C\,|A\cap B)=\frac{3}{28}$$

이므로 3개 모두 불량품일 확률은 다음과 같다.

$$\begin{aligned}P(A\cap B\cap C)&=\frac{5}{30}\cdot\frac{4}{29}\cdot\frac{3}{28}\\&=\frac{1}{406}\end{aligned}$$

■

사상 A가 일어나든지 사상 B가 일어날 확률에 어떠한 영향도 주지 않을 때 즉,

$$P(B|A)=P(B)$$

일때, 사상 A와 사상 B는 **서로 독립**(mutually independent)이라고 한다.

따라서 두 사상 A와 B가 서로 독립일때 조건부 확률의 정의로부터 다음이 성립함을 알 수 있다.

$$P(B)=\frac{P(A\cap B)}{P(A)}$$

즉, $P(A\cap B)=P(A)P(B)$이다.

또한 $P(A)>0$, $P(B)>0$이면 곱셈법칙에 의해서 서로 독립인 사상 A와 B에 대하여 다음이 성립한다.

$$P(A)P(B)=P(A\cap B)=P(A|B)P(B)$$

즉, $P(A\,|\,B)P(A)$가 성립한다. 이를 정리하면 다음과 같다.

독립사상

두 사상 A와 B가 독립일 필요충분조건은 다음과 같다.

$$P(A\cap B)=P(A)\cdot P(B)$$

두 사상 A와 B가 독립이 아닐 때, 즉 사상 A의 발생 여부에 따라서 사상 B가 일어날 확률이 달라질 때, 사상 B는 사상 A에 **종속한다**고 하며 사상 B를 사상 A의 **종속사상**(dependent event)이라 한다.

예제 3-25

52장의 카드에서 차례대로 2장의 카드를 꺼낼 때 2장 모두 J카드가 나타날 확률을 구하라. 복원추출이라 가정한다.

풀이 첫 번째 꺼낸 카드가 J카드인 사상을 A, 두 번째 카드가 J카드인 사상을 B라 하자. 카드 한 벌에는 52장이 있고 그 중 4장이 J카드이므로 다음을 얻는다.

$$P(A)=\frac{4}{52}=\frac{1}{13}$$

그리고 복원추출이므로 A와 B는 독립이다. 따라서 다음을 얻는다.

$$P(B)=\frac{4}{52}=\frac{1}{13}$$

그러므로 구하는 답은 다음과 같다.

$$P(A\cap B)=P(A)\cdot P(B)=\frac{1}{13}\cdot\frac{1}{13}=\frac{1}{169}$$

■

예제 3-26

두 개의 동전을 던질 때 앞면의 수가 0개 또는 1개인 사상을 A라 하고 앞면과 뒷면이 각각 1개인 사상을 B라 하자. 사상 A와 B는 독립인지 조사하자.

풀이 동전의 앞면을 H, 뒷면을 T라 할 때 표본공간 $\Omega=\{(H, H), (H, T), (T, H), (T, T)\}$이고 $A=\{(H, T), (T, H), (T, T)\}$, $B=\{(H, T), (T, H)\}$이다. $A\cap B=\{(H, T), (T, H)\}$이므로 다음이 성립한다.

$$P(A)=\frac{3}{4},\ P(B)=\frac{1}{2},\ P(A\cap B)=\frac{1}{2}$$

따라서 $P(A\cap B)\neq P(A)P(B)$이므로 A와 B는 종속이다.

■

정리 3.4

사상 A와 B가 독립이면 사상 A와 B^c도 또한 독립이다.

증명 $P(A \cap B^c) = P(A) - P(A \cap B)$이고 사상 A와 B는 서로 독립이므로 다음을 얻는다.

$$\begin{aligned} P(A \cap B^c) &= P(A) - P(A \cap B) \\ &= P(A) - P(A)P(B) \\ &= P(A)(1 - P(B)) = P(A)P(B^c) \end{aligned}$$

따라서 사상 A와 B^c은 독립이다.

세 사상의 독립사상

사상 A, B, C가 독립사상이기 위한 필요충분조건은 다음과 같다.

1. $P(A \cap B) = P(A)P(B)$
2. $P(A \cap C) = P(A)P(C)$
3. $P(B \cap C) = P(B)P(C)$
4. $P(A \cap B \cap C) = P(A)P(B)P(C)$

예제 3-27

동전을 두 번 던졌다고 하고, 사상 A, B, C를 다음과 같이 정의하자.

A : 첫 번째 던졌을 때 앞면이 나온 사상

B : 두 번째 던졌을 때 앞면이 나온 사상

C : 두 번 던졌을 때 같은 면이 나온 사상

사상 A, B, C는 독립사상인지 조사하라.

풀이 사상 $A = \{(H, H), (H, T)\}$, $B = \{(H, H), (T, H)\}$, $C = \{(H, H), (T, T)\}$이므로 $P(A) = P(B) = P(C) = \frac{1}{2}$이고 사상 $A \cap C = \{(H, H)\}$, $B \cap C = \{(H, H)\}$이므로 $P(A \cap C) = P(B \cap C) = \frac{1}{4}$이다. 독립사상 정의의 1, 2, 3은 만족된다. 그러나 $A \cap B \cap C = \{(H, H)\}$이다.

$$P(A \cap B \cap C) = \frac{1}{4} \neq \left(\frac{1}{2}\right)^3$$

이므로 정의 4가 만족되지 않는다. 따라서 사상 A, B, C는 독립사상이 아니다.

3.5 베이즈의 정리

베이즈의 정리를 알아보기 전에 표본공간 Ω의 **분할**(partition)의 정의를 살펴보자. 공사상이 아닌 표본공간 Ω에 대하여 다음 조건을 만족시키는 사상 $A_1, \cdots, A_n$을 Ω의 분할이라 한다.

$$(1)\ A_i \neq \phi,\ 1 \le i \le n$$

$$(2)\ \Omega = \bigcup_{i=1}^{n} A_i$$

$$(3)\ A_i \cap A_j = \phi,\ i \neq j$$

사상 $A_1, \cdots, A_n$은 표본공간 Ω의 분할이고, 조건부 확률 $P(B|A_1), \cdots, P(B|A_n)$ 뿐만 아니라 $P(A_1), \cdots, P(A_n)$의 확률을 알고 있을 때 $P(A_k|B)$와 같은 조건부 확률을 구하는데 관심을 갖고 있다. 주어진 조건으로부터 $P(A_k|B)$에 대한 공식은 다음과 같다.

$$P(A_k|B) = \frac{P(B \cap A_k)}{P(B)}$$

B는 서로 배반인 사상 $B \cap A_1,\ B \cap A_2, \cdots, B \cap A_n$의 합사상으로 다음이 성립한다.

$$P(B) = P(B \cap A_1) + \cdots + P(B \cap A_n)$$

등호의 우변에 있는 각 항을

$$P(B \cap A_i) = P(A_i)P(B|A_i)$$

로 표시할 수 있으므로 다음과 같은 **베이즈의 정리**(Bayes' theorem)를 얻는다.

$$\begin{aligned} P(A_k|B) &= P(B \cap A_k)/P(B) \\ &= P(A_k)P(B|A_k)/\sum_{i=1}^{n} P(A_i)P(B|A_i) \end{aligned}$$

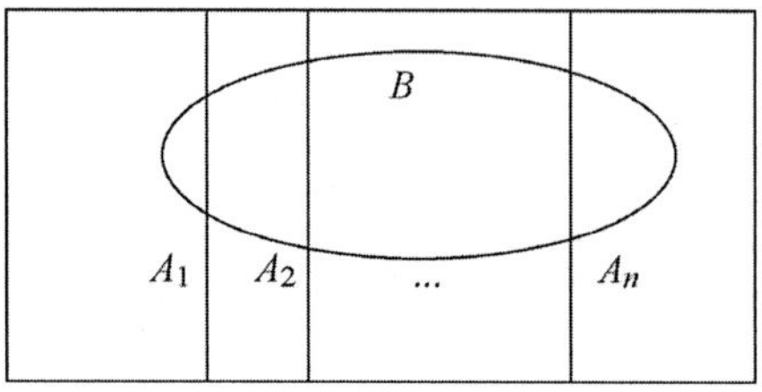

[그림 3.1] 분할

베이즈의 정리

사상 $A_1, \cdots, A_n$은 표본공간 Ω의 분할이고 $P(A_k) > 0$이고 $P(B) > 0$일때, 다음이 성립한다.

$$P(A_k|B) = \frac{P(A_k)P(B|A_k)}{\sum_{i=1}^{n} P(A_i)P(B|A_i)}$$

여기서 분모 $\sum_{i=1}^{n} P(A_i)P(B|A_i)$은 $P(B)$를 나타내며 이것을 **전확률의 법칙**(The total probability rule)이라 한다.

전확률의 법칙

사상 $A_1, \cdots, A_n$은 표본공간 Ω의 분할이고 $P(A_k) > 0$이고 $P(B) > 0$일때, 다음이 성립한다.

$$P(B) = \sum_{i=1}^{n} P(A_i)P(B|A_i)$$

베이즈의 정리에서 확률 $P(A_1), \cdots, P(A_n)$을 **사전확률**(prior probability)이라 하고 조건부 확률 $P(A_1|B), \cdots, P(A_n|B)$을 **사후확률**(posterior probability)이라 한다.

예제 3-28

두 개의 항아리가 있다. 첫째 항아리에는 노란 구슬 2개와 빨간 구슬 4개가 들어있고 둘째 항아리에는 노란 구슬 3개와 빨간 구슬 5개가 들어있다. 둘째 항아리에서 하나의 구슬을 꺼내어 첫째 항아리에 넣고 첫째 항아리에서 하나의 구슬을 꺼낼 때 노란 구슬이 나올 확률을 구하라.

풀이 Y를 첫째 항아리에서 꺼낸 구슬이 노란 구슬일 사상, A를 둘째 항아리에서 꺼낸 구슬이 노란 구슬일 사상, B를 둘째 항아리에서 꺼낸 구슬이 빨간 구슬일 사상이라 하자. 그러면

$$P(A) = \frac{3}{8},\ P(B) = \frac{5}{8}$$

이다.

노란 구슬을 첫째 항아리에 넣고 첫째 항아리에서 노란 구슬이 나올 확률은

$$P(Y \mid A) = \frac{3}{7}$$

빨간 구슬을 첫째 항아리에 넣고 첫째 항아리에서 노란 구슬이 나올 확률은

$$P(Y \mid B) = \frac{2}{7}$$

이다. 따라서 전확률의 법칙에 의해 $P(Y)$는 다음과 같이 구할 수 있다.

$$\begin{aligned} P(Y) &= P(A)P(Y \mid A) + P(B)P(Y \mid B) \\ &= \frac{3}{8} \cdot \frac{3}{7} + \frac{5}{8} \cdot \frac{2}{7} = \frac{19}{56} \end{aligned}$$

■

예제 3-29

어떤 공장에 나사못을 만드는 3대의 기계 제1호기, 제2호기, 제3호기가 있다. 제1호기는 전 생산량의 25%, 제2호기는 40%, 제3호기는 35%를 생산하고 있다. 제1호기는 자신이 생산하는 제품 중 1.5%, 제2호기는 자신이 생산하는 제품 중 1.8%, 제3호기는 자신이 생산하는 제품 중 1%의 불량품을 생산한다. 하루동안 생산된 전체 나사못으로부터 임의로 1개를 뽑아 시험했을 때 불량품 나사못이 나왔다면 그것이 제1호기, 제2호기, 제3호기로부터 생산되었을 확률을 구하라.

풀이 B를 불량품을 뽑을 사상이라 하고, A_1을 뽑힌 나사못이 제1호기로부터 생산되었을 사상, A_2를 뽑힌 나사못이 제2호기로부터 생산되었을 사상, A_3를 뽑힌 나사못이 제3호기로부터 생산되었을 사상이라 하자. 그러면 각 사상의 확률은 다음과 같다.

$$P(A_1) = 0.25, \quad P(A_2) = 0.4, \quad P(A_3) = 0.35$$

제1호기는 자신이 생산하는 제품 중 1.5%의 불량품을 생산하므로

$$P(B \mid A_1) = 0.015$$

이고, 마찬가지로 다음을 얻는다.

$$P(B \mid A_2) = 0.018, \quad P(B \mid A_3) = 0.01$$

또, A_1, A_2, A_3는 표본공간의 분할이다. 따라서 베이즈의 정리로부터 불량품 나사못이 제1호기로부터 생산되었을 확률은 다음과 같다.

$$P(A_1|B) = \frac{P(A_1)P(B|A_1)}{P(A_1)P(B|A_1) + P(A_2)P(B|A_2) + P(A_3)P(B|A_3)}$$

$$= \frac{0.25 \times 0.015}{0.25 \times 0.015 + 0.4 \times 0.018 + 0.35 \times 0.01}$$

$$= 0.26$$

같은 방법으로, 불량품 나사못이 제2호기로부터 생산되었을 확률은 $P(A_2| B) = 0.5$이고 불량품 나사못이 제3호기로부터 생산되었을 확률은 $P(A_3|B) = 0.24$이다.

예제 3-30

주머니 A에는 검은 구슬 2개와 빨간 구슬 3개가 들어 있고, 주머니 B에는 검은 구슬 3개와 빨간 구슬 2개가 들어 있다. 임의로 한 주머니를 택하여 구슬 1개를 꺼냈을 때 빨간 구슬이 나왔다면 그것이 주머니 B에서 나왔을 확률을 구하라. 단, 주머니 A와 주머니 B의 모양과 크기는 서로 같고, 각 주머니에 들어 있는 모든 구슬의 모양과 크기도 서로 같다.

풀이 R을 빨간 구슬이 나오는 사상이라 하고, A를 주머니 A가 선택될 사상, B를 주머니 B가 선택될 사상이라 하자. 그러면 $P(A) = \frac{1}{2}$이고 $P(B) = \frac{1}{2}$이다. 빨간 구슬이 주머니 A에서 나올 확률과 빨간 구슬이 주머니 B에서 나올 확률은 각각 $P(R|A) = \frac{3}{5}$이고 $P(R|B) = \frac{2}{5}$이다. 또, A와 B는 표본공간의 분할이다. 따라서 베이즈의 정리에 의하여 빨간 구슬이 주머니 B에서 나올 확률은 다음과 같다.

$$P(B|R) = \frac{P(B)P(R|B)}{P(A)P(R|A) + P(B)P(R|B)}$$

$$= \frac{\frac{1}{2} \times \frac{2}{5}}{\frac{1}{2} \times \frac{3}{5} + \frac{1}{2} \times \frac{2}{5}} = \frac{2}{5}$$

연습문제

1. education의 문자를 모두 사용하여 만든 순열 중에서 e와 c사이에 두 개의 문자가 들어 있는 경우의 수를 구하라.

2. 어떤 특정 제품의 티셔츠는 일곱가지 색깔로 나오는데 남성용과 여성용이 있고 각 성별로 세 가지 치수가 있다. 이 티셔츠는 서로 다르게 모두 몇 가지 만들어지는지 구하라.

3. A, B를 포함한 20명의 졸업생을 어떤 회사에 취직시키려 하는데 취직시킬 수 있는 인원은 6명이다. 20명의 졸업생 중에서 A는 포함시키고 B는 포함시키지 않는 6명을 고르는 방법의 총 가짓수를 구하라.

4. 4개의 서로 다른 상자에 5개의 같은 공을 넣는 방법의 수를 구하라.

5. 짝수로 시작하거나 짝수로 끝나는 세 자리 자연수의 개수를 구하라.

6. 원소 10개인 집합에서 원소 15개인 집합으로의 일대일 함수의 개수를 구하라.

7. 다음 방정식을 만족하는 양의 정수해는 몇 쌍인지 구하라.

$$x+y+z=8$$

8. 다음 조건을 만족하는 정수해는 몇 쌍인지 구하라.

$$x+y-z=12 \quad (\text{단},\ x>0,\ y>0,\ z<6)$$

9. m, n, k가 자연수일때 다음을 증명하라.

$$\sum_{r=0}^{k}\binom{m}{r}\binom{n}{k-r}=\binom{m+n}{k}$$

10. 5통의 편지 a, b, c, d, e와 5개의 우체통 A, B, C, D, E가 있다. 임의로 한 통의 편지를 한 개의 우체통에 넣는다고 가정할 때 적어도 한 통의 편지가 같은 알파벳이 적힌 우체통에 들어갈 확률을 구하라.

11. 임의의 사상 A와 B에 대하여 $P(A\cup B)=7/9$, $P(B)=5/8$, $P(A\cap B)=2/9$일 때 $P(A\cap B^c)$의 값을 구하라.

12. 52장의 카드에서 다섯장을 가질 때, 같은 숫자의 카드 두 장이 두 종류 나오고 나머지 하나가 다른 숫자의 카드 한 장이 나오는 경우를 투페어(two pair)라고 한다. 투페어가 나올 확률을 구하라.

13. 한변의 길이가 2인 정사각형의 내부에 임의로 한 점을 찍을 때, 이 점과 정사각형의 밑변이 이루는 삼각형이 둔각삼각형이 될 확률을 구하라.

14. 세 자리 자연수에서 다음 사상 A가 나올 확률을 구하라.

A : 짝수로 시작하거나 짝수로 끝나는 세 자리 자연수

15. 주사위 한 개를 6회 던졌을 때 그 중에서 1 또는 3의 눈이 2회 나올 확률을 구하라.

16. 조건부 확률의 성질을 증명하라.

(1) $P(B^c \mid A) = 1 - P(B \mid A)$

(2) $P[(A \cup B) \mid C] = P(A \mid C) + P(B \mid C) - P[(A \cap B) \mid C]$

17. 두 개의 똑같은 주사위를 동시에 던져서 나오는 결과를 (X_1, X_2)로 나타내자.

$$A = \{(X_1, X_2) \mid X_1 + X_2 = 10\}, \ B = \{(X_1, X_2) \mid X_1 > X_2\}$$

라고 할 때, $P(B \mid A)$의 값을 구하라.

18. 남성의 수가 여성의 수의 1.5배라 하고 남성의 5% 여성의 0.25%가 색맹이라 하자. 색맹인 사람을 임의로 한 명 선택할 때 그 사람이 여성일 확률을 구하라.

19. $P(A) = 0.5$, $P(B) = 0.3$, $P(A \mid B) = 0.7$일때 $P(B \mid A)$의 값을 구하라.

20. 노란 주사위와 빨간 주사위가 있다. 노란 주사위가 3 이상의 눈이 나온다는 조건 아래에서 두 주사위의 눈의 합이 8 이상이 될 확률을 구하라.

21. 사상 A와 B가 독립이면 사상 A^c와 B, A^c와 B^c가 각각 독립임을 증명하라.

22. 52장의 카드에서 2장의 카드를 복원추출하는 경우에 대해서 다음 확률을 구하라.

(1) 첫 번째 카드가 Q가 나올 확률

(2) 첫 번째 카드가 Q가 나왔다는 조건 아래, 두 번째 카드가 K가 나올 확률

(3) 첫 번째 카드가 Q이고, 두 번째 카드가 K가 나올 확률

23. 연습문제 22에서 비복원추출인 경우에 대해서 (1)~(3)에 답하라.

24. A와 B 두 궁수가 있는데 A와 B가 과녁에 활을 명중시킬 확률은 각각 0.6과 0.7이다. 적어도 한 궁수가 명중시킬 확률을 0.8이라면 두 궁수 모두가 명중시킬 확률을 구하라.

25. 똑같은 상자 A와 B가 있다. 그리고 A에는 빨간 구슬 3개와 노란 구슬 7개가 들어 있고, 상자 B에는 빨간 구슬 1개와 노란 구슬 9개가 들어 있다. 임의로 두 상자 중에서 한 상자를 택한 다음 그 상자에서 임의로 한 개를 꺼낸 것이 노란 구슬이었다. 이 노란 구슬이 상자 A에서 나왔을 확률을 구하라.

26. 초보자가 볼링할 때 적당한 무게의 공을 이용한다면 스트라이크가 될 확률은 $\frac{1}{5}$이다. 만약 초보자가 부적당한 무게를 이용하면 스트라이크가 될 확률은 $\frac{1}{8}$로 줄어든다. 공걸이에 여섯 개의 공이 있고 적당한 무게의 공은 두 개 뿐이다. 만약 초보자가 무작위로 공을 골라서 볼링할 때 스트라이크를 칠 확률을 구하라.

27. 인구의 0.5%가 어떤 질병을 갖고 있다. 실제 질병이 있는지를 판정하기 위해 혈액검사를 하는데 질병 보유자의 검사 결과가 양성(질병 있음)으로 나타날 확률이 95%이다. 그러나 질병이 없는 사람도 양성으로 나타날 수 있는데 그 확률은 1%이다. 만약 어떤 사람의 혈액 검사 결과가 양성으로 나타났을 때 실제 질병이 있을 확률을 구하라.

제 4 장

확률분포

제 04 장 확률분포

01 본장의 개요

이 장에서는 3장에서 배운 확률의 정의를 바탕으로 확률변수와 확률분포의 개념을 소개한다. 1절에서는 확률변수에 대하여 알아보고 2절에서는 이산확률변수와 연속확률변수의 확률분포인 이산확률분포와 연속확률분포에 대하여 알아본다. 3절에서는 확률변수의 기댓값과 분산을 정의하여 이를 구하고, 4절에서는 적률 및 적률생성함수를 통해 기댓값과 분산을 구해본다. 5절에서는 이산확률변수와 연속확률변수의 분포함수를 다룬다. 6절에서 10절까지는 이변량 확률분포에 대해서 알아본다. 결합확률분포, 조건부확률분포, 공분산과 상관계수, 독립성을 통해서 두 확률변수 사이의 관계에 대하여 알아본다.

4.1 확률변수

이 절에서는 단순사상으로 구성된 표본공간과 각 단순사상에 대응하는 확률로 특징지어지는 확률실험을 실행한다. 그러나 실험 결과가 정성적일때는 수치로 나타나지 않기 때문에 취급하기가 복잡한 경우가 많다. 그래서 실험 결과가 직접 수치로 나타나지 않는 경우에는 표본공간에 수치를 할당해서 정성적인 결과를 정량적인 결과로 바꾼다. 그러면 표본공간을 수직선에 대응시켜 생각할 수 있을 것이다.

예를 들어, 동전을 던져 앞면과 뒷면이 나타나는 사상에 0과 1을 할당하는 것과 여러 명의 병의 증세를 관찰하고 증상을 '중증', '경증', '양호함'으로 나누어서 각 증상에 수치를 할당하는 것이 이에 해당한다.

또, 한 개의 주사위를 던질 때 나타나는 눈의 수는 반드시 1과 6 사이의 수임을 알지만 각 시행에서 주사위가 취할 값을 예측할 수 없다. 즉 주사위의 눈의 수는 '우연'에 의한다고 말할 수 있다. 이와 마찬가지로 임의로 택한 전구의 수명시간도 '우연'에 의한다.

위에서 살펴본 대로 확률변수를 정량적인 측면과 우연의 측면을 고려해서 다음과 같이 정의한다.

확률변수(random variable)는 우연적인 실험 결과에 수치를 대응시켜 주는 함수로서 일반적으로 표본공간 위에서 정의된 실숫값 함수로 정의된다.

예제 4-1

소비자 세 명에게 A, B 두 제품의 선호도를 조사한다고 하자. X를 B제품보다 A제품을 선호하는 사람의 수라고 정의할 때, 확률변수 X를 설명하라.

풀이 소비자가 A제품을 선호하면 a로, B제품을 선호하면 b로 나타내자. 예를 들어 첫 번째와 두 번째 소비자가 A제품을 선호하고 세 번째 소비자가 B제품을 선호한다면 이에 대한 사상을 aab로 표시한다. 표본공간의 원소 전체의 개수는 $2 \cdot 2 \cdot 2 = 2^3 = 8$인데 이것들과 확률변수 X가 취하는 값을 표로 나타내면 다음과 같다.

표본공간	aaa	aab	aba	baa	abb	bab	bba	bbb
X의 값	3	2	2	2	1	1	1	0

여기서, 첫째 행은 표본공간의 원소를 나타내고 둘째 행은 각 원소에 대응되는 확률변수 X의 값이다.

■

4.2 확률분포

4.2.1 이산확률분포

예제 4-1에서 두 제품의 품질이 같고 소비자가 선호도를 독립적으로 표현한다면, 표본공간에서 각 사상이 일어날 확률은 모두 같고 $\frac{1}{8}$이다. 그러므로 확률변수 X가 취할 수 있는 각 값에 확률을 대응시킬 수 있는데 이를 표로 나타내면 다음과 같다.

X의 값	0	1	2	3
확 률	$\frac{1}{8}$	$\frac{3}{8}$	$\frac{3}{8}$	$\frac{1}{8}$

이와 같이 확률변수의 각 값들에 확률을 대응시켜 주는 관계를 X의 **확률분포**(probability distribution)라고 한다. 그리고 이와 같은 표를 확률변수 X의 **확률분포표**라 한다.

확률변수 X가 취할 수 있는 값의 가짓수가 유한이거나 무한이더라도 하나씩 셀 수 있을 때 X를 **이산확률변수**(discrete random variable)라 하며, 이산확률변수의 확률분포를 **이산확률분포**(distribution of a discrete random variable)라 한다.

이산확률변수 X가 x_1, x_2, $\cdots$의 값을 취할 때 X의 각 값에 대응하는 확률을

$$P(X=x_1),\ P(X=x_2),\ \cdots$$

라 하면 다음과 같은 함수를 생각할 수 있다.

$$f(x_i)=P(X=x_i) \quad (i=1,\ 2,\ \cdots)$$

이 함수 f를 X의 **확률함수**(probability function)또는 **확률질량함수**(probability mass function)라 한다.

일반적으로 확률변수를 대문자 X로 나타내고, 확률변수의 값을 소문자 x로 나타낸다. 그리고 확률변수 X가 어떤 특정한 값 x를 취하는 사상을 $(X=x)$로 나타낸다. x에 사용된 첨자는 확률변수의 각 값을 나타내고 $f(x_i)$는 X가 x_i를 취할 확률을 나타낸다. 확률함수 f는 다음과 같은 성질을 갖는다.

> **확률함수의 성질 : 이산확률변수의 경우**
>
> 1. $0 \le f(x_i) \le 1$ 　　 2. $\sum_{i=1}^{\infty} f(x_i)=1$

예제 4-2

두 개의 동전을 던지는 실험에서 앞면이 나오는 횟수를 X라 할 때 확률변수 X의 확률분포를 구하라.

풀이 앞면을 H, 뒷면을 T라 하면 표본공간 $\Omega=\{(H,\ H),\ (H,\ T),\ (T,\ H),\ (T,\ T)\}$이다. X는 앞면이 나오는 횟수이기 때문에 각 사상에 대응하는 X의 값은 각각 2,

1, 1, 0이다. 그러므로 다음을 얻는다.

$$f(0) = P(X=0) = \frac{1}{4}$$

$$f(1) = P(X=1) = \frac{1}{4} + \frac{1}{4} = \frac{1}{2}$$

$$f(2) = P(X=3) = \frac{1}{4}$$

이것을 정리하면 다음과 같은 확률분포를 얻는다.

표 4.1 앞면 수의 확률분포

x	0	1	2
$P(X=x)$	$\frac{1}{4}$	$\frac{1}{2}$	$\frac{1}{4}$

이것을 그래프로 나타내면 그림 4.1과 같다. 이 그래프는 확률변수 X의 값 x에 대응되는 확률 $f(x)$를 막대로 나타낸 것이다.

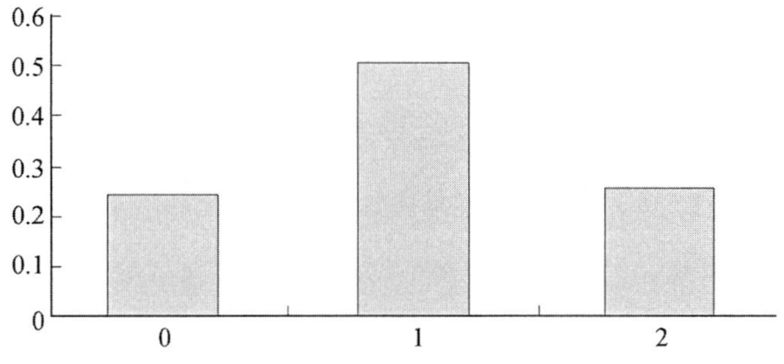

[그림 4.1] 표 4.1의 막대그래프

4.2.2 연속확률분포

어떤 실수 구간의 모든 값을 취하는 확률변수의 확률분포를 생각해보자. 온도, 체중, 신장, 강수량 등의 측정치가 이에 해당되는데, 이런 측정치를 기록할 때 단위에 따른 정숫값이나 소숫점 아래의 적당한 자리까지만을 근삿값을 사용하는 것보다는 어떤 범위 내의 모든 값을 실험의 결과로 생각하는 것이 편리할 때가 있다. 이와 같이, 확률변수 X가 어떤 구간 내의 모든 값을 취할 때 X를 **연속확률변수**(continuous random variable)라 하고 연속확률변수의 확률분포를 **연속확률분포**(distribution of a continuous random variable)라 한다.

그림 4.2와 같은 문자판에 점 O를 중심으로 하여 자유로이 돌릴 수 있는 바늘이 붙은 장치가 있다. 바늘을 세게 돌려서 자연스럽게 멈춘 위치에서 바늘이 가리키는 눈금을 X라 하자. X는 0부터 1까지의 값을 취하는 확률변수이다.

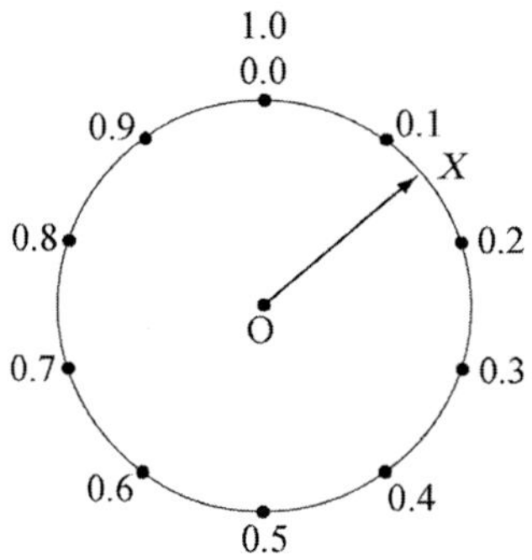

[그림 4.2] 연속확률변수 X

바늘이 멈추는 모든 경우가 동일한 가능성을 가지고 일어날 수 있으므로, X가 구간 $[a, b]$의 점을 가리키는 확률은 전체구간 $[0, 1]$의 길이와 구간 $[a, b]$의 길이의 비와 같다고 할 수 있다. 즉 다음과 같다.

$$P(a \leq X \leq b) = \frac{b-a}{1-0} = b-a \quad (\text{단, } 0 \leq a \leq b \leq 1)$$

한편, 함수 f를 구간 $[0, 1]$에서 다음과 같이 정의하자.

$$f(x) = 1, \ x \in [0, 1]$$

그러면 다음이 성립한다.

$$P(a \leq X \leq b) = b-a = \int_a^b f(x)dx$$

이 식으로부터 X에 관한 확률은 함수 f에 의해서 결정됨을 알 수 있다. 이와 같은 함수 f를 X의 **확률밀도함수**(probability density function)라고 한다. 연속확률변수 X의 확률밀도함수를 다음과 같이 정의한다.

확률밀도함수의 정의: 연속확률변수의 경우

다음을 만족시키는 f를 연속확률변수 X의 확률밀도함수라 한다.

1. 임의의 실숫값 x에 대하여 $f(x) \geq 0$
2. $\int_{-\infty}^{\infty} f(x)\,dx = 1$
3. $P(a \leq X \leq b) = \int_a^b f(x)dx \quad (-\infty < a < b < \infty)$

확률변수 X가 구간 (a, b)에 있을 확률 $P(a \leq X \leq b)$는 $x = a$와 $x = b$ 사이에서 함수 f의 그래프로 둘러싸인 영역의 넓이이다. $P(a \leq X \leq b)$는 그림 2.3에 나타나 있다.

확률밀도함수의 정의로부터 X가 연속확률변수일때 다음이 성립함을 알 수 있다.

(1) 임의의 실수 $x \in X$에 대하여 $P(X = x) = \int_x^x f(x)dx = 0$

(2) $P(a \leq X \leq b) = P(a \leq X < b) = P(a < X \leq b) = P(a < X < b)$

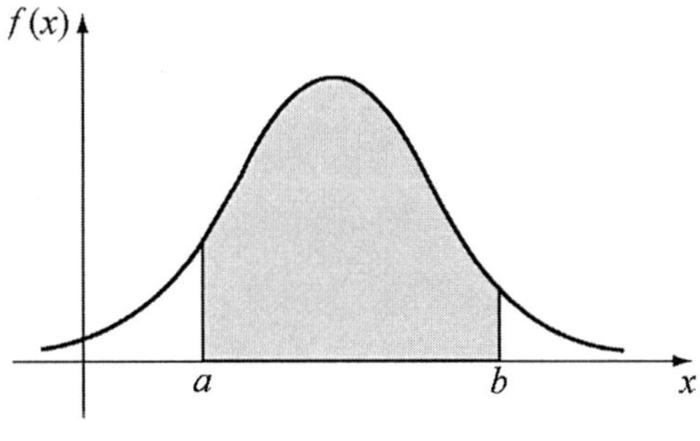

[그림 4.3] $P(a \leq X \leq b)$

예제 4-3

연속확률변수 X의 확률밀도함수가 다음과 같을 때, 확률 $P\left(0 \leq X \leq 1\frac{1}{2}\right)$을 구하라.

$$f(x) = \begin{cases} 2x - 2, & 1 \leq x \leq 2 \\ 0, & x < 1 \text{ 또는 } x > 2 \end{cases}$$

풀이 구하는 확률은 다음과 같다.

$$\begin{aligned} P\left(0 \le X \le 1\frac{1}{2}\right) &= \int_0^{1\frac{1}{2}} f(x)dx \\ &= \int_0^1 0dx + \int_1^{1\frac{1}{2}} (2x-2)dx \\ &= \left[x^2-2x\right]_1^{1\frac{1}{2}} \\ &= \left[\left(\frac{3}{2}\right)^2 - 2\cdot\frac{3}{2}\right] - [1^2 - 2\cdot 1] \\ &= \frac{1}{4} \end{aligned}$$

■

예제 4-4

확률밀도함수가 다음과 같을 때 상수 a의 값을 구하라.

$$f(x) = \begin{cases} ax^2, & 0 < x < 2 \\ 0, & x \le 0 \text{ 또는 } x \ge 2 \end{cases}$$

풀이 $\int_{-\infty}^{\infty} f(x) = 1$이므로 $\int_0^2 ax^2dx = 1$이다. 그런데

$$\int_0^2 ax^2dx = \left[\frac{ax^3}{3}\right] = \frac{8}{3}a = 1$$

이어야 하므로 $a = \frac{3}{8}$이다.

■

4.3 확률변수의 기댓값과 분산

확률분포의 특성을 나타내는 측도에 대해서 알아보자. 먼저 분포의 중심 위치를 나타내는 측도인 기댓값(expected value)에 대하여 알아보자.

이산확률변수 X가 취하는 값이 $x_1, x_2, \cdots, x_n$이고 $X = x_i$일 확률을

$$f(x_i) = P(X = x_i) \quad (i = 1, 2, \cdots, n)$$

이라 할 때,

$$\sum_{i=1}^{n} x_i f(x_i) = x_1 f(x_1) + x_2 f(x_2) + \cdots + x_n f(x_n)$$

을 이산확률변수 X의 평균 또는 **기댓값**(expected value)이라 하고, 기호로 $E(X)$로 나타낸다.

기댓값 $E(X)$는 확률변수 X가 취할 수 있는 모든 가능한 값에 그것에 대응하는 확률을 곱한 후 곱들을 모두 더한 수치이다.

연속확률변수 X가 모든 실숫값을 취하고 X의 확률밀도함수가 f일때 $\int_{-\infty}^{\infty} xf(x)dx$를 연속확률변수 X의 평균 또는 기댓값이라 한다.

확률변수의 기댓값

확률변수 X의 확률밀도함수를 f라 할 때 X의 기댓값은 다음과 같이 정의한다.

$$E(X) = \begin{cases} \sum_{i=1}^{n} x_i f(x_i) & (\text{이산확률변수}) \\ \int_{-\infty}^{\infty} xf(x)dx & (\text{연속확률변수}) \end{cases}$$

예제 4-5

동전을 던질 때 앞면이 나오든가 또는 어떤 면이 나오든 세 번 시행하면 중단하는 실험을 한다. 이 실험에서 동전을 던지는 횟수에 대한 기댓값과 뒷면이 나온 횟수에 대한 기댓값을 구하라.

풀이 표본공간은 $\Omega = \{(H), (T, H), (T, T, H), (T, T, T)\}$이다. 동전을 연속적으로 던지는 시행은 독립이므로 각 시행에 대한 확률은 다음과 같다.

표본공간	(H)	(T, H)	(T, T, H)	(T, T, T)
확률	$\frac{1}{2}$	$\frac{1}{4}$	$\frac{1}{8}$	$\frac{1}{8}$

X를 이 실험에서 동전을 던지는 횟수를 나타낸다고 하자.

X는 1, 2, 3의 값을 취하고 $X=1$에 대응하는 확률은 $\frac{1}{2}$이다.

$X=2$에 대응하는 경우는 (T, H)이고 확률은 $\frac{1}{4}$이다. $X=3$에 대응하는 경우는 (T, T, H)와 (T, T, T)이고 확률은 $\frac{1}{4}$이다. 이것을 표로 나타내면 다음과 같다.

x	1	2	3
$P(X=x)$	$\frac{1}{2}$	$\frac{1}{4}$	$\frac{1}{4}$

그러므로 $E(X)=1\cdot\frac{1}{2}+2\cdot\frac{1}{4}+3\cdot\frac{1}{4}=\frac{7}{4}$이다.

이제 Y를 이 실험에서 나온 뒷면의 횟수라 하자. Y는 0, 1, 2, 3을 취하고 $Y=0$에 대응하는 확률은 $\frac{1}{2}$이다. $Y=1$에 대응하는 경우는 (T, H)이고 확률은 $\frac{1}{4}$이다. $Y=2$에 대응하는 경우는 (T, T, H)이고 확률은 $\frac{1}{8}$이다. $Y=3$에 대응하는 경우는 (T, T, T)이고 확률은 $\frac{1}{8}$이다. 이것을 표로 나타내면 다음과 같다.

y	0	1	2	3
$P(Y=y)$	$\frac{1}{2}$	$\frac{1}{4}$	$\frac{1}{8}$	$\frac{1}{8}$

따라서 $E(Y)=0\cdot\frac{1}{2}+1\cdot\frac{1}{4}+2\cdot\frac{1}{8}+3\cdot\frac{1}{8}=\frac{7}{8}$이다.

■

예제 4-6

확률변수 X의 확률밀도함수가 다음과 같을 때 X의 기댓값을 구하라.

$$f(x)=\begin{cases}\frac{1}{2}x, & 0\le x\le 2\\ 0, & x<0 \text{ 또는 } x>2\end{cases}$$

풀이

$$E(X)=\int_{-\infty}^{\infty} xf(x)dx=\int_0^2 \frac{x}{2}dx=\frac{4}{3}$$

■

이제 X의 함수인 새로운 확률변수 $g(X)$의 기댓값을 다음 예를 통해서 알아보자.

예제 4-7

확률변수 X가 다음과 같은 확률분포표를 가질 때 확률변수 $g(X)=(X-2)^2$의 기댓값을 구하라.

x	0	1	2	3	4
$P(X=x)$	$\frac{1}{16}$	$\frac{4}{16}$	$\frac{6}{16}$	$\frac{4}{16}$	$\frac{1}{16}$

풀이 새로운 확률변수 $g(X)=(X-2)^2$의 기댓값을 다음과 같이 두 가지 방법으로 구할 수 있다.

(1) 확률변수 X의 확률분포로부터 $(X-2)^2$의 확률분포를 계산해서 구한다.

$(x-2)^2$	0	1	4	합
확 률	$\frac{3}{8}$	$\frac{1}{2}$	$\frac{1}{8}$	1
$(x-2)^2\times$확률	0	$\frac{1}{2}$	$\frac{1}{2}$	1

그러므로 다음이 성립한다.

$$E[(X-2)^2]=0\cdot\frac{3}{8}+1\cdot\frac{1}{2}+4\cdot\frac{1}{8}=1$$

(2) 확률변수 X의 확률분포로부터 직접 구한다. X의 확률분포는 다음 표의 첫째, 둘째 행에 주어져 있다. X의 각 값 x에 대하여 $(x-2)^2$를 구하고 각각에 $X=x$의 확률을 곱한다. 이런 곱의 합이 바로 구하는 기댓값이 된다.

x	0	1	2	3	4	합
$f(x)$	$\frac{1}{16}$	$\frac{4}{16}$	$\frac{6}{16}$	$\frac{4}{16}$	$\frac{1}{16}$	1
$(x-2)^2$	4	1	0	1	4	
$(x-2)^2f(x)$	$\frac{4}{16}$	$\frac{4}{16}$	0	$\frac{4}{16}$	$\frac{4}{16}$	1

따라서 다음이 성립한다.

$$\begin{aligned}E[(X-2)^2]&=\sum_{i=1}^{5}(x_i-2)^2f(x_i)\\&=4\cdot\frac{1}{16}+1\cdot\frac{4}{16}+0\cdot\frac{6}{16}+1\cdot\frac{4}{16}+4\cdot\frac{1}{16}=1\end{aligned}$$

■

예제 4-7에서 두 가지 방법에 대한 답은 같다. 특히, 두 번째 방법을 일반화하면 확률변수 X의 함수 $g(X)$의 기댓값을 다음과 같이 정의할 수 있다.

확률변수의 함수의 기댓값

확률변수 X의 확률밀도함수를 f라 할 때 $g(X)$의 기댓값을 다음과 같이 정의한다.

$$E[g(X)] = \begin{cases} \displaystyle\sum_{i=1}^{n} g(x_i)f(x_i) & (\text{이산확률변수}) \\ \displaystyle\int_{-\infty}^{\infty} g(x)f(x)dx & (\text{연속확률변수}) \end{cases}$$

$g(X)$의 기댓값은 X가 취하는 모든 값에서 $g(x_i)$를 구하고, x_i값에 대응하는 확률을 곱한 후 이 곱을 모두 합하면 된다.

기댓값의 정의로부터 다음과 같은 성질을 유도할 수 있다.

기댓값의 성질

1. $E(a) = a$
2. $E(bX) = bE(X)$
3. $E(X+a) = E(X) + a$
4. $E(X+Y) = E(X) + E(Y)$

여기서 a와 b는 상수이고 X와 Y는 확률변수이다.

확률분포의 흩어진 정도를 나타내는 측도인 분산(variance)에 대해 알아보자. $\mu = E(X)$는 확률분포의 중심 위치를 나타내는 측도이기 때문에, 분포의 흩어진 정도를 결정하기 위해서 X와 μ의 편차를 생각하게 된다.

편차($= X - \mu$)는 다음과 같은 값들을 갖는다.

$$(x_1 - \mu),\ (x_2 - \mu),\ \cdots,\ (x_k - \mu)$$

그리고 각 값들에 대응하는 확률은 각각 $f(x_1)$, $f(x_2)$, $\cdots$, $f(x_k)$이다.

$$E(\text{편차}) = E(X - \mu) = \sum (x_i - \mu)f(x_i) = \sum x_i f(x_i) - \mu \sum f(x_i) = 0$$

그러므로 흩어진 양을 결정하기 위해서 편차의 부호를 제외한 크기만을 이용해야 한다. $(x_i - \mu)$로부터 부호를 제거하는 방법은 $(x_i - \mu)^2$을 생각하는 것이다. 이것이 바로 분포의 흩어진 정도를 나타내는 측도인 분산이다.

확률변수 X의 분산은 $E[(X-\mu)^2]$으로 정의하며 기호로는 $Var(X)$, σ^2 또는 σ_X^2으로 나타낸다. 기댓값의 성질로부터 다음을 유도할 수 있다.

$$E[(X-\mu)^2] = E(X^2) - 2\mu E(X) + \mu^2$$
$$= E(X^2) - 2\mu^2 + \mu^2$$
$$= E(X^2) - \mu^2$$

만약 확률변수 X가 어떤 단위(예를 들면, 기댓값 문제에서 '원')로 측정된다면, $\mu = E(X)$는 같은 단위로 측정되지만 $Var(X)$는 그 단위의 제곱(예를 들면, 기댓값 문제에서 (원)^2)으로 측정된다. 확률변수 X가 표현되는 단위와 같은 단위로 흩어진 정도의 측도를 나타내기 위해서 분산에 제곱근을 취하는데, 이것이 표준편차이다. 즉, X의 **표준편차**(standard deviation)는 분산의 양의 제곱근으로 정의하며 sd(X) 또는 σ_X로 표시한다.

확률변수 X의 분산과 표준편차

X의 기댓값이 μ일때 다음이 성립한다.

1. $Var(X) = E[(X-\mu)^2] = E(X^2) - \mu^2$

$$= \begin{cases} \sum_{i=1}^{n}(x_i-\mu)^2 f(x_i) = \sum_{i=1}^{n} x_i^2 f(x_i) - \mu^2 & \text{(이산확률변수)} \\ \int_{-\infty}^{\infty}(x-\mu)^2 f(x)dx = \int_{-\infty}^{\infty} x^2 f(x)dx - \mu^2 & \text{(연속확률변수)} \end{cases}$$

2. $\text{sd}(X) = \sqrt{Var(X)}$

예제 4-8

확률변수 X의 확률분포가 다음과 같을 때 X의 기댓값, 분산, 표준편차를 구하라.

x	0	1	2
$P(X=x)$	$\frac{1}{4}$	$\frac{1}{2}$	$\frac{1}{4}$

풀이 기댓값, 분산, 표준편차는 다음과 같다.

$$E(X) = \sum_{i=1}^{3} x_i P(X=x_i)$$
$$= 0 \cdot \frac{1}{4} + 1 \cdot \frac{1}{2} + 2 \cdot \frac{1}{4} = 1$$

$$Var(X) = \sum_{i=1}^{3} x_i^2 P(X = x_i) - [E(X)]^2$$

$$= 0^2 \cdot \frac{1}{4} + 1^2 \cdot \frac{1}{2} + 2^2 \cdot \frac{1}{4} - 1^2 = \frac{1}{2}$$

$$\mathrm{sd}(X) = \sqrt{Var(X)} = \frac{1}{\sqrt{2}} = \frac{\sqrt{2}}{2}$$

■

예제 4-9

예제 4-6의 확률밀도함수에 대하여 X의 분산과 표준편차를 구하라.

풀이 X의 기댓값은 $\frac{4}{3}$이기 때문에 X의 분산은 다음과 같다.

$$Var(X) = \int_{-\infty}^{\infty} x^2 f(x)dx - \left(\frac{4}{3}\right)^2 = \int_0^2 x^2 \cdot \frac{1}{2}x dx - \frac{16}{9} = \frac{2}{9}$$

표준편차는 $\mathrm{sd}(X) = \frac{\sqrt{2}}{3}$이다.

■

분산은 기댓값으로부터 정의되었기 때문에 다음의 몇 가지 성질을 유도할 수 있다.

분산의 성질

상수 $a, b(b \neq 0)$에 대해 다음이 성립한다.

1. $Var(X + a) = Var(X)$
2. $Var(bX) = b^2 Var(X)$
3. $Var(a + bX) = b^2 Var(X)$

분산의 성질 3은 다음과 같이 증명할 수 있다.

증명 $Var(a + bX) = E[(a + bX)^2] - [E(a + bX)]^2$

$$= E(a^2 + 2abX + b^2X^2) - [a + bE(X)]^2$$

$$= a^2 + 2abE(X) + b^2E(X^2) - [a^2 + 2ab\,E(X) + b^2E(X)^2]$$
$$= b^2[E(X^2) - E(X)^2]$$
$$= b^2\,Var(X)$$

표준편차의 성질

상수 a, $b(b \neq 0)$에 대해 다음이 성립한다.

1. $\mathrm{sd}(X + a) = \mathrm{sd}(X)$
2. $\mathrm{sd}(bX) = |b|\mathrm{sd}(X)$
3. $\mathrm{sd}(a + bX) = |b|\mathrm{sd}(X)$

표준편차의 성질은 분산에 양의 제곱근을 취해서 바로 구할 수 있다.

예제 4-10

예제 4-8의 확률변수 X에 대해 $Y = 50X - 20$이 성립한다. Y의 기댓값, 분산, 표준편차를 구하라.

풀이 Y의 기댓값, 분산, 표준편차를 분산과 표준편차의 성질을 이용하여 구하면 다음과 같다.

$$E(Y) = 50E(X) - 20 = 50(1) - 20 = 30$$

$$Var(Y) = 50^2\,Var(X) = 50^2\left(\frac{1}{2}\right) = 1250$$

$$\mathrm{sd}(X) = |50|\mathrm{sd}(X) = 50\left(\frac{\sqrt{2}}{2}\right) = 25\sqrt{2}$$

■

4.4 적률 및 적률생성함수

앞 절에서는 확률변수의 기댓값 및 분산과 표준편차를 각각 정의하였다. 그러나 앞 절에서 사용한 식들은 일반화된 식들이 아니어서 불편할 때가 있다. 이런 식들을 간단하게 정의할 수 있는 일반화된 식에 대하여 알아보자.

4.4.1 적률

통계학에서 중요한 개념인 평균이나 분산의 식은 다음과 같은 식이 결합되었는데,

$$\frac{1}{n}\sum_{i=1}^{n}x_i,\quad \frac{1}{n}\sum_{i=1}^{n}x_i^2,\quad \frac{1}{n}\sum_{i=1}^{n}x_i^3,\ \cdots$$

이런 식을 적률(moment)이라 한다. 적률은 피어슨(K. Pearson)이 통계학에 처음 도입한 것으로 적률에는 **원점에 관한 적률**과 **산술평균에 관한 적률**이 있다.

확률변수 X의 확률함수를 $P(X=x_i)=f(x_i)$ (단, $i=1, 2, \cdots, n$), 확률밀도함수를 $f(x)$라 할 때, 확률변수 X의 k제곱의 기댓값 $E(X^k)$ 을 원점에 관한 k차 적률(the k-th moment about the zero)이라 하고, 다음과 같이 정의한다.

원점에 관한 k차 적률

$$E(X^k)=\begin{cases}\displaystyle\sum_{i=1}^{n}x_i^k f(x_i) & (\text{이산확률변수})\\[2ex] \displaystyle\int_{-\infty}^{\infty}x^k f(x)\,dx & (\text{연속확률변수})\end{cases}$$

원점에 관한 적률의 성질

1. 원점에 관한 0차 적률은 1이다.
2. 원점에 관한 1차 적률은 기댓값이다.

확률변수 X의 편차의 k제곱의 기댓값 $E[(X-\mu)^k]$을 산술평균에 관한 k차 적률(the k-th moment about the mean)이라 하고 다음과 같이 정의한다.

산술평균에 관한 k차 적률

$$E[(X-\mu)^k]=\begin{cases}\displaystyle\sum_{i=1}^{n}(x_i-\mu)^k f(x_i) & (\text{이산확률변수})\\[2ex] \displaystyle\int_{-\infty}^{\infty}(x-\mu)^k f(x)\,dx & (\text{연속확률변수})\end{cases}\qquad (\text{단}, \mu=E(X),\ k=1,2,\cdots)$$

산술평균에 관한 적률의 성질

1. 산술평균에 관한 0차 적률은 1이다.
2. 산술평균에 관한 1차 적률은 0이다.
3. 산술평균에 관한 2차 적률은 분산이다.
4. 산술평균에 관한 3차 적률은 왜도를 구하는데 이용된다.
5. 산술평균에 관한 4차 적률은 첨도를 구하는데 이용된다.

예제 4-11

1, 3, 5, 7, 9의 산술평균에 관한 1차 적률과 2차 적률을 구하라.

풀이 산술평균은 다음과 같다.

$$\bar{x} = \frac{1}{n}\sum_{i=1}^{n} x_i = \frac{1+3+5+7+9}{5} = 5$$

산술평균에 관한 1차 적률은 다음과 같다.

$$\mu_i = \frac{1}{n}\sum_{i=1}^{n}(x_i - \bar{x}) = 0$$

그러면 산술평균에 관한 2차 적률은 다음과 같다.

$$\mu_2 = \frac{1}{n}\sum_{i=1}^{n}(x_i - \bar{x})^2 = \frac{1}{n}\sum_{i=1}^{n}x_i^2 - \bar{x}^2$$

$$= \frac{1^2+3^2+5^2+7^2+9^2}{5} - 5^2 = 33 - 25 = 8$$

■

4.4.2 왜도 및 첨도

왜도(skewness)는 분포의 대칭이나 비대칭의 정도를 나타내는 측도이며 분포가 기울어진 방향과 그 정도를 나타낸다. 왜도를 α로 나타내며 다음과 같이 정의한다.

$$\alpha = \frac{E[(X-\mu)^3]}{s^3}$$

여기서 μ는 평균이고 s는 표준편차이다.

왜도

$$\alpha = \frac{E[(X-\mu)^3]}{s^3}$$

대칭인 분포에서 왜도는 0이 되고 긴 꼬리가 오른쪽으로 치우친 분포에서는 평균보다 매우 큰 값이 나타날 수 있고, 이 값의 세제곱이 영향을 크게 미쳐서 왜도는 양수로 나타난다. 반면에 긴 꼬리가 왼쪽으로 치우친 분포에서는 왜도는 음수로 나타난다. 또 왜도의 절댓값이 크면 클수록 분포의 모양이 왼쪽 또는 오른쪽으로 더 기울어진다. 이것을 정리하면 다음과 같다.

왜도의 성질

1. (정규분포와 t분포와 같은) 대칭분포에서 $\alpha = 0$이다.
2. 분포의 긴 꼬리가 오른쪽으로 치우친 비대칭 분포에서는 $\alpha > 0$이다.
3. 분포의 긴 꼬리가 왼쪽으로 치우친 비대칭 분포에서는 $\alpha < 0$이다.
4. $|\alpha|$의 값이 크면 클수록 비대칭의 정도가 커진다.

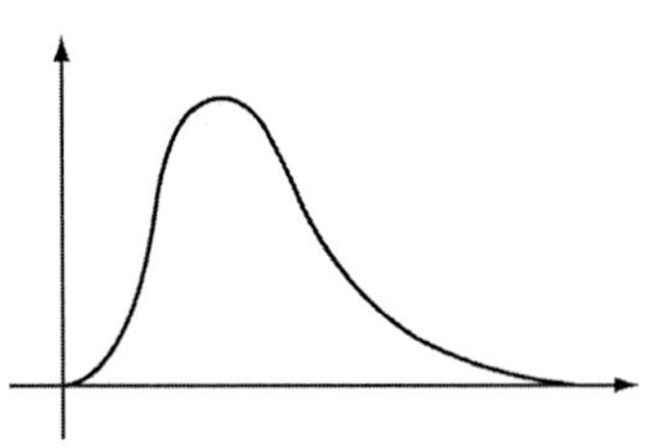

[그림 4.4] $\alpha > 0$

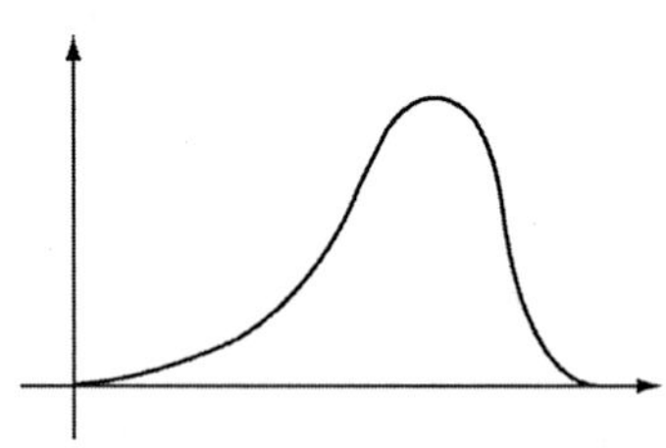

[그림 4.5] $\alpha < 0$

첨도(kurtosis)는 분포곡선에서 정점의 뾰족한 정도를 나타내는 측도이며 첨도를 β라 하면 다음과 같이 정의된다.

$$\beta = \frac{E[(X-\mu)^4]}{s^4}$$

여기서 μ는 평균이고 s는 표준편차이다.

첨도

$$\beta = \frac{E[(X-\mu)^4]}{s^4}$$

첨도의 성질

1. $\beta = 3$이면 정규분포로 중첨이라 한다.
2. $\beta > 3$이면 정규분포보다 정점이 높고, 뾰족한 모양으로 급첨이라 한다.
3. $\beta < 3$이면 정규분포보다 정점이 낮고, 무딘 모양으로 완첨이라 한다.

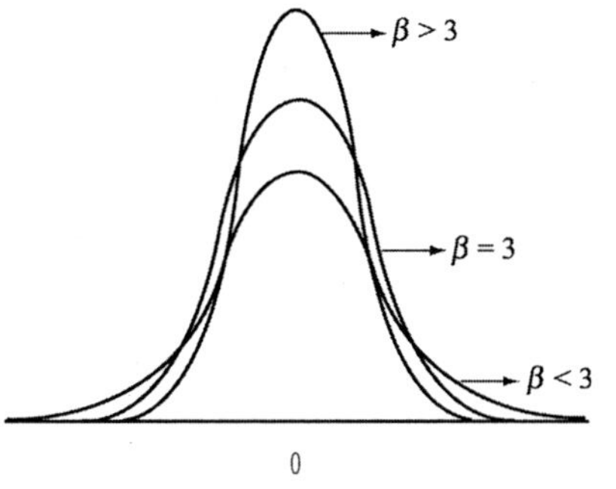

[그림 4.6] 중첨, 급첨, 완첨의 그래프

예제 4-12

예제 4-11의 자료에서 왜도를 구하라.

풀이 왜도는 다음과 같다.

$$\alpha = \frac{E(X-\mu)^3}{s^3} = \frac{0}{(2\sqrt{2})^3} = 0$$

■

예제 4-13

예제 4-11의 자료에서 첨도를 구하라.

풀이 $s^2 = 8$이고

$$E[(X-\mu)^4] = \frac{(1-5)^4 + (3-5)^4 + (7-5)^4 + (9-5)^4}{5}$$
$$= \frac{2(4^4 + 2^4)}{5} = \frac{544}{5}$$

따라서 첨도는 $\beta = \dfrac{E(X-\mu)^4}{s^4} = \dfrac{5}{8^2} = \dfrac{17}{10} = 1.7$이다.

■

4.4.3 적률생성함수

대다수 분포의 적률은 필요한 적분이나 합계를 계산해서 직접 구할 수 있지만, 때때로 적률생성함수를 활용하여 간단하게 구할 수도 있다. **적률생성함수**(moment generating function)는 평균과 분산을 계산하는데 유용하게 사용된다.

e^{tX}의 기댓값을 X의 적률생성함수라 하고, $M_X(t)$로 표기하며 다음과 같이 정의한다. 확률함수가 $P(X=x_i) = f(x_i)$ (단, $i = 1, 2, \cdots, n$)일 때, 확률변수 X에 대하여

$$M_X(t) = E(e^{tX}) = \begin{cases} \displaystyle\sum_{i=1}^{n} e^{tx_i} f(x_i) & (\text{이산확률변수}) \\ \displaystyle\int_{-\infty}^{\infty} e^{tx} f(x)\, dx & (\text{연속확률변수}) \end{cases}$$

여기서 t는 독립변수이고, 보통 t의 값이 0의 근처에 있는 것으로 본다.

정리 4.1 적률생성함수의 유일성

두 확률변수 X, Y의 적률생성함수들이 $t=0$ 근방에서 일치한다면, X와 Y의 확률분포도 일치한다.
(증명은 이 책의 수준을 넘으므로 생략)

적률생성함수의 1차, 2차 도함수를 이용하여 확률변수의 기댓값과 분산을 나타낼 수 있는데, 다음 정리는 이것을 보여준다.

정리 4.2

확률변수 X는 다음과 같은 적률생성함수의 성질을 만족한다.

(1) $E(X) = M_X'(0)$

(2) $Var(X) = M_X''(0) - M_X'(0)^2$

증명 (1) $f(x) = e^{tx}$이면 $f^{(n)}(x) = t^n e^{tx}$이므로 모든 n에 대해 $f^{(n)}(0) = t^n$이다. 그러므로 함수 e^{tx}를 매클로린(Maclaurin) 급수로 전개하면 다음과 같다.

$$e^{tx} = \sum_{n=0}^{\infty} \frac{f^{(n)}(0)}{n!} x^n = \sum_{n=0}^{\infty} \frac{(tx)^n}{n!}$$
$$= 1 + \frac{tx}{1!} + \frac{(tx)^2}{2!} + \cdots + \frac{(tx)^n}{n!} + \cdots$$

적률생성함수의 정의와 기댓값의 성질을 적용하면 다음을 얻는다.

$$M_X(t) = E(e^{tX}) = E(1 + \frac{tX}{1!} + \frac{(tX)^2}{2!} + \cdots + \frac{(tX)^n}{n!} + \cdots)$$
$$= 1 + tE(X) + \frac{t^2}{2!}E(X^2) + \cdots + \frac{t^n}{n!}E(X^n) + \cdots$$

적률생성함수의 1차 도함수를 구하면 다음과 같다.

$$M_X'(t) = \frac{dM_X(t)}{dt}$$
$$= E(X) + tE(X^2) + \frac{t^2}{2!}E(X^3) + \cdots + \frac{t^{n-1}}{(n-1)!}E(X^n) + \cdots$$

따라서 양변에 $t = 0$을 대입하여 기댓값을 얻는다.

$$E(X) = M_X'(0)$$

(2) 적률생성함수의 2차 도함수를 구하면 다음과 같다.

$$M_X''(t) = \frac{dM_X'(t)}{dt}$$
$$= E(X^2) + tE(X^3) + \frac{t^2}{2!}E(X^4) + \cdots + \frac{t^{n-2}}{(n-2)!}E(X^n) + \cdots$$

여기서 양변에 $t = 0$을 대입하면 $M_X''(0) = E(X^2)$을 얻고, 따라서 분산은 다음과 같다.

$$Var(X) = E(X^2) - E(X)^2 = M_X''(0) - M_X'(0)^2$$

예제 4-14

서로 다른 두 개의 동전을 던지는 시행에서 앞면이 나온 개수를 확률변수 X라 할때, 적률생성함수를 구하고 적률생성함수를 이용하여 기댓값과 분산을 구하라.

풀이 예제 4-2에서 확률변수 X의 확률분포는 다음과 같다.

X	0	1	2
$P(X=x)$	$\frac{1}{4}$	$\frac{1}{2}$	$\frac{1}{4}$

(1) 적률생성함수의 정의에 의하여 확률변수 X의 적률생성함수는 다음과 같다.

$$M_X(t) = E(e^{tX}) = \sum_{i=1}^{3} e^{tx_i} P(X = x_i)$$

$$= 1 \times \frac{1}{4} + e^t \times \frac{1}{2} + e^{2t} \times \frac{1}{4} = \frac{(e^t+1)^2}{4}$$

따라서 구하는 적률생성함수는 다음이 된다.

$$M_X(t) = \frac{(e^t+1)^2}{4}$$

(2) 적률생성함수의 1차, 2차 도함수는 각각 다음과 같다.

$$M_X'(t) = \frac{e^t(e^t+1)}{2}$$

$$M_X''(t) = \frac{(2e^{2t}+e^t)}{2}$$

적률생성함수의 성질에 의하여 구하는 기댓값과 분산은 다음이 된다.

$$E(X) = M_X'(0) = 1$$

$$Var(X) = E(X^2) - E(X)^2$$

$$= M_X''(0) - M_X'(0)^2$$

$$= \frac{3}{2} - 1^2 = \frac{1}{2}$$

정리 4.3

X의 적률생성함수 $M_X(t)$와 임의의 상수 a,b에 대하여, 다음이 성립한다.

$$M_{aX+b}(t)=e^{bt}M_X(at)$$

증명 적률생성함수의 정의에 의하여 $Y=aX+b$의 적률생성함수는 다음과 같다.

$$M_Y(t)=M_{aX+b}(t)=E(e^{t(aX+b)})=E(e^{atX}e^{bt})=e^{bt}E(e^{atX})$$

따라서 다음이 성립한다.

$$M_{aX+b}(t)=e^{bt}M_X(at)$$

예제 4-15

확률변수 X의 확률분포가 다음과 같을 때, $Y=3X+4$의 적률생성함수를 구하라.

X	1	2	3
$P(X=x)$	$\frac{1}{4}$	$\frac{1}{2}$	$\frac{1}{4}$

풀이 적률생성함수를 적률생성함수의 정의와 정리 2.2를 이용하여 구해보자. 먼저 적률생성함수의 정의를 이용하면 적률생성함수는 다음과 같다.

$$\begin{aligned}M_Y(t)&=M_{3X+4}(t)=\sum_{i=1}^{3}e^{t(3x_i+4)}P(X=x_i)\\&=e^{t(3\times1+4)}\times\frac{1}{4}+e^{t(3\times2+4)}\times\frac{1}{2}+e^{t(3\times3+4)}\times\frac{1}{4}\\&=\frac{1}{4}e^{7t}+\frac{1}{2}e^{10t}+\frac{1}{4}e^{13t}\end{aligned}$$

따라서 확률변수 Y의 적률생성함수는 다음과 같다.

$$M_Y(t)=M_{3X+4}(t)=\frac{1}{4}e^{7t}+\frac{1}{2}e^{10t}+\frac{1}{4}e^{13t}$$

다음은 정리 2.2를 이용하여 적률생성함수를 구해 보자.

$M_X(3t)$를 구하기 위해서 e^{3tX}의 기댓값을 구하면 다음과 같다.

$$\begin{aligned}E(e^{3tX})&=\sum_{i=1}^{3}e^{3tx_i}P(X=x_i)\\&=e^{3t\times1}\times\frac{1}{4}+e^{3t\times2}\times\frac{1}{2}+e^{3t\times3}\times\frac{1}{4}=\frac{1}{4}e^{3t}+\frac{1}{2}e^{6t}+\frac{1}{4}e^{9t}\end{aligned}$$

정리 4.2를 사용하면 적률생성함수는 다음과 같다.

$$M_Y(t) = M_{3X+4}(t) = e^{4t} M_X(3t)$$

$$= e^{4t} \times \left(\frac{1}{4}e^{3t} + \frac{1}{2}e^{6t} + \frac{1}{4}e^{9t}\right) = \frac{1}{4}e^{7t} + \frac{1}{2}e^{10t} + \frac{1}{4}e^{13t}$$

■

다음은 연속확률변수의 적률생성함수를 구해 보자.

예제 4-16

확률밀도함수가 다음과 같을 때

$$f(x) = \frac{1}{2}e^{-|x|}, -\infty < x < \infty$$

X의 적률생성함수를 구하고 적률생성함수를 이용하여 기댓값과 분산을 구하라.

풀이 적률생성함수의 정의에 의하여 확률변수 X의 적률생성함수는 다음과 같다.

$$M_X(t) = E(e^{tX}) = \int_{-\infty}^{\infty} e^{tx}\frac{1}{2}e^{-|x|}\,dx$$

$$= \int_{-\infty}^{0} e^{tx}\frac{1}{2}e^{x}\,dx + \int_{0}^{\infty} e^{tx}\frac{1}{2}e^{-x}\,dx$$

$$= \frac{1}{2}\left(\left[\frac{1}{(t+1)}e^{(t+1)x}\right]_{-\infty}^{0} + \left[\frac{1}{(t-1)}e^{(t-1)x}\right]_{0}^{\infty}\right)$$

$$= \frac{1}{2}\left(\frac{1}{(t+1)} - \frac{1}{(t-1)}\right) = \frac{1}{(1-t^2)} \quad (\text{단}, -1 < t < 1)$$

따라서 다음과 같은 적률생성함수를 얻는다.

$$M_X(t) = \frac{1}{(1-t^2)} \quad (\text{단}, -1 < t < 1)$$

적률생성함수를 이용하여 기댓값과 분산을 구하기 위하여 적률생성함수의 1차, 2차 도함수를 구하면 각각 다음과 같다.

$$M_X{}'(t) = \frac{dM_X(t)}{dt} = \frac{2t}{(1-t^2)^2}$$

$$M_X''(t) = \frac{dM_X'(t)}{dt} = \frac{(2+6t^2)}{(1-t^2)^3}$$

따라서 적률생성함수의 성질에 의하여 구하는 기댓값과 분산은 다음이 된다.

$$E(X) = M_X'(0) = 0$$

$$\begin{aligned} Var(X) &= E(X^2) - E(X)^2 \\ &= M_X''(0) - M_X'(0)^2 \\ &= 2 - 0^2 = 2 \end{aligned}$$

■

예제 4-17

확률밀도함수가 다음과 같을 때, 새로운 확률변수 $Y = 3X + 4$의 적률생성함수를 구하라.

$$f(x) = \begin{cases} e^{-x}, & x > 0 \\ 0, & x \le 0 \end{cases}$$

풀이 적률생성함수의 정의에 의하여 확률변수 Y의 적률생성함수는 다음과 같다.

$$\begin{aligned} M_Y(t) = M_{3X+4}(t) &= \int_{-\infty}^{\infty} e^{t(3x+4)} f(x)\,dx \\ &= \int_0^{\infty} e^{t(3x+4)} e^{-x}\,dx = e^{4t}\int_0^{\infty} e^{(3t-1)x}\,dx \\ &= e^{4t}\left[\frac{1}{(3t-1)}e^{(3t-1)x}\right]_0^{\infty} = \frac{e^{4t}}{(1-3t)} \quad (\text{단, } t < \frac{1}{3}) \end{aligned}$$

■

4.5 분포함수

확률을 계산하는데 사용되는 다른 함수로 **누적분포함수**(cumulative distribution function) $F(x)$가 있다. 누적분포함수를 **분포함수**라고 하며, 다음과 같이 정의한다.

X가 확률함수 f를 가진 이산확률변수이면 임의의 실수 x에 대하여 확률변수 X는 x보다 작거나 같은 값을 취하는 확률 $P(X \le x)$가 존재한다. 확률 $P(X \le x)$를 X의 분포함수라 부르고 $F(x)$로 나타낸다. 즉 다음과 같다.

$$F(x) = P(X \le x) = \sum_{x_i \le x} f(x_i)$$

어떤 실수 x_0에 대하여 $P(X \le x_0) = F(x_0)$을 구해 보면 분포함수의 정의로부터 $F(x_0)$는 x_0보다 작거나 같은 값을 취하는 x의 값에 대응하는 모든 확률함수의 값 $f(x)$를 더한 것이 된다.

예제 4-18

예제 4-8에서 분포함수 $F(x)$를 구하고 $F(x)$를 그래프로 나타내라.

풀이 확률변수 X는 0, 1, 2의 값을 취한다. 0, 1, 2에 대응하는 확률은 각각 $\frac{1}{4}$, $\frac{1}{2}$, $\frac{1}{4}$이다. 그러면, $x < 0$일때 $F(x) = 0$이고 $P(X=0) = \frac{1}{4}$이므로

$$F(0) = P(X \le 0) = \frac{1}{4}$$

이다. x가 증가하더라도, X가 취할 수 있는 다음 값까지 x가 도달하기 전에는 함수 $F(x)$는 $\frac{1}{4}$ 그대로이다. 여기서 $F(x)$가 변하는 다음 값은 $x=1$이며, 다음을 얻는다.

$$F(1) = P(X=0) + P(X=1) = \frac{1}{4} + \frac{1}{2} = \frac{3}{4}$$

마찬가지로

$$F(2) = P(X \le 2) = P(X=1) + P(X=1) + P(X=2) = \frac{1}{4} + \frac{1}{2} + \frac{1}{4} = 1$$

이고 $x > 2$일때 $F(x) = 1$이다. 이산확률변수는 유한 개의 값만을 취하기 때문에 표에서 마지막 값은 항상 1이다. 이를 정리하면 다음과 같다.

x	$x < 0$	$0 \le x < 1$	$1 \le x < 2$	$2 \le x$
$F(x)$	0	$\frac{1}{4}$	$\frac{3}{4}$	1

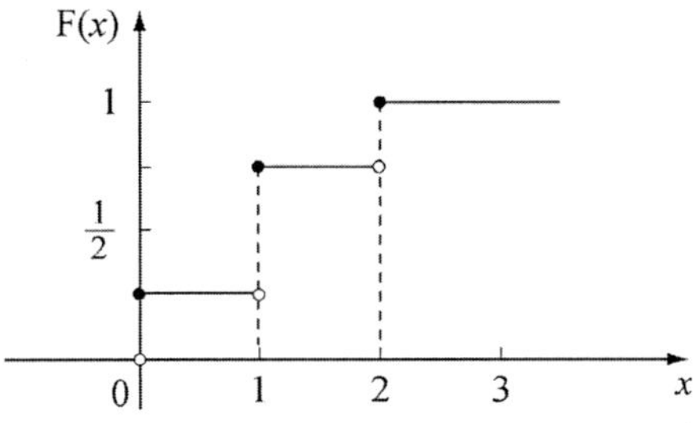

[그림 4.7] $F(x)$의 그래프

참고 분포함수의 성질

확률변수 X의 확률함수 $f(x)$와 분포함수 $F(x)$에 대하여 다음이 성립한다.

1. $F(x)$는 실수 전체에서 증가한다. 즉, $x_1 < x_2$이면 $F(x_1) \le F(x_2)$이다.
2. $F(-\infty) = \lim_{x \to -\infty} F(x) = 0$

   $F(\infty) = \lim_{x \to \infty} F(x) = 1$
3. $f(x) = F(x) - \lim_{x \to x^-} F(x) = f(x) - F(x^-)$

예제 4-19

확률변수 X의 분포함수가 다음과 같을 때 다음의 확률을 구하라.

$$F(x) = \begin{cases} 0 \ , & x < 0 \\ \frac{1}{4} \ , & 0 \le x < 1 \\ \frac{1}{2} \ , & 1 \le x < 2 \\ \frac{3}{4} \ , & 2 \le x < 3 \\ 1 \ , & 3 \le x \end{cases}$$

(1) $P(0 < X \le 2)$ (2) $P(0 \le X \le 2)$ (3) $P(0 < X < 2)$

(4) $P(0 \le X < 2)$ (5) $P(1.1 < X < 2.9)$

풀이 분포함수의 정의에 의하여 다음의 확률을 계산한다.

(1) $P(0 < X \le 2) = F(2) - F(0)$

$$= \frac{3}{4} - \frac{1}{4} = \frac{1}{2}$$

(2) $P(0 \le X \le 2) = F(2) - F(0) + f(0)$

$$= F(2) - F(0) + (F(0) - F(0^-))$$

$$= \frac{3}{4} - \frac{1}{4} + (\frac{1}{4} - 0) = \frac{3}{4}$$

(3) $P(0 < X < 2) = F(2) - F(0) - f(2)$

$$= F(2) - F(0) - (F(2) - F(2^-))$$

$$= \frac{3}{4} - \frac{1}{4} - (\frac{3}{4} - \frac{1}{2}) = \frac{1}{4}$$

(4) $P(0 \le X < 2) = F(2) - F(0) - f(2) + f(0)$

$$= F(2) - F(0) - (F(2) - F(2^-)) + (F(0) - F(0^-))$$

$$= \frac{3}{4} - \frac{1}{4} - (\frac{3}{4} - \frac{1}{2}) + (\frac{1}{4} - 0) = \frac{1}{2}$$

(5) $P(1.1 < X < 2.9) = F(2.9) - F(1.1) - f(2.9)$

$$= \frac{3}{4} - \frac{1}{2} - \left(\frac{3}{4} - \frac{3}{4}\right) = \frac{1}{4}$$

■

연속확률변수의 분포함수는 합 대신에 적분을 사용하는 것을 제외하면 이산확률변수의 경우와 똑같이 정의된다. 확률변수 X가 확률밀도함수 f를 가진 연속확률변수이면 임의의 실수 x에 대하여 다음이 성립힌다.

$$F(x) = P(X \le x) = \int_{-\infty}^{x} f(t)dt$$

어떤 실수 x_0에 대하여 $F(x_0)$를 구하기 위하여, x_0보다 작거나 같은 구간 위에서 확률밀도함수를 적분하면 된다. 이때 $F(x_0)$는 확률밀도함수와 x축과 $x = x_0$보다 작거나 같은 쪽으로 둘러싸인 부분의 면적을 뜻한다.

다음 식이 성립하기 때문에 분포함수는 x에 대해 미분함으로써 확률밀도함수를 구할 수 있다.

$$f(x) = \frac{d}{dx}\int_{-\infty}^{x} f(t)dt = \frac{d}{dx}F(x)$$

또 연속확률변수의 확률밀도함수는 모든 실숫값에 대한 확률이 0이기 때문에 다음 등식이 성립한다.

$$P(a \le X \le b) = P(a \le X < b)$$
$$= P(a < X < b) = P(a < X \le b) = F(b) - F(a)$$

예제 4-20

X가 다음과 같은 확률밀도함수를 가진다.

$$f(x) = \begin{cases} \dfrac{x}{2}, & 0 < x < 2 \\ 0, & x \le 0,\ x \ge 2 \end{cases}$$

X의 분포함수 $F(x)$와 $P\left(\frac{1}{2} < X \le 1\right)$를 구하고, $F(x)$의 그래프를 그려라.

풀이 X의 분포함수 F는 정의에 의해 다음과 같다.

$$P(X \le x) = F(x) = \int_{-\infty}^{x} f(t)dt$$

구간별로 함수가 다르기 때문에 다음과 같이 구간을 나누어 분포함수를 구한다.

$$x < 0\text{일때}: F(x) = P(X \le x) = \int_{-\infty}^{x} f(t)dt = \int_{-\infty}^{x} 0dt = 0$$

$$0 \le x \le 2\text{일때}: F(x) = \int_{-\infty}^{x} f(t)dt = \int_{0}^{x} \frac{t}{2}dt = \frac{x^2}{4}$$

$$x > 2\text{일때}: F(x) = \int_{-\infty}^{0} f(t)dt + \int_{0}^{2} f(t)dt + \int_{2}^{x} f(t)dt$$
$$= \int_{0}^{2} \frac{t}{2}dt + \int_{2}^{x} 0dt = \left[\frac{t^2}{4}\right]_0^2 = 1$$

그러므로 다음을 얻는다.

$$F(x) = \begin{cases} 0, & x < 0 \\ \dfrac{x^2}{4}, & 0 \le x < 2 \\ 1, & x \ge 2 \end{cases}$$

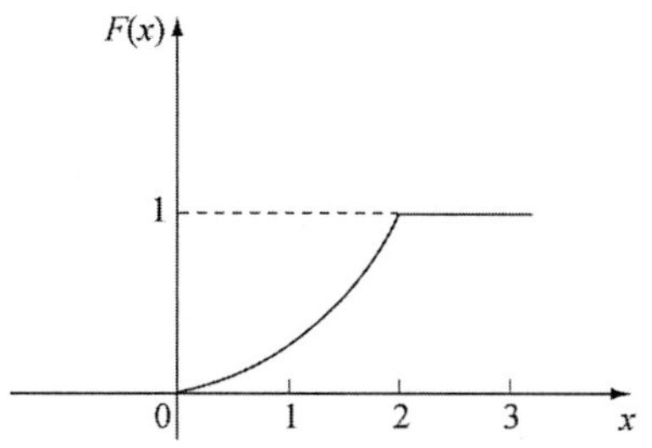

[그림 4.8] $F(x)$의 그래프

$P\left(\frac{1}{2} < X \leq 1\right)$을 분포함수로 나타내면 다음과 같다.

$$P\left(\frac{1}{2} < X \leq 1\right) = P(X \leq 1) - P\left(X \leq \frac{1}{2}\right) = F(1) - F\left(\frac{1}{2}\right)$$

그런데 $F\left(\frac{1}{2}\right) = \frac{1}{4}\left(\frac{1}{2}\right)^2 = \frac{1}{16}$이고 $F(1) = \frac{1}{4}(1)^2 = \frac{1}{4}$이므로 다음을 얻는다.

$$P\left(\frac{1}{2} < X \leq 1\right) = F(1) - F\left(\frac{1}{2}\right) = \frac{1}{4} - \frac{1}{16} = \frac{3}{16}$$

이 값은 적분을 직접 이용해서 구한 것과 같다. [그림 2.9]에 나타난 대로 $F(1)$은 $f(x) = \frac{x}{2}$, x축, $x = 1$로 둘러싸인 부분의 넓이이고 $F\left(\frac{1}{2}\right)$은 $f(x) = \frac{x}{2}$, x축, $x = \frac{1}{2}$로 둘러싸인 부분의 넓이이다. $F(1) - F\left(\frac{1}{2}\right)$은 함수 $f(x) = \frac{x}{2}$, x축, $x = \frac{1}{2}$과 $x = 1$ 사이에 둘러싸인 부분의 넓이를 뜻한다.

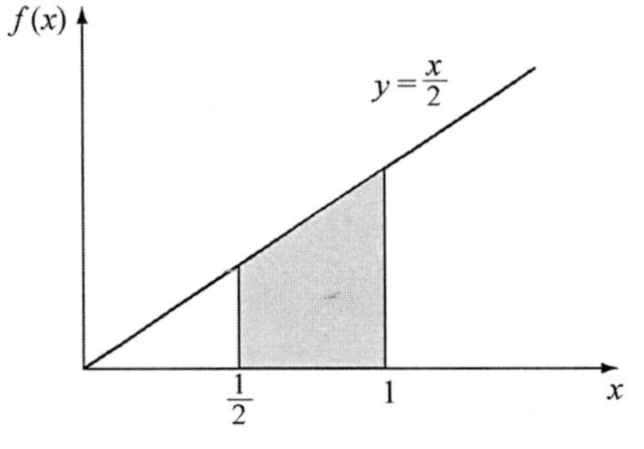

[그림 4.9] $P\left(\frac{1}{2} < X \leq 1\right)$

예제 4-21

확률변수 X의 분포함수가 다음과 같을 때,

$$F(x) = \begin{cases} 0, & x < 0 \\ x, & 0 \leq x \leq 1 \\ 1, & x > 1 \end{cases}$$

확률밀도함수, $P\left(\frac{1}{4}< X < 1\right)$과 $P\left(-2 < X < \frac{1}{2}\right)$을 구하라.

풀이

$$\frac{d}{dx}F(x) = \begin{cases} 0, & x < 0,\ x > 1 \\ 1, & 0 < x < 1 \end{cases}$$

$x = 0$과 $x = 1$에서 도함수는 존재하지 않는다. 그러나 $f(x)$는 다음과 같이 정의할 수 있다.

$$f(x) = \begin{cases} 1, & 0 < x < 1 \\ 0, & \text{그밖에} \end{cases}$$

이제 다음을 계산하자.

$$P\left(\frac{1}{4}< X < 1\right) = \int_{\frac{1}{4}}^{1} 1dx = 1 - \frac{1}{4} = \frac{3}{4}$$

$$P\left(-2 < X < \frac{1}{2}\right) = \int_{-2}^{\frac{1}{2}} f(x)dx = \int_{-2}^{0} f(x)dx + \int_{0}^{\frac{1}{2}} f(x)dx$$

$$= \int_{-2}^{0} 0\ dx + \int_{0}^{\frac{1}{2}} 1\ dx = \frac{1}{2}$$

4.6 두 확률변수의 결합확률분포

지금까지 단 하나의 확률변수만을 생각했다. 그러나 두 개 이상의 확률변수들이 서로 어떤 확률적 관계를 가지면서 관측되는 경우도 흔히 있다.

이제, 자동차에 생기는 두 종류의 결함을 연구하는 실험에서, X와 Y를 각각 불량 용접의 수와 느슨하게 조여진 볼트의 수라 하자. 많은 자동차들을 관찰하여 각 자동차마다 다음과 같은 확률적 관계를 얻었다고 하자.

표 4.2 X와 Y의 결합확률분포

x \ y	0	1	2	3
0	0.840	0.030	0.020	0.010
1	0.060	0.010	0.008	0.002
2	0.010	0.005	0.004	0.001

표 4.2에서 불량 용접의 수 2개와 느슨하게 조여진 볼트의 수 1개가 관측될 확률은 0.005이다. 이와 같이 2개 이상의 확률변수가 동시에 취하는 여러 가지 값에 확률을 대응시켜 주는 관계를 **결합확률분포**(joint probability distribution)라 한다.

표 4.2에서 불량 용접의 수의 분포와 느슨하게 조여진 볼트의 수의 분포를 쉽게 구할 수 있다. 즉 불량 용접의 수가 1개 관측될 확률은

$$0.060 + 0.010 + 0.008 + 0.002 = 0.080$$

이고 다른 값에 대해서도 같은 방법으로 확률을 구하면 다음과 같은 확률분포를 얻는다.

표 4.3 불량 용접의 수의 확률분포

x	0	1	2
$P(X=x)$	0.900	0.080	0.020

마찬가지 방법으로 느슨하게 조여진 볼트의 수의 확률분포를 구하면 다음과 같다.

표 4.4 느슨하게 조여진 볼트의 수의 확률분포

y	0	1	2	3
$P(Y=y)$	0.910	0.045	0.032	0.013

표 4.3, 4.4와 같이 두 확률변수의 결합확률분포로부터 얻어진 한 확률변수의 확률분포를 **주변확률분포**(marginal probability distribution)라 한다.

두 확률변수의 결합확률분포를 이산확률변수에 대해서 생각해 보자. 이산확률변수 X와 Y가 각각 $x_1, x_2, \cdots$와 $y_1, y_2, \cdots$의 값을 취할 때, 각 (x_i, y_j)에 대응하는 확률 $P(X=x_i, Y=y_j)$을 X와 Y의 **결합확률질량함수**(joint probability mass function)라고 한다. 즉

$$f(x_i, y_j) = P(X=x_i, Y=y_j)$$

로 정의되는 함수 f는 두 확률변수 X와 Y의 결합확률질량함수이다. 결합확률질량함수의 성질은 다음과 같다.

결합확률질량함수의 성질

1. 모든 $i,\ j$에 대하여 $f(x_i,\ y_j) \geq 0$
2. $\sum_{i=1}^{\infty} \sum_{j=1}^{\infty} f(x_i,\ y_j) = 1$
3. $P[a < X \leq b,\ c < Y \leq d] = \sum_{a < x_i \leq b} \sum_{c < y_j \leq d} f(x_i,\ y_j)$

또, X와 Y의 결합확률분포로부터 X 및 Y의 주변확률분포는 다음과 같다.

이산확률변수의 주변확률분포

$$h(x_i) = \sum_{j=1}^{\infty} f(x_i,\ y_j), \quad g(y_j) = \sum_{i=1}^{\infty} f(x_i,\ y_j),$$

여기서 $h(x_i)$와 $g(y_i)$를 각각 X와 Y의 주변확률(질량)함수라 한다.

예제 4-22

서로 다른 동전 A와 B를 동시에 던질 때 나오는 앞면의 수를 X, 동전 B의 뒷면이 나오는 수를 Y라 하자. X와 Y의 결합확률분포를 구하고, X와 Y의 주변확률분포도 구하라.

풀이 확률변수 X와 Y가 취할 수 있는 값은 각각 0, 1, 2와 0, 1이다. 앞면을 H, 뒷면을 T라 하자. 동전 A가 앞면이 나오고 동전 B가 뒷면이 나온 것을 $(H,\ T)$로 나타낸다면 이 실험의 표본공간과 각 원소에 대응하는 확률변수 X와 Y의 값은 표 4.5와 같다.

표 4.5 표본공간과 확률변수 $X,\ Y$

표본공간	$(H,\ H)$	$(H,\ T)$	$(T,\ H)$	$(T,\ T)$
X	2	1	1	0
Y	0	1	0	1

표 4.5로부터 X와 Y의 결합확률분포를 구하면 다음과 같다.

표 4.6 결합확률분포

x \ y	0	1
0	0	$\frac{1}{4}$
1	$\frac{1}{4}$	$\frac{1}{4}$
2	$\frac{1}{4}$	0

표 4.6으로부터 각 행의 합과 열의 합의 분포가 X와 Y의 주변확률분포이므로 주변확률분포는 표 4.7, 4.8과 같다.

표 4.7 X의 주변확률분포

x	0	1	2
$P[X=x]$	$\frac{1}{4}$	$\frac{1}{2}$	$\frac{1}{4}$

표 4.8 Y의 주변확률분포

y	0	1
$P[Y=y]$	$\frac{1}{2}$	$\frac{1}{2}$

■

정의

X와 Y가 이산확률변수일때 X와 Y의 결합분포함수(joint distribution function)는 다음과 같이 정의된다.

$$F(x,y) = P(X \le x, Y \le y) = \sum_{s \le x} \sum_{t \le y} f(s,t), -\infty < x < \infty, -\infty < y < \infty$$

여기서 $f(s,t)$는 (s,t)에서 X와 Y에 대한 결합확률질량함수의 값이다.

예제 4-23

표 4.6에서 결합분포함수 $F(1,1)$을 구하여라.

풀이 구하는 결합분포함수는 분포함수의 정의에 의하여 다음과 같다.

$$\begin{aligned} F(1,1) &= P(X \le 1,\ Y \le 1) \\ &= f(0,0)+f(0,1)+f(1,0)+f(1,1) \\ &= 0+\frac{1}{4}+\frac{1}{4}+\frac{1}{4} \\ &= \frac{3}{4} \end{aligned}$$

이산확률변수와 유사하게 두 연속확률변수에 대한 결합확률밀도함수를 다음과 같이 정의한다.

정의

X와 Y가 연속확률변수일때 평면 안의 임의의 영역 A에 대해 다음 식을 만족하는 음이 아닌 함수 f가 존재하면 함수 f를 X와 Y의 **결합확률밀도함수**(probability density function)라고 한다.

$$P[(X, Y) \in A] = \iint_A f(x,\ y)dxdy$$

연속확률변수 X와 Y의 결합확률밀도함수 f의 성질은 다음과 같다.

결합확률밀도함수의 성질

1. $f(x,\ y) \ge 0,\ -\infty < x < \infty,\ -\infty < y < \infty$
2. $\int_{-\infty}^{\infty}\int_{-\infty}^{\infty} f(x,\ y)dxdy = 1$

예제 4-24

두 확률변수 X와 Y의 결합확률밀도함수 f가 다음과 같을 때,

$$f(x,\ y) = \begin{cases} \frac{3}{11}y(x+y), & 0 < x < 1,\ 0 < y < 2 \\ 0 & ,\ \text{그 밖에} \end{cases}$$

$P(0 < X < 1, 1 < Y < 2)$를 구하라.

풀이 정의에 의하여 구하는 확률은 다음과 같다.

$$P(0 < X < 1, 1 < Y < 2) = \int_1^2 \int_0^1 \frac{3}{11} y(x+y)dxdy$$

$$= \int_1^2 \left[\frac{3}{22} x^2 y + \frac{3}{11} xy^2 \right]_0^1 dy$$

$$= \frac{37}{44}$$

■

정의

X와 Y가 연속확률변수이면 다음과 같이 주어진 함수는 X와 Y의 **결합분포함수**(joint distribution function)라고 부른다.

$$F(x, y) = P(X \le x, Y \le y)$$

$$= \int_{-\infty}^{y} \int_{-\infty}^{x} f(s, t)dsdt, \quad -\infty < x < \infty, -\infty < y < \infty$$

여기서 $f(s,t)$는 (s,t)에서 X와 Y에 대한 결합확률밀도함수의 값이다.

이때 $f(x, y) = \dfrac{\partial^2}{\partial x \partial y} F(x,y)$이 성립한다. 우리는 여기서 결합분포함수가 유한 개의 점을 제외한 나머지 모든 곳에서 연속이고, 각 변수에 대해 편미분이 가능한 확률변수로 제한할 것이다.

예제 4-25

X와 Y의 결합확률밀도함수가 다음과 같이 주어졌을 때,

$$f(x, y) = \begin{cases} x+y, & 0 < x < 1, 0 < y < 1 \\ 0, & \text{그 밖에} \end{cases}$$

두 확률변수의 결합분포함수를 구하라.

풀이 $x \le 0$이거나 $y \le 0$이면 $F(x, y) = 0$이다. $0 < x < 1,\ 0 < y < 1$은 그림 4.10의 영역 ①에 위치하므로 결합분포함수 $F(x, y)$를 다음과 같이 구할 수 있다.

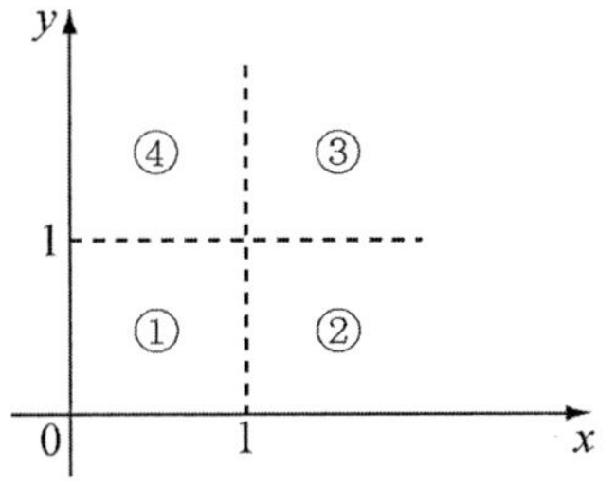

[그림 4.10] 예제 4-25의 영역

$$F(x, y) = \int_0^y \int_0^x (s+t)\,ds\,dt = \frac{1}{2}xy(x+y)$$

$x \ge 1,\ 0 < y < 1$은 그림 4.10의 영역 ②이므로 다음과 같이 구할 수 있다.

$$F(x, y) = \int_0^y \int_0^1 (s+t)\,ds\,dt = \frac{1}{2}y(y+1)$$

$0 < x < 1,\ y \ge 1$은 그림 4.10의 영역 ④이므로 다음을 얻는다.

$$F(x, y) = \int_0^1 \int_0^x (s+t)\,ds\,dt = \frac{1}{2}x(x+1)$$

$x \ge 1,\ y \ge 1$은 그림 4.10의 영역 ③이므로 다음을 얻는다.

$$F(x, y) = \int_0^1 \int_0^1 (s+t)\,ds\,dt = 1$$

따라서 결합분포함수는 다음과 같다.

$$F(x, y) = \begin{cases} 0, & x \le 0 \text{ 또는 } y \le 0 \\ \frac{1}{2}xy(x+y), & 0 < x < 1,\ 0 < y < 1 \\ \frac{1}{2}y(y+1), & x \ge 1,\ 0 < y < 1 \\ \frac{1}{2}x(x+1), & 0 < x < 1,\ y \ge 1 \\ 1, & x \ge 1,\ y \ge 1 \end{cases}$$

■

정의

X와 Y는 연속확률변수이고 $f(x, y)$는 (x, y)에서 결합확률밀도함수의 값이라 할 때, 다음과 같이 주어지는 함수를 X의 **주변밀도함수**(marginal density function) 또는 **주변확률밀도함수**라고 한다.

$$h(x) = \int_{-\infty}^{\infty} f(x,y)dy, \quad -\infty < x < \infty$$

이와 마찬가지로, 다음과 같이 주어지는 함수를 Y의 **주변밀도함수** 또는 **주변확률밀도함수**라고 한다.

$$g(y) = \int_{-\infty}^{\infty} f(x, y)dx, \quad -\infty < y < \infty$$

X와 Y가 다음과 같은 결합확률밀도함수를 가지면

$$f(x, y) = 2, \quad 0 \le x \le y \le 1$$

주변밀도함수는 다음과 같이 구할 수 있다.

$$h(x) = \int_{x}^{1} 2dy = 2 - 2x, \quad 0 \le x \le 1$$

$$g(y) = \int_{0}^{y} 2dx = 2y, \quad 0 \le y \le 1$$

예제 4-26

X와 Y의 결합확률밀도함수가 다음과 같이 주어졌을 때

$$f(x,y) = \begin{cases} \frac{2}{5}(x+4y), & 0 < x < 1,\ 0 < y < 1 \\ 0 & ,\text{그 밖에} \end{cases}$$

X와 Y의 주변밀도함수를 구하라.

풀이 X의 주변밀도함수의 정의에 의해 다음을 얻는다.

$$h(x) = \int_{-\infty}^{\infty} f(x, y)dy = \int_{0}^{1} \frac{2}{5}(x+4y)dy = \frac{2}{5}(x+2), \quad 0 < x < 1$$

마찬가지로, Y의 주변밀도함수는 다음과 같다.

$$g(y)=\int_{-\infty}^{\infty} f(x,\ y)dx=\int_{0}^{1}\frac{2}{5}(x+4y)dx=\frac{2}{5}(\frac{1}{2}+4y),\ 0<y<1$$

■

4.7 조건부 확률분포

이산확률변수 X와 Y의 결합확률질량함수는 $f(x,\ y)=P(X=x,\ \ Y=y)$이고, X, Y의 주변확률함수는 각각 $h(x)$, $g(y)$라 하자. Y=y에 대한 X의 조건부 확률함수는 $f(x|y)$로 표기하고 다음과 같이 정의한다.

$$f(x|y)=P(X=x|Y=y)=\frac{P(X=x,Y=y)}{P(Y=y)}=\frac{f(x,y)}{g(y)},\qquad g(y)\neq 0$$

이와 마찬가지로, X=x에 대한 Y의 **조건부 확률함수**(conditional probability function)는 $f(y|x)$로 표기하고, 다음과 같이 정의한다.

$$f(y|x)=P(Y=y|X=x)=\frac{P(X=x,Y=y)}{P(X=x)}=\frac{f(x,\ y)}{h(x)},\qquad h(x)\neq 0$$

한 확률변수가 특정값을 취할 때 다른 확률변수는 조건부 확률함수로 특징지어지는 확률분포를 이루는데 이런 확률분포를 조건부 확률분포라 한다.

예제 4-27

표 4.6에서 $Y=1$에 대한 X의 조건부 확률함수 $P(X=0|Y=1)$, $P(X=1|Y=1)$, $P(X=2|Y=1)$를 구하라.

풀이 조건부 확률함수의 정의에 의하여 $Y=1$에 대한 X의 조건부 확률함수는 다음과 같다.

$$P(X=0|Y=1)=\frac{P(X=0,Y=1)}{P(Y=1)}=\frac{f(0,1)}{g(1)}=\frac{1}{2}$$

$$P(X=1|Y=1)=\frac{P(X=1,Y=1)}{P(Y=1)}=\frac{f(1,1)}{g(1)}=\frac{1}{2}$$

$$P(X=2|Y=1)=\frac{P(X=2,Y=1)}{P(Y=1)}=\frac{f(2,1)}{g(1)}=0$$

■

예제 4-28

정규는 농구장에서 자유투 넣기를 세 번 시도하고 있다. 자유투를 골대에 넣을 확률은 0.6이고 각 시도가 독립이라고 가정하자. 자유투를 세 번 던졌을 때 처음 두 번의 시행에서 골대에 들어간 자유투의 수를 X, 나중 두 번의 시행에서 골대에 들어간 자유투의 수를 Y라 하면 X와 Y의 결합확률분포를 구하고, $X=x$에 대한 Y의 조건부 확률분포를 구하라.

풀이 확률변수 X와 Y가 취할 수 있는 값은 0, 1, 2이다. 표본공간의 각 원소, 확률, 그에 대응하는 X와 Y의 값은 표 4.9에 나타냈다.

표 4.9 표본공간과 확률변수 X, Y

표본공간	(SSS)	(SSF)	(SFS)	(FSS)	(SFF)	(FSF)	(FFS)	(FFF)
확률	0.6^3	$0.6^2\ 0.4$	$0.6^2\ 0.4$	$0.6^2\ 0.4$	$0.6\ 0.4^2$	$0.6\ 0.4^2$	$0.6\ 0.4^2$	0.4^3
X	2	2	1	1	1	1	0	0
Y	2	1	1	2	0	1	1	0

위의 표 4.9에서 X와 Y의 결합확률분포를 구하면 표 4.10과 같다.

표 4.10 결합확률분포

x \ y	0	1	2	
0	0.064	0.096	0	0.160
1	0.096	0.240	0.144	0.480
2	0	0.144	0.216	0.360
	0.160	0.480	0.360	1

$X=0$에 대한 주변확률함수값은 0.16이므로 $X=0$에 대한 Y의 조건부 확률분포는 표 4.11이 된다. 마찬가지로 $X=1, 2$에 대한 Y의 조건부 확률분포도 구할 수 있으므로 $X=x$에 대한 Y의 조건부 확률분포를 구하면 표 4.12가 된다.

표 4.11 $X=0$에 대한 Y의 조건부 확률분포

y	0	1	2
$f(y\mid 0)$	$\dfrac{f(0,0)}{h(0)} = \dfrac{0.064}{0.160}$	$\dfrac{f(0,1)}{h(0)} = \dfrac{0.096}{0.160}$	$\dfrac{f(0,2)}{h(0)} = 0$

표 4.12 $X=x$에 대한 Y의 조건부확률분포

x \ y	0	1	2	
$f(y\|0)$	$\frac{0.064}{0.160}=0.4$	$\frac{0.096}{0.160}=0.6$	0	
$f(y\|1)$	$\frac{0.096}{0.480}=0.2$	$\frac{0.240}{0.480}=0.5$	$\frac{0.144}{0.480}=0.3$	
$f(y\|2)$	0	$\frac{0.144}{0.360}=0.4$	$\frac{0.216}{0.360}=0.6$	

이산확률변수의 조건부 확률함수의 정의와 마찬가지로 연속확률변수의 조건부 확률밀도 함수를 정의하자. 연속확률변수 X와 Y의 결합확률밀도함수는 $f(x,y)$이고, X, Y의 주변 확률밀도함수의 값은 각각 $h(x)$, $g(y)$라 하자. $-\infty < x < \infty$에 대해 다음과 같이 주어진 함수를 $Y=y$에 대한 X의 **조건부 확률밀도함수**(conditional density function)라고 한다.

$$f(x|y) = \frac{f(x,y)}{g(y)}, \quad g(y) \neq 0$$

이와 마찬가지로, $-\infty < y < \infty$에 대해 다음과 같이 주어진 함수를 $X=x$에 대한 Y의 조건부 확률밀도함수(conditional density function)라고 하고 다음과 같이 정의한다.

$$f(y|x) = \frac{f(x,y)}{h(x)}, \quad h(x) \neq 0$$

예제 4-29

예제 4-26에서 확률변수 $Y=y$에 대한 X의 조건부 확률밀도함수를 구하고, 이를 이용하여

$$P\left(X \leq \frac{1}{2} | Y = \frac{1}{2}\right)$$

를 구하라.

풀이 예제 4-26을 이용하면 $Y=y$에 대한 X의 조건부 확률밀도함수는 다음과 같다.

$$f(x|y) = \frac{f(x,y)}{g(y)} = \frac{\frac{2}{5}(x+4y)}{\frac{2}{5}(\frac{1}{2}+4y)} = \frac{2x+8y}{1+8y}, \quad 0 < x < 1$$

$$f(x|\frac{1}{2}) = \frac{2x+8\cdot\frac{1}{2}}{1+8\cdot\frac{1}{2}} = \frac{2x+4}{5}$$

따라서 구하고자 하는 확률은 다음과 같다.

$$P\left(X \le \frac{1}{2} | Y = \frac{1}{2}\right) = \int_0^{\frac{1}{2}} f(x|\frac{1}{2})dx = \int_0^{\frac{1}{2}} \frac{2x+4}{5}dx = \frac{9}{20}$$

■

예제 4-30

확률변수 X와 Y의 결합확률밀도함수가 다음과 같이 주어졌을 때, X의 주변밀도함수와 $X=x$에 대한 Y의 조건부 확률밀도함수를 구하라.

$$f(x, y) = \begin{cases} \frac{1}{\pi}, & x^2+y^2 \le 1 \\ 0, & \text{그 밖에} \end{cases}$$

풀이 (X, Y)는 중심이 원점이고 반지름이 1인 원 내부에 분포되어 있으므로 X의 주변밀도함수는 다음과 같다.

$$h(x) = \int_{-\infty}^{\infty} f(x, y)dy = 2\int_0^y \frac{1}{\pi}dy$$

$$= \frac{2}{\pi}\sqrt{1-x^2}, \quad -1 < x \le 1$$

$$= 0, \qquad \text{그밖에}$$

따라서 $X=x$에 대한 Y의 조건부 확률밀도함수는 다음과 같다.

$$f(y \mid x) = \frac{f(x, y)}{h(x)} = \frac{1}{2\sqrt{1-x^2}}$$

여기서 $-\sqrt{1-x^2} < y < \sqrt{1-x^2}, \ -1 < x < 1$

■

4.8 조건부 기댓값

기댓값의 개념은 두 개 이상의 확률변수를 갖는 경우로 확장할 수 있다. 두 확률변수의 기댓값과 조건부 기댓값에 대해 알아보자.

정의

두 확률변수 X와 Y의 결합확률밀도함수가 $f(x, y)$일때 $g(X, Y)$의 기댓값은 다음과 같다.

$$E(g(X, Y)) = \begin{cases} \sum_x \sum_y g(x, y) \cdot f(x, y) & \text{(이산확률변수)} \\ \int_{-\infty}^{\infty} \int_{-\infty}^{\infty} g(x, y) \cdot f(x, y)\, dxdy & \text{(연속확률변수)} \end{cases}$$

정리

두 개의 확률변수 X, Y의 기댓값을 각각 $E(X)$, $E(Y)$라 할때 다음이 성립한다.

$$E(X+Y) = E(X) + E(Y)$$

증명 연속확률변수 X, Y가 결합확률밀도함수 f를 가진다고 하자. 그러면 다음이 성립한다.

$$\begin{aligned} E(X+Y) &= \int_{-\infty}^{\infty} \int_{-\infty}^{\infty} (x+y) f(x, y)\, dxdy \\ &= \int_{-\infty}^{\infty} \int_{-\infty}^{\infty} x f(x, y)\, dxdy + \int_{-\infty}^{\infty} \int_{-\infty}^{\infty} y f(x, y)\, dxdy \\ &= E(X) + E(Y) \end{aligned}$$

예제 4-31

두 확률변수 X와 Y의 결합확률질량함수가 다음과 같을 때

x \ y	2	4	6
1	0	$\frac{1}{4}$	$\frac{1}{4}$
3	$\frac{1}{4}$	$\frac{1}{4}$	0

$g(X, Y) = X+Y$의 기댓값을 구하라.

풀이 $E(X+Y) = \sum_{y}\sum_{x}(x+y)\,f(x,\,y)$

$$= (1+2)\cdot 0 + (1+4)\cdot\frac{1}{4} + (1+6) + \frac{1}{4}$$

$$+ (3+2)\cdot\frac{1}{4} + (3+4)\cdot\frac{1}{4} + (3+6)\cdot 0$$

$$= 6$$

■

이제 조건부 기댓값에 대해 알아보자. 확률변수의 조건부 기댓값(conditional expectations)은 조건부 확률분포와 같은 방법으로 정의된다.

정의

X와 Y가 이산확률변수라 하고 $f(x\,|\,y)$는 $Y=y$로 주어졌을 때 X의 조건부 확률함수라 하자. 그러면 $Y=y$에 대한 X의 조건부 기댓값은 다음과 같이 정의된다.

$$E(X\,|\,Y=y) = \sum_{x} x\cdot f(x\,|\,y)$$

마찬가지로 X와 Y가 연속확률변수라 하고 $f(x\,|\,y)$는 $Y=y$로 주어졌을 때 X의 조건부 확률밀도함수라 하면 $Y=y$에 대한 X의 조건부 기댓값은 다음과 같이 정의된다.

$$E(X\,|\,Y=y) = \int_{-\infty}^{\infty} x\cdot f(x\,|\,y)\,dx$$

예제 4-32

확률변수 X와 Y의 결합확률분포가 다음과 같을 때 $Y=1$에 대한 X의 조건부 기댓값을 구하라.

x \ y	0	1	2	3
0	$\frac{1}{12}$	$\frac{1}{4}$	$\frac{1}{8}$	$\frac{1}{120}$
1	$\frac{1}{6}$	$\frac{1}{4}$	$\frac{1}{20}$	0
2	$\frac{1}{24}$	$\frac{1}{40}$	0	0

풀이 $Y=1$에 대한 X의 조건부 확률분포는 다음과 같다.

x	0	1	2
$f(y\mid 1)$	$\frac{1}{4} \Big/ \frac{21}{40}$ ‖ $\frac{10}{21}$	$\frac{1}{4} \Big/ \frac{21}{40}$ ‖ $\frac{10}{21}$	$\frac{1}{4} \Big/ \frac{21}{40}$ ‖ $\frac{1}{21}$

그리고 조건부 기댓값은 $E(X\mid Y=1)=\sum_x x\cdot f(x\mid 1)$이다. 따라서 $Y=1$에 대한 X의 조건부 기댓값 $E(X\mid Y=1)$은 다음이 된다.

$$E(X\mid Y=1)=0\cdot\frac{10}{21}+1\cdot\frac{10}{21}+2\cdot\frac{1}{21}=\frac{12}{21}$$

■

예제 4-33

X와 Y의 결합확률밀도함수가 다음과 같이 주어졌을 때,

$$f(x,\,y)=\begin{cases}\frac{2}{5}(x+4y), & 0<x<1,\ 0<y<1\\ 0, & \text{그 밖에}\end{cases}$$

$Y=\frac{1}{2}$에 대한 X의 조건부 기댓값을 구하라.

풀이 예제 4-29에서 $Y=\frac{1}{2}$에 대한 조건부 확률밀도함수는 다음과 같다.

$$f(x\mid\frac{1}{2})=\frac{2x+4}{5}$$

따라서 $E(X\mid Y=\frac{1}{2})$을 다음과 같이 구할 수 있다.

$$E(X\mid Y=\frac{1}{2})=\int_{-\infty}^{\infty}x\cdot f(x\mid\frac{1}{2})=\int_{0}^{1}x\cdot\frac{2x+4}{5}dx=\frac{8}{15}$$

■

4.9 공분산과 상관계수

기댓값이 각각 μ_X와 μ_Y인 두 확률변수 X와 Y에 대하여 X의 값이 클 때 Y의 값도 크고, X의 값이 작을 때 Y의 값도 작을 확률이 크다면 X와 Y는 같은 방향으로 변하는 경향이 있다고 말할 수 있다. 이런 경우에 $X-\mu_X$와 $Y-\mu_Y$는 모두 양이거나 모두 음일 확률이 크며, 이에 따라 곱 $(X-\mu_X)(Y-\mu_Y)$는 양이 된다. 따라서 $(X-\mu_X)(Y-\mu_Y)$의 기댓값은 양수이며 큰 값을 갖게 된다. 이와 반대로 X와 Y가 반대 방향으로 변하는 경향이 있다면 $(X-\mu_X)$가 양의 값을 취할 때 $(Y-\mu_Y)$는 음의 값을 취하거나 또는 이와는 반대의 경우를 취할 수도 있다. 이때 $(X-\mu_X)(Y-\mu_Y)$는 음수이며 기댓값 역시 음수가 된다.

이와 같이 $E[(X-\mu_X)(Y-\mu_Y)]$의 부호와 크기는 X와 Y 사이의 관계의 방향과 크기를 반영한다. 두 확률변수 X와 Y의 **공분산**(covariance)은 $(X-\mu_X)(Y-\mu_Y)$의 기댓값 $E[(X-\mu_X)(Y-\mu_Y)]$로 정의되며, $Cov(X, Y)$로 나타낸다.

공분산

$$Cov(X,\ Y)=E[(X-\mu_X)(Y-\mu_Y)]$$

공분산의 간편식

$$Cov(X,\ Y)=E(XY)-\mu_X\mu_Y$$

증명 기댓값의 성질을 이용하여 다음과 같이 공분산의 간편식을 얻을 수 있다.

$$\begin{aligned} Cov(X, Y) &= E[(X-\mu_X)(Y-\mu_Y)] \\ &= E(XY-\mu_X Y-\mu_Y X+\mu_X\mu_Y) \\ &= E(XY)-\mu_X E(Y)-\mu_Y E(X)+\mu_X\mu_Y \\ &= E(XY)-\mu_X\mu_Y \end{aligned}$$

또 상수 a, b, c, $d(a, c \neq 0)$에 대해 $aX+b$와 $cY+d$의 공분산은 다음과 같다.

$$Cov(aX+b, cY+d) = ac\,Cov(X, Y)$$

$$Var(X+Y) = Var(X)+Var(Y)+2Cov(X, Y)$$

$$Var(X-Y) = Var(X)+Var(Y)-2Cov(X, Y)$$

증명 기댓값의 성질을 이용하면 다음과 같이 두 확률변수의 합에 대한 분산의 공식을 유도할 수 있다.

$$\begin{aligned} Var(X+Y) &= E[(X+Y-\mu_X-\mu_Y)^2] \\ &= E[(X-\mu_X)^2+(Y-\mu_Y)^2+2(X-\mu_X)(Y-\mu_Y)] \\ &= E[(X-\mu_X)^2]+E[(Y-\mu_Y)^2]+2E[(X-\mu_X)(Y-\mu_Y)] \\ &= Var(X)+Var(Y)+2Cov(X, Y) \end{aligned}$$

마찬가지 방법으로 $Var(X-Y)$의 공식을 유도할 수 있다.

공분산 $Cov(X, Y)$의 값은 확률변수 X와 Y가 취하는 값의 단위에 의존한다. 단위에 의존하지 않는 두 변수의 관계를 나타내는 측도를 정의하는 것이 바람직한데, 공분산을 두 확률변수의 표준편차의 곱으로 나눔으로써 이런 측도를 얻을 수 있다. 이것을 **상관계수**(correlation coefficient)라 하고 $Corr(X, Y)$ 또는 ρ로 표시한다.

상관계수

$$\rho = Corr(X, Y) = \frac{Cov(X, Y)}{\sigma_X \sigma_Y}$$

상관계수는 다음과 같은 중요한 성질을 갖고 있다.

상관계수의 성질

1. $Corr(X, Y) = Corr(Y, X)$
2. $-1 \le Corr(X, Y) \le 1$
3. $Corr(aX+b, cY+d) = \begin{cases} Corr(X, Y), & ac > 0 \\ -Corr(X, Y), & ac < 0 \end{cases}$

여기서 a, b, c, d는 상수이다.

예제 4-34

두 확률변수 X와 Y의 결합확률분포가 다음과 같을 때 두 확률변수 X와 Y의 공분산과 상관계수를 구하라.

x \ y	0	1	2	3
0	0	0	$\frac{1}{8}$	$\frac{1}{8}$
1	0	$\frac{1}{4}$	$\frac{1}{4}$	0
2	$\frac{1}{8}$	$\frac{1}{8}$	0	0

풀이 X와 Y의 평균과 분산을 구하기 위하여 결합확률분포로부터 X와 Y의 주변확률분포를 구한다. 주변확률분포로부터 X와 Y의 평균과 분산을 구하며 그 계산은 다음 표에 주어진다.

표 4.13 X의 기댓값과 분산

x	0	1	2	합
$h(x)$	$\frac{1}{4}$	$\frac{1}{2}$	$\frac{1}{4}$	1
$xh(x)$	0	$\frac{1}{2}$	$\frac{1}{2}$	1
$x^2h(x)$	0	$\frac{1}{2}$	1	$\frac{3}{2}$

$$\mu_X = 1$$
$$\sigma_X^2 = 1.5 - 1^2 = 0.5$$
$$\sigma_X = 0.707$$

표 4.14 Y의 기댓값과 분산

y	0	1	2	3	합
$g(y)$	$\frac{1}{8}$	$\frac{3}{8}$	$\frac{3}{8}$	$\frac{1}{8}$	1
$yg(y)$	0	$\frac{3}{8}$	$\frac{3}{4}$	$\frac{3}{8}$	$\frac{3}{2}$
$y^2g(y)$	0	$\frac{3}{8}$	$\frac{3}{2}$	$\frac{9}{8}$	3

$$\mu_Y = 1.5$$
$$\sigma_Y^2 = 3 - 1.5^2 = 0.75$$
$$\sigma_Y = 0.866$$

공분산과 상관계수를 구하기 위해서 $E(XY)$의 계산만이 남아 있다. $E(XY)$의 계산은 표 2.15에 주어져 있는데 여기서 괄호 안의 수는 xy의 값을 뜻한다.

표 4.15 $E(XY)$의 계산

x \ y	0	1	2	3
0	0 (0)	0 (0)	$\frac{1}{8}$ (0)	$\frac{1}{8}$ (0)
1	0 (0)	$\frac{1}{4}$ (1)	$\frac{1}{4}$ (2)	0 (3)
2	$\frac{1}{8}$ (0)	$\frac{1}{8}$ (2)	0 (4)	0 (6)

$$1 \times \frac{1}{4} = \frac{1}{4}$$
$$2 \times \frac{1}{4} = \frac{1}{2}$$
$$2 \times \frac{1}{8} = \frac{1}{4}$$
$$E(XY) = 1$$

그러므로 공분산과 상관계수는 다음과 같다.

$$Cov(X,\ Y) = E(XY) - \mu_X \mu_Y = 1 - 1 \times 1.5 = -0.5$$

$$\rho = Corr(X,\ Y) = \frac{Cov(X,\ Y)}{\sigma_X \sigma_Y} = \frac{-0.5}{0.707 \cdot 0.866} \fallingdotseq -0.817$$

■

4.10 두 확률변수의 독립성

이제 두 확률변수 X와 Y의 독립성에 대하여 생각해 보자. 1장에서 보았듯이, 두 사상 A와 B에 대하여 $P(A \cap B) = P(A)P(B)$가 성립하면 두 사상 A와 B는 독립이다. 이 개념을 확률변수의 경우로 확장하면, 모든 x_i와 y_j에 대하여 X가 x_i를 취하는 $(X = x_i)$ 사상과 Y가 y_j를 취하는 $(Y = y_j)$사상이 서로 독립이면 두 확률변수 X와 Y가 서로 독립이라고 한다. 다시 말하면 다음 식이 성립하면 두 확률변수 X와 Y는 독립이다.

$$P(X = x_i,\ Y = y_j) = P(X = x_i)\ P(Y = y_j)$$

두 확률변수의 독립성을 정리하면 다음과 같다.

> **확률변수의 독립성**
>
> $f(x_i,\ y_j)$는 $(x_i,\ y_j)$에서 이산확률변수 X와 Y에 대한 결합확률질량함수의 값이고, $h(x_i)$, $g(y_j)$는 각각 X와 Y의 주변확률함수의 값이라 하자. 결합확률분포에서 모든 $(x_i,\ y_j)$에 대하여 $f(x_i,\ y_j) = h(x_i)g(y_j)$가 성립할 때, 두 확률변수 X와 Y는 서로 독립이라고 한다. X와 Y가 서로 독립이 아니면 서로 종속이라고 한다.

이산확률변수의 독립성에 대한 정의에서 결합확률질량함수를 결합확률밀도함수로, 주변확률함수를 주변확률밀도함수로 바꾸면 연속확률변수의 독립성에 대한 정의를 얻을 수 있다.

두 확률변수 X와 Y가 서로 독립인 경우는 다음과 같은 성질이 성립한다.

> **X와 Y가 서로 독립일때 다음이 성립한다.**
>
> 1. $E(XY) = E(X)E(Y)$
> 2. $Cov(X,\ Y) = 0,\ Corr(X,\ Y) = 0$
> 3. $Var(X + Y) = Var(X) + Var(Y)$
> $Var(X - Y) = Var(X) + Var(Y)$

예제 4-35

예제 4-34에서 두 확률변수 X와 Y는 서로 독립인지 살펴보아라.

풀이 X와 Y의 주변확률분포는 각각 다음과 같다.

x	0	1	2	합
$h(x)$	$\frac{1}{4}$	$\frac{1}{2}$	$\frac{1}{4}$	1

y	0	1	2	3	합
$g(y)$	$\frac{1}{8}$	$\frac{3}{8}$	$\frac{3}{8}$	$\frac{1}{8}$	1

그런데 $f(0,\ 0)=0$이지만 $h(0)=\frac{1}{4}$, $g(0)=\frac{1}{8}$이다.

$f(0,\ 0)\neq h(0)g(0)$이므로 X와 Y는 독립이 아니다.

예제 4-36

확률변수 X와 Y가 다음과 같은 결합확률분포를 할 때 X와 Y는 서로 독립인지 알아보아라.

x \ y	0	1	2
0	0.06	0.15	0.09
1	0.14	0.35	0.21

풀이 X와 Y의 주변확률분포는 각각 다음과 같다.

x	0	1	합
$h(x)$	0.30	0.70	1.00

y	0	1	2	합
$g(y)$	0.20	0.50	0.30	1.00

주어진 확률분포와 주변확률분포로부터 다음 사실을 알 수 있다.

$$h(0)g(0)=0.30\times 0.20=0.06=f(0,\ 0),$$
$$h(1)g(0)=0.70\times 0.20=0.14=f(1,\ 0)$$

$$h(0)g(1) = 0.30 \times 0.50 = 0.15 = f(0,\ 1),$$
$$h(1)g(1) = 0.70 \times 0.50 = 0.35 = f(1,\ 1)$$
$$h(0)g(2) = 0.30 \times 0.30 = 0.09 = f(0,\ 2),$$
$$h(1)g(2) = 0.70 \times 0.30 = 0.21 = f(1,\ 2)$$

즉 모든 $(x_i,\ y_j)$에 대해서 $f(x_i,\ y_j) = h(x_i)g(y_j)$가 성립함을 알 수 있다. 따라서 X와 Y는 서로 독립이다.

예제 4-37

결합확률밀도함수가 다음과 같을 때

$$f(x,y) = \begin{cases} \frac{2}{5}(x+4y) & ,0 < x < 1, 0 < y < 1 \\ 0 & ,\text{그 밖에} \end{cases}$$

두 확률변수 X와 Y는 서로 독립인지 알아보아라.

풀이 X와 Y의 주변밀도함수와 $f(x,y)$, $h(x)g(y)$는 각각 다음과 같다.

$$h(x) = \frac{2}{5}(x+2),\quad 0 < x < 1$$
$$g(y) = \frac{2}{5}(\frac{1}{2} + 4y),\ 0 < y < 1$$
$$f(x,y) = \frac{2}{5}(x+4y)$$
$$h(x)g(y) = \frac{4}{25}(x+2)(\frac{1}{2} + 4y)$$

따라서 $f(x,\ y) \neq h(x)g(y)$이므로 X와 Y는 독립이 아니다.

예제 4-38

X와 Y의 결합확률밀도함수가 다음과 같을 때,

$$f(x,y) = \begin{cases} 18x^2y^5 & ,0 < x < 1, 0 < y < 1 \\ 0 & ,\text{그 밖에} \end{cases}$$

두 확률변수 X와 Y는 서로 독립인지 알아보아라.

풀이 X와 Y의 주변밀도함수는 각각 다음과 같다.

$$h(x) = \int_{-\infty}^{\infty} 18x^2y^5 dy = \int_0^1 18x^2y^5 dy = 3x^2 \quad ,0 < x < 1$$

$$g(y) = \int_{-\infty}^{\infty} 18x^2y^5 dx = \int_0^1 18x^2y^5 dx = 6y^5 \quad ,0 < y < 1$$

따라서 $f(x,y) = 18x^2y^5 = 3x^3 6y^5 = h(x)g(y)$ 이므로 X와 Y는 서로 독립이다.

■

연습문제

1. 한 개의 주사위를 두 번 던질 때 두 눈의 합을 확률변수 X라 하자. X의 확률분포를 구하라.

2. 다음과 같은 상금이 걸려 있는 복권을 사려고 한다. 전부 2000매가 발매되었다면 매 복권당 걸려 있는 상금의 기댓값을 구하라.

구 별	매수	상금(단위 : 만원)
1등	1	100
2등	10	50
3등	40	10
4등	200	1
등 외	1749	0

3. 한 개의 주사위를 한 번 던질 때 나온 눈의 수를 확률변수 X라고 하자. X의 확률분포와 적률생성함수를 구하라. 또 적률생성함수를 이용하여 기댓값과 분산을 구하라.

4. 주사위를 던질 때 6의 눈이 나오든가 또는 어떤 눈이 나오든 세 번 시행하면 중단하는 실험을 한다. 던진 횟수에 대한 기댓값을 구하라.

5. X의 확률분포가 다음과 같을 때 $E(10X+2)$와 $Var(10X+2)$를 구하라.

x	0	1	2	3
$P(X=x)$	$\frac{1}{8}$	$\frac{1}{4}$	$\frac{1}{2}$	$\frac{1}{8}$

6. 동전 n개를 동시에 던져서 모두 앞면이 나오면 n점을 얻고 그렇지 않으면 0점을 얻는다고 하자. 이 규칙에 따라 동전 n개를 동시에 던지는 시행에서 얻을 수 있는 점수의 기댓값을 구하라.

7. 주사위 두 개를 동시에 던질 때 5의 눈이 나오는 횟수를 확률변수 X라 할 때 X의 평균과 분산을 구하라.

8. 다음 자료에서 평균에 대한 1차, 2차, 3차 적률을 구하라.

2, 3, 6, 8, 11, 12

9. 확률변수 X의 분포함수가 다음과 같을 때 $X>2$일 확률을 구하라.

$$F(x)=\begin{cases}1-e^{-2x}, & x\ge 0\\ 0, & x<0\end{cases}$$

10. 확률변수 X의 확률밀도함수가 다음과 같을 때, X의 분포함수 $F(x)$를 구하라.

$$f(x)=\begin{cases}-\dfrac{1}{8}x, & -2\le x<0\\ \dfrac{3}{2}x, & 0\le x<1\\ 0, & \text{그 밖에}\end{cases}$$

11. 확률변수 X는 세 값 0, 1, 2를 취하고 0, 1, 2에 대응하는 확률은 각각 $\frac{1}{2}$, $\frac{1}{3}$, $\frac{1}{6}$이다. X의 분포함수 $F(x)$를 구하라. 또 확률 $P(0\le X\le 2)$, $P(0<X<2)$를 구하라.

12. 하나의 주사위를 두 번 던지는 실험에서 X와 Y를 각각 다음과 같다고 할 때

X : 이 실험에서 나타난 짝수의 횟수

Y : 이 실험에서 나타난 3의 배수의 횟수

다음을 구하라.

(1) X와 Y의 결합확률분포

(2) X와 Y의 주변확률분포

(3) X와 Y의 공분산과 상관계수

13. 두 확률변수 X와 Y의 결합확률분포가 다음과 같을 때

x \ y	0	1	합
−1	0	$\frac{1}{3}$	$\frac{1}{3}$
0	$\frac{1}{3}$	0	$\frac{1}{3}$
1	0	$\frac{1}{3}$	$\frac{1}{3}$
합	$\frac{1}{3}$	$\frac{2}{3}$	1

다음을 구하라.

(1) 기댓값 $E(X)$와 $E(Y)$

(2) 분산 $Var(X)$와 $Var(Y)$

(3) 공분산 $Cov(X, Y)$

(4) 상관계수 $Corr(X, Y)$

(5) 확률변수 X와 Y의 독립성

(6) $X=1$에 대한 Y의 조건부 확률분포

14. 확률변수 X와 Y에 대하여 $E(a+bX)=a+bE(X)$임을 증명하라.

15. 확률변수 X와 Y의 결합확률밀도함수가 다음과 같을 때

$$f(x, y)=e^{-(x+y)},\quad x \ge 0,\quad y \ge 0$$

$P(X+Y \le 1)$을 구하라.

16. 한 개의 주사위를 던져 나온 눈의 수를 X라 하고, 나온 눈의 수와 같은 개수의 동전을 던져 나오는 앞면의 수를 Y라 하자. $Y=m$에 대한 Y의 조건부 확률함수를 $P(Y|X=m)$라고 하자.

(1) $X=3$에 대한 $Y=1$의 조건부 확률함수 $P(Y=1|X=3)$를 구하라.

(2) $X=m$에 대한 $Y=n$의 조건부 확률함수 $P(Y=n|X=m)$를 구하라.

17. 확률변수 X와 Y의 결합확률질량함수가 다음과 같을 때

$$f(x, y)=\frac{x+y}{21}, \quad x=1, 2, 3 \quad y=1, 2$$

각 변수의 주변확률함수와 $Y=y$에 대한 X의 조건부 확률함수를 구하라.

18. 두 확률변수 X와 Y의 결합확률밀도함수가 다음과 같을 때

$$f(x, y)=\begin{cases} cx^2y, & x^2 \le y \le 1 \\ 0, & \text{그 밖에} \end{cases}$$

상수 c의 값과 확률 $P(X \ge Y)$를 구하라.

19. 두 확률변수 X와 Y의 결합확률밀도함수가 다음과 같이 주어졌을 때

$$f(x, y)=\begin{cases} \dfrac{3(x^2+y^2)}{32}, & 0<x<2,\ 0<y<2 \\ 0, & \text{그 밖에} \end{cases}$$

다음을 구하라.

(1) X와 Y의 주변밀도함수

(2) $X=x$에 대한 Y의 조건부 확률밀도함수

(3) $P(Y<2|X=1)$

(4) 조건부 기댓값 $E(Y^2|X=1)$

(5) 확률변수 X와 Y의 독립성

20. 두 확률변수 X와 Y는 독립이고 각각 다음과 같은 확률밀도함수를 동일하게 갖는다.

$$f(t) = \begin{cases} 2t, & 0 \le t \le 1 \\ 0, & \text{그 밖에} \end{cases}$$

이때 Y가 X와 X^2 사이의 값이 될 확률을 구하라.

21. X와 Y는 독립일 때 다음 식을 증명하라.

(1) $E(XY) = E(X)E(Y)$

(2) $Var(X+Y) = Var(X) + Var(Y)$

제 5 장

이산확률분포

제 05 장 이산확률분포

01 본장의 개요

4장에서 확률변수의 확률분포 및 이와 관련된 일반적인 성질에 대하여 알아보았다. 여러 가지 확률분포가 있지만, 이 장에서는 통계적 추론에 많이 이용되고 실제 현상에서도 많이 나타나는 대표적인 이산확률분포에 대하여 알아본다. 1절에서는 베르누이 시행과 이항실험의 개념을 이해하고 2절에서는 1절의 내용을 바탕으로 하여 이산확률분포 중에서 가장 기본적이고 중요한 이항분포에 대하여 알아본다. 3절에서는 베르누이 시행이 독립이라는 조건을 만족시키지 못할 경우에 이용하는 초기하분포에 대하여 알아보고 4절에서는 일정한 시간 또는 일정한 크기의 공간에서 어떤 사상이 희귀하게 발생하는 경우에 사용하는 푸아송분포에 대하여 알아본다. 5절과 6절에서는 기하분포, 음이항분포에 대하여 다룬다.

5.1 베르누이 시행과 이항실험

어떤 시행이 오직 두 가지 가능한 결과, 즉 성공(S)과 실패(F) 중의 하나만을 가질 때, 이런 시행을 **베르누이 시행**(Bernoulli random trial)이라 한다. 이렇게 시행결과를 둘 중의 하나로 분류할 수 있는 경우는 여러 분야에서 찾을 수 있다.

예를 들면, 달걀의 부화를 관찰해서 부화된 병아리를 암컷과 수컷 중 하나로 분류하는 경우, 생산된 제품을 하나씩 검사해서 검사 결과를 양호 또는 불량 중 하나로 분류하는 경우, 동전을 던지는 실험에서 결과를 앞면 또는 뒷면 중 하나로 분류하는 경우, 어떤 정책에 대한 의견을 찬성 또는 반대 중 하나로 분류하는 경우 등이다. 성공과 실패는 편의상 선택된 용어이며, 사전적인 의미를 갖지 않을 수도 있다.

베르누이 시행에서 실험결과가 성공이면 $X=1$을, 실패이면 $X=0$을 가질 때 X를 베르누이 확률변수라 한다. 확률변수 X의 확률함수가 다음과 같이 주어진다면

$$f(x)=p^{x}(1-p)^{1-x},\quad x=0,\ 1$$

X는 **베르누이 분포**를 따른다고 한다. 여기서 확률함수 f는 다음을 뜻한다.

$$f(x)=\begin{cases}1-p, & x=0\\ p, & x=1\end{cases}$$

다음에는 **이항실험**(binomial experiment)에 대해서 살펴보자. 이항실험은 베르누이 시행이 독립적으로 반복되는 실험을 말한다. 여기서 '독립적'이란 각 시행의 결과가 다른 시행의 결과에 영향을 미치지 않는다는 뜻이다. 이항실험의 특징을 요약하면 다음과 같다.

이항실험

1. 시행의 결과는 반드시 성공과 실패 둘 중의 하나로 나타난다.
2. 각 시행마다 성공의 확률은 같으며, 성공의 확률을 p, 실패의 확률을 q로 나타내면 $p+q=1$이다.
3. 시행은 독립적이다.

예제 5-1

한 개의 동전을 4번 던지는 실험을 생각하자. 앞면이 나오는 횟수를 X라 할 때 X의 확률분포를 구하라.

풀이 앞면이 나오면 성공이라 하고 s로 표시하고, 뒷면이 나오면 실패라 하고 f로 표시하자. X를 앞면이 나오는 횟수라 하면, 앞면은 0번, 1번, 2번, 3번, 4번이 나올 수 있기 때문에 X는 0, 1, 2, 3, 4 중에서 값을 취한다. 모든 가능한 경우를 조사해 보면 앞면의 수가 0인 경우는 1가지, 1인 경우는 4가지, 2인 경우는 6가지, 3인 경우는 4가지, 4인 경우는 1가지로 모두 16가지이며 모든 경우는 다음 표에 주어졌다. 16가지의 각 경우는 일어날 확률이 모두 같으므로 각 경우의 확률은 $\frac{1}{16}$이다. 이를 정리하면 다음 표와 같다.

표본공간	ffff	sfff fsff ffsf fffs	ssff sfsf sffs fssf fsfs ffss	sssf ssfs sfss fsss	ssss
X의 값	0	1	2	3	4
각 결과의 확률	1/16	1/16	1/16	1/16	1/16
경우의 수	1	4	6	4	1

따라서 앞면이 나오는 횟수 X의 확률분포는 다음과 같다.

x	0	1	2	3	4
$P(X=x)$	1/16	4/16	6/16	4/16	1/16

■

5.2 이항분포

5.1절의 예에서 본 대로, 동일한 성공의 확률을 가진 베르누이 시행을 독립적으로 반복하여 시행할 때 성공의 횟수에 대한 확률분포를 **이항분포**(binomial distribution)라고 한다.

이항분포에서 확률변수 X를 성공의 확률 p인 베르누이 시행을 n번 반복시행할 때의 성공의 횟수라 하면 그 확률은 다음과 같이 정의되며 이항분포를 $b(x : n, p)$ 또는 간단히 $b(n, p)$로 표시한다.

이항분포

$$P(X=x)=\binom{n}{x}p^{x}(1-p)^{n-x},\quad x=0,\ 1,\ 2,\ \cdots,\ n$$

예제 5-2

어떤 식물의 발아율이 40%라고 알려졌다. 15개의 씨를 뿌렸을 때 다음의 확률을 구하라.

(1) 꼭 10개가 발아할 확률　　　　　　　(2) 2개 이하가 발아할 확률

풀이 각 씨에 대한 결과는 독립적이라 가정하고, X를 발아할 씨의 수라 하자. 이항분포로부터 $n=15$, $p=0.4$이므로 $q=1-0.4=0.6$이다. 따라서 다음과 같이 확률을 구할 수 있다.

(1) $P(X=10)=\dfrac{15!}{10!\,5!}0.4^{10}0.6^{5}=0.025$

(2) $$\begin{aligned}P(X\le 2) &= P(2\text{개 발아})+P(1\text{개 발아})+P(0\text{개 발아})\\ &= \binom{15}{2}0.4^{2}0.6^{13}+\binom{15}{1}0.4^{1}0.6^{14}+\binom{15}{0}0.4^{0}0.6^{15}\\ &= 0.027\end{aligned}$$

예제 5-2(2)의 풀이에서 계산이 상당히 복잡함을 느끼는데 이때 부록의 누적이항분포표를 이용하면 편리하게 확률을 구할 수 있다.

즉 $P(X\le 2)$를 구하려면 부록의 누적이항분포표로부터 $n=15$인 부분에서 $p=0.4$의 열과 $c=2$인 행이 만나는 위치의 수 0.027을 읽는다. 따라서 $P(X\le 2)=0.027$이다.

예제 5-3

예제 5-1에서 확률변수 X의 평균과 분산을 구하라.

풀이
$$\begin{aligned}E(X) &= \sum_i x_i P(X=x_i)=0\cdot\frac{1}{16}+1\cdot\frac{4}{16}+2\cdot\frac{6}{16}+3\cdot\frac{4}{16}+4\cdot\frac{1}{16}\\ &= \frac{32}{16}=2=4\cdot\frac{1}{2}\end{aligned}$$

$$\begin{aligned}Var(X) &= \sum_i x_i^2 P(X=x_i)-[E(X)]^2\\ &= 0^2\cdot\frac{1}{16}+1^2\cdot\frac{4}{16}+2^2\cdot\frac{6}{16}+3^2\cdot\frac{4}{16}+4^2\cdot\frac{1}{16}-2^2\\ &= \frac{80}{16}-4=1=4\cdot\frac{1}{2}\cdot\frac{1}{2}\end{aligned}$$

정리 5.1

시행횟수 n, 성공확률 p인 이항분포의 적률생성함수, 평균과 분산은 다음과 같다.

(1) $M_X(t) = [1 + p(e^t - 1)]^n$

(2) $E(X) = np,\ Var(X) = np(1-p)$

증명 (1) 적률생성함수의 정의에 의하여 확률변수 X의 적률생성함수는 다음과 같다.

$$M_X(t) = E(e^{tX}) = \sum_{x=0}^{n} e^{tx} f(x) = \sum_{x=0}^{n} e^{tx}\ {}_nC_x\, p^x (1-p)^{n-x}$$
$$= \sum_{x=0}^{n} {}_nC_x (pe^t)^x (1-p)^{n-x} = [1 + p(e^t - 1)]^n$$

따라서 구하는 적률생성함수는 다음이 된다.

$$M_X(t) = [1 + p(e^t - 1)]^n$$

(2) 기댓값의 정의에 의하여 확률변수 X의 기댓값 $E(X)$는 다음과 같다.

$$E(X) = \sum_{x=0}^{n} x f(x) = \sum_{x=0}^{n} x\, {}_nC_x\, p^x q^{n-x}$$

$$= {}_nC_1 pq^{n-1} + 2\,{}_nC_2\, p^2 q^{n-2} + 3\,{}_nC_3\, p^3 q^{n-3} + \cdots + n\,{}_nC_n p^n$$

$$= npq^{n-1} + n(n-1)p^2 q^{n-2} + \frac{n(n-1)(n-2)}{2!} p^3 q^{n-3} + \cdots + np^n$$

$$= np({}_{n-1}C_0 q^{n-1} + {}_{n-1}C_1 pq^{n-2} + {}_{n-1}C_2 p^2 q^{n-3} + \cdots + {}_{n-1}C_{n-1} p^{n-1})$$

$$= np \sum_{x=0}^{n-1} {}_{n-1}C_x p^x q^{(n-1)-x} = np(p+q)^{n-1}$$

따라서 $p + q = 1$이므로 구하는 평균은 다음이 된다.

$$E(X) = np$$

이제, 분산을 구하기 위해서 식 $E(X^2) = E[X(X-1)] + E(X)$을 이용하자. 기댓값의 정의에 의하여 확률변수 $X(X-1)$의 기댓값은 다음과 같다.

$$E[X(X-1)] = \sum_{x=0}^{n} x(x-1)_nC_x\, p^x q^{n-x}$$

$$= 2\times 1\,_nC_2\, p^2 q^{n-2} + 3\times 2\,_nC_3\, p^3 q^{n-3} + \cdots + n\times(n-1)\,_nC_n p^n$$

$$= n(n-1)p^2 q^{n-2} + n(n-1)(n-2)p^3 q^{n-3} + \cdots + n(n-1)p^n$$

$$= n(n-1)p^2 ({}_{n-2}C_0 q^{n-2} + {}_{n-2}C_1 pq^{n-3} + \cdots + {}_{n-2}C_{n-2} p^{n-2})$$

$$= n(n-1)p^2 \sum_{x=0}^{n-2} {}_{n-2}C_x p^x q^{(n-2)-x} = n(n-1)p^2(p+q)^{n-2}$$

$p+q=1$이므로 $E(X(X-1)) = n(n-1)p^2$이다. 분산 $Var(X) = E(X^2) - \{E(X)^2\}$이고 $E(X^2) - \{E(X)^2\} = E(X(X-1)) + E(X) - \{E(X)\}^2$이므로

$$Var(X) = n(n-1)p^2 + np - (np)^2 = np(1-p)$$

이다. 따라서 구하는 분산은 $Var(X) = np(1-p)$이다.

예제 5-4

주사위 1개를 900회 던졌다. 5의 눈이 나타나는 횟수를 X라 할 때 X의 평균과 분산을 구하라.

풀이 시행횟수 n은 900이고 5의 눈이 나올 확률 p는 $\frac{1}{6}$이므로, X는 $b\left(900, \frac{1}{6}\right)$인 이항분포를 따른다. 그러므로 X의 평균과 분산은 다음과 같다.

평균 $E(X) = np = 900 \times \frac{1}{6} = 150$

분산 $Var(X) = npq = 900 \times \frac{1}{6} \times \frac{5}{6} = 125$

■

5.3 초기하분포

유한 모집단에서 표본을 비복원추출할 경우에는 베르누이 시행이 독립이라는 조건을 만족시키지 못하므로 이항분포를 사용하지 못한다. 이런 경우에는 다음과 같은 초기하분포(hypergeometric distribution)를 사용한다.

크기 N인 유한 모집단은 특별한 속성 A를 가진 집단과 속성 A를 갖지 않는 집단으로 나누어진다고 가정하자. 예를 들면, 남성과 여성, 취업자와 실직자, 양품과 불량품 등과 같이 모집단을 나눌 수 있다. 모집단에서 속성 A를 가진 집단의 원소의 개수를 D라 하면 나머지 $N-D$개는 속성을 갖지 않는 집단의 원소의 개수이다. 이런 모집단에서 n개의 표본을 임의로 비복원추출할 때 추출된 표본에서 속성 A를 가진 집단의 원소의 개수 X의 확률분포를 초기하분포라 한다. 초기하분포의 확률분포는 다음과 같다.

초기하분포

$$P(X=x)=\frac{\binom{D}{x}\binom{N-D}{n-x}}{\binom{N}{n}},\ n \le D,\ n \le N-D,\ x=0,\ 1,\ \cdots,\ n$$

여기서 N은 모집단의 크기, D는 모집단에서 속성 A를 가진 집단의 개수, n은 표본의 크기, X는 표본에서 속성 A를 가진 집단의 개수를 나타낸다.

정리 5.2 초기하분포의 평균과 분산

X가 초기하분포를 따를 때 X의 평균과 분산은 각각 다음과 같다.

$$\text{평균} = np \qquad \text{단, } p=\frac{D}{N}$$

$$\text{분산} = npq\left(\frac{N-n}{N-1}\right) \qquad \text{단, } q=1-p$$

여기서 $\frac{N-n}{N-1}$을 유한 모집단 수정계수라 하며, N이 크면 클수록 1에 접근한다.

증명 평균을 계산하기 위해서 다음의 합을 계산한다.

$$E(X)=\sum_{x=0}^{n} x\frac{\binom{D}{x}\binom{N-D}{n-x}}{\binom{N}{n}}$$

또한, $\binom{D}{x}=\frac{D!}{(D-x)!x!}$ 이고 $x!=x(x-1)!$ 이므로 다음 식을 얻는다.

$$E(X) = \sum_{x=1}^{n} \frac{D!}{(x-1)!(D-x)!} \frac{\binom{N-D}{n-x}}{\binom{N}{n}}$$
$$= \frac{D}{\binom{N}{n}} \sum_{x=1}^{n} \binom{D-1}{x-1}\binom{N-D}{n-x}$$

$y=x-1$, $m=n-1$로 놓으면 $E(X)$는 다음과 같다.

$$E(X) = \frac{D}{\binom{N}{n}} \sum_{y=0}^{m} \binom{D-1}{y}\binom{N-D}{m-y}$$

연습문제 3-9를 이용하면 $\sum_{y=0}^{m} \binom{D-1}{y}\binom{N-D}{m-y} = \binom{N-1}{m}$이 성립하므로 우리는 다음 식을 얻는다.

$$E(X) = \frac{D}{\binom{N}{n}}\binom{N-1}{m} = \frac{D}{\binom{N}{n}}\binom{N-1}{n-1} = \frac{nD}{N}$$

$\frac{D}{N} = p$이므로 $E(X) = np$가 된다.

분산을 구하는 식은 연습문제로 남겨둔다.

예제 5-5

흰 공 3개와 검은 공 2개가 들어 있는 주머니에서 3개를 임의로 비복원추출할 때, 이 중에서 1개가 검은 공일 확률을 구하라.

풀이 5개의 공에서 3개를 추출하는 경우의 수는 $\binom{5}{3}$이고, 검은 공 2개 중에서 1개의 공을 추출하는 경우의 수는 $\binom{2}{1}$이며, 흰 공 3개 중에서 2개의 공을 추출하는 경우의 수는 $\binom{3}{2}$이다.

이제, X를 검은 공의 개수라 하면 X는 $N=5$, $D=2$, $n=3$인 초기하분포를 따른다. 따라서 다음을 얻는다.

$$P(X=1) = \frac{\binom{2}{1}\binom{3}{2}}{\binom{5}{3}} = \frac{2 \cdot 3}{\frac{5 \cdot 4}{2}} = \frac{3}{5}$$

5.4 푸아송분포

어떤 사상 S가 성공할 확률 $P(S)$를 p라고 할 때, n번의 베르누이 시행에서의 성공의 횟수에 대한 분포를 이항분포라 한다. 시행횟수 n이 매우 크고 p가 작으면 이항분포에서의 확률을 계산하기가 어렵다. 이 경우에 **푸아송분포**(Poisson distribution)라 부르는 확률분포를 정의하게 된다. 푸아송분포는 n을 매우 크게 하고 p를 매우 작게 하며 평균을 $np = m$으로 일정하게 하는 경우의 이항분포의 근사적인 확률분포라고 정의할 수 있다.

푸아송분포는 일정한 시간 또는 일정한 크기의 공간에서 어떤 사상이 희귀하게 발생할 때 그 사상이 일어날 횟수와 이에 대응하는 확률을 나타내는 확률분포이다. 예를 들어, 일정한 시간 내의 전화 신청 횟수, 어떤 상점에서 하루동안 팔린 냉장고의 수, 어느 복잡한 지역에서의 1일 교통사고의 수, 문서작성기로 작성한 페이지당 오자의 수 등에 푸아송분포를 적용할 수 있다.

푸아송분포의 사상 S가 다음과 같은 조건을 만족시킨다면 모수 $m > 0$을 갖는 근사 **푸아송과정**을 따른다고 한다.

(1) 독립성 : 일정한 시간이나 일정한 크기의 공간에서 일어나는 사상 S의 횟수와 중복되지 않은 다른 일정한 시간이나 일정한 크기의 공간에서 일어나는 사상 S의 횟수는 서로 독립이다.

(2) 비집락성 : 극히 작은 시간이나 공간에서 둘 또는 그 이상의 사상이 일어날 확률은 극히 작기 때문에 무시할 수 있다.

(3) 비례성 : 구간의 길이가 t인 충분히 짧은 구간에서 정확히 하나의 사상이 일어날 확률은 거의 mt이다.

교통사고의 경우 푸아송과정을 따르고 있는지 다음의 예를 통하여 살펴보자. 오후 4시부터 5시까지 시청 앞에서 10분당 평균 1건의 교통사고가 발생한다고 하여 교통경찰은 이를 조사해 보려고 한다. 조사대상 시간인 4시에서 5시까지의 1시간을 아주 작은 단위시간인 1초 간격으로 나누어 생각할 수 있으며, 1초 동안에는 2건 이상의 교통사고가 발생할 확률이 아주 작다. 또한 4시 20분부터 30분까지 일어난 교통사고의 건수와 4시 30분부터 40분까지 일어난 교통사고의 건수는 서로 관계가 없다. 즉 각 시간대별로 발생하는 교통사고의 건수는 독립이라고 할 수 있다. 이런 상황은 위의 세 가지 조건을 만족시키고 있으므로 매 시간 발생하는 교통사고의 건수는 푸아송과정을 따른다고 할 수 있다.

X를 단위 구간에서 발생하는 사상의 횟수라 하면, 위의 과정과 관련된 확률분포인 푸아송분포는 다음과 같이 정의하며 $p(x;m)$으로 나타낸다.

푸아송분포

$$P(X=x)=\frac{m^x e^{-m}}{x!},\quad x=0,\ 1,\ 2,\ \cdots$$

여기서 m은 평균이다.

정리 5.3 이항분포의 푸아송분포로의 근사

확률변수 X가 이항분포 $b(n,p)$를 따를 때, n을 매우 크게 하고 p를 매우 작게 하면 확률변수 X는 푸아송분포로 근사한다.

증명 확률변수 X가 이항분포 $b(n,p)$를 따를 때 확률함수는 ${}_nC_x p^x(1-p)^{n-x}$이므로, $np=m$이라 하고 확률함수에 극한을 취하면 다음을 얻는다.

$$\begin{aligned}P(X=x)&=\lim_{n\to\infty}\frac{n!}{(n-x)!x!}\left(\frac{m}{n}\right)^x\left(1-\frac{m}{n}\right)^{n-x}\\&=\lim_{n\to\infty}\frac{n(n-1)(n-2)\cdots(n-x+1)}{x!}\frac{m^x}{n^x}\left(1-\frac{m}{n}\right)^n\left(1-\frac{m}{n}\right)^{-x}\\&=\frac{m^x}{x!}\lim_{n\to\infty}\left(1-\frac{1}{n}\right)\left(1-\frac{2}{n}\right)\cdots\left(1-\frac{x-1}{n}\right)\left(1-\frac{m}{n}\right)^n\left(1-\frac{m}{n}\right)^{-x}\end{aligned}$$

e의 정의에 의하여 다음 식들을 얻는다.

$$\lim_{n\to\infty}\left(1-\frac{m}{n}\right)^n=\lim_{n\to\infty}\left[\left(1-\frac{m}{n}\right)^{-n/m}\right]^{-m}=e^{-m}$$

$$\lim_{\substack{n\to\infty\\p\to0}}\left(1-\frac{m}{n}\right)^{-x}=\lim_{\substack{n\to\infty\\p\to0}}\left[\left(1-\frac{m}{n}\right)^{-n/m}\right]^{mx/n}=\lim_{p\to0}e^{\frac{mx}{n}}=1$$

그러므로 이항분포는 다음과 같은 푸아송분포가 된다.

$$P(X=x)=\frac{m^x}{x!}e^{-m}$$

따라서 확률변수 X가 이항분포 $b(n,p)$를 따를 때 n을 매우 크게 하고 p를 매우 작게 하면 확률변수 X는 푸아송분포로 근사한다.

정리 5.4

푸아송분포의 적률생성함수는 다음과 같다.

$$M_X(t) = e^{m(e^t - 1)}$$

여기서 m은 평균이다.

증명 적률생성함수의 정의에 의하여 확률변수 X의 적률생성함수는 다음과 같다.

$$M_X(t) = E(e^{tX}) = \sum_{x=0}^{\infty} e^{tx} \frac{m^x e^{-m}}{x!} = e^{-m} \sum_{x=0}^{\infty} \frac{(me^t)^x}{x!}$$

이때 $z = me^t$라고 하면 $\sum_{x=0}^{\infty} \frac{(me^t)^x}{x!}$는 $\sum_{x=0}^{\infty} \frac{z^x}{x!}$로 되어 e^z의 매클로린 급수인 것을 알 수 있다. 따라서 다음과 같은 적률생성함수를 얻을 수 있다.

$$M_X(t) = e^{-m} e^{me^t} = e^{m(e^t - 1)}$$

정리 5.5 푸아송분포의 평균과 분산

X가 푸아송분포를 따를 때 평균과 분산은 다음과 같다.

$$\text{평균} = m, \qquad \text{분산} = m$$

증명 적률생성함수 $M_X(t)$의 1차, 2차 도함수는 각각 다음과 같다.

$$M_X'(t) = \frac{dM_X(t)}{dt} = me^t e^{m(e^t - 1)}$$

$$M_X''(t) = \frac{dM_X'(t)}{dt} = (me^t)^2 e^{m(e^t - 1)} + me^t e^{m(e^t - 1)}$$

여기서 양변에 $t = 0$을 대입하면 $M_X'(0) = m$이고, $M_X''(0) = m^2 + m$이므로, 다음과 같은 평균과 분산을 얻는다.

$$E(X) = m$$
$$Var(X) = M_X''(0) - M_X'(0)^2 = (m^2 + m) - m^2 = m$$

예제 5-6

어느 교과서가 페이지당 평균 여섯 자의 오자가 있다고 한다. 이 교과서의 각 페이지에 있는 오자의 수가 푸아송분포를 따른다면 어느 한 페이지에 네 자 이상의 오자가 있을 확률을 구하라.

풀이 교과서의 각 페이지에 있는 오자의 수를 X라 하면 $X \geq 4$이고 평균 $m = 6$이다. 어느 한 페이지에 네 자 이상의 오자가 있을 확률은 다음과 같다.

$$P(X \geq 4) = 1 - P(X \leq 3) = 1 - \sum_{x=0}^{3} \frac{6^x e^{-6}}{x!}$$

$$= 1 - 0.151 = 0.849$$

이다.

예제 5-7

전화교환대에 전화벨 소리가 매 4분마다 평균 3건의 비율로 울린다고 한다. 만약 전화벨 소리가 근사푸아송과정을 따른다고 가정하면 8분 동안 5건 이상의 전화벨 소리가 울릴 확률을 구하라.

풀이 전화벨 소리가 4분마다 평균 3건의 비율로 울리므로 1분당 평균 $\frac{3}{4}$건이 울린다. 8분동안 울리는 신호음의 기대건수는 $\frac{3}{4} \cdot 8 = 6$건이다. 따라서 8분 동안 5건 이상의 전화벨 소리가 울릴 확률은 다음과 같다.

$$P(X \geq 5) = 1 - P(X \leq 4) = 1 - \sum_{x=0}^{4} \frac{6^x e^{-6}}{x!}$$

$$= 0.715$$

5.5 기하분포

기하분포(geomertic distribution)는 베르누이 시행에서 생기는 다른 종류의 이산확률분포이다. 이항분포와 달리 시행횟수 n을 미리 정하지 않고 베르누이 시행을 계속하다가 처음으로 성공이 나타나면 시행을 중단하자. 그러면 성공의 횟수는 1로 고정되고 시행횟수는 확률변수가 된다.

확률변수 X를 첫 번째 성공이 나올 때까지의 시행횟수라고 정의하면, X의 확률분포를 유도할 수 있다. X가 취하는 값은 1, 2, …인데, 처음 $x-1$회까지는 실패이고 마지막 x번째가 성공인 경우는 확률변수 X가 x를 취하는 경우이므로 실패를 F, 성공을 S라고 하면 그 확률은 다음과 같다.

$$P(X=x)=P(\underbrace{FF\cdots F}_{x-1}\cdot S)=q^{x-1}p, \quad x=1,\ 2,\ \cdots$$

성공할 확률 $P(S)$가 p이고, 실패할 확률 $P(F)$가 $q=1-p$인 반복독립시행에서 확률변수 X를 처음으로 성공이 나타날 때까지의 시행횟수라고 하면, X의 확률분포는 다음과 같으며 이 확률분포를 기하분포라 한다.

기하분포

$$P(X=x)=q^{x-1}p, \quad x=1,\ 2,\ \cdots$$

정리 5.6

기하분포의 적률생성함수는 다음과 같다.

$$M_X(t)=\frac{pe^t}{1-qe^t}, \qquad t<-\ln q$$

여기서 $q=1-p$ 이다.

증명 적률생성함수의 정의에 의하여 확률변수 X의 적률생성함수는 다음과 같다.

$$\begin{aligned} M_X(t)=E(e^{tX})&=\sum_{x=1}^{\infty}e^{tx}f(x)=\sum_{x=1}^{\infty}e^{tx}pq^{x-1} \\ &=pq^{-1}\sum_{x=1}^{\infty}(qe^t)^x=\frac{p}{q}\times\frac{qe^t}{1-qe^t}=\frac{pe^t}{1-qe^t} \end{aligned}$$

따라서 구하는 적률생성함수는 다음이 된다.

$$M_X(t) = \frac{pe^t}{1-qe^t}\ , \qquad t < -\ln q$$

X가 기하분포를 따를 때 평균과 분산은 다음과 같다.

기하분포의 평균과 분산

$$\text{평균} = \frac{1}{p}, \qquad \text{분산} = \frac{q}{p^2}$$

예제 5-8

어떤 사람이 운전면허시험에 합격할 확률은 0.7이라고 한다. 이 사람이 네 번 이전에 시험에 합격할 확률을 구하라.

풀이 X를 운전면허시험을 본 횟수라고 하면 X는 $p=0.7$인 기하분포를 따른다. 이 사람이 네 번 이전에 시험에 합격할 확률은 다음과 같다.

$$P(X \le 4) = \sum_{x=1}^{4} (0.3)^{x-1} \cdot (0.7) = 0.9919$$

■

5.6 음이항분포

음이항분포(negative binomial distribution)는 이항분포의 역으로 생각할 수 있는 확률분포이다. 이항분포에서는 베르누이 시행을 n번 반복 시행할 때 얻은 성공의 횟수를 확률변수라 하는데 시행의 횟수는 고정시키고 성공의 횟수를 변하게 한다. 반면에, 음이항분포에서는 마지막 시행에서 성공하여 전체적으로 r번 성공하는 데 필요한 시행의 횟수를 확률변수 X라 하며, 이때 성공의 횟수는 고정되어 있고 시행의 횟수가 변한다. 예를 들면, $r=3$인 경우에 음이항분포의 실험에 대한 전형적인 결과는 다음과 같다.

ssffffs sffffss ffffsss sss ssfs

위의 각 경우에 확률변수 X의 값은 각각 7, 7, 7, 3, 4이다.

시행횟수 n을 미리 정하지 않고 마지막 시행에서 성공하여 전체적으로 성공의 횟수가 r번 나올 때까지 베르누이 시행을 독립적으로 반복하는 경우에, 성공할 확률을 p, 실패할 확률 $q=1-p$라 하면 r번 성공하기까지의 시행횟수 X에 대한 확률분포는 다음과 같다. 이 확률분포를 음이항분포라 한다.

음이항분포

$$P(X=x)=\binom{x-1}{r-1}p^r q^{x-r}, \quad x=r,\ r+1,\ \cdots$$

정리 5.7

음이항분포의 적률생성함수는 다음과 같다.

$$M_X(t)=\left(\frac{pe^t}{1-qe^t}\right)^r, \qquad t<-\ln q$$

여기서 $q=1-p$이다.

X가 음이항분포를 따를 때 평균과 분산은 다음과 같다.

음이항분포의 평균과 분산

$$\text{평균}=\frac{r}{p}, \qquad \text{분산}=\frac{rq}{p^2}$$

여기서 $q=1-p$이다.

예제 5-9

눈수술을 받은 환자의 40%가 후유증이 없다고 한다. 이 눈수술을 7명의 환자까지 시행하여 비로소 4명의 환자가 후유증이 없을 확률을 구하라.

풀이 X를 r번 성공하기까지 시행한 횟수라고 하면 $X=7$, $r=4$, $p=0.4$인 음이항분포를 따르므로 구하는 확률은 다음과 같다.

$$P(X=7)=\binom{6}{3}0.4^4 0.6^3=0.133$$

■

연습문제

1. 12개의 제품 중 4개가 불량품이다. 이 중에서 4개를 비복원추출했을 경우의 불량품의 수를 X라 하자.
(1) 확률변수 X의 확률분포를 구하라.
(2) $E(X)$, $\mathrm{Var}(X)$를 구하라.

2. 1개의 주사위를 던질 때 나오는 눈의 수를 확률변수 X라 할 때
(1) 확률변수 X의 적률생성함수를 구하라.
(2) 확률변수 X의 적률생성함수를 이용하여 기댓값을 구하라.

3. 10%의 불량품이 들어 있는 제품상자에서 임의로 25개를 꺼낼 때, 불량품의 평균 개수와 표준편차를 구하라.

4. 어떤 야구팀이 경기에서 이길 확률이 2/3이다. 이 팀이 경기를 5번 치르는 동안 정확히 3번 이길 확률을 구하라.

5. 5개의 동전을 던져서 앞면이 나오는 개수를 X라 할 때 X의 평균과 분산을 구하라.

6. 어떤 레슬링 선수가 경기에서 이길 확률은 3/5이다. 이 선수가 6번 경기에 출전해서 적어도 2번 이길 확률을 구하라.

7. 흰 공 5개와 검은 공 3개가 들어 있는 주머니에서 비복원으로 3개의 공을 꺼낼 때 흰 공 1개가 포함될 확률을 구하라.

8. 새로 개발된 소프트웨어는 1년 동안 품질을 보증한다. 1년 동안 한 대당 서비스 요구 횟수는 평균이 4.0인 푸아송분포를 따른다고 한다면 1년 동안 3번 서비스를 요구할 확률을 구하라.

9. 오전 10시에서 11시 사이에 어느 회사 교환대에 걸려오는 전화의 평균 횟수는 매분 3회이다. 이 시간에 1분간 걸려오는 전화의 횟수가 2회 이하일 확률을 구하라.

10. 우리나라 왼손잡이의 비율은 1%라고 한다. 400명 중 왼손잡이가 3명 이상 있을 확률을 구하라.

11. 종업원 200명이 있는 회사가 있다. 이 회사의 결근자의 수는 열흘마다 평균 한 명의 비율이라고 한다. 만약 이에 대해 푸아송과정을 따른다면 한달 동안 결근자가 한 사람도 없을 확률을 구하라.

12. 어떤 대학의 수학과 4학년 학생수가 40명이라고 한다. 이들 중 다섯 명이 임용고시에 합격한다고 하면 학생이 네 번만에 임용고시에 합격할 확률을 구하라.

13. 어떤 실험이 성공할 확률은 0.6이다. 5회 실험했을 때 비로소 3회 성공할 확률을 구하라.

14. 어떤 약을 복용한 환자의 60%가 약의 효과를 보았다. 이 약을 8번째 환자까지 복용하여 5명의 환자가 효과를 볼 확률을 구하라.

15. 베르누이 분포의 적률생성함수를 구하라.

16. 적률생성함수가 $M_X(t) = \exp[8(e^t - 1)]$인 X의 확률분포에 대하여 확률함수와 $P(X=5)$를 구하라.

17. 확률변수 X의 적률생성함수가 다음과 같을 때

$$M_X(t) = E(e^{tX}) = \frac{2}{7} + \frac{1}{7}e^{-t} + \frac{2}{7}e^{2t}$$

확률변수 $Y = X^2$의 평균 분산을 구하라.

제 6 장

연속확률분포

제 06 장 연속확률분포

01 본장의 개요

이 장에서는 어떤 구간의 모든 값을 취할 수 있는 확률변수의 확률분포를 알아본다. 신장, 체중, 기온, 강수량 등의 측정값은 이런 형태의 확률변수이다. 이 측정값을 기록할 때 측정기기의 제약 때문에 가장 적당한 정숫값 또는 적당한 소수를 사용하긴 하지만 적절한 범위 내의 연속적인 값을 취하는 것이 더 바람직한 일이다.

실제 현상에서 연속확률분포는 확률변수의 분포의 상태를 잘 나타내는 이론적 모형으로 유용하게 쓰인다. 이 장에서는 연속확률분포에 포함되는 균등분포, 지수분포, 감마분포, 정규분포에 대하여 알아보기로 하겠다. 특히 4절에서는 무한모집단의 분포로서 가장 대표적인 확률분포인 정규분포의 성질을 다루고 대표적인 이산확률분포인 이항분포를 연속확률분포의 정규분포에 근사시키는 방법에 대하여 알아본다.

6.1 균등분포

어떤 구간 안에서 일어날 확률이 항상 일정한 경우를 생각하자. 확률변수 X의 확률밀도함수 f가 다음과 같을 때, X는 **균등분포**(uniform distribution)를 따른다고 한다.

균등분포

$$f(x) = \begin{cases} \dfrac{1}{b-a}, & a \le x \le b \\ 0, & x < a \text{ 또는 } x > b \end{cases}$$

확률변수 X가 균등분포를 따르면 X의 분포함수는 다음과 같다.

$$F(x)=\begin{cases}0, & x<a\\ \dfrac{x-a}{b-a}, & a\le x\le b\\ 1, & b<x\end{cases}$$

균등분포의 확률밀도함수와 분포함수의 그래프는 다음과 같다.

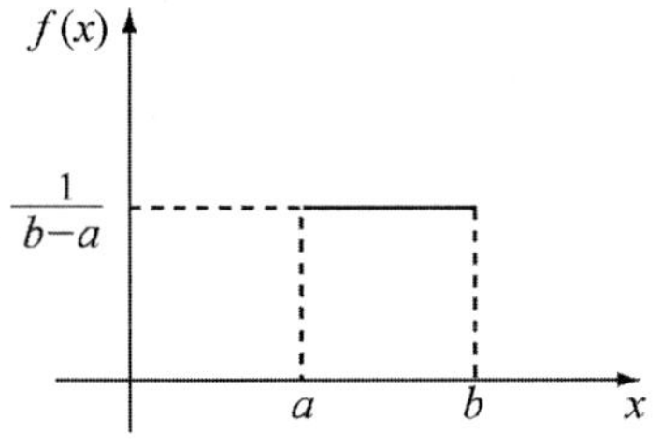

[그림 6.1] 확률밀도함수

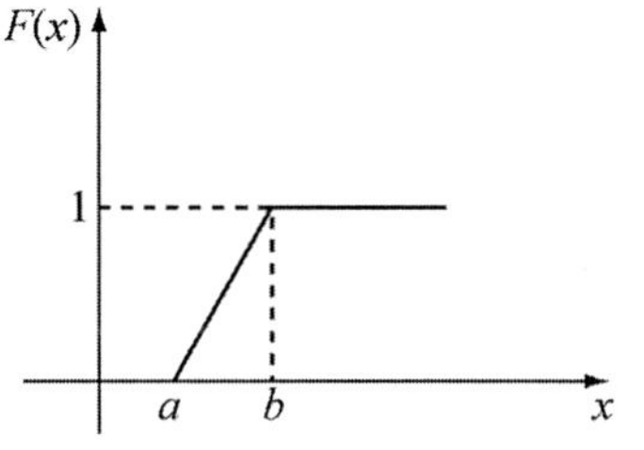

[그림 6.2] 분포함수

확률변수 X가 균등분포를 따를 때 평균과 분산은 기댓값의 성질과 적분에 의해서 쉽게 구할 수 있는데 다음과 같다.

> **균등분포의 평균과 분산**
>
> 평균$=\dfrac{a+b}{2}$, 분산$=\dfrac{(b-a)^2}{12}$

예제 6-1

확률밀도함수가 다음과 같은 균등분포가 있다.

$$f(x)=\begin{cases}\dfrac{1}{4}, & 2\le x\le 6\\ 0, & x<2 \text{ 또는 } x>6\end{cases}$$

분포함수, 적률생성함수, 평균과 분산을 구하라.

풀이 $2\le x\le 6$에 대하여 $F(x)=\displaystyle\int_2^x \frac{1}{4}dt=\left[\frac{t}{4}\right]_2^x=\frac{x-2}{4}$이므로, 분포함수는 다음과 같다.

$$F(x) = \begin{cases} 0, & x < 2 \\ \dfrac{x-2}{4}, & 2 \le x \le 6 \\ 1, & x > 6 \end{cases}$$

적률생성함수의 정의에 의해 적률생성함수를 구하면 다음과 같다.

$$M_X(t) = E(e^{tx}) = \int_{-\infty}^{\infty} e^{tx} f(x)dx$$
$$= \frac{1}{4}\int_2^6 e^{tx}\,dx = \frac{e^{6t} - e^{2t}}{4t}, \quad t \neq 0$$

기댓값의 성질에 의해 $E(X)$와 $E(X^2)$을 구하면 다음과 같다.

$$E(X) = \int_2^6 x \cdot \frac{1}{4}\,dx = 4$$

$$E(X^2) = \int_2^6 x^2 \cdot \frac{1}{4}dx = \frac{52}{3}$$

따라서 분산은 다음이 된다.

$$\mathrm{Var}(X) = E(X^2) - [E(X)]^2$$
$$= \frac{52}{3} - 16 = \frac{4}{3}$$

6.2 지수분포

이제 푸아송분포와 관련된 연속형 확률분포를 살펴보자. 일정한 구간에서 발생하는 사상의 수는 푸아송분포를 갖는 이산형 확률변수이다. 반면에 다음 사상이 발생할 때까지 대기하는 시간은 연속형 확률변수이다. 단위 구간에서 발생하는 평균 사상의 수가 m인 푸아송과정에서 처음 사상이 발생할 때까지의 대기시간을 확률변수 T라 하자. 대기시간은 음수가 아니기 때문에 $t < 0$에 대해 T의 누적분포함수는 $F(t) = 0$이다. 그러나 시간 $[0, t]$에서는 평균 mt개의 사상이 발생한다. 따라서 T의 누적분포함수는 다음과 같다.

$$F(t) = P(T \le t) = 1 - P(T > t)$$
$$= 1 - P([0,\ t]\text{에서 사상이 발생하지 않는다.})$$
$$= 1 - p(0;\ mt)$$

$$= 1 - \frac{(mt)^0 e^{-mt}}{0!}$$

$$= 1 - e^{-mt}$$

따라서 $t > 0$일때 T의 확률밀도함수는 다음과 같다.

$$F'(t) = f(t) = me^{-mt}$$

이때 확률변수 T는 **지수분포**(exponential distribution)를 따른다고 한다. 지수분포는 첫 번째 사상의 발생에 적용될 뿐 아니라, 사상과 사상 사이에 걸린 대기사건에도 적용된다.

보통 $m = \frac{1}{\theta}$로 놓는다. 만일 m이 단위 구간에서 발생하는 평균 사상의 수리고 한다면 $\theta = \frac{1}{m}$은 처음 사상이 발생할 때까지의 평균 대기시간이 된다.

정의

어떤 사상이 발생할 때까지의 대기시간을 확률변수 X라 하자. X의 확률밀도함수가 다음과 같을 때 확률변수 X는 모수 θ를 갖는 지수분포를 따른다고 한다.

$$f(x) = \begin{cases} \frac{1}{\theta} e^{-x/\theta}, & 0 \le x < \infty \\ 0 \quad, & \text{그 밖에} \end{cases}$$

예제 6-2

어떤 가게에서 만 원 이상 구매하는 고객들의 수는 시간당 평균 15명의 비율로 도착하는 푸아송과정을 따른다고 할 때 첫 고객이 생길 때 까지 가게 종업원이 기다려야 하는 시간이 4분 이상일 확률을 구하라.

풀이 X를 첫 고객이 생길 때 까지 가게 종업원이 기다려야 하는 대기시간(단위는 분)이라고 하자. 분당 도착하는 평균 고객 수는 $m = 1/4$이므로 X는 $\theta = 4$인 지수분포를 따르는 확률분포이다. 따라서 다음과 같은 X의 확률밀도함수를 얻는다.

$$f(x) = \frac{1}{4} e^{-x/4}, \quad 0 \le x < \infty$$

따라서, 첫 고객이 생길 때까지 가게 종업원이 기다려야 하는 시간이 4분 이상일 확률은 다음과 같다.

$$P(X \geq 4) = \int_4^{\infty} \frac{1}{4} e^{-x/4} dx = e^{-1} \fallingdotseq 0.3679$$

정리 6.1

지수분포의 적률생성함수, 평균과 분산은 다음과 같다.

(1) $M_X(t) = \dfrac{1}{1-\theta t}\ , \quad t < \dfrac{1}{\theta}$

(2) $E(X) = \theta, \quad Var(X) = \theta^2$

증명 (1) 적률생성함수의 정의에 의하여 확률변수 X의 적률생성함수는 다음과 같다.

$$M_X(t) = \int_{-\infty}^{\infty} e^{tx}\left(\frac{1}{\theta}\right) e^{-x/\theta} dx = \lim_{b \to \infty} \int_0^b \left(\frac{1}{\theta}\right) e^{-\left(\frac{1}{\theta} - t\right)x} dx$$

$$= \lim_{b \to \infty} [-\frac{1}{1-\theta t} e^{-\left(\frac{1}{\theta} - t\right)x}]_0^b = \frac{1}{1-\theta t}, \quad t < \frac{1}{\theta}$$

(2) 적률생성함수 $M_X(t)$의 1차, 2차 도함수는 각각 다음과 같다.

$$M_X{}'(t) = \frac{\theta}{(1-\theta t)^2}$$

$$M_X{}''(t) = \frac{2\theta^2}{(1-\theta t)^3}$$

따라서 적률생성함수의 성질을 이용하면 평균과 분산은 각각 다음이 된다.

$$E(X) = M_X'(0) = \theta$$

$$Var(X) = M_X{}''(0) - M_X{}'(0)^2 = \theta^2$$

정리 6.2 지수분포의 무기억성

X가 모수가 θ인 지수분포를 따른다면 다음이 성립한다.

$$P(X > x+y \mid X > x) = P(X > y)$$

증명 $\theta = \dfrac{1}{m}$이므로 조건부 확률의 정의에 의하여 $P(X > x+y \mid X > x)$은 다음과 같다.

$$\begin{aligned} P(X > x+y \mid X > x) &= \frac{P(X > x+y,\ X > x)}{P(X > x)} = \frac{P(X > x+y)}{P(X > x)} \\ &= \frac{1 - P(X \le x+y)}{1 - P(X \le x)} = \frac{1 - F(x+y)}{1 - F(x)} \\ &= \frac{1 - (1 - e^{-m(x+y)})}{1 - (1 - e^{-mx})} = \frac{e^{-m(x+y)}}{e^{-mx}} \\ &= e^{-my} = 1 - F(y) \\ &= P(X > y) \end{aligned}$$

따라서 X가 평균이 m인 지수분포를 따른다면 다음과 같은 결론을 얻는다.

$$P(X > x+y \mid X > x) = P(X > y)$$

지수분포의 무기억성에 의하면 어떤 제품의 수명시간이 지수분포를 따를 때, 현재까지 수명이 x시간 지속되었다면 앞으로 수명이 y시간 더 지속될 확률은 제품이 처음 작동할 때부터 시작하여 수명이 최소 y시간 지속될 확률과 같다. 즉 지수분포의 무기억성은 이미 사용한 시간은 기억하지 못한다는 것을 의미한다.

예제 6-3

어떤 스마트폰 건전지의 충전후 사용시간은 평균 48 시간인 지수분포를 따른다고 한다. 만약 이 건전지를 충전후 12시간 동안 사용했다면 앞으로 40시간 더 사용할 확률을 구하라.

풀이 X를 스마트폰 건전지의 충전후 사용시간이라 한다면 X는 평균 48시간인 지수분포를 따르므로 확률분포는 다음과 같다.

$$f(x) = \frac{1}{48}e^{-x/48}, \qquad 0 \le x < \infty$$

만약 이 건전지를 충전후 12시간 동안 사용했다면 앞으로 40시간 더 사용할 확률은 조건부 확률의 정의에 의하여 다음이 된다.

$$P(X > 52 | X > 12) = \frac{P(X > 52)}{P(X > 12)} = \int_{52}^{\infty} \frac{1}{48}e^{-x/48}dx \Big/ \int_{12}^{\infty} \frac{1}{48}e^{-x/48}dx$$

$$= \frac{e^{-52/48}}{e^{-12/48}} = e^{-40/48}$$

이 확률은 충전후 40시간 사용할 확률 $P(X > 40) = \int_{40}^{\infty} \frac{1}{48}e^{-x/48}dx = e^{-40/48}$

와 같다.

6.3 감마분포

평균 m을 갖는 푸아송과정에서 처음 사상이 발생할 때까지 기다리는 시간은 지수분포를 가짐을 보았다. 이제 α번째 사상이 발생할 때까지 기다리는 대기시간에 관한 연속확률분포에 대하여 알아보자. α번째 사상이 발생할 때까지 기다리는 시간을 T라 할 때 T의 분포함수는 $t \ge 0$일때 다음과 같다.

$$F(t) = P(T \le t) = 1 - P(T > t)$$

$$= 1 - P([0, t]\text{에서 } \alpha\text{개 보다 적은 개수의 사상이 발생한다.})$$

$$= 1 - \sum_{k=0}^{\alpha-1} \frac{(mt)^k e^{-mt}}{k!}$$

따라서 $t > 0$일 때 T의 확률밀도함수는 다음과 같다.

$$F'(t) = me^{-mt} - e^{-mt}\sum_{k=1}^{\alpha-1}\left[\frac{k(mt)^{k-1}m}{k!} - \frac{(mt)^k m}{k!}\right]$$

$$= me^{-mt} - e^{-mt}\left[m - \frac{m(mt)^{\alpha-1}}{(\alpha-1)!}\right]$$

$$= \frac{m(mt)^{\alpha-1}}{(\alpha-1)!}e^{-mt}$$

정의

임의의 $\alpha > 0$ 인 상수 α 에 대하여, 다음 함수를 **감마함수**(gamma function)라고 한다.

$$\Gamma(\alpha) = \int_0^\infty x^{\alpha-1} e^{-x} dx$$

정리 6.3

감마함수 $\Gamma(\alpha)$는 다음과 같은 성질을 만족한다. (단 α는 자연수)

(1) $\Gamma(1) - 1$

(2) $\Gamma(\alpha+1) = \alpha\Gamma(\alpha)$

(3) $\Gamma(\alpha+1) = \alpha!$

증명 (1) $\Gamma(1) = \int_0^\infty e^{-x} dx = 1$

(2) 피적분함수가 양수이므로 $\alpha > 0$ 일때 적분값은 항상 양수이다. 부분적분에 의해 다음 식을 얻는다.

$$\begin{aligned}\Gamma(\alpha+1) &= \int_0^\infty x^{\alpha} e^{-x} dx \\ &= [-x^{\alpha} e^{-x}]_0^\infty + \int_0^\infty \alpha x^{\alpha-1} e^{-x} dx \\ &= \alpha\Gamma(\alpha)\end{aligned}$$

(3) (2)를 반복적으로 적용하면 다음 식을 얻는다.

$$\begin{aligned}\Gamma(\alpha+1) &= \alpha\Gamma(\alpha) \\ &= \alpha(\alpha-1)\cdots(2)(1)\Gamma(1) \\ &= \alpha!\end{aligned}$$

감마함수로부터 **감마분포**(gamma distribution)의 확률밀도함수를 정의하자. 확률변수 X의 확률밀도함수가

$$f(x) = \frac{x^{\alpha-1} e^{-x/\theta}}{\Gamma(\alpha)\theta^{\alpha}}, \quad 0 \le x < \infty$$

로 주어진다면 X는 모수 α와 θ를 갖는 감마분포를 따른다고 한다. 이제 $f(x)$가 확률밀도함수의 성질을 갖는지를 확인하자.

$$\int_{-\infty}^{\infty} f(x)\,dx = \int_{0}^{\infty} \frac{x^{\alpha-1}e^{-x/\theta}}{\Gamma(\alpha)\theta^{\alpha}}\,dx$$

감마함수에 $y = x/\theta$로의 변수변환에 의하여 다음 식을 얻는다.

$$\int_{0}^{\infty} \frac{y^{\alpha-1}e^{-y}}{\Gamma(\alpha)}dy = \frac{1}{\Gamma(\alpha)}\int_{0}^{\infty} y^{\alpha-1}e^{-y}dy = \frac{\Gamma(\alpha)}{\Gamma(\alpha)} = 1$$

이 식은 $\int_{-\infty}^{\infty} f(x)dx = 1$ 임을 보여준다. 그러므로 $f(x)$는 확률밀도함수의 성질을 만족시킨다.

예제 6-4

어떤 햄버거 가게에 시간당 평균 30명의 손님이 오는 비율은 푸아송과정을 따른다고 한다. 처음 두 명의 손님이 방문하기까지 가게 주인이 기다리는 시간이 7분 이상일 확률을 구하라.

풀이 X를 두 번째 손님이 도착할 때까지 가게 주인이 기다리는 시간이라 한다면, X는 $\alpha = 2,\ m = 1/2,\ \theta = 1/m = 2$를 갖는 감마분포를 따른다. 따라서 구하는 확률은 다음과 같다.

$$\begin{aligned} P(X \geq 7) &= \int_{7}^{\infty} \frac{x^{2-1}e^{-x/2}}{\Gamma(2)2^2}dx = \int_{7}^{\infty} \frac{xe^{-x/2}}{4}dx \\ &= \frac{1}{4}[(-2)xe^{-x/2} - 4e^{-x/2}]_7^{\infty} \\ &= \frac{9}{2}e^{-7/2} \fallingdotseq 0.1359 \end{aligned}$$

■

정리 6.4

모수 α와 θ를 갖는 감마분포의 적률생성함수, 평균과 분산은 다음과 같다.

(1) $M_X(t) = \dfrac{1}{(1-\theta t)^{\alpha}}, \quad t < \dfrac{1}{\theta}$

(2) $E(X) = \alpha\theta,\ Var(X) = \alpha\theta^2$

증명 (1)적률생성함수의 정의에 의하여 확률변수 X의 적률생성함수는 다음과 같다.

$$M_X(t) = \int_0^\infty e^{tx} \frac{x^{\alpha-1}e^{-x/\theta}}{\Gamma(\alpha)\theta^\alpha} dx$$

$$= \frac{1}{\theta^\alpha \Gamma(\alpha)} \int_0^\infty x^{\alpha-1} e^{-x(1-\theta t)/\theta} dx$$

그러므로 $y = x(1-\theta t)/\theta$로의 변수변환에 의하여 $M_X(t)$는 다음이 된다.

$$M_X(t) = \frac{\theta/(1-\theta t)}{\theta^\alpha \Gamma(\alpha)} \int_0^\infty \left(\frac{\theta y}{1-\theta t}\right)^{\alpha-1} e^{-y} dy$$

$$= \frac{1}{(1-\theta t)^\alpha \Gamma(\alpha)} \int_0^\infty y^{\alpha-1} e^{-y} dy$$

$$= \frac{1}{(1-\theta t)^\alpha}, \qquad t < \frac{1}{\theta}$$

(2)적률생성함수 $M_X(t)$의 1차, 2차 도함수는 각각 다음과 같다.

$$M_X'(t) = \frac{\theta}{(1-\theta t)^{\alpha+1}}$$

$$M_X''(t) = \frac{\alpha(\alpha+1)\theta^2}{(1-\theta t)^{\alpha+2}}$$

따라서 적률생성함수의 성질을 이용하면 평균과 분산은 각각 다음이 된다.

$$E(X) = M_X'(0) = \alpha\theta$$

$$Var(X) = M_X''(0) - M_X'(0)^2 = \alpha\theta^2$$

예제 6-5

예제 6-4에서 처음 두 명의 손님이 방문하기까지 가게 주인이 기다리는 시간의 평균을 구하라.

풀이 가게 주인이 기다리는 시간의 평균은 다음과 같다.

$$E(X) = \alpha\theta = 2 \cdot 2 = 4$$

■

6.4 정규분포

가우스(Carl Gauss)는 물리학 실험이나 천문학 실험을 할 때 나타나는 계측의 오차에 대한 확률분포로서 **정규분포**(normal distribution)를 유도하였다. 정규분포는 다음과 같은 이유 때문에 가장 중요한 연속확률분포이다.

(1) 실제의 실험 또는 현상과 관련해서 나타나는 여러 개의 확률변수는 정규분포를 한다.

(2) 여러 가지 복잡한 확률분포를 정규분포로 근사시킬 수 있다.

(3) 통계적 검정의 기초가 되는 어떤 확률변수들은 정규분포를 하고 있다.

정규분포는 평균 μ와 표준편차 σ에 의해 결정되며, 다음과 같은 확률밀도함수를 가진다.

평균이 μ이고 표준편차가 σ인 정규분포의 확률밀도함수

$$f(x) = \frac{1}{\sqrt{2\pi}\,\sigma} e^{-\frac{(x-\mu)^2}{2\sigma^2}}, \quad -\infty < x < \infty$$

이제 $f(x)$의 적분값이 1임을 보이자. 즉

$$I = \int_{-\infty}^{\infty} \frac{1}{\sqrt{2\pi}\,\sigma} e^{-\frac{(x-\mu)^2}{2\sigma^2}} dx$$

로 놓고 $I = 1$임을 보인다.

$$z = (x-\mu)/\sigma$$

로 변수변환하면 다음 식을 얻는다.

$$I = \int_{-\infty}^{\infty} \frac{1}{\sqrt{2\pi}} e^{-\frac{z^2}{2}} dz$$

$I > 0$이고 I^2은 다음 식을 만족한다.

$$I^2 = \frac{1}{2\pi}\left[\int_{-\infty}^{\infty} e^{-\frac{x^2}{2}} dx][\int_{-\infty}^{\infty} e^{-\frac{y^2}{2}} dy\right] = 1$$

그러므로 $I = 1$이다. 따라서 $f(x)$는 확률밀도함수의 성질을 만족시킨다.

정규분포는 다음과 같은 성질을 가진다.

(1) 확률밀도함수 $f(x)$의 곡선은 종모양을 하고 있으며 $x=\mu$에 대하여 대칭이고 이 점에서 최댓값 $\dfrac{1}{\sqrt{2\pi}\,\sigma}$을 가진다.

(2) 정규분포를 따르는 확률분포는 평균 주위의 값을 많이 취하며 평균으로부터 좌우로 표준편차의 3배 이상 떨어진 값은 거의 취하지 않는다.

(3) 왜도는 0이고 첨도는 3이다.

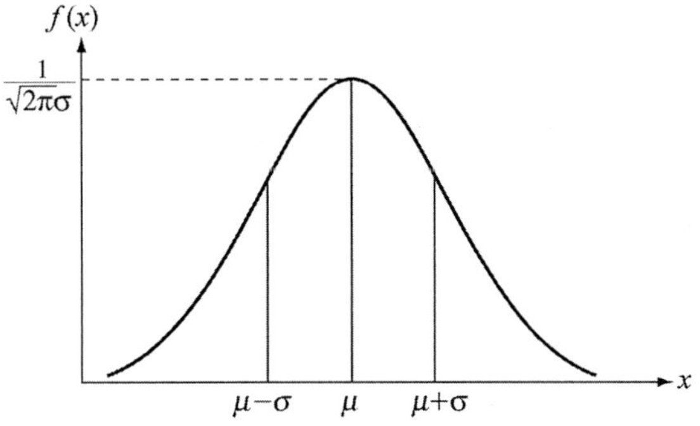

[그림 4.3] 정규분포곡선

정리 6.5

확률변수 X가 정규분포를 따를 때 적률생성함수, 평균과 분산은 다음과 같다.

$$(1)\ M_X(t)=e^{\mu t+\frac{\sigma^2t^2}{2}}$$

$$(2)\ E(X)=\mu,\ \ Var(X)=\sigma^2$$

증명 (1) 적률생성함수 정의에 의하여 확률변수 X의 적률생성함수는 다음과 같다.

$$M_X(t)=E(e^{tx})=\int_{-\infty}^{\infty}e^{tx}\frac{1}{\sqrt{2\pi}\,\sigma}\exp\left[-\frac{(x-\mu)^2}{2\sigma^2}\right]dx$$

$$=\frac{1}{\sqrt{2\pi}\,\sigma}\int_{-\infty}^{\infty}\exp\left[tx-\frac{(x-\mu)^2}{2\sigma^2}\right]dx$$

피적분함수 e의 지수를 완전제곱하면 다음을 얻는다.

$$tx - \frac{(x-\mu)^2}{2\sigma^2} = -\frac{1}{2\sigma^2}[x^2 - 2\mu x + \mu^2 - 2\sigma^2 tx]$$
$$= -\frac{1}{2\sigma^2}[\{x-(\mu+\sigma^2 t)\}^2 - 2\sigma^2\mu t - \sigma^4 t^2]$$
$$= -\frac{1}{2\sigma^2}[\{x-(\mu+\sigma^2 t)\}^2] + \mu t + \frac{\sigma^2 t^2}{2}$$

그러므로

$$M_X(t) = \exp\left(\mu t + \frac{\sigma^2 t^2}{2}\right)\int_{-\infty}^{\infty} \frac{1}{\sqrt{2\pi}\,\sigma} \exp\left[-\frac{1}{2\sigma^2}\{x-(\mu+\sigma^2 t)\}^2\right]dx$$

마지막 적분 식에서 피적분함수는 평균 $\mu+\sigma^2 t$, 분산 σ^2인 정규분포의 확률밀도함수로 생각할 수 있으므로 이것의 적분값은 1이다. 따라서 적률생성함수는 다음과 같다.

$$M_X(t) = e^{\mu t + \frac{\sigma^2 t^2}{2}}$$

(2) 적률생성함수의 1차, 2차 도함수는 각각 다음이 되므로

$$M_X'(t) = (\mu+\sigma^2 t)e^{\mu t + \frac{\sigma^2 t^2}{2}}$$

$$M_X''(t) = [(\mu+\sigma^2 t)^2 + \sigma^2]e^{\mu t + \frac{\sigma^2 t^2}{2}}$$

이다. X의 평균과 분산은 각각 다음과 같다.

$$E(X) = M_X'(0) = \mu$$
$$Var(X) = M_X''(0) - [M'(0)]^2 = \sigma^2$$

참고 확률변수 X가 평균이 μ이고 표준편차가 σ인 정규분포를 따를 때,

$$X \sim N(\mu,\ \sigma^2)$$

으로 나타내고 이 확률변수 X를 정규확률변수라 한다.
정규확률변수 X의 분포함수는 다음과 같다.

$$\Phi(x) = \int_{-\infty}^{x} \frac{1}{\sqrt{2\pi}\,\sigma} e^{-(t-\mu)^2/2\sigma^2}dt$$

확률 $P(X > x) = 1 - \Phi(x)$를 **꼬리확률**(tail probability)이라 한다.

정규분포에서 가장 많이 쓰이는 대표적인 확률은 다음과 같다.

정규분포에서의 대표적인 확률

X가 $N(\mu,\ \sigma^2)$를 따를 때 다음이 성립한다.

$$P(\mu-\sigma < X < \mu+\sigma) = 0.6826$$

$$P(\mu-2\sigma < X < \mu+2\sigma) = 0.9544$$

$$P(\mu-3\sigma < X < \mu+3\sigma) = 0.9974$$

정규확률변수 X가 어떤 구간의 값을 취할 확률을 계산하기는 매우 복잡하므로, 적당한 변환을 통해 다른 정규확률변수로 바꾼다. 즉 어떤 정규확률변수 X가 평균이 μ이고 표준편차가 σ일때,

$$Z = \frac{X-\mu}{\sigma}$$

는 평균이 0이고 표준편차 1인 정규분포를 따른다. 이 확률변수 Z를 **표준정규확률변수**(standard normal variable)라 하고, 이 확률분포를 **표준정규분포**(standard normal distribution)라 하며 다음과 같은 확률밀도함수를 가진다.

표준정규분포

$$f(z) = \frac{1}{\sqrt{2\pi}} e^{-\frac{z^2}{2}}, \qquad -\infty < z < \infty$$

참고 표준정규확률변수 Z의 분포함수는 다음과 같다.

$$\Phi(z) = \int_{-\infty}^{z} \frac{1}{\sqrt{2\pi}} e^{-\frac{t^2}{2}} dt$$

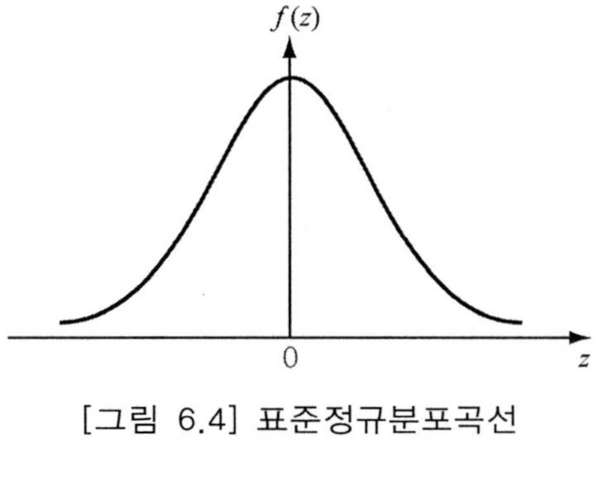

[그림 6.4] 표준정규분포곡선

Z가 표준정규분포를 따를 때, $N(0, 1)$로 나타내며 평균과 분산은 다음과 같다.

> 표준정규분포의 평균과 분산
>
> 평균$=0$, 분산$=1$

증명 $E(Z)=E\left(\dfrac{X-\mu}{\sigma}\right)=\dfrac{1}{\sigma}(E(X)-\mu)=0$

$Var(Z)=Var\left(\dfrac{X-\mu}{\sigma}\right)=\dfrac{1}{\sigma^2}Var(X)=1$

정리 6.6

> 확률변수 X가 정규분포 $N(\mu, \sigma^2)$을 따를 때, 확률변수 $Z=\dfrac{X-\mu}{\sigma}$는 표준정규분포 $N(0, 1)$을 따른다.

증명 Z의 누적분포함수는 다음과 같다.

$$P(Z \le z)=P\left(\frac{X-\mu}{\sigma} \le z\right)=P(X \le z\sigma+\mu)$$

$$=\int_{-\infty}^{z\sigma+\mu}\frac{1}{\sqrt{2\pi}\,\sigma}c^{-\frac{(x-\mu)^2}{2\sigma^2}}dx$$

$t=\dfrac{x-\mu}{\sigma}$로 변수변환하면 다음을 얻는다.

$$P(Z \le z)=\int_{-\infty}^{z}\frac{1}{\sqrt{2\pi}}e^{-\frac{t^2}{2}}dt$$

이것은 표준정규분포의 누적분포함수이므로 Z는 표준정규분포 $N(0, 1)$을 따른다.

부록에 있는 표준정규분포표의 값은 $Z=z$의 왼쪽 넓이이다. 즉,

$$P[Z \le z]=\text{곡선 아래의 } Z=z\text{의 왼쪽의 넓이}$$

그러므로 $[a, b]$ 구간의 확률을 구하기 위해서 다음 식을 이용한다.

$$P[a \le Z \le b]=\Phi(b)-\Phi(a)$$

확률밀도함수는 $Z=0$에 대하여 대칭이기 때문에 다음이 성립한다.

(1) $P(Z \leq 0)=0.5$

(2) $P(Z \leq -z)=1-P(Z \leq z)$

표준정규분포의 확률계산은 부록에 주어진 수표를 이용하면 된다.

예제 6-6

Z가 표준정규분포 $N(0,\ 1)$을 따를 때, 다음 확률을 구하라.

(1) $P(Z \leq 1.03)$ (2) $P(Z > 2.54)$

풀이 (1) 부록의 표로부터 구하려는 확률 $\Phi(1.03)$은 0.8485이다.

(2) $P(Z > 2.54)$는 꼬리확률로 다음과 같이 구한다.

$$P(Z > 2.54) = 1-\Phi(2.54) = 1-0.9945 = 0.0055$$

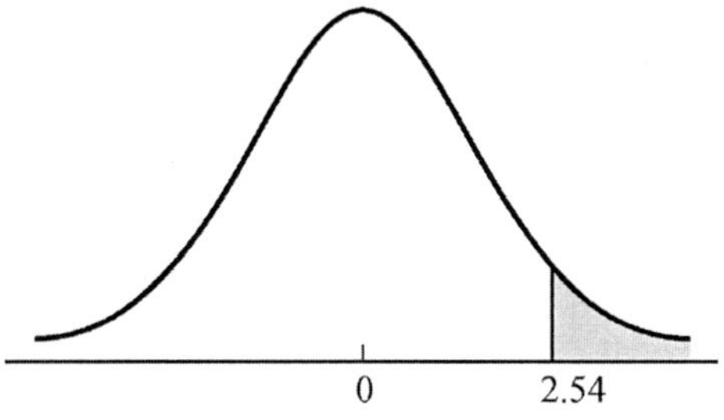

[그림 6.5] $P(Z > 2.54)$

예제 6-7

Z가 표준정규분포 $N(0,\ 1)$을 따를 때, $P(0.56 < Z < 2.13)$의 값을 구하라.

풀이 부록의 표로부터 다음을 얻는다.

$$P(Z < 2.13) = \Phi(2.13) = 0.9834$$

$$P(Z \leq 0.56) = \Phi(0.56) = 0.7123$$

따라서 구하는 확률은 다음과 같다.

$$P(0.56 < Z < 2.13) = 0.9834-0.7123 = 0.2711$$

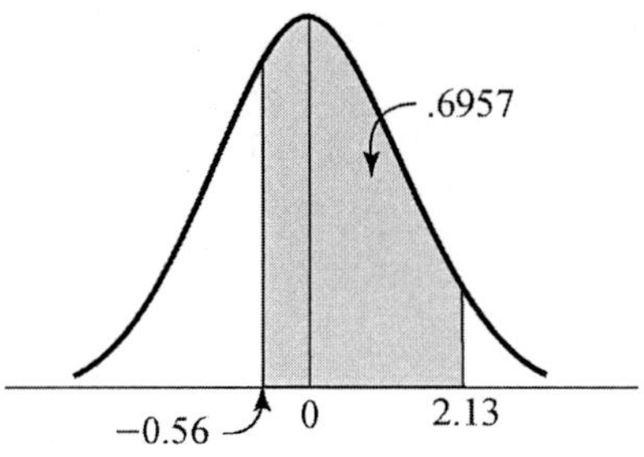

[그림 6.6] $P(-0.56 < Z < 2.13)$

확률변수 X가 평균 μ와 분산 σ^2을 가진 정규분포 $N(\mu,\ \sigma^2)$을 따를 때 확률 $P(a < X < b)$를 표준정규분포 $N(0,\ 1)$을 이용하여 다음과 같이 구한다.

$$P(a < X < b) = P\left(\frac{a-\mu}{\sigma} < \frac{X-\mu}{\sigma} < \frac{b-\mu}{\sigma}\right)$$
$$= P\left(\frac{a-\mu}{\sigma} < Z < \frac{b-\mu}{\sigma}\right)$$

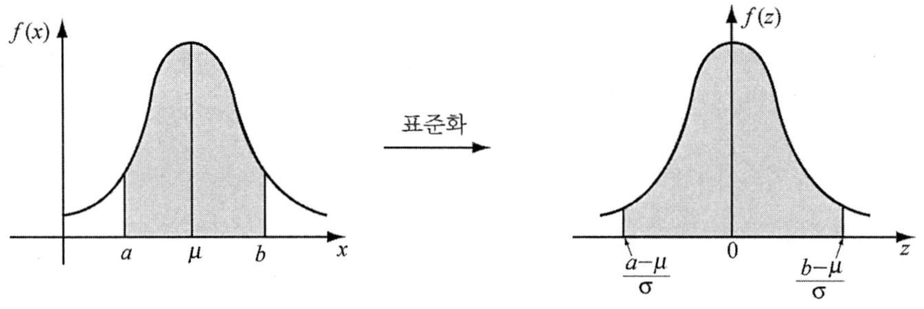

[그림 6.7] 정규분포의 표준화

예제 6-8

확률변수 X가 평균이 30이고 표준편차가 5인 정규분포를 따를 때 다음을 구하라.

(1) $P(40 < X < 45)$　　(2) $P(X > 40)$　　(3) $P(X < 25)$

풀이 (1) $P(40 < X < 45) = P\left(\frac{40-30}{5} < \frac{X-30}{5} < \frac{45-30}{5}\right)$
$= P(2 < Z < 3) = \Phi(3) - \Phi(2)$
$= 0.0215$

(2) $P(X>40)=P\left(\frac{X-30}{5}>\frac{40-30}{5}\right)$
$=P(Z>2)$
$=1-\Phi(2)$
$=0.0228$

(3) $P(X<25)=P\left(\frac{X-30}{5}<\frac{25-30}{5}\right)$
$=\Phi(-1)$
$=0.1587$

예제 6-9

평균이 μ이고 표준편차가 σ인 정규분포에서 다음을 구하라.

(1) $P(\mu-\sigma<X<\mu+\sigma)$ (2) $P(\mu-2\sigma<X<\mu+2\sigma)$

(3) $P(\mu-3\sigma<X<\mu+3\sigma)$

풀이

(1) $P(\mu-\sigma<X<\mu+\sigma)=P\left(\frac{(\mu-\sigma)-\mu}{\sigma}<\frac{X-\mu}{\sigma}<\frac{(\mu+\sigma)-\mu}{\sigma}\right)$
$=P(-1<Z<1)=2\cdot\Phi(1)-1=0.6826$

(2) $P(\mu-2\sigma<X<\mu+2\sigma)=P\left(\frac{(\mu-2\sigma)-\mu}{\sigma}<\frac{X-\mu}{\sigma}<\frac{(\mu+2\sigma)-\mu}{\sigma}\right)$
$=P(-2<Z<2)=2\cdot\Phi(2)-1=0.9544$

(3) $P(\mu-3\sigma<X<\mu+3\sigma)=P\left(\frac{(\mu-3\sigma)-\mu}{\sigma}<\frac{X-\mu}{\sigma}<\frac{(\mu+3\sigma)-\mu}{\sigma}\right)$
$=P(-3<Z<3)=2\cdot\Phi(3)-1=0.9974$

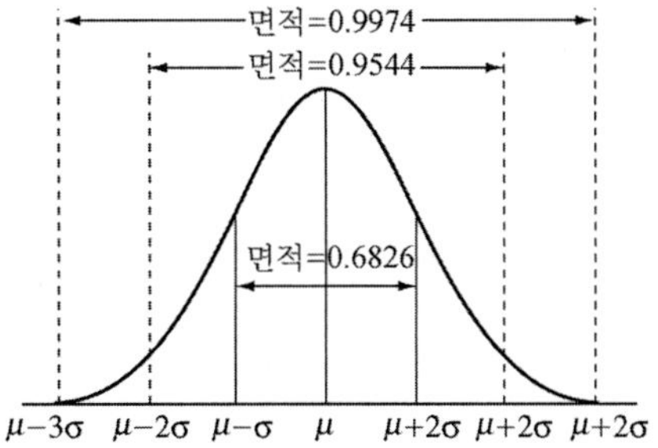

[그림 6.8] $k=1,2,3$일때의 $P(\mu-k\sigma<X<\mu+k\sigma)$

예제 6-10

어느 직장의 신입사원들의 키는 근사적으로 평균이 175cm, 표준편차가 5cm인 정규분포를 따른다고 한다. 임의로 선택한 신입사원의 키가 170cm보다 크고 180cm보다 작은 확률을 구하라.

풀이 뽑힌 신입사원의 키를 X라 하면

$$Z = \frac{X - 175}{5}$$

은 표준정규분포를 따른다. 그러므로 다음을 얻는다.

$$\begin{aligned} P(70 < X < 180) &= P\left(\frac{170-175}{5} < Z < \frac{180-175}{5}\right) \\ &= P(-1 < Z < 1) = 2 \cdot \Phi(1) - 1 \\ &= 0.6826 \end{aligned}$$

■

예제 6-11

수학과 학생 40명의 통계학 성적분포는 평균 70점, 표준편차 10점인 정규분포를 이룬다. 통계학 성적이 60점 미만인 학생은 약 몇 명인지 구하라.

풀이 수학과 학생의 통계학 성적을 X라 하면

$$Z = \frac{X - 70}{10}$$

은 표준정규분포를 따른다. 그러므로 다음을 얻는다.

$$\begin{aligned} P(X < 60) &= P\left(\frac{X-70}{10} < \frac{60-70}{10}\right) \\ &= \Phi(-1) = 0.1587 \end{aligned}$$

따라서 60점 미만의 학생은 $40 \times 0.1587 = 6.348$. 그러므로 약 6명이다.

■

예제 6-12

$P(Z \geq z) = 0.025$를 만족하는 z값을 구하라.

풀이 전체 넓이는 1이므로 $Z = z$의 왼쪽의 넓이는 $1 - 0.025 = 0.975$이어야 한다. 부록의 표로부터 0.975에 대응하는 $z = 1.96$임을 알 수 있다.

앞의 예제에서와 같이 Z가 표준정규분포를 따를 때 $P(Z \geq z_\alpha) = \alpha$를 만족하는 z_α의 값은 표준정규분포표의 $100(1-\alpha)\%$ 백분위수 또는 상위 $100\alpha\%$ 백분위수라 한다.

표준정규분포에서 많이 사용되는 백분위수에는 다음과 같은 것이 있다.

$$z_{0.005} = 2.58$$

$$z_{0.025} = 1.96$$

$$z_{0.05} = 1.645$$

성공의 확률이 p인 베르누이 시행을 독립적으로 n번 반복시행하여 나타나는 성공 횟수 X의 분포로서 이항분포 $b(n,\ p)$를 이미 앞에서 살펴보았다. 이항분포에서 확률을 계산할 때 n이 어느 정도 커지면 매우 복잡하고 시간도 많이 걸린다. 그러나 다행스럽게도 이항분포에서 n이 충분히 크면 p가 0이나 1에 가깝지 않은 경우라도 이항분포는 정규분포에 매우 가까워진다는 사실이 알려져 있다. 실제로 $np > 5$이고 $n(1-p) > 5$를 만족할 만큼 n이 충분히 클 때 정규분포를 이용하여 이항분포의 확률에 대한 좋은 근사값을 얻을 수 있다. 이항분포 $b(n,\ p)$를 따르는 확률변수 X에 대하여

$$\frac{X - E(X)}{\sqrt{\mathrm{Var}(X)}} = \frac{X - np}{\sqrt{np(1-p)}}$$

의 분포는 근사적으로 표준정규분포 $N(0,\ 1)$에 가까워진다.

즉 이항분포 $b(n,\ p)$를 따르는 확률변수 X에 대하여 표준정규확률변수

$$Z = \frac{X - np}{\sqrt{npq}}$$

의 분포는 근사적으로 표준정규분포 $N(0,\ 1)$을 따른다.

이항분포의 확률을 정규분포에 근사시킬 때 근사 계산의 정밀도를 높이기 위하여 **연속성 수정**(continuity correction)을 한다. 이런 수정은 이산형 분포를 연속형 분포로

근사시켜서 계산할 때 필요한 것이다.

이항분포의 확률을 표준정규분포에 근사시키는 방법

$$P(a \le X \le b) \fallingdotseq P\left(\frac{a-np}{\sqrt{np(1-p)}} \le Z \le \frac{b-np}{\sqrt{np(1-p)}}\right)$$

(연속성 수정을 안 한 경우)

$$\fallingdotseq P\left(\frac{a-0.5-np}{\sqrt{np(1-p)}} \le Z \le \frac{b+0.5-np}{\sqrt{np(1-p)}}\right)$$

(연속성 수정을 한 경우)

예제 6-13

100원짜리 동전을 2개 던지는 실험을 1200회 시행하여 2개 모두 뒷면이 나올 횟수를 X라 할 때 다음 확률을 구하라.

(1) X가 280회 이상 310회 이하가 나타날 확률

(2) X가 260회 이상 나타날 확률

풀이

(1) 2개의 동전을 던져서 모두 뒷면이 나올 확률은 $\frac{1}{4}$이다. X는 $n=1200,\ p=0.25$인 이항분포를 따르므로 다음을 얻는다.

$$P(280 \le X \le 310) = \sum_{x=280}^{310} \binom{1200}{x} (0.25)^x (0.75)^{1200-x}$$

그러나 이 계산은 몹시 복잡하고 n이 충분히 크므로 정규분포를 이용하여 이항분포 확률의 근삿값을 구한다. X는

$$\text{평균 } \mu = np = 1200 \times \frac{1}{4} = 300,$$

$$\text{분산 } \sigma^2 = np(1-p) = 1200 \times \frac{1}{4} \times \frac{3}{4} = 225$$

인 정규분포에 근사시킬 수 있다. 구하려는 확률은 연속성 수정을 고려하는 경우에 다음과 같다.

$$P(280 \le X \le 310) \fallingdotseq P\left(\frac{279.5-300}{15} \le Z \le \frac{310.5-300}{15}\right)$$
$$\fallingdotseq P(-1.37 \le Z \le 0.7)$$
$$= \Phi(0.7) - \Phi(-1.37)$$
$$\fallingdotseq 0.6727$$

(2) $P(X \ge 260) \fallingdotseq P\left(Z \ge \frac{259.5-300}{15}\right)$

$$\fallingdotseq P(Z \ge -2.7) = 1 - \Phi(-2.7) = 0.9965$$

■

예제 6-14

어떤 조사 결과에 의하면 5년 전에 성인의 30%가 규칙적으로 술을 마셨던 것으로 나타났다. 이 비율이 현재까지 적용되는 비율이라 할 때 성인 1000명을 임의로 뽑아 이 조사를 할 경우 규칙적으로 술을 마시는 사람의 수가 다음과 같을 확률을 구하라.

(1) 259명 이하일 확률 (2) 320명 이상일 확률

풀이 X를 1000명 중 규칙적으로 술을 마시는 성인의 수라 하자.
X는 $n=1000$, $p=0.3$인 이항분포를 따른다. 그래서

$$np = 300, \quad \sqrt{np(1-p)} = \sqrt{210} = 14.5$$

이므로 X는 근사적으로 $N(300, 14.5^2)$인 정규분포를 따른다.

(1) 연속성 수정을 안 한 경우는 다음과 같다.

$$P(X \le 259) \fallingdotseq P\left(Z \le \frac{259-300}{14.5}\right)$$
$$= P(Z \le -2.828)$$
$$= 0.0023$$

연속성 수정을 한 경우는 다음과 같다.

$$P(X \le 259) \fallingdotseq P\left(Z \le \frac{259.5-300}{14.5}\right)$$
$$= P(Z \le -2.793)$$
$$= 0.0026$$

(2) 연속성 수정을 안 한 경우만 살펴보면 다음과 같다.

$$\begin{aligned} P(X \geq 320) &\fallingdotseq P\left(Z \geq \frac{320-300}{14.5}\right) \\ &= P(Z \geq -1.379) \\ &= 1-\Phi(-1.379) \\ &= 0.0838 \end{aligned}$$

연습문제

1. 전화교환대에 걸려오는 전화건수는 시간당 평균 5건의 비율로 푸아송과정을 따른다고 한다. 다음 전화가 걸려올 때까지 기다려야 하는 시간이 적어도 15분일 확률을 구하라. 또 10분 이내일 확률을 구하라.

2. 고속도로의 어떤 지점에서 1시간 동안 지정속도를 위반한 차량의 수는 평균 20대인 푸아송과정을 따른다고 한다. 지정속도를 위반한 차량간의 대기시간이 3분 이하일 확률을 구하라.

3. 매 1분마다 걸려오는 전화 건수는 평균 $\frac{1}{2}$ 인 푸아송과정을 따른다고 한다. 세 번째 전화가 걸려올 때까지의 대기 시간이 5분 이상일 확률을 구하라.

4. 전화교환대에 걸려오는 전화건수는 3분당 평균 2건인 푸아송과정을 따른다고 한다. X를 아홉 번째 전화가 걸려 올 때까지의 대기시간이라고 하자. X의 확률밀도함수, 평균, 분산을 구하라.

5. 확률변수 X는 평균 1/2이고 분산이 16인 정규분포를 따른다. 이때 확률 $P(X<2.5)$의 값을 구하라.

6. 어떤 시험에서 응시자의 점수는 평균 60점이고 표준편차는 4인 정규분포를 따른다고 알려져 있다. 응시자의 점수가 64점 이상이면 합격한다. 총 응시자 수가 2000명이라 할 때 합격자수를 구하라.

7. 어떤 자격 시험의 평균 점수는 250점이고 표준편차가 10이라고 한다. 자격 시험의 점수가 정규분포를 따른다고 할 때 이 시험에서 한 학생이 220점 이하를 득점할 확률을 구하라.

8. 200명이 모집 정원인 공무원 임용시험에 2,500명이 응시하였다. 응시자 전체의 성적분포는 100점 만점에 평균이 60점, 표준편차가 8점인 정규분포를 이룬다. 이 시험에서 모집정원의 120%를 1차 합격자로 선발하려고 할 때 1차 합격자의 최저점수를 구하라. (단, $P(Z \le 1.3) = 0.904$)

9. 어떤 학원에 모의고사가 있다. 모의고사 결과 점수가 450과 500 사이인 사람은 A대학에 들어갈 수 있다고 한다. 만일 모의고사 점수가 평균 400이고, 표준편차가 50인 정규분포를 따른다면 A대학에 들어갈 수 있다고 생각되는 사람은 전체의 몇 %에 해당하는지 구하라.

10. 어느 시험에서 평균 60점 이상이면 합격한다. 총응시자는 1500명이고 응시자 평균은 54점, 표준편차는 4이다. 합격자수는 몇 명 정도 되는지 구하라.

11. 주사위를 720회 던져 1의 눈이 나올 횟수를 X라 할 때 $P(115 \le X \le 135)$을 구하라. 단, $P(Z \le 0.55) = 0.7088$, $P(Z \le 1.55) = 0.9394$

12. 100원짜리 동전을 2개 던져 실험을 1200회 시행하여 2개 모두 앞면이 나온 횟수를 X라 할 때 확률 $P(285 < X < 335)$의 값을 구하라.

13. 주사위를 1620회 던져 6의 눈이 300회 이하로 나올 확률을 구하라.

14. Z가 표준정규확률변수일 때 b를 구하라.

(1) $P(Z < b) = 0.9505$ (2) $P(Z < b) = 0.9945$

(3) $P(Z > b) = 0.0495$ (4) $P(Z > b) = 0.7910$

15. 어떤 학생이 버스를 타고 통학하는데 걸리는 시간은 평균 40분, 표준편차 4인 정규분포를 한다. 이 학생이 집에서 오전 8시 45분에 출발하여 9시 30분내에 도착할 수 있는 확률은 얼마인가?

제 7 장

표본분포

제 07 장 표본분포

01 본장의 개요

모집단에 대한 어떤 정보나 특성을 알고자 할 때 모집단 전체를 조사하지 않고 모집단에서 추출한 표본을 조사하여 정보를 얻는 경우가 많다. 모집단에서 추출한 표본은 모집단의 일부에 지나지 않기 때문에 모집단에 대한 정보를 정확히 알려줄 수는 없으며 반드시 오차가 생기게 된다.

그러므로 모집단을 잘 대표하는 표본을 추출하여 이러한 오차를 줄여야 한다. 이때 표본에서 필요한 정보를 조사하여 모집단 전체의 관계를 조사함으로써 모집단 전체의 특성을 이해하는 데 큰 도움이 될 것이다.

7.1 표본추출법

인구조사와 같이 모집단에 관한 어떤 지식이나 특성을 얻기 위하여 모집단 전체를 하나도 빠짐없이 모두 조사하는 통계조사를 **전수조사**(complete survey)라고 한다. 그리고 여론조사와 같이 모집단의 일부분인 표본을 추출하여 추출한 표본을 조사하여 그 결과를 바탕으로 모집단에 대한 특징을 추정하는 통계조사를 **표본조사**(sample survey)라 한다.

제품의 품질검사나 여론조사를 할 때 전수조사를 하면 결과는 정확하겠지만 많은 경비와 시간이 필요하게 되어 현실적으로 활용 가치가 적어진다. 따라서 이런 경우에는 표본조사를 하게 된다.

표본조사는 모집단의 일부분을 조사하기 때문에 전체를 조사할 때보다 시간과 비용을 절감할 수 있을 뿐 아니라 수집한 자료의 양이 적으므로 결과를 빨리 얻을 수 있다.

또한 조사규모가 작으므로 조사요원과 조사업무에 대한 관장을 좀더 철저하게 함으로써 오히려 전수조사보다 정확성이 높은 결과를 기대할 수 있다. 그러나 표본조사할 때 중요한 점은 모집단을 잘 대표하는 표본을 추출하여 조사해야 한다는 것이다. 그렇지 않으면 모집단의 특성과 차이가 큰 결과를 얻을 수 있다.

표본을 추출하는 방법에는 크게 나누어 **유의추출법**(purposive selection)과 **임의추출법**(random sampling) 두 가지가 있다. 유의추출법은 모집단으로부터 표본을 추출할 때 주관적인 판단, 즉 조사자의 지식 또는 경험을 토대로 하여 적당하다고 생각되는 표본을 추출하는 방법을 말한다. 이러한 유의추출법에 의하여 추출된 표본을 **유의표본**(purposive sample)이라 한다. 임의추출법은 모집단의 모든 원소가 표본으로 뽑힐 확률을 갖도록 하여 객관적으로 공정하게 표본을 추출하는 방법을 말한다. 이러한 임의추출법에 의하여 추출된 표본을 **임의표본**(random sample) 또는 **확률표본**이라 한다.

다시 말하면, 어떤 공장에서 생산하는 타이어의 견고함에 대해 조사하기 위해 50개의 타이어를 택하여 견고함을 $X_1, \cdots, X_{50}$로 측정했다고 할 때 모집단의 대상들은 어떤 미지의 확률분포를 가질 것이다. 이때 $X_1, \cdots, X_{50}$의 값은 서로 간에 아무런 영향을 미치지 않는다고 생각할 수 있으므로 그들은 서로 독립이라 할 수 있다. 이와 같이 서로 독립이고 동일한 분포를 따르는 확률변수들을 임의표본이라 한다.

임의표본은 확률변수들로 이루어진 집합이지만, 이 개념은 실제로 추출된 확률변수들의 값에도 적용된다.

대표적인 임의추출법인 단순임의추출법, 층화임의추출법, 계통추출법에 대하여 알아보자.

7.1.1 단순임의추출법

크기 N인 모집단에서 크기 n인 표본을 추출할 때, 모집단의 모든 원소가 동일한 확률로 뽑혀지도록 표본을 추출하는 방법을 **단순임의추출법**(simple random sampling)이라 한다. 이 방법은 가장 기본적인 추출법으로 조사자의 주관에 입각하지 않고 카드를 뽑거나 정십이면체를 이용한 난수주사위나 난수표를 이용하여 표본을 추출하는 방법이다.

카드를 이용하는 방법 중 하나는 다음과 같다. 모집단 전체 대상의 번호를 각각 크기가 같은 카드 1장에 하나씩 적어서 주머니에 넣는다. 그리고 여러 번 흔들어서 카드를 잘 섞는다. 표본의 크기만큼 카드를 주머니에서 뽑아서 이런 카드에 적힌 번호를 표본으로 이용한다. 이와 같은 방법은 모집단의 크기가 매우 클 때는 실질적으로 사용하기가 불가능하다. 또한 모집단의 크기가 적당할 때도 매우 번거롭고 시간과 경비가 많이 드는 단점이 있다. 이에 반하여 난수표를 이용하는 방법은 좀 더 체계적이고 편리하다.

난수표(random number table)란 0부터 9까지의 숫자들이 동일한 확률 $\frac{1}{10}$을 가지면서 나타나도록 한 **난수**(random number)들의 집합이다. 난수표를 만드는 단순한 방법은 다음과 같다. 0, 1, ⋯, 9의 숫자를 적은 공 10개를 항아리에 넣는다. 공들을 잘 섞은 후 하나를 꺼내 그 숫자를 기록하고 그 공을 다시 항아리에 넣는 과정을 반복한다. 그러나 요즘은 컴퓨터를 이용하여 난수표를 만들고 있다.

다음은 부록의 난수표를 이용하는 방법을 소개하였다. 1부터 900까지의 숫자 중에서 10개의 숫자를 임의로 선택하고 싶다고 하면 먼저 난수표의 시발점(행과 열)을 임의로 결정한다. 그리고 10개의 숫자가 모두 뽑힐 때까지 시발점으로부터 아래로 세 자리의 난수를 읽어 나간다.

예를 들어, 난수의 시발점을 29행 33열로 택했다고 하자. 29행 33열에서 세 자리씩 읽어 가면 뽑히는 난수는 다음과 같다.

252, 962, 692, 974, 021, 910, ⋯

이 중에서 900을 넘는 숫자와 중복되는 숫자를 버리면 선택되는 10개의 숫자가 난수표에 의해 추출된 표본이 된다. 추출된 10개의 숫자는 다음과 같다.

252, 692, 021, 743, 674, 047, 540, 094, 695, 016

7.1.2 층화임의추출법

층화임의추출법(stratified random sampling)은 모집단을 동질적인 성질을 가진 것끼리 몇 개의 집단 또는 층으로 분류한 다음 각 층에서 어떤 규칙에 따라 표본을 단순임의추출하는 방법이다. 층화임의추출법은 단순임의추출법보다 더욱 발전된 추출법이다. 모집단을 동질적인 층으로 나눌 수 있을 때 층화임의추출법을 사용하면 추정량의 분산을 줄일 수 있는 장점이 있다. 그 외에도 다음과 같은 경우에 층화임의추출법을 사용한다.

(1) 부분 집단별로 정확도가 요구될 때
(2) 간편한 조사가 요구될 때
(3) 모집단의 분포가 한쪽으로 치우쳐 있다고 생각될 때

층을 나누는 기본 원리는 부분집단 내에서의 동질성을 이용하는 것이다. 즉 층간의

이질성을 크게 하고 층 내부에서의 이질성을 작게 하는 것이다. 따라서 각 층에서는 상대적으로 작은 표본을 갖고도 정확하게 추정할 수 있게 된다.

예를 들어, 고소득층이 서울의 강북지역보다 강남지역에 많이 산다고 하자. 그리고 서울의 월생계비를 추정하자. 이 경우에 서울의 월생계비는 강북지역과 강남지역 내의 변동보다 두 지역간의 변동이 클 것이므로 모집단을 강북지역과 강남지역으로 층화하고 각 지역별로 표본을 추출하는 것이 서울 전체를 대상으로 표본조사하는 것보다 더 정확한 추정값을 얻게 될 것이다. 층화임의추출법은 각 층별로 추정값을 계산할 수도 있고 표본이 모든 층에 분포되어 있어 모집단을 대표하는 표본을 추출할 가능성이 높으나 층을 나누는데 별도의 경비가 든다는 단점이 있다.

7.1.3 집락추출법

집락추출법(cluster sampling)은 모집단을 **집락**(cluster)이라 부르는 몇 개의 부분집단으로 분류하고 그 집락들 가운데서 몇 개의 집락을 임의추출하여 추출된 집락을 전수조사하거나 그 집락에서만 표본을 추출하는 방법이다.

집락추출법에서는 층화임의추출법과는 달리 부분집단, 즉 집락 사이에 이질성이 적어야 한다. 그래야만 추출된 집락이 모집단을 잘 대표할 수 있어 올바르게 추정할 수 있다.

예를 들어, 물건이 10개씩 포장되어 밀봉된 3,000개의 상자가 있다고 하자. 불량품을 조사하기 위해서 100개의 물건을 조사할 때 100개의 상자를 모두 뜯어서 물건 1개씩 조사할 수 있다. 그러나 뜯어진 상자는 창고에 보관하거나 취급하기가 어려우므로 가능한 한 적은 수의 상자를 조사하기를 원한다. 이때 3,000개의 상자 중 10개의 상자를 임의추출하여 각 상자에 들어 있는 물건들을 모두 조사하면 된다.

이 경우에 각 상자는 집락에 해당되고 선택된 집락속에 있는 모든 물건이 표본에 포함된다.

여기서 설명한 방법이 **1단계 집락추출법**(single-stage cluster sampling)이다. 집락추출법에서 2단계 또는 그 이상의 다단계 추출에 의해 표본을 추출하는 방법을 **다단계 집락추출법**(multi-stage cluster sampling)이라 한다.

집락추출법의 장점은 비용을 절약하고 표본을 쉽게 관리하는 것인데, 집락추출법에서 주의할 점은 다음과 같다.

(1) 1단계 집락추출법과 다단계 집락추출법은 각 단계에서 단순임의추출을 하는 것보다는 집락의 크기에 비례해서 추출하는 것이 더 좋다.

(2) 집락이 도, 군, 면(시, 구, 동) 등의 지역단위이면 집락추출법을 지역추출법(area sampling)이라고도 부른다.

(3) 집락추출법은 층화임의추출법과 병행해서 사용되기도 한다. 예를 들어, 농촌가계를 집락추출법으로 조사할 때 우선 군들을 층화하여 도 단위에서 군 단위를 추출하고 다음 단계에서 선택된 군에서 면도 층화추출한다.

7.1.4 계통추출법

계통추출법(systematic sampling)은 표본을 시간적으로나 공간적으로 일정한 간격을 두고 계통적으로 취하는 추출법으로 방법이 간편하고 쉬워서 널리 이용된다. 또 모집단 전체에서 골고루 표본이 추출되는 장점이 있다.

모집단과 표본의 크기를 각각 N과 n이라 할 때 $k=\dfrac{N}{n}$을 **추출간격**(sampling interval)이라 하면 계통추출법은 모집단의 처음 k개의 추출단위에서 임의로 하나를 추출하고, 그로부터 k번째마다 원소를 표본으로 추출해 나가는 것이다. 첫 번째 추출단위는 임의로 추출되지만 첫 번째 추출단위가 선택되면 표본의 나머지는 앞의 과정에 의하여 결정된다.

계통추출법의 주요한 장점은 편리함인데, 예를 들어 학생등록명부나 가나다 순으로 정리된 전화번호부나 주민등록표에서 표본을 추출할 때 계통추출법을 사용하면 매우 편리하다. 그러나 모집단의 순서에 주기성이 숨겨져 있을 때 계통추출법을 이용하면 모집단을 대표하지 못하는 표본이 나올 가능성이 있으므로 유의해야 한다. 예를 들어, 야구선수의 이름이 적혀 있는 장부에서 2번째 열마다 포수의 이름이 적혀져 있다고 할 때, 2번째 열만을 추출하는 계통추출은 포수 이름만을 선택한 표본이 되어 모집단을 대표하지 못하는 결과를 나타내게 된다.

모집단이 가나다 순으로 정리되었을 때, 모집단의 순서가 학생의 나이와 같은 특성과 관계없다면 이때 계통추출법을 단순임의추출법에 매우 가깝게 접근시킬 수 있다. 또한 계통추출법은 그 밖의 다른 추출법과 병행해서 사용할 수 있다. 예를 들어, 층화추출을 하는 경우에 각 층 내에서 단순임의추출을 하는 대신에 계통추출을 하면 층화계통추출이 된다.

7.2 표본분포

모집단의 모형은 모집단의 평균 및 분산과 같은 모집단의 특성값에 의하여 결정되는데 이와 같은 모집단의 특성값을 **모수**(parameter)라 한다. 모수는 모집단 전체를 조사해야 알 수 있는데 모집단 전체에 대한 조사가 불가능하기 때문에 일반적으로 모수는 미지로 남게 된다.

모수를 추정하기 위하여 표본을 추출하여 표본으로부터 표본의 평균 또는 분산과 같은 표본의 특성값을 계산하는데 이와 같이 계산되는 표본의 특성값을 **통계량**(statistic)이라 한다.

모집단에서 추출된 표본의 상태에 따라서 각 표본은 각각 다른 평균을 가지고 그 표본의 평균들은 하나의 분포가 생겨서 표본평균의 분포를 갖게 된다. 이와 같은 현상은 표본의 분산에 대해서도 마찬가지로 생겨서 표본분산의 분포를 갖게 된다. 즉 모집단으로부터 어떤 표본을 뽑느냐에 따라 표본의 특성값인 통계량은 그 값이 달라지고 그 값에 의해 하나의 분포를 이루게 되는데 이와 같은 통계량의 확률분포를 **표본분포**(sampling distribution)라 한다.

7.2.1 평균의 표본분포

표본분포 중에서 가장 중요한 평균의 표본분포에 대하여 생각해 보자. 어떤 항아리에 0, 2, 4, 6이라고 씌어진 구슬 4개가 들어 있는데 이 중에서 2개를 무작위로 뽑아 평균을 구하는 경우를 살펴보자. 먼저 모집단으로부터 크기 2인 임의표본을 복원추출하는 경우를 생각해 보면 추출될 수 있는 가능한 표본의 수는 $4^2 = 16$이다. 평균은 다음 표와 같으며 통계량 $\overline{X}$는 0부터 6까지 변동한다.

표 7.1 임의표본과 그 평균(복원추출)

표본	(0, 0)	(0, 2)	(0, 4)	(0, 6)	(2, 0)	(2, 2)	(2, 4)	(2, 6)
$\overline{x}$	0	1	2	3	1	2	3	4
표본	(4, 0)	(4, 2)	(4, 4)	(4, 6)	(6, 0)	(6, 2)	(6, 4)	(6, 6)
$\overline{x}$	2	3	4	5	3	4	5	6

표 7.1에서 평균이 0인 표본은 (0, 0)뿐이고 평균이 4인 표본은 (2, 6), (4, 4), (6, 2)의 세 가지이므로 표본을 복원추출할 때 표본의 평균이 0과 4가 될 확률은 각각 $\frac{1}{16}$과 $\frac{3}{16}$이 된다. 이와 같은 방법으로 하여 평균 $\overline{X}$의 표본분포를 구하면 표 7.2와 같다.

표 7.2 평균의 표본분포(복원추출)

$\overline{x}$	0	1	2	3	4	5	6	합계
돗수	1	2	3	4	3	2	1	16
$p(\overline{x})$	$\frac{1}{16}$	$\frac{2}{16}$	$\frac{3}{16}$	$\frac{4}{16}$	$\frac{3}{16}$	$\frac{2}{16}$	$\frac{1}{16}$	1
$\overline{x}p(\overline{x})$	0	$\frac{2}{16}$	$\frac{6}{16}$	$\frac{12}{16}$	$\frac{12}{16}$	$\frac{10}{16}$	$\frac{6}{16}$	3
$\overline{x}^2p(\overline{x})$	0	$\frac{2}{16}$	$\frac{12}{16}$	$\frac{36}{16}$	$\frac{48}{16}$	$\frac{50}{16}$	$\frac{36}{16}$	$\frac{23}{2}$

표 7.2에서 본 바와 같이 표본평균 $\overline{X}$의 평균은 $\Sigma \overline{x}p(\overline{x}) = 3$이다.

이제 주어진 항아리에서 크기가 2인 임의표본을 비복원추출로 뽑을 때를 생각해 보자. 비복원추출로 크기 2인 표본을 뽑을 때의 가능한 표본의 수는 ${}_4C_2 = 6$이다. 비복원추출로 표본을 뽑을 때의 가능한 표본과 평균이 표 7.3에 주어졌다. 표 7.3에서 평균이 1인 표본은 {0, 2}뿐이고 평균이 3인 표본은 {0, 6}, {2, 4}의 두 가지이므로 표본을 비복원추출할 때 표본의 평균이 1과 3이 될 확률은 각각 $\frac{1}{6}$과 $\frac{2}{6}$가 된다. 이러한 방법으로 얻어진 비복원추출하는 경우의 평균의 표본분포가 표 7.4에 주어졌다.

표 7.3 임의표본과 그 평균(비복원추출)

표본	{0, 2}	{0, 4}	{0. 6}	{2, 4}	{2, 6}	{4, 6}
$\overline{x}$	1	2	3	3	4	5

표 7.4 평균의 표본분포(비복원추출)

$\overline{x}$	1	2	3	4	5	합계
돗수	1	1	2	1	1	6
$p(\overline{x})$	$\frac{1}{6}$	$\frac{1}{6}$	$\frac{2}{6}$	$\frac{1}{6}$	$\frac{1}{6}$	1
$\overline{x}p(\overline{x})$	$\frac{1}{6}$	$\frac{2}{6}$	$\frac{6}{6}$	$\frac{4}{6}$	$\frac{5}{6}$	3
$\overline{x}^2p(\overline{x})$	$\frac{1}{6}$	$\frac{4}{6}$	$\frac{18}{6}$	$\frac{16}{6}$	$\frac{25}{6}$	$\frac{32}{3}$

표 7.4에 나타난 바와 같이 표본평균 $\overline{x}$의 평균은 $\Sigma \overline{x}p(\overline{x}) = 3$이다. 즉 $E(\overline{X}) = 3$이다.

주어진 문제는 모집단 {0, 2, 4, 6}에서 크기 2인 임의표본을 뽑는 경우로 생각할 수 있다. 그러므로 모집단의 확률분포를 구하면 다음과 같다.

표 7.5 모집단의 확률분포

x	0	2	4	6	합계
$p(x)$	$\frac{1}{4}$	$\frac{1}{4}$	$\frac{1}{4}$	$\frac{1}{4}$	1
$xp(x)$	0	$\frac{1}{2}$	1	$\frac{3}{2}$	3

7.2.2 표본평균의 기댓값

대부분의 연구에서 모집단 전체를 조사할 수 없기 때문에 모평균, 모분산, 모비율과 같은 모수는 미지인 상태이다. 그래서 표본평균, 표본분산, 표본비율과 같은 통계량을 계산하여 모수의 값을 추정한다.

이 절에서는 모평균 μ와 표본평균 $\overline{X}$ 사이의 관계를 이용하여 표본평균의 기댓값을 구하고자 한다.

모평균 μ와 표본평균 $\overline{X}$ 사이에 어떤 관계가 있는지 알아보기 위하여 7.2.1절에서 다루었던 모집단 $\{0, 2, 4, 6\}$으로부터 크기 2인 표본을 뽑는 경우를 생각해 보자.

표 7.5로부터 모평균은 $\mu = \sum xp(x) = 3$이다. 복원추출이나 비복원추출의 경우에 표본평균 $\overline{X}$의 기댓값 $E(\overline{X})$는 공식 $E(\overline{X}) = \sum \overline{x}p(\overline{x})$를 사용하면 표 7.2와 7.4에 나타난 바와 같이 다음을 얻는다.

$$E(\overline{X}) = \sum \overline{x}p(\overline{x}) = 3$$

즉 7.2.1절의 예를 통해서 표본평균 $\overline{X}$는 모집단으로부터 어떤 표본이 뽑히느냐에 따라 그 값이 달라질 수 있으나 평균값들의 평균은 모집단의 평균 $\mu = 3$과 같게 된다는 사실을 알 수 있다.

표본평균의 기댓값

모평균이 μ인 모집단에서 크기 n인 임의표본을 뽑을 때 표본평균 $\overline{X}$에 대하여 다음이 항상 성립한다.

$$E(\overline{X}) = \mu$$

증명 임의표본을 $X_1, X_2, \cdots, X_n$이라 하면 이들은 서로 독립이고 동일한 분포를 따르고, $\overline{X} = \frac{1}{n}\sum_{i=1}^{n} X_i$이므로 기댓값의 성질에 의해 다음이 성립한다.

$$\begin{aligned} E(\overline{X}) &= \frac{1}{n} E(X_1 + \cdots + X_n) \\ &= \frac{1}{n}[E(X_1) + \cdots + E(X_n)] \\ &= \frac{1}{n}[\mu + \cdots + \mu] = \frac{1}{n} \cdot n\mu = \mu \end{aligned}$$

7.2.3 표본평균의 분산

표본평균의 분산은 임의표본을 비복원추출하느냐 또는 복원추출하느냐에 따라 그 값이 다르다. 7.2.1절의 예를 다음의 분산 공식에 적용해 보자.

$$\mathrm{Var}(\overline{X}) = E[(\overline{X} - E(\overline{X}))^2] = E(\overline{X}^2) - [E(\overline{X})]^2$$

비복원추출의 경우: $\mathrm{Var}(\overline{X}) = \sum \overline{x}^2 p(\overline{x}) - [E(\overline{X})]^2 = \frac{32}{3} - 9 = \frac{5}{3}$

복원추출의 경우 : $\mathrm{Var}(\overline{X}) = \sum \overline{x}^2 p(\overline{x}) - [E(\overline{X})]^2 = \frac{23}{2} - 9 = \frac{5}{2}$

표본평균의 분산과 모집단의 분산 사이에는 다음과 같은 관계가 성립한다.

표본평균의 분산

모분산이 σ^2이고 크기가 N인 모집단에서 크기 n인 임의표본을 뽑을 때 표본평균 $\overline{X}$에 대하여 다음이 항상 성립한다.

비복원추출 : $\mathrm{Var}(\overline{X}) = \frac{N-n}{N-1} \cdot \frac{\sigma^2}{n}$

복원추출 : $\mathrm{Var}(\overline{X}) = \frac{\sigma^2}{n}$

여기서, $\frac{N-n}{N-1}$을 **유한 모집단 수정계수**(finite population correction factor)라고 한다. 또, 표본평균의 표준편차 $\sqrt{\mathrm{Var}(\overline{X})}$를 **표준오차**(standard error)라 한다.

증명 복원 추출의 경우에 대해서만 증명하자. 임의표본 $X_1, X_2, \cdots, X_n$이 서로 독립이므로 독립일때의 분산의 성질에 의해 다음이 성립한다.

$$\begin{aligned} Var(\overline{X}) &= \frac{1}{n^2} Var(X_1 + \cdots + X_n) \\ &= \frac{1}{n^2}[Var(X_1) + \cdots + Var(X_n)] \\ &= \frac{1}{n^2}[\sigma^2 + \cdots + \sigma^2] = \frac{n\sigma^2}{n^2} = \frac{\sigma^2}{n} \end{aligned}$$

앞의 예에서 공식을 이용하여 $\overline{X}$의 분산을 다시 구해보자. $N=4$, $n=2$이고 모집단에서의 분산은 $\sigma^2=5$이므로 $\overline{X}$의 분산은 다음과 같다.

비복원추출의 경우 : $Var(\overline{X}) = \frac{4-2}{4-1} \cdot \frac{5}{2} = \frac{5}{3}$

복원추출의 경우 : $Var(\overline{X}) = \frac{5}{2}$

예제 7-1

어떤 공장에서 생산하는 전구 3,000개의 평균수명은 800시간이고 분산은 400시간으로 알려져 있다. $n=70$인 표본을 임의로 뽑을 때 표본평균의 분산을 구하라.

풀이

비복원추출의 경우 : $Var(\overline{X}) = \frac{3000-70}{3000-1} \cdot \frac{400}{70} \cong 5.5828$

복원추출의 경우 : $Var(\overline{X}) = \frac{400}{70} \cong 5.7143$

7.3 표본분포의 모양과 중심극한정리

이 절에서는 모집단의 분포가 정규분포인 경우와 정규분포가 아닌 경우를 나누어서 $\overline{X}$의 표본분포의 모양에 대해서 알아보자.

7.3.1 정규 모집단의 경우

먼저 모집단이 정규분포를 따를 때 $\overline{X}$는 어떤 분포를 따르는지 살펴보자. 모집단과 표본의 크기가 아주 작을 때는 $\overline{X}$의 분포를 얻는 것은 어려운 일이 아니나 일반적으로는 그렇게 쉽지만은 않다. 그러나 다행스럽게도 모집단의 분포가 정규분포 $N(\mu,\ \sigma^2)$를 따르는 경우에 표본평균 $\overline{X}$의 분포도 표본의 크기 n에 관계없이 정규분포를 이루게 된다는 사실이 알려져 있다. 이는 표본평균의 분포를 나타내는데 널리 사용되며 정리하면 다음과 같다.

평균의 표본분포

모집단이 평균 μ, 분산 σ^2인 정규분포를 따를 때 크기 n인 $X_1, X_2, \cdots, X_n$의 임의표본을 추출하면 표본평균 $\overline{X}$는 정규분포 $N\left(\mu,\ \dfrac{\sigma^2}{n}\right)$을 따른다.

또한, $Z=\dfrac{\overline{X}-\mu}{\sigma/\sqrt{n}}$의 분포는 표준정규분포 $N(0,\ 1)$를 따른다.

증명 $\overline{X}=\dfrac{1}{n}(X_1,+X_2+\cdots+X_n)$이고 $X_1, \cdots, X_n$은 서로 독립이므로

$$f(x_1,\ x_2,\ \cdots,\ x_n)=f(x_1)f(x_2)\cdots f(x_n)$$

이다. 따라서 적률생성함수는 다음이 된다.

$$\begin{aligned} M_{\overline{X}}(t) &= E(e^{t\overline{X}}) \\ &= E[e^{\frac{t}{n}(X_1+\cdots+X_n)}] \\ &= \int_{-\infty}^{\infty}\cdots\int_{-\infty}^{\infty} e^{\frac{t}{n}(x_1+\cdots+x_n)} f(x_1,\cdots,x_n)dx_1\cdots dx_n \\ &= \int_{-\infty}^{\infty} e^{\frac{1}{n}tx_1} f(x_1)\,dx_1,\ \cdots \int_{-\infty}^{\infty} e^{\frac{1}{n}tx_n} f(x_n)dx_n \\ &= \left[M_X\left(\frac{t}{n}\right)\right]^n \end{aligned}$$

평균이 μ이고 분산이 σ^2인 정규분포의 적률생성함수는 $M_X(t)=e^{\mu t+\frac{1}{2}\sigma^2t^2}$이므로 식을 다음과 같이 쓸 수 있다.

$$\begin{aligned} M_{\overline{X}}(t) &= \left[e^{\mu\cdot\frac{t}{n}+\frac{1}{2}(\frac{t}{n})^2\sigma^2}\right]^n \\ &= e^{\mu t+\frac{1}{2}t^2(\frac{\sigma^2}{n})} \end{aligned}$$

적률생성함수는 각 분포에 하나씩만 존재하고, $\overline{X}$의 적률생성함수는 정규분포의 적률생성함수이므로 $\overline{X}$의 분포는 $N(\mu, \dfrac{\sigma^2}{n})$을 따른다.

예제 7-2

어떤 공장에서 공급되는 형광등은 평균수명이 600시간, 표준편차가 49시간인 정규분포를 따른다고 한다. 49개의 형광등을 임의로 뽑아 평균수명을 잴 때 그 값이 607시간 이상일 확률을 구하라.

풀이 모집단은 모평균 $\mu = 600$, 모표준편차 $\sigma = 49$인 정규분포를 따르므로 49개 표본의 평균 $\overline{X}$도 정규분포를 따른다. $\overline{X}$의 분포는 $N\left(600, \dfrac{49^2}{49}\right)$을 따르고 $\overline{X}$를 표준화시키면 다음과 같다.

$$Z = \frac{\overline{X} - 600}{49/7}$$

그러므로

$$P(\overline{X} \geq 607) = P\left(Z \geq \frac{607-600}{49/7}\right)$$
$$= P(Z \geq 1) = 1 - 0.8413 = 0.1587$$

즉 49개의 형광등을 뽑을 때 그 평균수명이 607시간 이상이 될 확률은 15.87%이다. ■

7.3.2 비정규 모집단의 경우

7.3.1절의 내용은 모집단이 정규분포를 따르지 않을 때도 성립되는 일반적인 사실은 아니다. 즉 모집단의 분포가 정규분포를 따르지 않으면 표본평균은 정규분포를 따른다고 할 수 없다. 그렇다면 모집단이 정규분포를 따르지 않는다면 표본평균의 분포는 어떻게 될까? $\overline{X}$는 평균 μ, 분산 σ^2을 갖는 어떤 임의의 분포에서 뽑은 크기가 n인 임의표본의 평균이라 하자. 그러면 다음이 성립한다.

$$E\left(\frac{\overline{X} - \mu}{\sigma/\sqrt{n}}\right) = \frac{E(\overline{X}) - \mu}{\sigma/\sqrt{n}} = 0$$

$$Var\left(\frac{\overline{X}-\mu}{\sigma/\sqrt{n}}\right)=E\left[\left(\frac{\overline{X}-\mu}{\sigma/\sqrt{n}}\right)^2\right]$$
$$=\frac{E[(\overline{X}-\mu)^2]}{\sigma^2/n}=\frac{\sigma^2/n}{\sigma^2/n}=1$$

여기서 표본의 크기 n이 충분히 클 때는 표본평균의 표본분포는 모집단의 분포에 관계없이 정규분포에 근사한다는 사실이 알려져 있다. 이러한 사실을 **중심극한정리** (central limit theorem)라고 부르는데 정리하면 다음과 같다.

> **중심극한정리**
>
> 평균이 μ이고 분산이 σ^2인 임의의 모집단으로부터 충분히 큰 크기 n의 임의표본을 뽑으면 모집단의 분포에 관계없이 표본평균 $\overline{X}$는 근사적으로 정규분포 $N\left(\mu,\ \frac{\sigma^2}{n}\right)$을 따른다.
>
> 또, $Z=\frac{\overline{X}-\mu}{\sigma/\sqrt{n}}$의 분포는 근사적으로 표준정규분포 $N(0,\ 1)$을 따른다.

증명 임의표본 $X_1, X_2, \cdots, X_n$은 서로 독립이므로

$$Z=\frac{\sum_{i=1}^{n}X_i-n\mu}{\sqrt{n}\,\sigma}$$

의 적률생성함수는 다음과 같다.

$$M_z(t)=E[\exp(tz)]=E\left\{\exp\left[\left(\frac{t}{\sqrt{n}\,\sigma}\right)\left(\sum_{i=1}^{n}X_i-n\mu\right)\right]\right\}$$
$$=E\left\{\exp\left[\left(\frac{t}{\sqrt{n}}\right)\left(\frac{X_1-\mu}{\sigma}\right)\right]\cdots\exp\left[\left(\frac{t}{\sqrt{n}}\right)\left(\frac{X_n-\mu}{\sigma}\right)\right]\right\}$$
$$=E\left\{\exp\left[\left(\frac{t}{\sqrt{n}}\right)\left(\frac{X_1-\mu}{\sigma}\right)\right]\right\}\cdots E\left\{\exp\left[\left(\frac{t}{\sqrt{n}}\right)\left(\frac{X_n-\mu}{\sigma}\right)\right]\right\}$$
$$=\left[m\left(\frac{t}{\sqrt{n}}\right)\right]^n$$

여기서 $m(t)=E\left\{\exp\left[t\left(\frac{X_i-\mu}{\sigma}\right)\right]\right\}$

즉, $m(t)$는 $Y_i=\frac{X_i-\mu}{\sigma}$, $i=1, \cdots, n$의 적률생성함수를 나타낸다.

$$E(Y_i) = 0,\ E(Y_i^2) = 1 \text{이므로}$$

$$m(0) = 1,\ m'(0) = E\left(\frac{X_i - \mu}{\sigma}\right) = 0,\ \ m''(0) = E\left[\left(\frac{X_i - \mu}{\sigma}\right)^2\right] = 1$$

이다. $m(t)$는 $t_1 \in (0,\ t)$에 대하여 다음과 같은 테일러 급수로 전개할 수 있다.

$$m(t) = m(0) + m'(0)t + \frac{m''(t_1)}{2}t^2 = 1 + \frac{m''(t_1)}{2}t^2$$

따라서 $m(t)$는 다음과 같다.

$$m(t) = 1 + \frac{t^2}{2} + \frac{[m''(t_1) - 1]\,t^2}{2}$$

Z의 적률생성함수는 $t_1 \subset (0,\ t)$에 대하여 다음이 된다.

$$\begin{aligned} M_z(t) &= \left[m\left(\frac{t}{\sqrt{n}}\right)\right]^n = \left\{1 + \frac{1}{2}\left(\frac{t}{\sqrt{n}}\right)^2 + \frac{1}{2}[m''(t_1) - 1]\left(\frac{t}{\sqrt{n}}\right)^2\right\}^n \\ &= \left\{1 + \frac{t^2}{2n} + \frac{[m''(t_1) - 1]\,t^2}{2n}\right\}^n \end{aligned}$$

$m''(t)$는 $t = 0$에서 연속이고 $n \to \infty$이면 $t_1 \to 0$이므로 다음이 성립한다.

$$\begin{aligned} \lim_{n\to\infty} M_z(t) &= \lim_{n\to\infty}\left\{1 + \frac{t^2}{2n} + \frac{[m''(t_1) - 1]\,t^2}{2n}\right\}^n \\ &= \lim_{n\to\infty}\left(1 + \frac{t^2}{2n}\right)^n = \lim_{n\to\infty}\left[\left(1 + \frac{t^2}{2n}\right)^{2n/t^2}\right]^{t^2/2} = e^{\frac{t^2}{2}} \end{aligned}$$

또한 $Z = \dfrac{\sum_{i=1}^{n} X_i - n\mu}{\sqrt{n}\,\sigma} = \dfrac{\overline{X} - \mu}{\sigma/\sqrt{n}}$가 성립한다. 따라서 $Z \equiv \dfrac{\overline{X} - \mu}{\sigma/\sqrt{n}}$의 분포는 표준정규분포 $N(0,\ 1)$임을 나타낸다.

참고 중심극한정리는 n이 클 때 $\overline{X}$의 분포를 평균이 μ이고 분산이 $\dfrac{\sigma^2}{n}$인 정규분포로 근사시키는 것을 의미한다. 중심극한정리에서 표본의 크기가 충분히 크다함은 $n \geq 30$을 의미한다.

그림 7.1은 중심극한정리에 대한 예이다. 여기서 실선의 그래프는 $\mu = 2,\ \sigma = 1.41$일 때의 비대칭 분포를 나타낸다. 점선의 그래프는 표본의 크기가 $n = 3,\ n = 10$일 때

의 표본평균 $\overline{X}$의 분포를 나타낸다. 이 그림은 표본의 크기가 커질수록 표본평균의 분포가 좀 더 정규분포에 가까운 형태로 나타나고 있음을 보여준다.

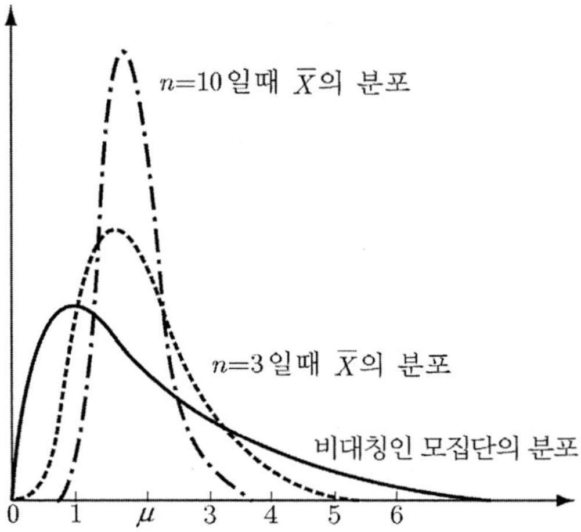

[그림 7.1]

예제 7-3

어떤 공장에서 생산되는 건전지의 평균수명은 1,000시간, 분산이 2,500시간이다. 만일 100개의 건전지를 임의표본으로 추출했을 때 표본평균이 995시간 이상 1010시간 미만일 확률을 구하라.

풀이 모평균 $\mu = 1000$, 모분산 $\sigma^2 = 2500$이고 표본의 크기 $n = 100$이다. 모집단의 분포는 알려져 있지 않으나 표본의 크기 n이 크므로 중심극한정리에 의해서 $\overline{X}$는 근사적으로 정규분포를 따른다. $\overline{X}$의 분포는 $N\left(1000, \dfrac{2500}{100}\right)$이므로 $\overline{X}$를 표준화시키면 다음과 같다.

$$Z = \frac{\overline{X} - 1000}{50/10}$$

따라서 다음을 얻는다.

$$P(995 \le \overline{X} < 1010) = P\left(\frac{995 - 1000}{50/10} \le Z < \frac{1010 - 1000}{50/10}\right)$$

$$= P(-1 \le Z < 2) = 0.8185$$

■

예제 7-4

$X_1, \cdots, X_{10}$은 구간 (0, 1)상의 균등분포에서 뽑은 크기 10인 임의표본이다. $Y = X_1 + \cdots + X_{10}$이라 할 때 Y가 5.33보다 작을 확률을 구하라.

풀이 모든 $i = 1, \cdots, 10$에 대하여 $E(X_i) = \frac{1}{2}$, $Var(X_i) = \frac{1}{12}$이다.

$$\frac{\overline{X} - \mu}{\sigma / \sqrt{n}} = \frac{\sum_{i=1}^{n} X_i - n\mu}{\sqrt{n}\,\sigma}$$

이 성립하므로 다음 식에 의해 확률을 구할 수 있다.

$$\begin{aligned} P(Y < 5.33) &= P\left(\frac{Y - 10 \cdot \frac{1}{2}}{\sqrt{10/12}} < \frac{5.33 - 5}{\sqrt{10/12}} \right) \\ &= P(Z < 0.3615) \\ &= 0.6406 \end{aligned}$$

7.4 비율의 표본분포

정규분포가 이항분포의 근사라는 사실은 중심극한정리로부터 비롯된다. 이 관계를 알아보기 위하여 각 베르누이 시행마다 확률변수를 다음과 같이 정의하자.

$X_i = 1$, i번째 시행이 성공일때

$X_i = 0$, i번째 시행이 실패일때

그러면 확률변수 $X_1, \cdots, X_n$은 서로 독립이고 각각은 평균 p, 표준편차 $\sqrt{p(1-p)}$ 인 다음과 같은 확률분포를 갖는다.

x	0	1
$f(x)$	$(1-p)$	p

확률변수의 정의로부터 다음 사실을 알 수 있다.

표본합계 $T = \sum_{i=1}^{n} X_i = n$번 시행에서의 성공의 총 횟수

표본평균 $\overline{X} = \frac{T}{n} = \frac{n\text{번 시행에서의 성공의 총 횟수}}{n}$

따라서 $X_1, \cdots, X_n$으로부터의 표본평균 $\overline{X} = \frac{\sum_{i=1}^{n} X_i}{n}$에 중심극한정리를 적용하면 n이 클 때 $\overline{X}$는 근사적으로 정규분포 $N\left(p, \frac{p(1-p)}{n}\right)$를 따르게 된다.

여기서 표본평균은 n번 베르누이 시행에서 성공횟수의 비율만을 나타내고 성공의 **모비율**(population proportion)은 p로 나타내기 때문에 표본비율(sample proportion)을 나타내는데 $\overline{X}$ 대신에 보통 $\hat{p}$을 이용한다. 이러한 사실을 요약하면 다음과 같다.

> n번의 베르누이 시행에서 성공횟수의 표본비율 $\hat{p}$은 n이 충분히 클 때 근사적으로 $N\left(p, \frac{p(1-p)}{n}\right)$을 따르게 된다. 그리고 다음 통계량 Z는 근사적으로 $N(0, 1)$을 따르게 된다.
>
> $$Z = \frac{\hat{p} - p}{\sqrt{\frac{p(1-p)}{n}}}$$

예제 7-5

도시 인구의 60%가 복지시설에 기부금을 내는 제안에 호의적이라고 하자. 임의로 뽑은 150명 중 이 제안에 호의적인 사람들의 비율이 0.52보다 작을 확률을 구하라.

풀이 여기서 $n = 150$, $p = 0.6$이고 구하고자 하는 확률은 $P(\hat{p} < 0.52)$이다. 따라서

$$\sqrt{\frac{p(1-p)}{n}} = \sqrt{\frac{0.24}{150}} = 0.040$$

이고 정규분포의 근사를 이용하면 다음을 얻는다.

$$P(\hat{p} < 0.52) \fallingdotseq P\left(Z < \frac{0.52 - 0.60}{0.040}\right) = P(Z < -2) = 0.0228$$

■

7.5 카이제곱분포

감마분포의 특별한 경우로 통계학에서 중요한 역할을 하는 분포가 있는데, 그것은 카이제곱분포이다. 카이제곱분포는 $\alpha = \frac{n}{2}$, $\theta = 2$인 감마분포이다.

카이제곱분포

확률변수 X의 확률밀도함수가 다음과 같을 때, X는 자유도 n을 갖는 카이제곱분포를 따른다고 하고 $X \sim \chi^2(n)$으로 나타낸다.

$$f(x) = \frac{x^{n/2-1}e^{-x/2}}{2^{n/2}\Gamma(n/2)}, \quad 0 \le x < \infty, \ n\text{은 양의 정수}$$

정리 7.1

확률변수 X가 자유도 n인 카이제곱분포를 따를 때 적률생성함수, 평균과 분산은 다음과 같다.

(1) $M_X(t) = \left(\frac{1}{1-2t}\right)^{\frac{n}{2}}, \quad t < \frac{1}{2}$ (2) $E(X) = n, \ Var(X) = 2n$

증명 (1) 감마분포의 적률생성함수에 $\alpha = n/2$, $\theta = 2$를 대입하면 다음과 같은 카이제곱분포의 적률생성함수를 얻는다.

$$M_X(t) = \left(\frac{1}{1-2t}\right)^{\frac{n}{2}}, \quad t < \frac{1}{2}$$

(2) $E(X)$와 $Var(X)$는 다음과 같다.

$$E(X) = \alpha\theta = n$$
$$Var(X) = \alpha\theta^2 = 2n$$

$X_1, \cdots, X_n$을 정규분포 $N(\mu, \sigma^2)$을 따르는 모집단에서 추출한 임의표본이라 할 때 표본분산

$$s^2 = \frac{1}{n-1}\sum_{i=1}^{n}(X_i - \overline{X})^2$$

에 대한 표본분포는 모분산 σ^2을 추론하는데 유용하게 사용된다. 표본분산 s^2에 관계되는 분포가 **카이제곱분포**(chi-squared distribution)이다.

정리 7.2

X가 표준정규분포를 따르면 X^2은 자유도 1인 카이제곱분포를 따른다.

증명 $M_{X^2}(t) = E[\exp(tX^2)]$

$$= \int_{-\infty}^{\infty} \exp(tx^2)\frac{1}{\sqrt{2\pi}}\exp\left(-\frac{x^2}{2}\right)dx$$

$$= \int_{-\infty}^{\infty} \frac{1}{\sqrt{2\pi}}\exp\left[-\frac{x^2}{2}(1-2t)\right]dx$$

$y = x\sqrt{1-2t}$ $\left(\text{단 } t < \frac{1}{2}\right)$라 놓자. $dy = \sqrt{1-2t}\,dx$이므로 다음 식이 성립한다.

$$M_{X^2}(t) = \frac{1}{\sqrt{1-2t}}\int_{-\infty}^{\infty}\frac{1}{\sqrt{2\pi}}\exp\left(-\frac{y^2}{2}\right)dy = \frac{1}{\sqrt{1-2t}}$$

이 적률생성함수는 $n=1$인 카이제곱분포의 적률생성함수임을 알 수 있다.
따라서 다음이 성립한다.

$$X^2 \sim \chi^2(1)$$

정리 7.3

확률변수 $X_1, \cdots, X_n$이 서로 독립이고, 각각 평균이 0이고, 분산이 1인 표준정규분포 $N(0, 1)$을 따른다고 할 때

$$X_1^2 + \cdots + X_n^2$$

의 분포는 **자유도**(degree of freedom) n인 카이제곱분포가 된다. 이를 다음과 같이 나타낸다.

$$X_1^2 + \cdots + X_n^2 \sim \chi^2(n)$$

증명 $X_i \sim N(0, 1)$이므로 정리 7.2에 의해서 $X_i^2 \sim \chi^2(1)$이다. $X_1, \cdots, X_n$은 서로 독립이고, $M_{X_i^2}(t) = (1-2t)^{-\frac{1}{2}}$이므로 $Y = \sum_{i=1}^{n} X_i^2$의 적률생성함수는 다음과 같다.

$$M_Y(t) = E(e^{ty}) = E(e^{tX_1^2})E(e^{tX_2^2}) \cdots E(e^{tX_n^2}) = (1-2t)^{-\frac{n}{2}}$$

이 적률생성함수는 자유도 n인 카이제곱분포의 적률생성함수이다. 따라서 다음 식이 성립한다.

$$X_1^2 + X_2^2 + \cdots + X_n^2 \sim \chi^2(n)$$

정리 7.4

$X_1, \cdots, X_m$이 각각 자유도가 $n_1, \cdots, n_m$인 카이제곱분포를 따르는 독립변수이면 $\sum_{i=1}^{m} X_i$은 자유도가 $n_1 + \cdots + n_m$인 카이제곱분포를 따른다.

정리 7.5

정규분포 $N(\mu, \sigma^2)$으로부터의 임의표본을 $X_1, \cdots, X_n$이라 할 때 표본분산 s^2에 대하여 다음 식이 성립한다.

$$\frac{(n-1)s^2}{\sigma^2} \sim \chi^2(n-1)$$

증명 $\frac{X_i - \mu}{\sigma} \sim N(0, 1)$이고 $i = 1, \cdots, n$에 대해 X_i는 서로 독립이므로 정리 7.3, 7.4에 의해 다음 식이 성립한다.

$$\sum_{i=1}^{n}\left(\frac{X_i - \mu}{\sigma}\right)^2 \sim \chi^2(n)$$

또한 $\sum_{i=1}^{n}(X_i - \mu)^2 = \sum_{i=1}^{n}(X_i - \overline{X})^2 + n(\overline{X} - \mu)^2$이고,

$$s^2 = \frac{1}{n-1}\sum_{i=1}^{n}(X_i - \overline{X})^2$$

이므로 다음 식이 성립한다.

$$\sum_{i=1}^{n}\left(\frac{X_i - \mu}{\sigma}\right)^2 = \frac{(n-1)s^2}{\sigma^2} + \left(\frac{\overline{X} - \mu}{\sigma/\sqrt{n}}\right)^2$$

정리 7.2와 정리 7.3에 의해서

$$\sum_{i=1}^{n}\left(\frac{X_i-\mu}{\sigma}\right)^2 \sim \chi^2(n)\text{이고 } \left(\frac{\overline{X}-\mu}{\sigma/\sqrt{n}}\right)^2 \sim \chi^2(1)\text{이다.}$$

또, $\overline{X}$와 s^2은 독립이므로 (이것의 증명은 이 책의 수준을 넘으므로 생략함) 정리 7.4로부터 다음 식이 성립한다.

$$\frac{(n-1)s^2}{\sigma^2} \sim \chi^2(n-1)$$

정규분포와 달리 카이제곱분포의 형태는 오른쪽으로 긴 꼬리를 갖는 비대칭곡선이고 자유도 n의 크기에 따라 변하며, 이를 그림으로 나타내면 다음과 같다.

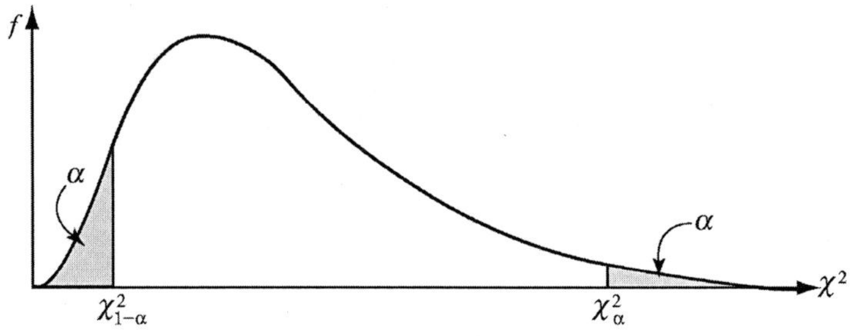

[그림 7.2] χ^2 분포

부록의 표는 a값과 여러 가지 자유도의 값에 대한 $\chi^2_\alpha(n)$ 값들을 포함하고 있다. $\chi^2_\alpha(n)$은 자유도가 n인 카이제곱곡선 (그림 7.2) 아래의 넓이에서 $\chi^2_\alpha(n)$값을 기준으로 오른쪽에 있는 넓이가 α가 되도록 하는 값이다. 즉, X가 자유도 n인 카이제곱분포를 따르는 확률변수이며 $\chi^2_\alpha(n)$은

$$P(X \geq \chi^2_\alpha(n)) = \alpha$$

를 만족시키는 값이다.

예제 7-6

확률변수 X가 자유도 3인 카이제곱분포를 따른다고 할 때

$$P(X \geq x) = 0.05$$

가 성립하는 x의 값을 구하라.

풀이 자유도는 3, $\alpha = 0.05$이므로 부록의 카이제곱 분포표로부터 자유도 3인 행과 확률이 0.05인 열과의 교차점이 구하고자 하는 x이다. 따라서 다음을 얻는다.

$$x = \chi^2_{0.05}(3) = 7.815$$

■

예제 7-7

어느 의류매장에 들르는 고객의 수는 시간당 30명인 푸아송과정을 따른다고 한다. 일곱 번째 고객이 들어오기까지 매장주인이 기다리는 시간이 6.57분 이상일 확률을 구하라.

풀이 X를 일곱 번째 고객이 들어오기까지 기다리는 시간이라 하자. 1분당 들어오는 고객의 평균비율은 $m = \dfrac{1}{2}$이므로 $\theta = 2$이고

$$\alpha = \frac{n}{2} = 7$$

이다. 그러므로 자유도 $n = 14$이다. X는 자유도 14인 카이제곱분포를 따른다. 따라서 카이제곱 분포표로부터 다음을 얻는다.

$$P(X \geq 6.57) = 0.95$$

■

예제 7-8

어떤 공장에서 생산하는 스마트폰 건전지의 두께는 분산 $\sigma^2 = 0.5$인 정규분포를 한다고 한다. 21개의 확률표본을 추출할 때 건전지의 두께의 표본분산이 0.27보다 클 확률을 구하라.

풀이 $n=21,\ \sigma^2=0.5,\ \chi^2=\dfrac{(n-1)s^2}{\sigma^2}$ 이고 자유도 20인 카이제곱분포를 따르므로 다음 식이 성립한다.

$$P(s^2>0.27)=P\left(\chi^2>\frac{(21-1)\cdot 0.27}{0.5}\right)$$
$$=P(\chi^2>10.8)\fallingdotseq 0.95$$

다음은 카이제곱분포의 중요한 성질이다.

카이제곱분포의 성질

1. 카이제곱분포의 형태는 자유도 n의 크기에 따라 변한다.
2. 카이제곱분포의 가법성: $X_1,\ \cdots,\ X_n$의 자유도 $k_1,\ \cdots,\ k_n$인 카이제곱분포를 따르고 $X_1,\ \cdots,\ X_n$이 서로 독립이면 $Y=\sum_{i=1}^{n}X_i$은 자유도 $\sum_{i=1}^{n}k_i$인 카이제곱분포를 따른다.

7.6 t 분포

$\overline{X}$가 정규모집단 $N(\mu,\ \sigma^2)$으로부터의 임의표본의 평균이라고 할 때 $\overline{X}$의 표본분포는 $N(\mu,\ \dfrac{\sigma^2}{n})$를 따른다는 것을 7.3절에서 살펴보았다. 그런데 대부분의 경우에는 표본편차 σ를 모른다. 그런 경우에는 σ대신에 표본표준편차 s를 사용하여 $\dfrac{\overline{X}-\mu}{s/\sqrt{n}}$의 분포를 알아본다. 이제 t 분포를 살펴보자.

t **분포**(t distribution)는 W. S. Gosset이 도입했는데 t 분포에 대한 연구결과를 'Student'라는 가명으로 발표하였다.

확률변수 Z은 표준정규분포를 따르고 이와 독립인 확률변수 Y는 자유도가 n인 카이제곱분포를 따를 때

$$t=\frac{Z}{\sqrt{Y/n}}$$

의 확률분포는 자유도 n인 t분포라고 한다. 이때 t의 확률밀도함수는 다음과 같다.

$$f(t)=\frac{\Gamma(\frac{n+1}{2})}{\sqrt{n\pi}\,\Gamma(n/2)(1+\frac{t^2}{n})^{\frac{n+1}{2}}},\quad -\infty<t<\infty$$

특히 자유도가 1인 t 분포를 **코시분포**(Cauchy distribution)라고 한다.

정리 7.6

정규분포 $N(\mu,\ \sigma^2)$을 따르는 모집단에서 추출한 크기 n인 임의표본을 $X_1,\ \cdots,\ X_n$이라 하고, 표본평균과 표본표준편차를 각각

$$\overline{X}=\frac{1}{n}\sum_{i=1}^{n}X_i,\quad s=\sqrt{\frac{\sum_{i=1}^{n}(X_i-\overline{X})^2}{n-1}}$$

이라 할 때 다음 분포는 자유도 $(n-1)$인 t 분포를 따른다.

$$t=\frac{\overline{X}-\mu}{\frac{s}{\sqrt{n}}}$$

증명 정리 7.5와 7.3절에 의해 다음 확률변수

$$Y=\frac{(n-1)s^2}{\sigma^2},\quad Z=\frac{\overline{X}-\mu}{\sigma/\sqrt{n}}$$

은 각각 자유도 $n-1$인 카이제곱분포와 표준정규분포를 따른다. $\overline{X}$와 s^2은 서로 독립이므로 다음 식이 성립한다.

$$t=\frac{Z}{\sqrt{Y/(n-1)}}=\frac{\frac{\overline{X}-\mu}{\sigma/\sqrt{n}}}{\sqrt{s^2/\sigma^2}}=\frac{\overline{X}-\mu}{s/\sqrt{n}}$$

따라서 $t=\dfrac{\overline{X}-\mu}{s/\sqrt{n}}$은 자유도 $n-1$인 t 분포를 따른다.

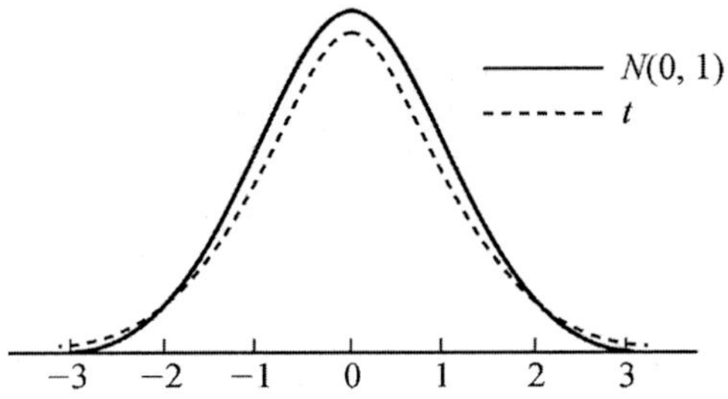

[그림 7.3] 표준정규분포와 자유도 5인 t 분포의 비교

t 분포는 표준정규분포와 마찬가지로 0을 중심으로 좌우대칭이지만 표준정규분포에 비하여 두터운 꼬리를 갖는 것이 특징이다. 그리고 자유도가 커질수록 t 분포는 표준정규분포에 가까워진다. 다시 말해서, n이 상당히 크면 $\dfrac{\overline{X}-\mu}{\frac{s}{\sqrt{n}}}$는 표준정규분포에 매우 가깝게 된다.

예제 7-9

확률변수 t가 자유도 11인 t 분포를 따른다고 할 때 $P(t > t_0) = 0.025$를 만족시키는 t_0를 구하라.

풀이 자유도는 11, $\alpha = 0.025$이므로 부록의 t분포표로부터 자유도 11인 행과 확률이 0.025인 열과의 교차점이 구하고자 하는 t_0이다. 따라서 $t_0 = t_{0.025}(11) = 2.201$이다.

■

예제 7-10

정규분포 $N(\mu,\ \sigma^2)$을 따르는 모집단에서 추출한 크기 25인 임의표본에서 표본평균 $\overline{X}$와 표본분산 s^2을 구했을 때 다음을 만족하는 상수 c를 구하라.

$$P\left[-c < \frac{5(\overline{X}-\mu)}{s} < c\right] = 0.95$$

풀이 정리 7.6에 의해서 $\dfrac{\overline{X}-\mu}{s/\sqrt{n}} \sim t(n-1)$이므로 다음 식이 성립한다.

$$\frac{5(\overline{X}-\mu)}{s} \sim t(24)$$

t 분포가 0에 대해 대칭이므로 c는 다음을 만족한다.

$$P[t(24) > c] = 0.025$$

따라서 $c = t_{0.025}(24) = 2.064$이다.

---

t 분포의 성질

1. t 분포는 카이제곱분포와 같이 자유도 n에 따라 분포의 형태가 달라진다.
2. t 분포는 모평균, 모평균의 차, 또는 회귀계수의 추정이나 검정에 쓰인다.
3. 표본의 크기 n이 작을 때, 즉 $n < 30$인 경우에 주로 t 분포를 이용한다.

7.7 F 분포

이 절에서는 피셔(R. A. Fisher)가 도입한 F 분포(F distribution)에 대하여 알아보자. **F 분포**는 두 정규 모집단의 분산의 비교에 대한 추론에 주로 사용하고 있다.

U와 V를 각각 자유도가 m, n인 카이제곱분포를 따르는 서로 독립인 확률변수라 할 때,

$$F = \frac{U/m}{V/n}$$

의 확률분포는 자유도 (m, n)인 F 분포라고 한다. 이때 $F \sim F(m, n)$으로 나타낸다.

확률변수 F의 확률밀도함수는 다음과 같다.

$$g(f) = \frac{\Gamma(\frac{m+n}{2})}{\Gamma(\frac{m}{2})\Gamma(\frac{n}{2})}\left(\frac{m}{n}\right)^{\frac{m}{2}} \frac{f^{\frac{m}{2}-1}}{(1+\frac{mf}{n})^{\frac{m+n}{2}}}, \quad f > 0$$

정규분포 $N(\mu_1, \sigma_1^2)$과 $N(\mu_2, \sigma_2^2)$를 따르는 두 모집단에서 추출한 서로 독립인 임의표본을 각각 $X_1, \cdots, X_m$과 $Y_1, \cdots, Y_n$라 하고 s_1^2과 s_2^2를 각각 임의표본에서의 표본

분산이라 하자. 그러면 카이제곱분포로부터 다음이 성립한다.

$$\frac{(m-1)s_1^2}{\sigma_1^2} \sim \chi^2(m-1), \quad \frac{(n-1)s_2^2}{\sigma_2^2} \sim \chi^2(n-1)$$

따라서 $\dfrac{s_1^2/\sigma_1^2}{s_2^2/\sigma_2^2}$은 $(m-1, n-1)$의 자유도를 갖는 F 분포를 따르게 된다. 즉

$$\frac{s_1^2/\sigma_1^2}{s_2^2/\sigma_2^2} = \frac{\dfrac{(m-1)s_1^2/\sigma_1^2}{(m-1)}}{\dfrac{(n-1)s_2^2/\sigma_2^2}{(n-1)}} \sim F(m-1,\ n-1)$$

F 분포는 역시 카이제곱분포나 t 분포처럼 자유도에 따라 그 분포 형태가 다르지만 χ^2분포와 비슷하게 오른쪽으로 긴 꼬리를 가진 비대칭의 분포이며 대체적인 형태는 그림 7.4와 같다.

확률변수 F가 자유도 $(k_1,\ k_2)$인 F 분포를 따를 때

$$P(F \geq f) = \alpha$$

가 성립하는 f의 값을 자유도 $(k_1,\ k_2)$인 F 분포에서의 $100(1-\alpha)\%$ 백분위수 또는 상위 $100\alpha\%$ 백분위수라 하며 $F(k_1,\ k_2;\ \alpha)$로 나타낸다. 하위 백분위수를 구하기 위해서 F에 역수를 취하는데 $F^* = \dfrac{1}{F}$은 F와 같은 구조를 갖지만 자유도는 $(k_2,\ k_1)$으로 바뀐다. 이것은 F 분포의 정의에서 확률변수 F의 역수를 취함으로써 얻어진다. 또 이 성질로부터 다음 식을 얻는다.

$$\begin{aligned}\alpha &= P[F \geq F(k_1,\ k_2\ ;\ \alpha)] \\ &= P[1/F \leq 1/F(k_1,\ k_2\ ;\ \alpha)] \\ &= 1 - P[1/F \geq 1/F(k_1,\ k_2\ ;\ \alpha)]\end{aligned}$$

이 식에서 $P[1/F \geq 1/F(k_1,\ k_2\ ;\ \alpha)] = 1-\alpha$이 성립함을 알 수 있다. 따라서 다음 식을 얻는다.

$$F(k_2,\ k_1\ ;\ 1-\alpha) = 1/F(k_1,\ k_2\ ;\ \alpha)$$

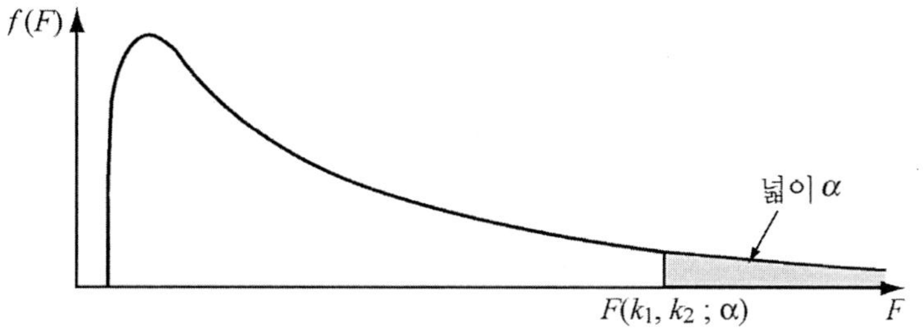

[그림 7.4] F 분포의 그래프

부록의 표에는 α값과 여러 가지 자유도의 값에 대한 F 분포의 분포표가 주어져 있다. 이 표와 F 분포의 성질을 이용하여 다음과 같은 예제를 풀 수 있다.

예제 7-11

확률변수 F가 자유도 (3, 5)인 F 분포를 따를 때, $P(F \geq f) = 0.05$가 되는 f의 값을 구하라. 또 $F(5,\ 3;\ 0.95)$를 구하라.

풀이 부록의 F 분포표로부터 $k_1 = 3,\ k_2 = 5,\ \alpha = 0.05$에 해당하는 f값을 찾는다. 그러므로 $f = 5.41$이다. 또, $F(3,\ 5;\ 0.05) = 5.41$이므로 F 분포의 성질을 이용하면 다음을 얻는다.

$$F(5,\ 3;\ 0.95) = \frac{1}{5.41} \fallingdotseq 0.185$$

예제 7-12

부록의 F 분포표를 이용하여 다음을 구하라.

(1) 자유도가 (15, 8)일때 F 분포의 상위 5% 백분위수

(2) 자유도가 (8, 15)일때 F 분포의 하위 5% 백분위수

풀이 (1) 부록의 F 분포표로부터 $k_1 = 15,\ k_2 = 8,\ \alpha = 0.05$에 해당하는 f값을 찾는다. 그러므로 $f = 3.22$이다. 따라서 자유도가 (15, 8)일때 상위 5% 백분위수는 3.22이다.

(2) F 분포의 성질로부터 자유도가 (8, 15)일때 F 분포의 하위 5% 백분위수는 자유도가 (15, 8)인 F 분포의 상위 5% 백분위수의 역수이므로 구하고자 하는 답은 $\frac{1}{3.22} \fallingdotseq 0.311$이다.

이제 F 분포와 t 분포와의 관계를 살펴보자. 자유도 n인 t 분포를 따르는 확률변수를 t라 하면 $Z \sim N(0, 1)$, $Y \sim \chi^2(n)$이고 서로 독립일 때 다음과 같이 나타낼 수 있다.

$$t = \frac{Z}{\sqrt{Y/n}}$$

그러면 t^2은 다음이 된다.

$$t^2 = \frac{Z^2/1}{Y/n}$$

이때 $Z^2 \sim \chi^2(1)$이고 Z와 Y는 서로 독립이므로 t^2은 $F(1, n)$을 따른다.

F 분포의 성질

1. 확률변수가 F가 자유도 (k_1, k_2)인 F 분포를 따를 때 다음이 성립한다.

   자유도 (k_2, k_1)인 F 분포의 하위 $100\alpha\%$ 백분위수

   $$= \frac{1}{\text{자유도}(k_1, k_2)\text{인 } F\text{분포의 상위 } 100\alpha\% \text{ 백분위수}}$$

   즉,

   $$F(k_2, k_1; 1-\alpha) = \frac{1}{F(k_1, k_2; \alpha)}$$

2. t가 자유도 n인 t 분포를 할 때 t^2은 자유도 $(1, n)$인 F 분포를 한다.

연습문제

1. 국제선을 이용하는 승객의 탁송수하물의 평균 무게는 18kg, 표준편차는 6kg이라고 한다. 만일 81명의 승객의 탁송수하물을 임의표본으로 추출했을 때 표본평균이 16kg 이상 20kg 미만일 확률을 구하라.

2. 어떤 관광버스 회사에서는 6대의 버스를 운영하고 있는데 이 버스들은 지금까지 각각 8, 9, 7, 4, 6, 10년을 운행했다.

(1) 이 운행 연수들로부터 크기 2인 임의표본을 복원추출로 뽑을 때 모든 가능한 표본을 구하라.

(2) (1)에서 구한 표본들의 평균을 구하고 그 표본평균들의 표본분포를 구하라.

(3) (2)에서 구한 표본분포의 평균 $E(\overline{X})$와 표준편차를 구하라.

(4) 크기 2인 임의표본을 비복원추출로 뽑을 때 표본평균의 표본분포를 구하고 표본분포의 평균 $E(\overline{X})$와 표준편차를 구하라.

3. 모평균 μ, 모분산 σ^2인 정규분포 $N(\mu,\ \sigma^2)$으로부터 크기 n인 표본을 임의추출했을 때 표본평균 $\overline{X}$가 따르는 확률분포를 구하라.

4. 모집단은 평균이 $\mu = 1.2$이고, 표준편차는 $\sigma = 3$인 정규분포를 따른다. 100개의 표본을 임의추출했을 때 표본의 평균이 1.2와 1.5 사이에 있을 확률을 구하라.

5. 어떤 대학 신입생의 몸무게는 평균 60kg, 분산 16인 정규분포를 따른다고 한다. 36명의 학생을 추출하여 몸무게를 측정한 경우 표본의 평균 몸무게가 62kg 이상일 확률을 구하라.

6. 어떤 회사에서 생산하는 건전지의 평균수명은 300일이라고 한다. 임의표본으로 36개의 건전지를 추출하여 조사한 결과 표준편차가 9일이었다. 건전지의 수명이 근사적으로 정규분포를 따른다고 가정할 때 표본평균이 297일 이하일 확률을 구하라.

7. 어떤 공장에서 생산하는 치즈의 평균은 6g이고 표준편차는 2.5g이라 한다. 이 공장에서 생산되는 제품 중 49개를 임의추출할 때 평균무게가 5.75g과 6.25g 사이일 확률을 구하라.

8. 어떤 대학 신입생의 키는 평균 167cm, 표준편차 4cm인 정규분포를 따른다고 한다. 이 모집단에서 임의로 64명을 추출하였을 때, 이 표본의 평균이 166.5cm 이상 168cm 이하가 될 확률을 구하라.

9. 어떤 구청에서 서류를 하루 평균 478매(표준편차 88매) 복사한다고 한다. 그런데 1매당 비용은 40원씩이라고 한다. 이때 144일 동안의 서류 복사 비용이 1일 평균 20,000원을 넘게 될 확률을 구하라.

10. 어떤 회사의 자동차 타이어의 수명은 평균 50,000km이고 표준편차 6,000km인 정규분포를 따른다고 한다. 한 사람이 36개의 타이어를 샀을 때 이 36개의 평균수명이 52,000km 이상으로 될 확률을 구하라.

11. 정규분포 $N(12,\ 4)$를 따르는 확률변수 X로부터 크기 n개의 표본을 뽑았다. 표본평균이 10과 14 사이에 있을 확률이 0.997이 되도록 n의 크기를 결정하라.

12. 모집단의 분포가 다음과 같을 때,

x	0	1	2	3
$f(x)$	0.4	0.3	0.2	0.1

이 모집단에서 크기 49인 임의표본을 추출하려고 한다. 이때 $P(1.2 < \overline{X} < 1.4)$의 값을 구하라.

13. 표본의 크기가 클 때 표본평균의 기댓값을 모평균과 비교하라.

14. 확률변수 X가 자유도가 9인 카이제곱분포를 따를 때 다음 확률을 구하라.

(1) $P(X \geq 4.168)$

(2) $P(X \leq 2.700)$

15. 어느 카페에 들르는 고객의 수는 시간당 30명인 푸아송과정을 따른다고 한다. 아홉 번째 고객이 들어오기까지 카페주인이 기다리는 시간이 9.39분 이상일 확률을 구하라.

16. 어떤 특별한 화초의 종자씨가 여무는데 필요한 날수는 분산 $\sigma^2 = 50$인 정규분포를 한다고 한다. 20개의 임의표본 씨가 여무는데 대한 날수의 표본분산이 71.6보다 작을 확률을 구하라.

17. 확률변수 X가 자유도 5인 t 분포를 따를 때 다음을 만족하는 t_0를 구하라.

(1) $P(t > t_0) = 0.05$

(2) $P(|t| > t_0) = 0.01$

18. 어떤 공장에서 엔진의 휘발유 소비량은 평균 16인 정규분포를 따른다고 하자. 16번 엔진을 시험가동했을 때 휘발유 소비량의 표본표준편차가 4였다. 이때 표본평균 $\overline{X}$가 13.08보다 크지 않을 확률을 구하라.

제 8 장

추 정

제 08 장 추 정

01 본장의 개요

일상생활에서 미래를 예측하거나 어떤 결정을 내려야 하는 경우가 흔히 있다. 이를 위하여 관심의 대상인 모집단으로부터 표본을 추출하여 모수에 대응하는 것들을 연구하고 모수에 대한 정보를 얻는다. 그리하여 좀더 근거있는 여러 상황을 고려하고 가장 타당한 과학적 근거에 따라 결론을 얻어야 할 것이다. 이때 사용되는 과정이 **통계적 추론**(statistical inference)이다. 다시 말해서 통계적 추론이란 모집단으로부터 표본을 추출하여 자료를 얻고 이 자료를 이용하여 모집단의 미지의 값을 추측하거나 결정하는 과정을 말한다. 통계적 추론은 크게 **추정**(estimation)과 **가설검정**(hypothesis testing)의 두 분야로 분류된다. 추정은 모집단에서 추출한 표본의 데이터를 이용하여 모집단의 어떤 미지의 값을 추측하는 과정을 말하고 가설검정이란 모집단에서 추출한 표본을 이용하여 모집단에 대한 가설을 세우고 이 가설의 채택이나 기각을 결정하는 과정을 말한다.

8.1 점추정

미지의 모수를 추정하는 방법에는 두 가지가 있다. 하나는 추출된 표본을 이용하여 모수를 하나의 수치로 추정하는 점추정(point estimation)이며, 다른 하나는 모수가 포함되리라고 기대하는 범위를 구하는 구간추정(interval estimation)이다.

8.1.1 추정량과 그 성질

점추정을 하는 목적은 추출된 표본으로부터 모수에 가장 가까운 하나의 수치를 추정하는 것이다. 앞으로 모비율, 모평균, 모분산과 같은 모수를 나타내는 데 기호 θ를 사용한다. θ는 미지수이지만 상수라는 점을 유념해야 한다.

미지 모수 θ로서 특징지어지는 모집단으로부터의 임의표본을 $X_1, \cdots, X_n$이라 하자. 이때 모수 θ의 추정에 사용되는 통계량 $\hat{\theta}(X_1, \cdots, X_n)$을 θ의 **추정량**(estimator)이라 하고, 어떤 특정한 한 표본에서 구한 추정량의 관측값 $\hat{\theta}(x_1, \cdots, x_n)$을 θ의 **추정값**(estimate)이라 한다. 즉 추정량은 확률변수이고 추정값은 하나의 주어진 표본에서 계산된 추정량의 값이다.

바람직한 추정량은 어떻게 선택할 수 있을까? 이러한 선택에 도움이 되는 바람직한 성질을 설명하겠다. 어떤 추정량 $\hat{\theta}$의 좋고 나쁨은 추정량의 표본분포가 모수 θ 주위에 어떤 형태로 나타나는가에 따라서 결정된다. 좋은 추정량이 되기 위해서 추정량이 가져야 하는 바람직한 성질로는 **불편성**, **유효성**, **일치성**, **충분성** 등을 들 수 있다. 이제 네 가지 성질에 대해서 자세히 알아보자.

(1) 불편성

불편성은 추정량의 분포에서 중심 위치에 대하여 요구되는 성질로서 다음과 같이 정의된다.

> **불편성**
>
> 모수 θ의 모든 값에 대하여 $E(\hat{\theta}) = \theta$이면 $\hat{\theta}(X_1, \cdots, X_n)$을 θ의 **불편추정량**(unbiased estimator)이라 한다.

불편추정량이 아닌 추정량을 **편의추정량**(biased estimator)이라 하며, $\hat{\theta}$이 θ의 편의추정량이면 $b(\hat{\theta}) = E(\hat{\theta}) - \theta$를 **편의**(bias)라 한다.

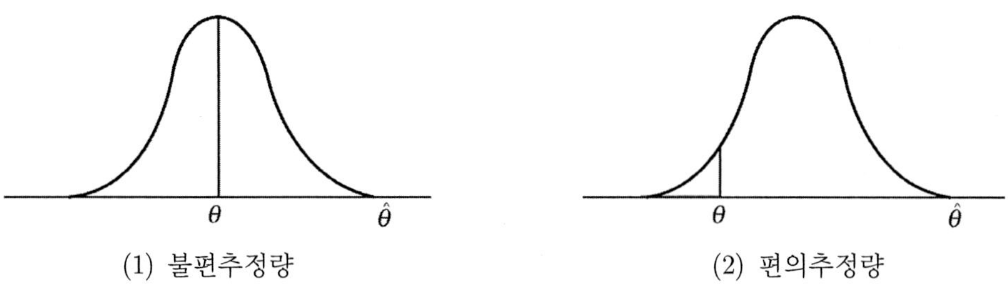

(1) 불편추정량 (2) 편의추정량

[그림 8.1] 불편추정량과 편의추정량의 분포

예제 8-1

모평균과 모분산이 각각 μ, σ^2인 모집단으로부터 추출한 임의표본을 X_1, X_2, X_3이라 할 때 이를 이용하여 모평균 μ를 추정하는 다음 세가지 추정량을 생각해 보자.

$$\hat{\mu}_1 = \frac{X_1 + X_2 + X_3}{3},\ \hat{\mu}_2 = \frac{2X_1 + X_2 + 2X_3}{5},\ \hat{\mu}_3 = \frac{2X_1 + X_2 + 2X_3}{4},$$

$\hat{\mu}_1$, $\hat{\mu}_2$, $\hat{\mu}_3$중에서 불편추정량을 찾아라.

풀이

$$E(\hat{\mu}_1) = E\left(\frac{X_1 + X_2 + X_3}{3}\right) = \frac{1}{3}\{E(X_1) + E(X_2) + E(X_3)\} = \frac{1}{3} \cdot 3\mu = \mu$$

$$E(\hat{\mu}_2) = E\left(\frac{2X_1 + X_2 + 2X_3}{5}\right) = \frac{1}{5}\{2E(X_1) + E(X_2) + 2E(X_3)\} = \frac{1}{5} \cdot 5\mu = \mu$$

$$E(\hat{\mu}_3) = E\left(\frac{2X_1 + X_2 + 2X_3}{4}\right) = \frac{1}{4}\{2E(X_1) + E(X_2) + 2E(X_3)\} = \frac{1}{4} \cdot 5\mu$$

$E(\hat{\mu}_1) = \mu$, $E(\hat{\mu}_2) = \mu$, $E(\hat{\mu}_3) \neq \mu$이므로 $\hat{\mu}_1$과 $\hat{\mu}_2$은 불편추정량이고 $\hat{\mu}_3$은 편의추정량이다.

예제 8-2

표본평균 $\overline{X} = \frac{1}{n}\sum_{i=1}^{n} X_i$는 모평균 μ의 불편추정량임을 보여라.

풀이

$$E(\overline{X}) = E\left(\frac{1}{n}\sum_{i=1}^{n} X_i\right) = \frac{1}{n}E\left(\sum_{i=1}^{n} X_i\right) = \frac{n\mu}{n} = \mu$$

그러므로 표본평균 $\overline{X}$는 모평균 μ의 불편추정량이다.

예제 8-3

모평균 μ, 모분산 σ^2인 모집단에서 크기 n인 임의표본 $X_1, X_2, \cdots, X_n$을 추출하여 그 표본에서 얻은 평균을 $\overline{X}$, 표본분산 s^2을 다음과 같이 정의할 때

$$s^2 = \frac{1}{n-1}\sum_{i=1}^{n}(X_i - \overline{X})^2$$

표본분산 s^2은 모분산 σ^2의 불편추정량임을 보여라.

풀이

$$\begin{aligned}
E(s^2) &= \frac{1}{n-1}E\left[\sum_{i=1}^{n}(X_i - \overline{X})^2\right] \\
&= \frac{1}{n-1}E\left[\sum_{i=1}^{n}\{(X_i - \mu) - (\overline{X} - \mu)\}^2\right] \\
&= \frac{1}{n-1}E\left[\sum_{i=1}^{n}(X_i - \mu)^2 - n(\overline{X} - \mu)^2\right] \\
&= \frac{1}{n-1}\left[\sum_{i=1}^{n}E\{(X_i - \mu)^2\} - n \cdot E\{(\overline{X} - \mu)^2\}\right] \\
&= \frac{1}{n-1}\left[n\sigma^2 - n \cdot \frac{\sigma^2}{n}\right] \\
&= \frac{1}{n-1}(n-1)\sigma^2 = \sigma^2
\end{aligned}$$

위의 식이 성립하므로 표본분산 s^2은 모분산 σ^2의 불편추정량이다. ■

(2) 유효성

추정량의 분포에 대한 흩어짐의 정도를 나타내는 성질로서 유효성을 들 수 있다.

유효성

모수 θ에 대한 두 불편추정량을 $\hat{\theta}_1$, $\hat{\theta}_2$라 하고 각각의 분산을 $Var(\hat{\theta}_1)$, $Var(\hat{\theta}_2)$라 할 때 $Var(\hat{\theta}_1) < Var(\hat{\theta}_2)$이면 추정량 $\hat{\theta}_1$은 $\hat{\theta}_2$보다 더 유효한 추정량(more efficient estimator)이라 한다. 또 $\dfrac{Var(\hat{\theta_1})}{Var(\hat{\theta_2})}$을 $\hat{\theta}_1$에 대한 $\hat{\theta}_2$의 효율이라 한다.

또, 모수 θ의 가능한 모든 불편추정량 중에서 가장 작은 분산을 가진 추정량을 최량

유효추정량(the most efficient estimator) 또는 **최소분산불편추정량**(minimum variance unbiased estimator)이라 한다.

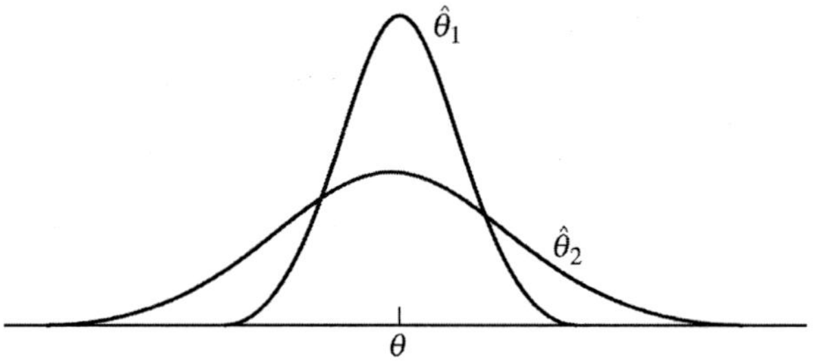

[그림 8.2] 두 불편추정량 $\hat{\theta}_1$과 $\hat{\theta}_2$의 분포

예제 8-4

예제 8-1에서 어떤 것이 더 유효한 추정량인지 말하라.

풀이 $\hat{\mu}_1$과 $\hat{\mu}_2$은 μ의 불편추정량이다. σ^2을 모분산이라 하면 $\hat{\mu}_1$과 $\hat{\mu}_2$에 대한 분산은 다음과 같다.

$$Var(\hat{\mu}_1) = Var\left(\frac{X_1 + X_2 + X_3}{3}\right) = \frac{1}{9}(\sigma^2 + \sigma^2 + \sigma^2) = \frac{\sigma^2}{3}$$

$$\begin{aligned} Var(\hat{\mu}_2) &= Var\left(\frac{2X_1 + X_2 + 2X_3}{5}\right) \\ &= \frac{1}{25}\{4\,Var(X_1) + Var(X_2) + 4\,Var(X_3)\} \\ &= \frac{1}{25}(4\sigma^2 + \sigma^2 + 4\sigma^2) = \frac{9}{25}\sigma^2 \end{aligned}$$

$Var(\hat{\mu}_1) < Var(\hat{\mu}_2)$이므로 $\hat{\mu}_1$은 $\hat{\mu}_2$보다 더 유효한 추정량이다. ■

참고 예제 8-1의 가정하에서 표본평균은 표본의 크기가 큰 것이 더 유효하다.

즉, $\overline{X}_n = \frac{1}{n}\sum_{i=1}^{n} X_i$, $\overline{X}_{2n} = \frac{1}{2n}\sum_{i=1}^{2n} X_i$일 때

$$Var(\overline{X}_n) = \frac{1}{n^2}\,Var(X_1 + X_2 + \cdots + X_n) = \frac{1}{n}\sigma^2$$

$Var(\overline{X}_{2n}) = \frac{1}{(2n)^2}\,Var(X_1 + X_2 + \cdots + X_{2n}) = \frac{1}{2n}\sigma^2$이 성립한다.

$Var(\overline{X}_{2n}) < Var(\overline{X}_n)$이므로 $\overline{X}_{2n}$가 $\overline{X}_n$보다 더 유효한 추정량이다.

지금까지 설명한 유효성을 표준오차를 사용해서 설명하기도 하는데 추정량의 표준편차를 **표준오차**(standard error)라고 한다. 즉 추정량 $\hat{\theta}$의 표준편차를 표준오차라고 하고 $S.E.(\hat{\theta})$으로 나타낸다.

유효성의 개념을 표준오차를 이용해서 정의하면 다음과 같다.

두 불편추정량 $\hat{\theta}_1$, $\hat{\theta}_2$에 대하여

$$S.E.(\hat{\theta}_1) < S.E.(\hat{\theta}_2)$$

이면, 추정량 $\hat{\theta}_1$이 $\hat{\theta}_2$보다 유효하다고 한다.

좋은 추정량을 찾기 위하여 불편성과 유효성을 동시에 고려해야 한다. 이를 위하여 최소분산 불편추정량에 대한 분산 식을 이용하는데 이의 식을 정리 8.1에 소개한다.

정리 8.1

추정량 $\hat{\theta}$이 θ의 불편추정량이고 다음 식이 성립할 때

$$Var(\hat{\theta}) = \frac{1}{n \cdot E\left[\left(\frac{\partial \ln f(X)}{\partial \theta}\right)^2\right]}$$

추정량 $\hat{\theta}$은 θ의 최소분산 불편추정량이다. 여기서 $f(X)$는 X의 확률밀도함수이다.

예제 8-5

$\overline{X}$는 정규 모평균 μ의 최소분산 불편추정량임을 보여라.

풀이 정규분포의 확률밀도함수는 다음과 같으므로

$$f(x) = \frac{1}{\sqrt{2\pi}\,\sigma} e^{-\frac{(x-\mu)^2}{2\sigma^2}}$$

다음 식이 성립한다.

$$\ln f(x) = -\ln \sqrt{2\pi}\,\sigma - \frac{(x-\mu)^2}{2\sigma^2}$$

μ에 대해 편미분하면

$$\frac{\partial \ln f(x)}{\partial \mu} = \frac{(x-\mu)}{\sigma^2}$$

이므로

$$E\left[\left(\frac{\partial \ln f(X)}{\partial \mu}\right)^2\right] = E\left[\frac{(X-\mu)^2}{\sigma^4}\right] = \frac{1}{\sigma^4} E\,[(X-\mu)^2]$$
$$= \frac{\sigma^2}{\sigma^4} = \frac{1}{\sigma^2}$$

이 성립한다. 그러므로

$$\frac{1}{n \cdot E\left[\left(\frac{\partial \ln f(X)}{\partial \mu}\right)^2\right]} = \frac{1}{n \cdot \frac{1}{\sigma^2}} = \frac{\sigma^2}{n} = Var(\overline{X})$$

이다. $E(\overline{X}) = \mu$이므로 정리 8.1에 의하여 $\overline{X}$는 μ의 최소분산 불편추정량이다. ■

(3) 일치성

표본의 크기 n이 상당히 클 때 추정량이 모수에 매우 가까워지기를 기대한다. 이때의 추정량을 **일치추정량**(consistent estimator)이라 한다.

> **일치성**
>
> 모집단으로부터 크기 n인 표본을 추출하여 나온 추정량을 $\widehat{\theta_n} = \hat{\theta}(X_1, \cdots, X_n)$이라 할 때 모수 θ와 임의의 양수 ε에 대하여
>
> $$\lim_{n \to \infty} P(|\hat{\theta}_n - \theta| \geq \varepsilon) = 0 \text{ 또는 } \lim_{n \to \infty} P(|\hat{\theta}_n - \theta| < \varepsilon) = 1$$
>
> 이 성립하면 $\hat{\theta}_n$을 θ의 일치추정량이라 한다.

즉 임의의 고정된 $\varepsilon > 0$에 대하여 θ와 θ의 근사값의 차가 ε보다 작아질 확률은 표본의 크기가 한없이 커질 때, 1에 접근한다는 뜻이다. 이 성질을 가진 추정량 $\hat{\theta}_n$을 θ의 일치추정량이라 한다. 추정량의 일치성을 밝히는 데는 다음의 **체비셰프**(Chebyshev)**의 부등식**이 매우 유용하게 쓰인다.

체비셰프의 부등식

확률변수 X의 평균과 분산을 각각 μ와 σ^2이라 할 때 임의의 양수 ε에 대하여 다음 부등식이 성립한다.

$$P(|X-\mu| \geq \varepsilon) \leq \frac{\sigma^2}{\varepsilon^2} \quad \text{또는} \quad P(|X-\mu| < \varepsilon) \geq 1-\frac{\sigma^2}{\varepsilon^2}$$

체비셰프의 부등식을 연속형 확률변수에 대하여 증명하면 다음과 같다.

$$\begin{aligned} P(|X-\mu| \geq \varepsilon) &= \int_{|x-\mu| \geq \varepsilon} f(x)dx \\ &= \frac{1}{\varepsilon^2}\int_{|x-\mu| \geq \varepsilon} \varepsilon^2 f(x)dx \\ &\leq \frac{1}{\varepsilon^2}\int_{|x-\mu| \geq \varepsilon} (x-\mu)^2 f(x)dx \\ &\leq \frac{1}{\varepsilon^2}\left[\int_{|x-\mu| \geq \varepsilon} (x-\mu)^2 f(x)dx + \int_{|x-\mu| < \varepsilon} (x-\mu)^2 f(x)dx\right] \\ &= \frac{1}{\varepsilon^2}\int_{-\infty}^{\infty} (x-\mu)^2 f(x)dx = \frac{\sigma^2}{\varepsilon^2} \end{aligned}$$

여기서 $f(x)$는 X의 확률밀도함수이다.

$\varepsilon = k\sigma$이면 체비셰프의 부등식은 다음이 된다.

$$P(|X-\mu| \geq k\sigma) \leq \frac{1}{k^2}$$

이것은 X가 평균으로부터 k배 이상의 표준편차만큼 떨어져 있을 확률이 $\frac{1}{k^2}$이하라는 것이다. 따라서 X가 평균으로부터 k배의 표준편차 이내에 떨어져 있을 확률은 적어도 $1-\frac{1}{k^2}$임을 뜻한다.

예제 8-6

X가 평균 80, 분산 25를 갖는 확률변수일때, X가 60과 100 사이에 있는 확률을 체비셰프의 부등식을 이용하여 구하라.

풀이 확률 $P(|X-80|<20)$을 체비셰프의 부등식을 이용하여 구하면 다음과 같다.

$$P(|X-80|<20)=P(|X-\mu|<4\sigma)\geq 1-\frac{1}{4^2}=\frac{15}{16}$$

따라서 X가 60과 100 사이에 있을 확률은 93.75% 이상이다.

예제 8-7

$X_1, \cdots, X_n$을 정규분포 $N(\mu, \sigma^2)$에서의 임의표본이라고 하자. 표본평균

$$\overline{X}=\frac{1}{n}\sum_{i=1}^{n}X_i$$

은 모평균 μ의 일치추정량임을 보여라.

풀이 $E(\overline{X})=\mu,\ Var(\overline{X})=\dfrac{\sigma^2}{n}$이므로 체비셰프의 부등식을 이용하면 다음 식이 성립한다.

$$P(|\overline{X}-\mu|\geq\varepsilon)\leq\frac{Var(\overline{X})}{\varepsilon^2}=\frac{\sigma^2}{n\varepsilon^2}$$

양변에 극한을 취하면 다음 식을 얻는다.

$$\lim_{n\to\infty}P(|\overline{X}-\mu|\geq\varepsilon)\leq\lim_{n\to\infty}\frac{\sigma^2}{n\varepsilon^2}=0$$

따라서 표본평균 $\overline{X}$는 모평균 μ의 일치추정량이다.

예제 8-8

$X_1, \cdots, X_n$을 정규분포 $N(\mu, \sigma^2)$에서의 임의표본이라 하자. 표본분산

$$s^2=\frac{1}{n-1}\sum_{i=1}^{n}(X_i-\overline{X})^2$$

일 때 s^2은 σ^2의 일치추정량임을 보여라.

풀이 $E(s^2)=\sigma^2$이고 $\dfrac{(n-1)s^2}{\sigma^2}\sim\chi^2(n-1)$이므로 $Var\left(\dfrac{(n-1)s^2}{\sigma^2}\right)=2(n-1)$이다.

그러므로 $Var(s^2)=\dfrac{2\sigma^4}{n-1}$이다. 체비셰프의 부등식에 의해 다음 식이 성립한다.

$$P(|s^2-\sigma^2|\geq \varepsilon) \leq \frac{Var(s^2)}{\varepsilon^2} = \frac{2\sigma^4}{(n-1)\varepsilon^2} \xrightarrow[n\to\infty]{} 0$$

따라서 s^2은 σ^2의 일치추정량이다.

■

(4) 충분성

추정량 $\hat{\theta}$을 사용하여 표본으로부터 모수 θ에 대한 정보를 모두 얻을 수 있다면 추정량 $\hat{\theta}$을 θ의 **충분추정량**(sufficient estimator)이라 한다. 즉 충분추정량을 사용하면 다른 추정량은 θ에 대해 더 이상의 정보를 주지 못하므로 이 추정량 하나로 충분하게 된다. 추정량의 이런 특징을 정의하면 다음과 같다.

충분성

$T(X)=t$가 주어졌을 때 임의표본 $X_1, \cdots, X_n$의 조건부 확률분포가 임의의 t에 대해 모수 θ에 종속되지 않으면, 통계량 $T(X)$를 모수 θ의 충분추정량이라 한다.

예제 8-9

X_1, X_2를 푸아송분포 $p(X_i;\, m)$에서 추출한 크기 2의 임의표본이라 할 때 $T=X_1+X_2$는 모수 m의 충분추정량임을 보여라.

풀이 X_1, X_2는 독립이고 $T=X_1+X_2$는 $p(t;\, 2m)$이므로 다음 식이 성립한다.

$$\begin{aligned} P(X_1=x_1,\, X_2=x_2 \mid T=t) &= \frac{P(X_1=x_1,\, X_2=x_2,\, T=t)}{P(T=t)} \\ &= \frac{P(X_1=x_1,\, X_2=t-x_1)}{P(T=t)} \\ &= \frac{P(X_1=x_1)\cdot P(X_2=t-x_1)}{P(T=t)} \\ &= \frac{\dfrac{m^{x_1}}{x_1!}e^{-m}\cdot\dfrac{m^{t-x_1}}{(t-x_1)!}e^{-m}}{\dfrac{(2m)^t}{t!}e^{-2m}} \end{aligned}$$

$$= \binom{t}{x_1}\left(\frac{1}{2}\right)^t$$

$T=t$가 주어졌을 때 조건부확률분포가 모두 m을 포함하지 않으므로 $T=X_1+X_2$는 m의 충분추정량이다.

■

이제, 추정량을 유도하는 방법중 가장 많이 사용하는 **최대우도법**에 대해 알아보자. 모집단에서 $X_1, \cdots, X_n$의 임의표본을 추출하여 관찰된 표본의 값을 $x_1, x_2, \cdots, x_n$이라 하면 결합확률밀도함수(또는 결합확률질량함수) $f(x_1, x_2, \cdots, x_n; \theta)$는 θ의 함수로 생각할 수 있다. 최대우도법은 θ에 대한 좋은 추정량을 찾기 위해 이 함수를 최대로 하는 θ를 구하는 것이다. 모수 θ를 갖는 모집단 분포에서 임의표본 $X_1, \cdots, X_n$을 추출할 때 모집단의 임의표본의 값 $x_1, x_2, \cdots, x_n$에 대해 $f(x_1, x_2, \cdots, x_n; \theta)$는 $X_1=x_1,\ X_2=x_2, \cdots X=x_n$일 때 확률변수 $X_1, X_2, \cdots, X_n$의 결합확률밀도함수(또는 결합확률질량함수)의 값이며 이는 θ의 함수로 생각할 수 있다. 이것을 다음과 같이 나타내며

$$L(x;\theta) = f(x_1, x_2, \cdots, x_n; \theta) = f(x_1;\theta)\, f(x_2;\theta) \cdots f(x_n;\theta)$$
$$= \prod_{i=1}^{n} f(x_i;\theta)$$

우도함수라 한다. 최대우도법은 θ의 함수인 우도함수를 최대로 하는 것이며, 우도함수를 최대로 하는 θ의 값을 θ의 **최대우도추정값**이라 한다. 즉, $L(x;\theta)$를 최대로 할 때의 $\hat{\theta}(x_1, \cdots, x_n)$을 θ의 **최대우도추정값**(maximum likelihood estimate, MLE)이라 하고, $\hat{\theta}(X_1, \cdots, X_n)$을 θ의 **최대우도추정량**(maximum likelihood estimator, MLE) 또는 **최우추정량**이라 한다.

예제 8-10

n번 시행하여 x번 성공하는 이항분포의 성공확률 p의 최대우도추정값과 최대우도추정량을 구하라.

풀이 이항분포의 확률함수 $L(p)$는 다음과 같다.

$$L(p) = \binom{n}{x} p^x (1-p)^{n-x}$$

$L(p)$를 최대로 하는 p를 구하기 위해 ln을 취한 후에

$$\ln L(p) = \ln \binom{n}{x} + x \ln p + (n-x) \ln (1-p)$$

미분한다.

$$\frac{d[\ln L(p)]}{dp} = \frac{x}{p} - \frac{n-x}{1-p}$$

위 식의 우변을 0으로 놓고 p에 대해 풀면 다음을 얻는다.

$$p = \frac{x}{n}$$

따라서, 최대우도추정값은 $p = \dfrac{x}{n}$이고 최대우도추정량은 $\hat{p} = \dfrac{X}{n}$이다.

최우추정량을 정리하면 다음과 같다.

모수	최우추정량
모평균(μ)	표본평균 $\overline{X}$
모분산(σ^2)	표본분산 $\frac{1}{n-1}\Sigma(X_i - \overline{X})^2$
모비율(p)	표본비율 $\frac{X}{n}$

8.1.2 모평균의 추정

임의표본으로부터 모평균을 추정할 때 아마도 가장 직관적인 추정량은 표본평균 $\overline{X}$일 것이다. 직관성을 보완하기 위해서 7장에서 살펴본 추정량의 다음과 같은 성질을 기억하자.

모평균이 μ이고 모표준편차가 σ인 임의의 모집단으로부터 추출한 임의표본을 X_1, X_2, $\cdots$, X_n이라 할 때,

$$\overline{X} = \frac{1}{n}\sum_{i=1}^{n} X_i, \qquad s^2 = \frac{1}{n-1}\sum_{i=1}^{n}(X_i - \overline{X})^2$$

을 각각 **표본평균**(sample mean), **표본분산**(sample variance)이라 하고, 표본분산의 양의 제곱근 s를 **표본표준편차**(sample standard deviation)라고 한다.

무한 모집단의 경우에 모집단의 평균이 μ이고 분산이 σ^2일 때 표본평균 $\overline{X}$에 대하여 다음이 성립한다.

$$E(\overline{X}) = \mu,\ \ \mathrm{sd}(\overline{X}) = \sigma/\sqrt{n},\ \ S.E.(\overline{X}) = \sigma/\sqrt{n}$$

위의 첫 번째 결과는 모평균 μ의 추정량인 $\overline{X}$의 기댓값은 다시 μ가 된다는 사실을 보여준다. 따라서 표본평균 $\overline{X}$는 모평균 μ의 불편추정량이고 표준오차가 $\sigma/\sqrt{n}$임을 보여준다. 또한, 체비셰프의 부등식을 이용하면 다음 식이 성립하므로

$$P(|\overline{X}-\mu| \geq \varepsilon) \leq \mathrm{Var}(\overline{X})/\varepsilon^2 = \sigma^2/n\varepsilon^2$$

표본평균 $\overline{X}$는 모평균 μ의 일치추정량임을 알 수 있다. 모표준편차 σ를 모를 경우에는 표준오차의 공식 $\dfrac{\sigma}{\sqrt{n}}$를 계산하는데 어려움이 있으므로 모표준편차 σ의 추정값을 이용해야 한다. σ의 추정량으로는 표본표준편차 s를 사용한다. 따라서 표준오차의 추정량은 $\dfrac{s}{\sqrt{n}}$가 된다.

모평균 μ의 점추정

추정량 : 표본평균 $\hat{\mu} = \overline{X}$

표준오차 : $S.E.(\hat{\mu}) = \sigma/\sqrt{n}$

표준오차의 추정량 : $\widehat{S.E.(\hat{\mu})} = s/\sqrt{n}$

예제 8-11

1년생 소나무의 성장률을 연구하기 위해 묘목 40그루를 추출하여 키를 측정한 결과 다음과 같았다.(단위 : cm)

2.6	1.9	1.8	1.6	1.4	2.2	1.2	1.6	1.6	1.5
1.4	1.6	2.3	1.5	1.1	1.6	2.0	1.5	1.7	1.5
1.6	2.1	2.8	1.0	1.2	1.2	1.8	1.7	0.8	1.5
2.0	2.2	1.5	1.6	2.2	2.1	3.1	1.7	1.7	1.2

이 자료로부터 묘목의 평균 키 μ를 추정하고 표준오차를 구하라.

풀이 40그루의 묘목으로부터 계산된 표본평균과 표본표준편차는 다음과 같다.

$$\overline{x} = \frac{\sum x_i}{40} = 1.715$$

$$s = \sqrt{\frac{\sum (x_i - \overline{x})^2}{39}} = \sqrt{0.2254} = 0.475$$

따라서 모평균의 추정값은 $\hat{\mu} = 1.715\text{cm}$이고, 표준오차의 추정값은 다음과 같다.

$$\frac{s}{\sqrt{40}} = \frac{0.475}{6.325} = 0.075\text{cm}$$

■

8.1.3 모분산의 추정

모분산(population variance)은 모집단의 분포가 흩어져 있는 정도를 나타내는 양으로 표본분산, 평균편차, 범위 등의 통계량을 모분산에 대한 정보를 나타내는 데 이용할 수 있다. 이 중 가장 많이 사용되는 표본분산은 이미 예제 8-3에서 다루었다.

> 모분산의 점추정
>
> 모분산의 추정량은 다음과 같다.
>
> $$\hat{\sigma}^2 = s^2 = \frac{1}{(n-1)} \sum_{i=1}^{n} (X_i - \overline{X})^2$$

8.1.4 모비율의 추정

불량률, 실업률, 지지율과 같이 모집단에서 어떤 특정한 속성을 가진 것의 비율 p를 **모비율**(population proportion)이라 한다. 이와 같은 모비율에 대해 알고자 할 때는 모비율 p를 모수로 하는 이항분포가 이용된다. 모집단에서 크기가 n인 표본을 임의추출할 때 이 표본에서 특정한 속성을 가진 것의 개수를 X라고 하자. 그러면 표본비율(sample proportion)은 $\hat{p} = \frac{X}{n}$이고 $\hat{p} = \frac{X}{n}$를 모비율 p의 추정량으로 생각할 수 있다.

실제로 X는 이항분포 $b(n,\ p)$를 따르므로 $E(X) = np,\ Var(X) = npq$가 성립한다. 여기서 $q = 1 - p$이다.

따라서 **표본비율** $\hat{p}=\frac{X}{n}$에 대하여 다음이 성립한다.

$$E(\hat{p})=\frac{1}{n}E(X)=\frac{np}{n}=p$$

$$Var(\hat{p})=\frac{1}{n^2}\mathrm{Var}(X)=\frac{npq}{n^2}=\frac{pq}{n}$$

위의 사실로부터 $\hat{p}$은 p의 불편추정량이며 추정량의 표준오차는 $S.E.(\hat{p})=\sqrt{\frac{pq}{n}}$임을 알 수 있다. 또 체비셰프의 부등식으로부터

$$P(|\hat{p}-p|\geq \varepsilon)\leq \mathrm{Var}(\hat{p})/\varepsilon^2=pq/(n\varepsilon^2)$$

이므로 표본비율 $\hat{p}$은 모비율 p의 일치추정량임을 알 수 있다. 그러나 p와 q가 미지이므로 표준오차의 추정량은 p와 q 대신에 각각 이것들의 추정량 $\hat{p}$와 $\hat{q}=1-\hat{p}$을 대입하여 구할 수 있다. 즉, 표준오차의 추정량은 $\widehat{S.E.(\hat{p})}=\sqrt{\frac{\hat{p}\hat{q}}{n}}$ 이다.

비율의 점추정

추정량 : 표본비율 $\hat{p}=\frac{X}{n}$

표준오차 : $S.E.(\hat{p})=\sqrt{\frac{pq}{n}}$

표준오차의 추정량 : $\widehat{S.E.(\hat{p})}=\sqrt{\frac{\hat{p}\hat{q}}{n}}$

예제 8-12

어떤 통신판매 회사는 특별한 제품의 구매율을 알아보기 위하여 9,000명 이상의 가입자 명단에서 250명을 임의로 추출하였다. 이 제품을 구매한 고객의 수를 알아보니 70명이었다. 이 제품의 구매율의 추정값을 구하라.

풀이 주어진 자료로부터 $n=250$이고 구매한 사람의 수 $x=70$이므로 구매율은

$$\hat{p}=\frac{70}{250}=0.28$$

이다. ■

8.2 구간추정

구간추정(interval estimation)이란 표본으로부터 미지인 모수의 참값이 속할 것으로 예상되는 구간을 추정하는 방법을 말한다. 구간추정법은 점추정의 단점을 보완하여 점추정에 오차의 개념을 포함시킨 추정법이다.

$\hat{\theta}_1$과 $\hat{\theta}_2$을 표본으로부터 계산한 미지모수 θ의 추정량이라 하고, 주어진 양수 $\alpha(0 < \alpha < 1)$에 대하여 $P(\hat{\theta}_1 < \theta < \hat{\theta}_2) = 1 - \alpha$가 성립할 때 구간 $(\hat{\theta}_1,\ \hat{\theta}_2)$을 θ의 $100(1-\alpha)\%$ **신뢰구간**(confidence interval)이라 하고 $(1-\alpha)$를 **신뢰수준**(confidence level) 또는 신뢰도라 한다. 또 $\hat{\theta}_1$을 **신뢰하한**, $\hat{\theta}_2$을 **신뢰상한**이라 한다.

8.2.1 모평균의 구간추정

모평균 μ의 구간추정에 대하여 알아보기 위하여 먼저 $\overline{X}$의 분포를 살펴보자. 이는 이미 7장에서 살펴보았다. 즉 σ가 알려진 표준편차이고 표본의 크기 n이 충분히 크면 중심극한정리에 따라서 $\overline{X}$는 근사적으로 정규분포 $N\left(\mu,\ \dfrac{\sigma^2}{n}\right)$를 따른다. 여기서 표본의 크기가 크다함은 대체적으로 $n \geq 30$임을 말한다. 이것은 모집단의 분포가 정규분포를 따르지 않더라도 표본의 크기가 충분히 큰 경우에 따르는 분포를 뜻한다. 그러나 모집단이 정규분포를 따를 때는 표본의 크기에 관계없이 정규분포를 따른다. 위의 사실을 정리하면 다음과 같다.

모집단이 정규분포를 따를 때 또는 표본의 크기가 충분히 큰 경우에 $\overline{X}$는 정규분포를 따르며 $\overline{X}$를 표준화시킨 Z 통계량 $Z = \dfrac{\overline{X} - \mu}{\sigma/\sqrt{n}}$은 표준정규분포 $N(0,\ 1)$을 따른다.

부록의 정규분포표로부터 다음이 성립한다.

$$P(-1.96 < Z < 1.96) = 2P(0 < Z < 1.96) = 0.95$$

여기서 $-1.96 < Z < 1.96$을 변형하면 다음이 된다.

$$-1.96 < \frac{\overline{X} - \mu}{\sigma/\sqrt{n}} < 1.96$$

즉 $\overline{X} - 1.96\dfrac{\sigma}{\sqrt{n}} < \mu < \overline{X} + 1.96\dfrac{\sigma}{\sqrt{n}}$이므로 다음이 성립한다.

$$P\left(\overline{X}-1.96\frac{\sigma}{\sqrt{n}}<\mu<\overline{X}+1.96\frac{\sigma}{\sqrt{n}}\right)=0.95$$

L과 U를 $L=\overline{X}-1.96\frac{\sigma}{\sqrt{n}}$, $U=\overline{X}+1.96\frac{\sigma}{\sqrt{n}}$로 놓자. 그러면

$$P\left(\overline{X}-1.96\frac{\sigma}{\sqrt{n}}<\mu<\overline{X}+1.96\frac{\sigma}{\sqrt{n}}\right)=0.95$$

는 구간 (L, U)가 0.95의 확률로 모평균 μ를 포함할 것이란 뜻이다. 표준편차 σ는 알려진 수이기 때문에 표본의 자료값으로부터 L과 U의 값을 계산할 수 있다.

일반적으로 n이 충분히 크고 σ가 알려진 수이면 모평균 μ의 $100(1-\alpha)\%$ 신뢰구간은 다음과 같다.

$$\left(\overline{X}-z_{\alpha/2}\frac{\sigma}{\sqrt{n}},\ \overline{X}+z_{\alpha/2}\frac{\sigma}{\sqrt{n}}\right)$$

여기서 $z_{\alpha/2}$는 표준정규확률변수 Z에 대하여 $P[Z>z_{\alpha/2}]=\frac{\alpha}{2}$를 만족하는 점이다. 즉 그림에 나타난 대로 표준정규분포에서 오른쪽 꼬리의 면적이 $\frac{\alpha}{2}$인 점이 $z_{\alpha/2}$이다.

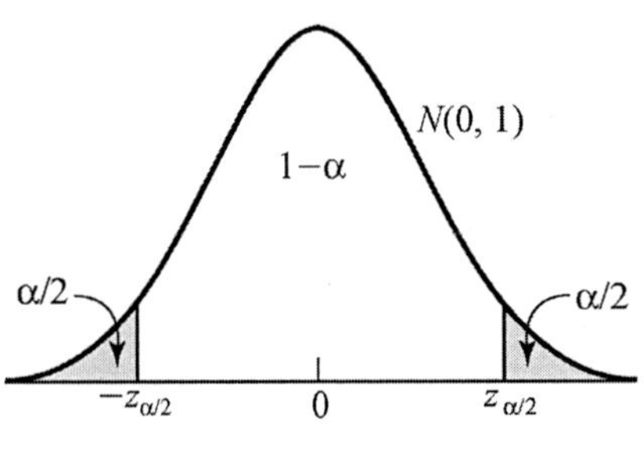

[그림 8.3] $\frac{\alpha}{2}$

위에서 신뢰구간을 간단히 $\overline{X}\pm z_{\alpha/2}\frac{\sigma}{\sqrt{n}}$로 쓰기도 하며, 이는 일반적으로 다음과 같은 꼴로 주어진다.

$$(\mu\text{의 추정량})\pm z_{\alpha/2}(\text{추정량의 표준오차})$$

특별한 한 표본에서의 평균을 $\overline{x}$라 하면 $\left(\overline{x}-z_{\alpha/2}\frac{\sigma}{\sqrt{n}},\ \overline{x}+z_{\alpha/2}\frac{\sigma}{\sqrt{n}}\right)$가 μ의 $100(1-\alpha)\%$ 신뢰구간이 된다. 이것을 정리하면 다음과 같다.

표본의 크기가 크고 모분산 σ^2이 기지일 때의 모평균 μ의 $100(1-\alpha)\%$ 신뢰구간은 다음과 같다.

$$\left(\overline{x}-z_{\alpha/2}\frac{\sigma}{\sqrt{n}},\ \overline{x}+z_{\alpha/2}\frac{\sigma}{\sqrt{n}}\right)$$

모표준편차 σ가 미지인 조금 더 현실적인 문제에 대해서 생각해 보자. 대표본에서

$$P\left(\overline{X}-z_{\alpha/2}\frac{\sigma}{\sqrt{n}}<\mu<\overline{X}+z_{\alpha/2}\frac{\sigma}{\sqrt{n}}\right)=1-\alpha$$

는 여전히 성립한다. 그러나 모표준편차 σ가 미지이기 때문에 표본으로부터 신뢰구간을 계산할 수 없다. 표본의 크기 n이 클 때는 표본표준편차 s와 모표준편차 σ가 매우 가까우므로 신뢰구간 공식에서 σ 대신 s를 대입하여 모평균의 신뢰구간을 구한다. 이를 정리하면 다음과 같다.

표본의 크기가 크고 모분산 σ^2이 미지일 때의 모평균 μ의 $100(1-\alpha)\%$ 신뢰구간은 다음과 같다.

$$\left(\overline{x}-z_{\alpha/2}\frac{s}{\sqrt{n}},\ \overline{x}+z_{\alpha/2}\frac{s}{\sqrt{n}}\right)$$

여기서 s는 표본표준편차이다.

표본의 크기가 크고 σ^2을 모를 때 모평균 μ의 신뢰구간 중 가장 많이 사용되는 신뢰구간의 상한과 하한은 다음과 같다.

모평균 μ의 대표적인 신뢰구간은 다음과 같다.

μ의 90% 신뢰구간 : $\left(\overline{x}-1.645\frac{s}{\sqrt{n}},\ \overline{x}+1.645\frac{s}{\sqrt{n}}\right)$

μ의 95% 신뢰구간 : $\left(\overline{x}-1.96\frac{s}{\sqrt{n}},\ \overline{x}+1.96\frac{s}{\sqrt{n}}\right)$

μ의 99% 신뢰구간 : $\left(\overline{x}-2.576\frac{s}{\sqrt{n}},\ \overline{x}+2.576\frac{s}{\sqrt{n}}\right)$

예제 8-13

어느 해 고등학교 3학년 학생의 모의고사 성적의 평균을 알아보기 위해서 임의로 36명을 뽑아 성적을 조사하였다. 모의고사 성적의 모평균 μ는 미지이고 모표준편차는 16이다. 이 표본의 표본평균을 $\overline{x}=140.8$이라고 할 때 μ에 대한 95% 신뢰구간을 구하라.

풀이 표본크기 $n=36$은 충분히 크므로 $\overline{X}$의 분포는 정규분포를 따른다. $\overline{x}=140.8$이고 $\sigma=16$이다. $1-\alpha=0.95$이므로 $\dfrac{\alpha}{2}=0.025$이고 $z_{\alpha/2}=1.96$이다.

$$1.96\frac{\sigma}{\sqrt{n}}=\frac{1.96\times 16}{\sqrt{36}}=5.23$$

이기 때문에 μ에 대한 95% 신뢰구간은 다음과 같다.

$$\left(\overline{x}-1.96\frac{\sigma}{\sqrt{n}},\ \overline{x}+1.96\frac{\sigma}{\sqrt{n}}\right)=(140.8-5.23,\ 140.8+5.23)$$

따라서 모평균 μ에 대한 95% 신뢰구간은 (135.57, 146.03)이다.

예제 8-13에서 신뢰구간의 상한과 하한이 모두 상수이어서 확률변수를 포함하지 않으므로

$$P(135.57<\mu<146.03)=0.95$$

라는 표현을 사용하면 안 된다. 이러한 확률적 표현보다는 모평균 μ가 구간(135.57, 146.03)에 포함될 것을 95% 신뢰할 수 있다는 표현이 좀더 적절하다.

예제 8-14

어떤 도시의 공장에서 일하는 근로자의 한달간 임금을 알아보기 위하여 75명을 임의로 뽑아 조사한 결과, 평균과 표준편차는 다음과 같았다.

$$\overline{x}=230(\text{만원}),\quad s=22.5(\text{만원})$$

근로자의 평균 임금에 대한 99% 신뢰구간을 구하라.

풀이 $1-\alpha=0.99$일때 $\alpha/2=0.005$이고 $z_{\alpha/2}=2.576$이므로 다음을 얻는다.

$$2.576\frac{s}{\sqrt{n}} = \frac{2.576 \times 22.5}{\sqrt{75}} = 6.693$$

따라서 모평균 μ에 대한 99% 신뢰구간은

$$\left(\overline{x} - 2.576\frac{s}{\sqrt{n}},\ \overline{x} + 2.576\frac{s}{\sqrt{n}}\right) = (230 - 6.693,\ 230 + 6.693)(\text{만원})$$

이고, 이를 계산하면 (223.307, 236.693)(만원)이다.

다음은 모분산 σ^2이 미지인 정규모집단 $N(\mu,\ \sigma^2)$에서 표본의 크기가 작을 때의 구간추정에 대해서 알아보자. 이때, 표본평균을 $\overline{X}$, 모평균을 μ, 표본의 크기를 n이라 하면 다음은 자유도 $(n-1)$인 t 분포를 따르게 된다.

$$t = \frac{\overline{X} - \mu}{s/\sqrt{n}}$$

t 분포로부터 다음이 성립한다.

$$P\left(-t_{\alpha/2}(n-1) < \frac{\overline{X} - \mu}{s/\sqrt{n}} < t_{\alpha/2}(n-1)\right) = 1 - \alpha$$

여기서 $t_{\alpha/2}(n-1)$은 자유도 $(n-1)$의 t 분포에서 오른쪽 끝부분의 면적이 $\frac{\alpha}{2}$가 되게 하는 값이다.

σ를 알 때 신뢰구간을 구하는 과정을 소표본의 구간추정에 그대로 이용하면 다음을 얻는다.

$$P\left(\overline{X} - t_{\alpha/2}(n-1)\frac{s}{\sqrt{n}} < \mu < \overline{X} + t_{\alpha/2}(n-1)\frac{s}{\sqrt{n}}\right) = 1 - \alpha$$

따라서 μ에 대한 $100(1-\alpha)\%$ 신뢰구간은 다음과 같다.

$$\overline{X} \pm t_{\alpha/2}(n-1)\frac{s}{\sqrt{n}}$$

정규모집단에서 σ가 미지일때 모평균에 대한 $100(1-\alpha)\%$ 신뢰구간은 다음과 같다. 이것은 표본의 크기가 작을 때 특히 유용하다.

> 표본의 크기가 작을 때의 모평균 μ의 $100(1-\alpha)\%$ 신뢰구간
>
> $$\left(\overline{x}-t_{\alpha/2}(n-1)\cdot\frac{s}{\sqrt{n}},\ \overline{x}+t_{\alpha/2}(n-1)\cdot\frac{s}{\sqrt{n}}\right)$$

여기서 $t_{\alpha/2}(n-1)$은 자유도 $(n-1)$인 t 분포에서 $P(t>t_{\alpha/2}(n-1))=\frac{\alpha}{2}$를 만족하는 상수이다.

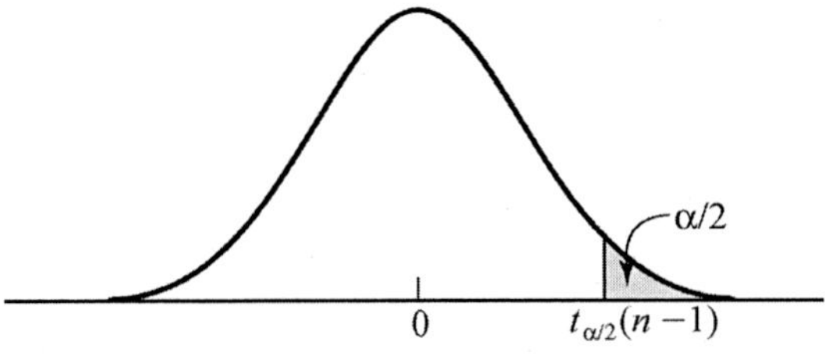

[그림 8.4] $P(t>t_{\alpha/2}(n-1))=\frac{\alpha}{2}$

예제 8-15

어떤 공장에서 생산하는 비누 무게의 평균을 알아보기 위하여 10개를 추출하여 비누 무게를 알아본 결과 다음과 같았다. 실제 평균 비누 무게 μ에 대한 95% 신뢰구간을 구하라. 단, 비누 무게는 정규분포를 따른다고 한다.

94 96 97 85 86 79 93 89 92 78

풀이 주어진 자료로부터 $\overline{x}=88.9$, $s=6.74$, $\alpha=0.05$이다. 자유도는 $10-1=9$이므로 부록의 t 분포표에서 $t_{0.025}(9)=2.262$이다. 따라서 실제 평균 비누 무게의 95% 신뢰구간은 다음과 같다.

$$\overline{x}\pm t_{\alpha/2}(n-1)\cdot\frac{s}{\sqrt{n}}=88.9\pm(2.262)\frac{6.74}{\sqrt{10}}=88.9\pm 4.822$$

이를 계산해서 다음을 얻는다.

$$(84.078,\ 93.722)$$

■

8.2.2 모비율의 구간추정

표본의 크기가 큰 경우에 모비율 p의 구간추정에 대하여 생각해 보자. 모집단에서 X를 n개의 표본 가운데 어떤 속성을 가진 것의 개수라 하고 p를 그 속성의 비율이라 하면 X는 이항분포 $b(n, p)$를 따른다. 그리고 n이 충분히 크고 p가 0이나 1에 가깝지 않을 때 X는 근사적으로 정규분포 $N(np, np(1-p))$에 가깝다.

그러므로 표본비율 $\hat{p}=\dfrac{X}{n}$는 근사적으로 평균 p, 표준편차 $\sqrt{\dfrac{p(1-p)}{n}}$를 가진 정규분포 $N\left(p, \dfrac{p(1-p)}{n}\right)$를 따른다. 이 정규분포는 평균과 표준편차에 미지변수 p가 존재하기 때문에 문제이다. 표본비율 $\hat{p}$은 모비율 p의 일치추정량이므로 표본의 크기가 클 때 $\hat{p}$과 p는 매우 가깝다. 따라서 표준편차 $\sqrt{np(1-p)}$ 대신에 $\sqrt{n\hat{p}(1-\hat{p})}$를 사용하여 다음과 같은 Z 통계량을 구한다. 다음 Z 통계량은 근사적으로 표준정규분포 $N(0, 1)$을 따른다.

$$Z=\frac{X-np}{\sqrt{n\hat{p}(1-\hat{p})}}=\frac{\hat{p}-p}{\sqrt{\dfrac{\hat{p}(1-\hat{p})}{n}}}$$

모평균의 구간추정에 사용된 과정과 마찬가지 방법으로 다음을 얻는다.

$$P\left(-z_{\alpha/2}<\frac{\hat{p}-p}{\sqrt{\dfrac{\hat{p}(1-\hat{p})}{n}}}<z_{\alpha/2}\right)=1-\alpha$$

즉 $\hat{p}-z_{\alpha/2}\sqrt{\dfrac{\hat{p}(1-\hat{p})}{n}}<p<\hat{p}+z_{\alpha/2}\sqrt{\dfrac{\hat{p}(1-\hat{p})}{n}}$ 이므로 다음이 성립한다.

$$P\left(\hat{p}-z_{\alpha/2}\sqrt{\frac{\hat{p}(1-\hat{p})}{n}},\ \hat{p}+z_{\alpha/2}\sqrt{\frac{\hat{p}(1-\hat{p})}{n}}\right)=1-\alpha$$

따라서 모비율 p의 $100(1-\alpha)\%$ 신뢰구간은 다음과 같다.

대표본에서 모비율 p의 $100(1-\alpha)\%$ 신뢰구간

$$\left(\hat{p}-z_{\alpha/2}\sqrt{\frac{\hat{p}(1-\hat{p})}{n}},\ \hat{p}+z_{\alpha/2}\sqrt{\frac{\hat{p}(1-\hat{p})}{n}}\right)$$

예제 8-16

어떤 도시에서 A후보에 대한 지지율을 알아보기 위하여 여론조사를 하였다. 유권자 1000명을 뽑아 조사한 결과 A후보는 620명의 지지를 받고 있었다. A후보에 대한 지지율의 99% 신뢰구간을 구하라.

풀이 X를 지지자 수라 하면 $n=1000$, $X=620$이다. 표본의 크기 n이 크기 때문에 모비율 p의 추정에 $\hat{p}$을 사용할 수 있다. 표본비율의 값은 $\hat{p}=\dfrac{620}{1000}=0.62$이다. $1-\alpha=0.99$이기 때문에 $\alpha/2=0.005$이고 $z_{0.005}=2.576$이다. 그러므로 다음을 얻는다.

$$z_{0.005}\sqrt{\frac{\hat{p}(1-\hat{p})}{n}}=2.576\sqrt{\frac{0.62\cdot 0.38}{1000}}=0.015$$

따라서 지지율 p의 99% 신뢰구간은 다음과 같다.

$$\begin{aligned}&\left(0.62-2.576\sqrt{\frac{0.62\cdot 0.38}{1000}},\ 0.62+2.576\sqrt{\frac{0.62\cdot 0.38}{1000}}\right)\\&=(0.62-0.015,\ 0.62+0.015)\\&=(0.605,\ 0.635)\end{aligned}$$

■

8.2.3 모분산의 구간추정

모평균 μ와 모분산 σ^2이 미지인 정규모집단 $N(\mu,\sigma^2)$에서 크기 n인 임의표본을 추출할 때 σ^2에 대한 추정량인 표본분산

$$s^2=\frac{\sum_{i=1}^{n}(X_i-\overline{X})^2}{n-1}$$

에 대하여 다음이 성립함을 7장에서 이미 살펴보았다.

$$\frac{(n-1)s^2}{\sigma^2}\sim\chi^2(n-1)$$

따라서 다음 식을 얻는다.

$$P\left[\chi^2_{1-\alpha/2}(n-1) < \frac{(n-1)s^2}{\sigma^2} < \chi^2_{\alpha/2}(n-1)\right] = 1-\alpha$$

즉, $$P\left[\frac{(n-1)s^2}{\chi^2_{\alpha/2}(n-1)} < \sigma^2 < \frac{(n-1)s^2}{\chi^2_{1-\alpha/2}(n-1)}\right] = 1-\alpha$$

이므로 σ^2에 대한 $100(1-\alpha)\%$ 신뢰구간은 다음과 같다.

$$\left(\frac{(n-1)s^2}{\chi^2_{\alpha/2}(n-1)},\ \frac{(n-1)s^2}{\chi^2_{1-\alpha/2}(n-1)}\right)$$

예제 8-17

어떤 공장에서 생산한 철판의 두께는 정규분포를 따른다고 한다. 16개의 임의표본을 추출한 결과 두께의 표준편차가 2.2였다면 철판 두께의 분산에 대한 95% 신뢰구간을 구하라.

풀이 $n = 16,\ s = 2.2,\ \chi^2_{0.025}(15) = 27.4884,\ \chi^2_{0.975}(15) = 6.2621$이므로 다음을 얻는다.

$$\frac{15 \cdot 2.2^2}{27.4884} < \sigma^2 < \frac{15 \cdot 2.2^2}{6.2621}$$

따라서 σ^2의 95% 신뢰구간은 $2.6411 < \sigma^2 < 11.5936$이다. ■

8.2.4 표본크기의 결정

(1) 모평균의 구간추정에서 표본크기

$100(1-\alpha)\%$ 신뢰수준을 가지고, 추정값 $\bar{x}$와 모평균 μ와의 차가 주어진 값보다 작게 하려면 얼마의 크기로 표본을 뽑아야 하는지를 살펴보자.

$100(1-\alpha)$ 신뢰구간의 하한값은 $\bar{x} - z_{\alpha/2}\frac{\sigma}{\sqrt{n}}$이고 신뢰구간의 상한값은 $\bar{x} + z_{\alpha/2}\frac{\sigma}{\sqrt{n}}$로 주어진다. 이 신뢰구간이 μ를 포함하면 $\mu \in \left(\bar{x},\ \bar{x} + z_{\alpha/2}\frac{\sigma}{\sqrt{n}}\right)$ 또는 $\mu \in \left(\bar{x} - z_{\alpha/2}\frac{\sigma}{\sqrt{n}},\ \bar{x}\right)$이다. 각 경우 모두 오차는 $z_{\alpha/2}\frac{\sigma}{\sqrt{n}}$보다 작다. 그러므로 최대

오차는 $z_{\alpha/2}\frac{\sigma}{\sqrt{n}}$ 이며 이를 μ의 추정에서 $100(1-\alpha)\%$ 오차한계라고 한다. 이를 d로 나타내면 $d = z_{\alpha/2}\frac{\sigma}{\sqrt{n}}$ 이다.

이 식을 n에 관하여 풀면 $n = \left(z_{\alpha/2}\frac{\sigma}{d}\right)^2$ 이다. 이는 이 정도 크기의 표본이면 이 추정값의 오차가 d보다 작다는 것을 $100(1-\alpha)\%$ 정도 신뢰할 수 있음을 뜻한다.

이를 정리하면 다음과 같다.

> 모평균 μ의 추정에서 $100(1-\alpha)\%$ 오차한계가 d이하가 되게 하려면 표본의 크기는 $n \ge \left(z_{\alpha/2}\frac{\sigma}{d}\right)^2$ 을 만족하는 최소의 정수를 구하면 된다.

모표준편차 σ를 모를 때는 σ대신에 표본표준편차 s를 사용해서 표본의 크기를 구할 수 있다.

예제 8-18

어떤 공장에서 생산된 제품 한 개 무게의 모표준편차는 5g이다. 모평균 무게 추정에서 95% 오차한계가 0.3g 이내가 되게 하기 위해서 표본의 크기를 구하라.

풀이 $\alpha = 0.05$, $\sigma = 5$, $d = 0.3$으로 주어져 있고 $z_{\alpha/2} = z_{0.025} = 1.96$이다.

$$n \ge \left(\frac{1.96 \times 5}{0.3}\right)^2 \fallingdotseq 1067.33$$

인 최소의 정수를 구한다. 따라서 1068개의 표본을 추출해야 한다. ■

(2) 모비율의 구간추정에서 표본크기

이제 모비율의 추정에서 표본의 크기를 결정하자. 대표본에서 표본비율 $\hat{p}$의 $100(1-\alpha)\%$ 오차한계는 $z_{\alpha/2}\sqrt{\frac{\hat{p}(1-\hat{p})}{n}}$ 이다. 오차한계를 d이내로 하기 위해서 다음 식을 만족시킨다.

$$z_{\alpha/2}\sqrt{\frac{\hat{p}(1-\hat{p})}{n}}=d$$

이 식을 n에 관하여 풀면 다음이 된다.

$$n=\hat{p}\,(1-\hat{p})\left(\frac{z_{\alpha/2}}{d}\right)^2$$

여기서 $\hat{p}$은 과거 경험에 의해 추정된 p값이거나 사전조사에 의해 추정된 p값이다. 그러나 p값에 대한 지식이 전혀 없거나 사전조사도 어려울 때는 $\hat{p}(1-\hat{p})$의 최댓값을 사용하기도 한다. $\hat{p}(1-\hat{p})$은 $\hat{p}=\frac{1}{2}$일 때 최댓값 $\frac{1}{4}$을 갖는다. 따라서 표본의 크기는 다음과 같다.

$$n=\frac{1}{4}\left(\frac{z_{\alpha/2}}{d}\right)^2$$

모비율 p의 추정에서 $100(1-\alpha)\%$ 오차한계가 d가 되기 위한 표본의 크기는 다음과 같다.

(1) p의 값이 $\hat{p}$으로 추정된 경우:

$$n\geq\hat{p}\,(1-\hat{p})\left(\frac{z_{\alpha/2}}{d}\right)^2$$

(2) p에 대한 사전 정보가 전혀 없는 경우:

$$n\geq\frac{1}{4}\left(\frac{z_{\alpha/2}}{d}\right)^2$$

예제 8-19

어떤 병원에서 독감 예방주사를 맞고 불편함을 경험하는 사람들을 조사하고자 한다. 독감 예방주사로 인해 불편을 경험하는 사람들의 비율의 90% 추정오차한계가 3% 이내가 되기 위한 표본의 크기를 구하라.

풀이 $\alpha = 0.1,\ d = 0.03$이고 불편을 경험하는 사람들의 비율에 대한 정보가 없으므로 n은 다음을 만족한다.

$$\begin{aligned} n &\geq \frac{1}{4}\left(\frac{z_{0.05}}{d}\right)^2 \\ &= \frac{1}{4}\left(\frac{1.645}{0.03}\right)^2 = 751.7 \end{aligned}$$

따라서 필요한 표본의 크기는 752이다.

연습문제

1. X가 이항분포 $b(n, \theta)$를 따른다고 할 때 표본비율 $\frac{X}{n}$는 θ의 불편추정량임을 보여라.

2. 임의표본에서 측정값을 $x_1, x_2, \cdots, x_n$이라 하고, 이 표본평균을 $\bar{x}$로 표시할 때 분산의 불편추정값을 구하라.

3. 마르코프 부등식(Markov's inequality) X는 음이 아닌 확률변수일 때 임의의 양수 a에 대해 다음이 성립한다.

$$P(X \geq a) \leq \frac{E(X)}{a}$$

마르코프 부등식을 증명하라.

4. 어떤 피자 가게는 고객이 주문하여 평균 20분만에 피자가 배달된다고 광고한다. 어떤 사람이 주문하여 50분 이상 기다릴 확률을 구하라.

5. 어떤 공장에서 생산하는 형광등의 수는 평균 300개, 분산 400이라 할 때 다음의 확률을 구하라.

(1) 형광등의 수가 900개를 초과할 확률

(2) 형광등의 수가 100개와 500개 사이가 될 확률

6. X의 평균이 25, 분산이 16일 때 $P(17 < X < 33)$의 하한과 $P(|X-25| \geq 12)$의 상한을 구하라.

7. 예제 8-1에서 $\hat{\mu}_1 = \overline{X}$에 대한 추정량 $\hat{\mu}_2$, $\hat{\mu}_3$의 효율을 구하라.

8. 다음 확률함수(또는 확률밀도함수)를 갖는 분포로부터 크기 n의 임의표본 $X_1, X_2, \cdots, X_n$을 추출할 때 모수 θ의 최우추정량을 구하라.

(1) $f(x\,;\,\theta) = \theta(1-\theta)^{x-1}, \quad x = 1, 2, \cdots, \; 0 < \theta < 1$

(2) $f(x\,;\,\theta) = \dfrac{1}{\theta}e^{-x/\theta}, \quad 0 < x < \infty, \; 0 < \theta < \infty$

9. 일정한 두께의 철판을 만드는 공장에서 생산한 철판의 두께는 정규분포를 따르며, 과거의 경험으로 표준편차는 $\sigma = 0.014$mm로 알려지고 있다. 이 공장에서 만든 철판 중에서 임의로 100장을 뽑아 두께를 재었더니 평균은 2.011mm였다. 이 공장에서 생산하는 철판의 평균 두께의 95% 신뢰구간을 구하라.

10. 표준편차가 2.4인 정규모집단에서 36개의 표본을 추출해서 무게를 재었더니 평균값이 15.7이었다. 모평균 μ의 95% 신뢰구간을 구하라.

11. 16개의 공의 지름을 재어보니 평균 12.7cm이고 표준편차는 0.178cm였다. 공의 지름의 평균에 대한 95% 신뢰구간을 구하라. 단, 공의 지름은 정규분포를 따른다고 한다.

12. 어떤 산부인과에서 순산한 입원환자들의 평균 입원일수를 조사하기 위해 16명을 임의로 추출하여 조사한 결과 평균 입원일수는 2일이고 표준편차는 1.5일이었다. 평균 입원일수의 90% 신뢰구간을 구하라.

13. 어떤 커피 자동판매기에서 나오는 커피 한 잔의 무게에 대한 표준편차는 8g이라고 한다. 커피 한 잔의 평균 무게에 대한 추정에서 95% 오차한계가 0.8g보다 작게 하기 위한 표본의 크기를 구하라.

14. 어떤 대학교 아이스하키 선수의 평균신장을 알아보기 위해 20명의 선수를 임의추출하여 조사한 결과가 다음과 같다. 선수의 신장은 정규분포를 따른다고 할 때 평균신장에 대한 99% 신뢰구간을 구하라.

184.0	168.6	188.3	176.5	160.3	179.3	176.2	176.0	168.1	170.9
177.0	165.9	162.4	183.0	163.2	166.4	168.0	176.5	180.9	165.3

15. 어떤 물건의 무게를 8회 달아서 다음과 같은 측정값을 얻었다. 평균무게 μ를 95% 신뢰구간으로 추정하라. 단, 물건의 무게는 정규분포를 따른다고 한다.

2.78	3.00	2.92	2.99	3.07	2.98	2.75	2.87

16. 어떤 선거구에서 유권자 중 100명을 임의추출하여 모후보에 대한 지지율을 조사하였더니, 찬성이라고 대답한 사람은 60명이고 나머지는 모두 반대였다. 유권자 전체에 대한 찬성자 비율을 95% 신뢰도로 추정하라.

17. 어떤 선거구에서 3000명의 유권자를 대상으로 한 여론조사 결과 A후보 지지율이 40%였다. A후보에 대한 지지율의 95% 신뢰구간을 구하라.

18. 어떤 공장에서 만든 나사못 중 100개의 표본을 조사하니 불량품이 5개였다. 나사못 불량률의 95% 신뢰구간을 구하라.

19. 어떤 도시의 유권자 중에서 임의로 900명을 추출하여 여론조사를 하였다. 이 조사에서 찬성이라고 대답한 사람은 540명이고, 나머지는 모두 반대였다. 유권자 전체에 대한 찬성자 비율을 95%의 신뢰도로 추정하라.

20. 어떤 농작물에 영향을 주는 곰팡이의 독소를 조사하기 위해 10회에 걸쳐 곰팡이를 배양하여 독성을 측정한 결과 다음을 얻었다.

1.2, 0.8, 0.6, 1.1, 1.2, 0.9, 0.9, 1.5, 0.9, 1.0

(1) 평균 $\overline{x}$와 표준편차 s를 구하라.

(2) 정규모집단이라 가정하고 모분산과 모표준편차에 대한 90% 신뢰구간을 구하라.

21. 어떤 야채주스는 내용물의 용량이 200 ml 라고 표시되어 있다. 이를 조사하기 위해서 10개의 표본을 임의로 추출하여 용량을 측정한 결과 $\overline{x} = 190\text{ml}$, $s = 6\text{ml}$이었다. 평균 용량의 추정에서 90% 오차한계가 4ml이내가 되게 하기 위한 표본의 크기를 구하라.

22. 각 개인이 흥분할 때 A, B중 하나를 택하는 실험을 하였다. A라는 반응을 나타내는 사람의 비율 p를 추정하고자 할 때 추정오차가 0.04 이내라고 95% 확신을 가지려면 필요한 표본의 크기는 얼마인가?

(1) p값이 약 0.2일 때

(2) p에 대해 전혀 모를 때

제 9 장

검 정

제 09 장 검 정

01 본장의 개요

어떤 우유회사에서 새로운 우유를 개발하였다. 기존 우유의 DHA 함량은 평균 20mg인데 새로 개발된 우유는 기존 제품보다 DHA 함량이 더 높다고 주장하고 있다. 이러한 주장을 일반 소비자들이 접할 때 어느 정도 믿을 수 있을까? 또 이 주장을 통계적으로 어떻게 입증할 수 있을까?

대부분의 경우 모집단에 대한 표본을 뽑아 자료를 얻어서 어떤 주장의 타당성을 검토하게 된다. 단순한 추측을 지지하거나 기각하고자 할 때는 추정보다는 가설을 검정하는 기법이 적합하다. 이와 같이 모집단의 분포에 대한 가설을 세우고 모집단으로부터 추출한 표본을 토대로 모집단에 대한 가설의 채택(accept)이나 기각(reject)을 판정하는 통계적 기법을 **가설검정**(hypothesis testing)이라 한다.

가설검정은 표본을 토대로 하여 결정하기 때문에 언제나 오류의 가능성이 있다. 그러므로 이와 같은 오류의 가능성을 사전에 관리할 필요가 있다. 즉 검정법에서 오류의 최대 허용확률을 미리 정해 놓고, 그 기준에 따라 가설의 채택이나 기각을 결정하게 된다.

앞의 예에서 새로 개발된 우유의 DHA 함량의 평균이 20mg보다 높다는 주장을 가설로 세우자. 소비자는 다음 결정 문제에 접하게 된다. 새로 개발된 우유는 기존 제품보다 DHA 함량이 높은가? 그렇지 않은가? 소비자는 어떤 결정을 하는 간에 다음 네 가지 상황 중 한 가지 상황에 접할 것이다. 새로 개발된 우유가 기존 제품보다 DHA 함량이 높고, 소비자는 회사의 주장을 믿는다(옳은 결정). 새로 개발된 우유가 기존 제품보다 DHA 함량이 낮고, 소비자는 회사의 주장을 믿지 않는다(옳은 결정). 새로 개발된 우유가 기존 제품보다 DHA 함량이 높은데, 소비자는 회사의 주장을 믿지 않는다(그릇된 결정). 끝으로, 새로 개발된 우유가 기존 제품보다 DHA 함량이 낮은데, 소비자는 회사의 주장을 믿는다(그릇된 결정). 처음 두 결정 중 하나를 선택하는 것이 이상적이지만 마지막 두 결정과 같은 잘못된 판단을 내리는 오류를 범할 수도 있다. 일반적으로, 검정법에서는 판단을 잘못해서 오류를 범하게 되는 최대 허용확률을 정해 놓고 결정하게 된다.

이 장에서는 이와 같은 문제를 좀더 체계적으로 다루어 모평균, 모비율, 모분산에 대한 검정법을 알아보고자 한다.

9.1 가설검정의 방법

앞의 예에서 회사가 DHA 함량이 높다고 주장하므로 이 주장을 H_1으로 놓고 기존의 사실을 H_0로 하여 다음과 같은 통계적 가설로 바꾸자.

$$H_0 : \mu = 20$$

$$H_1 : \mu > 20$$

여기서 H_1을 **대립가설**(alternative hypothesis)이라 하는데, 이 가설에 더 큰 관심을 가지며 자료로부터의 확실한 근거에 의해서 대립가설이 참임을 입증하기를 원한다. 즉 대립가설은 표본으로부터 확실한 근거에 의해서 입증하고자 하는 가설로서 보통 H_1으로 나타낸다. 일반적으로 연구하는 어떤 새로운 이론이나 주장이 참임을 보이고 싶을 때 대립가설을 이용한다.

이에 대하여, **귀무가설**(null hypothesis)은 대립가설과 상반되는 가설로 대립가설이 참이라는 확실한 근거가 없는 경우에 어쩔 수 없이 받아들이는 가설이며 보통 H_0로 나타낸다. 일반적으로 새로운 연구 결과에서 얻어지는 것이 아닌 현재 현상 그대로 유지되는 가설은 귀무가설을 사용한다.

예제 9-1

어떤 기존의 위장약이 치유율은 60%인데 어떤 약품회사에서 만든 새로운 위장약의 치유율은 기존의 위장약보다 치유율이 높다고 주장하고 있다. 이것을 검정하기 위한 알맞은 가설을 세워보자.

풀이 새로운 약의 치유율을 p라 하면 기존의 위장약의 치유율은 60%이므로 새로운 위장약의 치유율이 60%보다 크다면 새로운 위장약을 만들어내야 할 것이고, 반면에 새로운 위장약의 치유율이 60%보다 작거나 60%라면 굳이 새로운 위장약을 만들 필요가 없을 것이다. 따라서 이에 맞는 가설은 다음과 같다.

$$H_0 : p \le 0.6 \text{(새로운 신약이 더 낫지 않다)}$$

$$H_1 : p > 0.6 \text{(새로운 신약이 더 낫다)}$$

■

예제 9-2

서울의 2011년도 먼지오염도는 평균 $72\mu g/m^3$라고 알려져 왔는데 어떤 새로운 연구조사에서는 서울의 50군데 지역의 먼지오염도를 조사한 결과 먼지오염도가 $72\mu g/m^3$보다 적다는 결론을 얻었다. 이것을 검정하기 위해 알맞은 가설을 세우라.

풀이 먼지오염도의 평균을 μ라 하면 연구조사결과 "$\mu < 72$"을 주장하므로 이에 맞는 가설은 다음과 같다.

$$H_0 : \mu \ge 72$$

$$H_1 : \mu < 72$$

표본에서 얻어진 평균값이 작으면 작을수록 대립가설을 선택하게 된다.

■

귀무가설과 대립가설 중 하나를 선택하는 기준이 되는 통계량이 있는데 이 통계량을 **검정통계량**(test statistic)이라 한다. 이 통계량은 다음과 같이 주어진다.

$$Z = \frac{\overline{X} - \mu_0}{\frac{\sigma}{\sqrt{n}}}$$

이 검정통계량은 귀무가설 H_0가 참일때 근사적으로 표준정규분포 $N(0,\ 1)$를 따른다. 이 검정통계량을 이용하여 귀무가설과 대립가설 중 하나를 선택하게 된다. 귀무가설 H_0를 기각시키는 검정통계량의 관측값의 영역을 **기각역**(reject region)이라 하며 기각역이 아닌 영역을 **채택역**(acceptance region)이라 한다. 또 기각역과 채택역의 경계가 되는 값을 **임계값**(critical value)이라 한다.

예를 들어, 앞의 우유의 DHA 함량의 예에서 표본평균이 15, 16, 18과 같이 20보다 작은 값이면, H_0를 택하려 할 것이다. 반대로 표본평균이 28, 35, 30과 같이 20보다 큰 값이면 H_1을 택하려 할 것이다. 만약 표본평균이 21, 23, 25, 17과 같이 20 주변의 수이면 어떻게 결정할 것인가? H_0나 H_1 중 어느 한 쪽을 쉽게 택하지 못할 것이다. 그러므로 경계점을 정해서 결정 기준을 마련해야 한다. 이 경우에 23을 경계점으로 잡아서 다음과 같은 결정 기준을 세우자. 만약 표본평균 $\overline{x}$가 23보다 크면 H_0를 기각하고, $\overline{x}$가 23보다 작으면 H_0를 채택한다고 하자. 이때 23을 임계값이라 한다. 23보다 큰 부분을 기각역이라 하고 그렇지 않은 부분을 채택역이라 한다.

모집단 전체를 조사하지 않고 표본을 이용하기 때문에 통계적 가설검정의 결과에 대해서는 오류가 발생할 수 있는데 오류에는 다음과 같은 두 가지 종류가 있다.

귀무가설 H_0가 참임에도 불구하고 이를 기각하고 대립가설 H_1을 채택하는 오류를 **제 1 종의 오류**(type 1 error)라 하고, 대립가설 H_1이 참임에도 불구하고 대립가설이 참이라는 확실한 근거가 없기 때문에 귀무가설 H_0을 채택하는 경우가 있는데 이러한 오류를 **제 2 종의 오류**(type 2 error)라 한다. 이들을 정리하면 다음과 같다.

실제현상 / 검정 결과	귀무가설 H_0 참	대립가설 H_1 참
귀무가설 H_0 채택	옳은 결정	제 2 종의 오류
대립가설 H_1 채택	제 1 종의 오류	옳은 결정

제 1 종의 오류와 제 2 종의 오류를 범할 가능성을 되도록 줄이는 것이 바람직하다. 그러나 표본의 크기가 고정되면 제 1 종의 오류를 줄이려고 할 때 제 2 종의 오류가 커지므로 두 종류의 오류를 동시에 줄이는 방법은 존재하지 않는다. 두 종류의 오류를 동시에 줄이는 유일한 방법은 표본의 크기를 증가시키는 것이다. 또한 표본의 크기가 미리 정해진 경우에 제 1 종의 오류만 관리하게 된다. 이때, 귀무가설 H_0가 참임에도 불구하고 이를 기각하고 대립가설 H_1을 채택하는 오류를 범할 확률의 최대 허용한계를 **유의수준**(significance level)이라 하며 α로 표시한다. 즉 유의수준이란 제 1 종의 오류를 범할 확률의 최대 허용한계를 뜻한다. 주로 사용하는 α의 값은 0.05, 0.01, 0.1 등이다.

귀무가설 H_0를 기각하는 확률의 변화를 나타내는 함수를 **검정력 함수**(power function)라고 하며 검정력 함수의 값을 **검정력**(power)이라 한다.

제1종의 오류를 범할 확률을 $\alpha(\theta)$, 제2종의 오류를 범할 확률은 $\beta(\theta)$라고 할 때 검정력 함수는 다음과 같다.

검정력 함수

대립가설 H_1에 대한 통계적가설 H_0를 검정할 때의 검정력 함수는 모수에 대하여 다음과 같이 정의된다.

$$\gamma(\theta)=\begin{cases}\alpha(\theta)=P(\text{제1종의 오류})=P(H_0:\text{기각}\mid H_0:\text{참})\\ 1-\beta(\theta)=1-P(\text{제2종의 오류})=P(H_0:\text{기각}\mid H_1:\text{참})\end{cases}$$

검정력 함수의 값은 모수 θ의 여러 값에 대하여 귀무가설 H_0를 기각할 확률을 나타낸다. 또한 검정력 함수는 귀무가설 H_0하에서의 θ의 값에 대해 제1종의 오류를 범할 확률을, 대립가설 H_1하에서의 θ의 값에 대해 제2종의 오류를 범하지 않을 확률을 말해준다.

예제 9-3

예제 9-2에서 먼지오염의 분포가 표준편차 $\sigma=5$인 정규분포를 따른다고 하자. 이때 기각역이 "$\overline{X}\le 70.837$"인 검정법에 대하여 검정력 함수를 구하라.

풀이 기각역이 "$\overline{X}\le 70.837$"인 검정법의 검정력 함수는 다음과 같다.

$$\begin{aligned}\gamma(\mu)&=P(\overline{X}\le 70.837\mid \text{실제평균}=\mu)\\&=P\left(Z\le\frac{70.837-\mu}{5/\sqrt{50}}\right)\end{aligned}$$

μ의 여러값에 대하여 표준정규분포표를 이용하여 검정력을 구하면 표 9-1이 된다.

표 9-1 μ의 여러값에 대한 제1, 2종 오류와 검정력

μ	69	70	71	71.5	72	72.5	73
$\alpha(\mu)$					0.05	0.0094	0.0011
$\beta(\mu)$	0.0047	0.1183	0.5913	0.8256			
$\gamma(\mu)=P(\overline{X}\le 70.837\mid\mu)$	0.9953	0.8817	0.4087	0.1744	0.05	0.0094	0.0011

그림 9-1은 검정력에 대한 검정력 함수를 나타낸다.

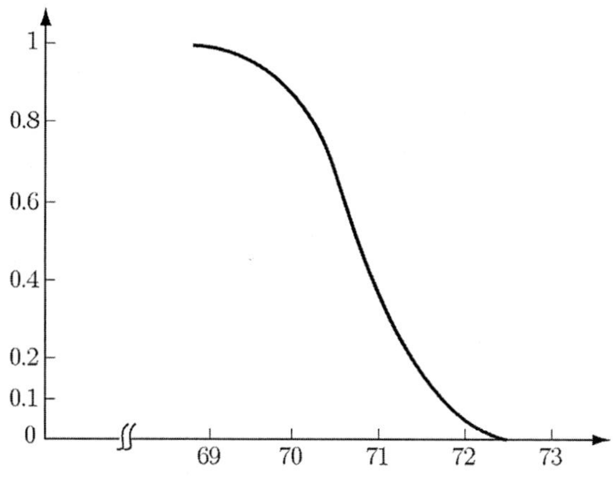

그림 9-1 검정력 함수

가설검정에서 대립가설이 나타내는 모수의 영역은 한쪽 또는 양쪽에 있게 된다. 대립가설에서 모수의 영역이 한쪽으로만 주어지는 검정을 **한쪽검정**(one-sided test) 또는 **단측검정**이라 하며, 양쪽에 주어지는 검정을 **양쪽검정**(two-sided test) 또는 **양측검정**이라 한다.

모수 θ에 대한 검정에서 귀무가설 $H_0 : \theta = \theta_0$에 대하여 대립가설에 나타나는 모수에 대한 영역을 다음과 같이 세 가지 경우로 나눌 수 있다.

(1) $H_1 : \theta > \theta_0$(한쪽검정)

(2) $H_1 : \theta < \theta_0$(한쪽검정)

(3) $H_1 : \theta \neq \theta_0$(양쪽검정)

특히, (1)의 형태를 **우단측검정**(right-tailed test), (2)의 형태를 **좌단측검정**(left-tailed test)이라 한다.

기각역도 대립가설의 형태와 비슷한 형태를 취하는데 우단측검정일때는 검정통계량 분포의 우측에, 좌단측검정일때는 검정통계량 분포의 좌측에, 양측검정일 경우에는 양측에 기각역이 설정되어진다. 각각의 기각역이 그림 9.2에 나타나 있다.

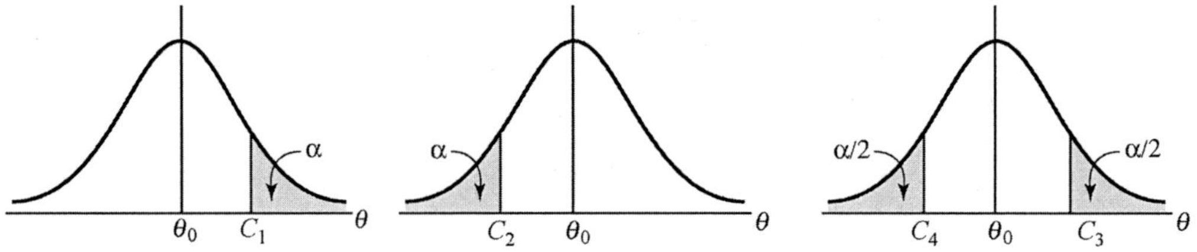

(1) 우단측검정 (2) 좌단측검정 (3) 양측검정

[그림 9.2] 기각역

주어진 자료를 이용하여 통계적 가설검정에 대한 문제를 다룰 때는 다음의 순서에 따라서 생각하면 편리하다.

> 통계적 가설검정에 대한 순서
>
> 1. 대립가설 H_1과 귀무가설 H_0를 설정한다.
> 2. 유의수준 α를 결정한다.
> 3. 검정통계량을 계산한다.
> 4. 기각역을 구한다.
> 5. 검정통계량의 값이 기각역 속에 들어가면 귀무가설 H_0를 기각하고 그렇지 않으면 귀무가설 H_0를 채택한다.

9.2 모평균의 검정

모집단의 분포가 정규분포 $N(\mu,\ \sigma^2)$를 따르고 표본의 크기 n이 충분히 크며 모분산 σ^2을 알고 있을 때 모평균 μ의 가설검정에 대하여 알아보자. 모평균 μ에 대한 가설검정은 표본평균 $\overline{X}$를 이용한다. $\overline{X}$는 정규분포 $N\left(\mu,\ \dfrac{\sigma^2}{n}\right)$을 따르고 표준화된 다음 통계량은 표준정규분포 $N(0,\ 1)$을 따른다.

$$Z = \frac{\overline{X} - \mu}{\dfrac{\sigma}{\sqrt{n}}}$$

Z 통계량은 모평균을 검정하는데 사용되는 검정통계량의 표준형태이며, Z 통계량

을 이용하여 시행하는 검정을 **정규검정**(normal test) 또는 $\boldsymbol{Z}$ **검정**(Z test)이라 한다.

다음과 같은 형태의 한쪽검정을 살펴보자.

$$H_0:\ \mu \le \mu_0 \qquad H_1:\ \mu > \mu_0 \quad (\mu_0\text{는 주어진 상수})$$

표본평균 $\overline{X}$의 분포는 정규분포 $N\left(\mu,\ \dfrac{\sigma^2}{n}\right)$를 따르고 μ는 대칭축이다. 대립가설 H_1에서 μ의 값들은 귀무가설 H_0에 있는 μ의 값들보다 더 큰 값들을 포함한다. 즉 표본평균 $\overline{X}$의 값이 클수록 귀무가설 H_0는 기각될 것이다. 따라서 유의수준 α인 기각역은 다음과 같은 형태를 취해야 한다.

$$R:\ \overline{X} \ge c$$

여기서 유의수준이 α가 되도록 기각역의 경계값 c를 정해 주어야 한다.

이 검정법의 검정력 함수는 다음과 같다.

$$\begin{aligned}\gamma(\mu) &= P(\overline{X} \ge c \mid \text{실제평균} = \mu)\\ &= P\left(\frac{\overline{X}-\mu}{\sigma/\sqrt{n}} \ge \frac{c-\mu}{\sigma/\sqrt{n}}\right)\\ &= P\left(Z \ge \frac{c-\mu_0}{\sigma/\sqrt{n}}\right)\end{aligned}$$

제1종의 오류를 범할 확률은 실제평균이 μ_0일 때 최대가 되므로 유의수준을 α로 하려면 $\gamma(\mu_0) = \alpha$, 즉 c는 $\dfrac{c-\mu_0}{\sigma/\sqrt{n}} = z_\alpha$을 만족해야 한다. 그러므로 다음이 성립한다.

$$c = \mu_0 + z_\alpha \frac{\sigma}{\sqrt{n}}$$

따라서 유의수준 α인 기각역은 다음과 같다.

$$R:\ \overline{X} \ge \mu_0 + z_\alpha \frac{\sigma}{\sqrt{n}}$$

Z 통계량 $Z = \dfrac{\overline{X}-\mu_0}{\sigma/\sqrt{n}}$을 이용하면 기각역은 $Z \ge -z_\alpha$가 된다.

귀무가설이 $H_0:\ \mu \ge \mu_0$이고 대립가설이 $H_1:\ \mu < \mu_0$일때는 유의수준 α인 기각역은 앞에서와 마찬가지로 다음과 같다.

$$\text{기각역 } R: \overline{X} \le \mu_0 - z_\alpha \frac{\sigma}{\sqrt{n}} \text{ 또는 } Z \le -z_\alpha$$

또, 다음과 같은 형태의 양쪽검정 문제를 살펴보자.

$$H_0: \mu = \mu_0, \quad H_1: \mu \ne \mu_0$$

표본평균 $\overline{X}$가 어느 쪽 방향으로든 μ_0로부터 너무 멀리 떨어져 있으면 H_0은 기각된다. 즉 Z가 너무 크거나 너무 작으면 H_0은 기각되는데 유의수준 α인 기각역은 다음과 같다.

$$R: \left| \frac{\overline{X} - \mu_0}{\sigma / \sqrt{n}} \right| \ge z_{\alpha/2} \text{ 또는 } |Z| \ge z_{\alpha/2}$$

유의수준을 α라 하고 Z를 가설의 검정통계량이라 하면 귀무가설을 기각하는 기각역은 다음과 같다.

(1) 우단측검정일 때의 기각역 : $Z \ge z_\alpha$

(2) 좌단측검정일 때의 기각역 : $Z \le -z_\alpha$

(3) 양측검정일 때의 기각역 : $Z \ge z_{\alpha/2}$ 또는 $Z \le -z_{\alpha/2}$

이를 그림으로 나타내면 다음과 같다.

(1) 우단측검정일 때의 기각역

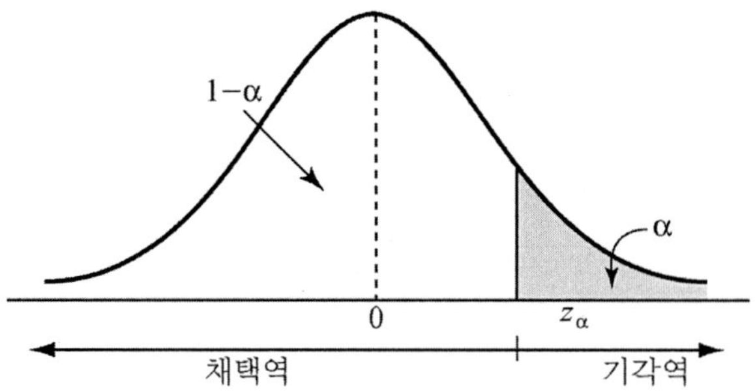

(2) 좌단측검정일 때의 기각역

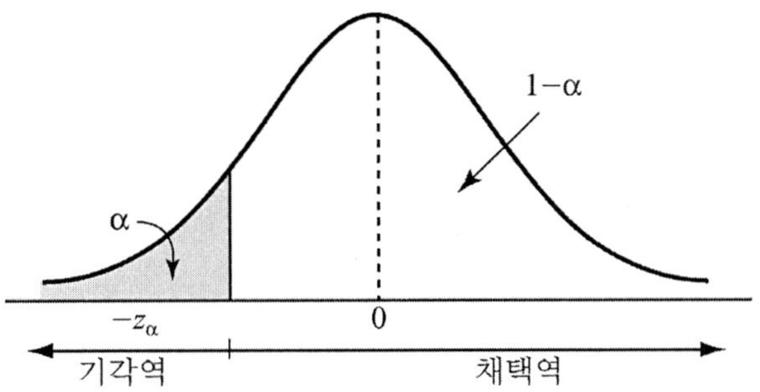

(3) 양측검정일 때의 기각역

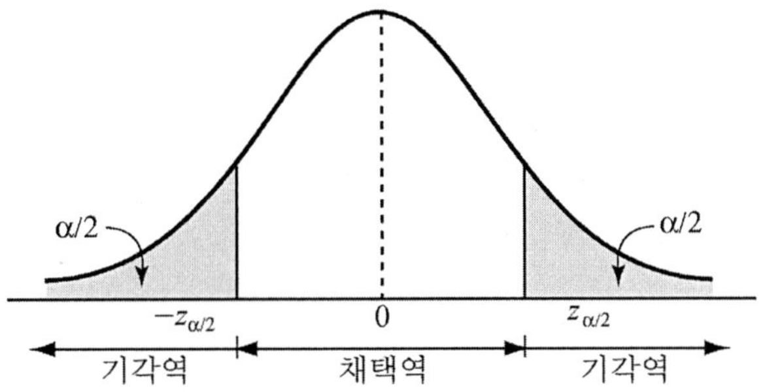

기각역의 경계를 $z_{\alpha/2}$ 또는 z_α와 비교하는 대신에 빗금친 영역을 이용하기도 한다. 빗금친 영역을 p값, **꼬리확률**, **유의확률**이라고 하는데, 좀더 일반적으로 p값을 정의하면 다음과 같다.

> p값(p-value)
>
> 검정통계량의 관측값에 대한 p값은 귀무가설이 기각될 수 있는 가장 작은 유의수준이다.

우단측검정일 때의 p값은 검정통계량이 관측값 z_0에 대하여 다음과 같다.

$$p\text{값} = P(Z \geq z_0) = 1 - \Phi(z_0)$$

좌단측검정일 때의 p값은 검정통계량의 관측값 $-z_0$에 대하여 다음과 같다.

$$p\text{값} = P(Z \le -z_0) = \Phi(-z_0)$$

양측검정일 때의 P값은 관측값 z_0에 대하여 다음과 같다.

$$p\text{값} = P(Z \le -z_0) + P(Z \ge z_0) = 2(1 - \Phi(z_0))$$

이때, p값 > 유의수준이면 귀무가설을 채택하고 p값 ≤ 유의수준이면 귀무가설을 기각한다.

이제, 모집단의 분포가 정규분포 $N(\mu,\ \sigma^2)$를 따르고 모분산 σ^2을 모르는 경우의 모평균의 가설검정에 대해서 알아보자.

모분산 σ^2을 알고 있을 때의 모평균의 가설검정과 마찬가지 방법으로 유도되며 모평균의 검정통계량 $Z = \dfrac{\overline{X} - \mu_0}{\sigma / \sqrt{n}}$에서 모표준편차 σ 대신 표본표준편차 s를 대입하여 모평균 μ를 검정할 수 있다.

모평균 μ에 대한 검정통계량과 각 가설에 대한 기각역을 정리하면 다음과 같다.

모평균의 검정

1. 검정통계량은 다음과 같다.
   (1) σ^2(모분산)을 알 때 : $Z = \dfrac{\overline{X} - \mu_0}{\sigma / \sqrt{n}}$
   (2) σ^2(모분산)을 모를 때 : $Z = \dfrac{\overline{X} - \mu_0}{s / \sqrt{n}}$
2. 귀무가설과 대립가설, 유의수준 α인 기각역은 각각 다음과 같다.
   (1) $H_0:\ \mu \le \mu_0,\quad H_1:\ \mu > \mu_0 \qquad Z \ge z_\alpha$
   (2) $H_0:\ \mu \ge \mu_0,\quad H_1:\ \mu < \mu_0 \qquad Z \le -z_\alpha$
   (3) $H_0:\ \mu = \mu_0,\quad H_1:\ \mu \ne \mu_0 \qquad |Z| \ge z_{\alpha/2}$

검정에서 주로 사용하는 주요한 z_α값은 다음과 같다.

(1) $\alpha = 0.05$일때 $z_\alpha = z_{0.05} = 1.645,\ z_{\alpha/2} = z_{0.025} = 1.96$

(2) $\alpha = 0.01$일때 $z_\alpha = z_{0.01} = 2.326,\ z_{\alpha/2} = z_{0.005} = 2.576$

(3) $\alpha = 0.1$일때 $z_\alpha = z_{0.1} = 1.282,\ z_{\alpha/2} = z_{0.05} = 1.645$

예제 9-4

어떤 공장에서는 생산하는 전구의 평균수명이 4000시간 이상이라고 주장한다. 이를 조사하기 위하여 81개의 전구를 표본으로 추출하여 수명을 알아본 결과 표본의 평균수명은 $\bar{x}=4020$ 시간, 표준편차는 $s=60$ 시간을 얻었다. 전구의 평균수명이 4000시간 이상이라고 확신할 수 있는지를 유의수준 0.05와 0.01에서 각각 검정하라.

풀이 전구의 평균수명을 μ라고 할 때 평균수명이 4000보다 큰지를 알아내기 위하여 다음과 같은 가설을 세운다.

$$\text{귀무가설 } H_0:\ \mu < 4000$$

$$\text{대립가설 } H_1:\ \mu \geq 4000$$

표본의 크기는 81이고 표본의 평균과 표준편차는 각각 4020과 60이므로 다음과 같이 검정통계량의 관측값을 얻을 수 있다.

$$\frac{\bar{x}-\mu_0}{s/\sqrt{n}}=\frac{4020-4000}{60/\sqrt{81}}=3$$

유의수준의 값에 따라서 다음과 같이 나눌 수 있다.

(1) 유의수준 $\alpha=0.05$ 일때

기각역은 R: $Z \geq z_{0.05}=1.645$ 이고 검정통계량의 관측값은 1.645보다 크므로 귀무가설 H_0를 기각하고 대립가설 H_1을 채택하여 전구의 평균수명이 4000시간 이상이라는 결론을 내릴 수 있다.

참고 p값을 이용하면 p값$=P(Z \geq 3)=0.0013$ 이고 0.0013은 유의수준 $\alpha=0.05$ 미만이므로 같은 결론을 얻는다.

(2) 유의수준 $\alpha=0.01$ 일때

기각역은 $Z \geq z_{0.01}=2.326$ 이고 검정통계량의 관측값은 2.326보다 크므로 귀무가설 H_0를 기각하고 대립가설 H_1을 채택하여 전구의 평균수명이 4000시간 이상이라는 결론을 내릴 수 있다. 즉 유의수준 1%, 5%에서 전구의 평균수명이 4000시간 이상이라는 결론을 내릴 수 있다.

참고 p값을 이용하면 p값$=P(Z \geq 3)=0.0013$ 이고 0.0013은 유의수준 $\alpha=0.01$ 미만이므로 같은 결론을 얻는다.

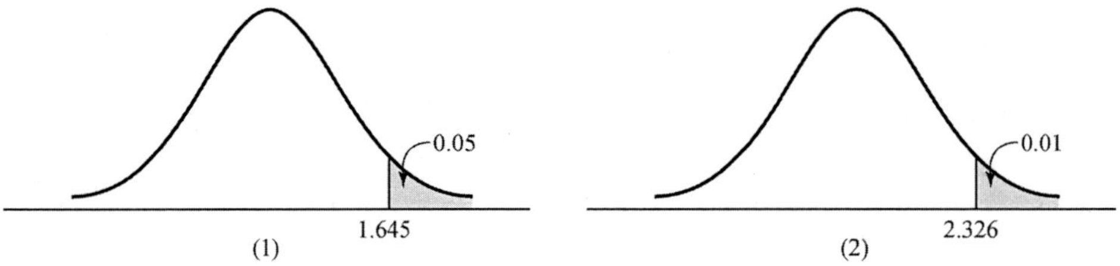

[그림 9.2] (1) $\alpha = 0.05$ (2) $\alpha = 0.01$일때의 기각역

예제 9-5

어떤 설탕부대의 무게는 6kg이라고 표시되고 있다. 이를 확인하기 위하여 49개의 설탕부대를 조사한 결과 표본평균은 $\bar{x} = 5.9$kg, 표본표준편차는 $s = 0.4$kg이었다. 이 설탕부대의 무게표시는 잘못되었다고 할 수 있는가? 유의수준 5%에서 검정하라.

풀이 무게표시가 잘못되었다는 것은 $\mu \neq 6$kg임을 뜻한다. 따라서 다음과 같이 양쪽검정을 시행한다.

(1) 귀무가설 H_0: $\mu = 6$

대립가설 H_1: $\mu \neq 6$

(2) 검정통계량의 관측값 $\dfrac{\bar{x} - \mu_0}{s/\sqrt{n}} = \dfrac{5.9 - 6}{0.4/\sqrt{49}} = -1.75$

(3) 유의수준 $\alpha = 0.05$

(4) 기각역 $|Z| \geq z_{0.025} = 1.96$

검정통계량의 관측값의 절댓값은 1.96보다 작으므로 유의수준 5%에서 H_0를 기각시키지 못한다. 즉 설탕부대의 무게표시가 잘못되었다는 근거는 없다.

이제, 모집단의 분포가 정규분포 $N(\mu, \sigma^2)$를 따르고 모분산 σ^2이 미지이며 표본의 크기가 작을 때($n < 30$)의 모평균 μ의 가설검정에 대하여 알아보자. 이를 위해서 앞에서 사용한 정규검정법에서 모표준편차 σ 대신 표본표준편차 s를 대입하고 자유도 $(n-1)$인 t 분포를 따르는 다음의 **t 통계량**을 이용한다.

$$t = \frac{\overline{X} - \mu}{s/\sqrt{n}}$$

기각역의 경계값은 정규분포표보다 t분포표를 이용하여 결정한다. 특히 대립가설이 H_1: $\mu > \mu_0$일때 기각역은 R: $t \geq t_\alpha(n-1)$이다. 여기서 $t_\alpha(n-1)$는 자유도 $(n-1)$의 t 분포에서 오른쪽 꼬리부분의 면적이 α가 되게 하는 값이다.

양쪽검정에서 대립가설이 H_1: $\mu \neq \mu_0$일때는 기각역은 R: $|t| \geq t_{\alpha/2}(n-1)$이다.

이와 같이 t 분포를 따르는 t 통계량을 이용해서 하는 검정을 **t 검정**(t test)이라 한다. 소표본에서 모평균 μ에 관한 검정법은 다음과 같다.

소표본에서 모평균의 검정

1. 귀무가설 H_0: $\mu = \mu_0$
2. 검정통계량 $t = \dfrac{\overline{X} - \mu_0}{s / \sqrt{n}}$
3. 대립가설과 기각역은 각각 다음과 같다.
   (1) H_1: $\mu > \mu_0$ $\quad t \geq t_\alpha(n-1)$
   (2) H_1: $\mu < \mu_0$ $\quad t \leq -t_\alpha(n-1)$
   (3) H_1: $\mu \neq \mu_0$ $\quad |t| \geq t_{\alpha/2}(n-1)$

예제 9-6

어떤 회사에서 새로운 캔커피를 개발하였는데, 이 커피에는 기존의 커피에 들어 있는 카페인 30mg보다 적은 카페인이 들어 있다고 주장한다. 이를 확인하기 위하여 10개의 캔커피를 조사하였더니 카페인이 다음과 같이 들었다(단위 : mg).

30, 28, 27, 35, 26, 29, 27, 32, 31, 25

평균 카페인 함량이 30mg보다 적게 들었다고 할 수 있는지를 유의수준 5%에서 검정하라. 단, 캔커피의 카페인은 정규분포를 따른다고 한다.

풀이 평균 카페인 함량을 μ라 할 때 평균 카페인이 30mg보다 적게 들었는지를 알아보기 위하여 다음과 같이 가설을 세운다.

$$\text{귀무가설} \quad H_0: \mu = 30$$
$$\text{대립가설} \quad H_1: \mu < 30$$

자료로부터 평균과 표준편차를 구해보자. 그런데

$$\sum x_i = 290$$

$$\Sigma x_i^2 = 8494$$

이므로

$$\bar{x} = \frac{\Sigma x_i}{n} = 29$$

$$s^2 = \frac{\Sigma x_i^2 - (\Sigma x_i)^2/n}{n-1} = \frac{8494-8400}{9} = 9.333$$

이고 $s = 3.055$이다. 즉 $\bar{x} = 29,\ s = 3.055$이다. 표본의 크기 $n = 10$이므로 t 검정을 이용한다. 구하고자 하는 t 통계량의 관측값은 다음과 같다.

$$|t| = \left| \frac{\bar{x} - \mu_0}{s/\sqrt{n}} \right| = \left| \frac{29-30}{3.055/\sqrt{10}} \right| = 1.035$$

그러므로 기각역은 다음과 같다.

$$t < -t_{0.05}(9) \approx -1.833$$

$t = \dfrac{\bar{x} - \mu_0}{s/\sqrt{n}} = -1.035 > -1.833$이므로 H_0를 기각시키지 못한다. 즉 카페인 함량이 30mg 보다 적게 들었다는 확실한 근거는 없다.

■

9.3 모비율의 검정

모비율을 p라 하고 귀무가설 H_0: $p = p_0$과 대립가실 H_1: $p \neq p_0$이 주어져 있을 때 모비율에 대한 검정에 대해서 알아보자.

X를 이항분포에서의 확률변수라 하면 표본비율 $\hat{p} = \dfrac{X}{n}$는 표본의 크기 n이 클 때 근사적으로 평균 p, 표준편차 $\sqrt{p(1-p)}/\sqrt{n}$의 정규분포를 따른다. 즉 귀무가설하에서 p는 p_0의 값을 갖고 $\hat{p}$은 근사적으로 정규분포 $N\left(p_0,\ \dfrac{p_0(1-p_0)}{n}\right)$를 갖는다. 따라서 다음 검정통계량은 근사적으로 표준정규분포 $N(0,\ 1)$을 따른다.

$$Z = \frac{\hat{p} - p_0}{\sqrt{p_0(1-p_0)/n}}$$

대립가설이 양쪽검정일 때 기각역은 R: $|Z| \geq z_{\alpha/2}$이다. 한쪽검정의 경우도 마찬가지로 기각역을 구할 수 있다. 이를 정리하면 다음과 같은 모비율의 검정을 구할 수 있다.

대표본에서 모비율의 검정

1. 귀무가설 $H_0:\ p = p_0$
2. 검정통계량 $Z = \dfrac{\hat{p} - p_0}{\sqrt{p_0(1-p_0)/n}}$
3. 대립가설과 기각역은 각각 다음과 같다.
   (1) $H_1:\ p > p_0 \qquad Z \geq z_\alpha$
   (2) $H_1:\ p < p_0 \qquad Z \leq -z_\alpha$
   (3) $H_1:\ p \neq p_0 \qquad |Z| \geq z_{\alpha/2}$

예제 9-7

정부는 우리 나라의 실업률이 7%라고 주장하고 있다. 어떤 연구소에서는 우리 나라 실업률이 정부의 주장과 차이가 있는지를 알아보기 위하여 1000명을 대상으로 조사한 결과 73명이 실업자인 것으로 나타났다. 연구소에서 조사한 실업률은 정부의 주장과 다른지를 유의수준 5%에서 검정하라.

풀이 p를 실업률이라 하자. p가 0.07인지 아닌지를 판정하기 위하여 다음과 같이 가설을 세우자.

$$H_0:\ p = 0.07$$
$$H_1:\ p \neq 0.07$$

표본비율 $\hat{p} = \dfrac{73}{1000}$이고 표본의 크기 $n = 1000$은 크기 때문에 다음과 같은 검정통계량의 관측값을 이용한다.

$$z = \frac{\dfrac{73}{1000} - 0.07}{\sqrt{0.07 \cdot 0.93/1000}} = 0.3718$$

유의수준 $\alpha = 0.05$에 대응하는 기각역은 $R:\ |Z| \geq 1.96$이고 검정통계량의 관측값은 $z = 0.3718 < 1.96$이므로 H_0를 기각할 만한 충분한 증거가 되지 못한다. 즉 실업률이 7%라는 정부의 주장을 그대로 채택한다. 이를 그림으로 나타내면 다음과 같다.

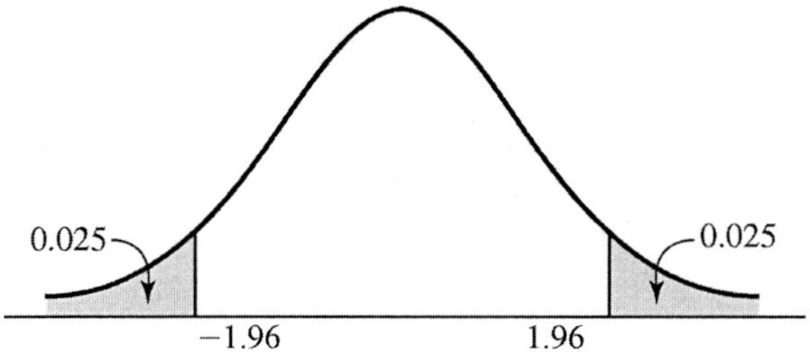

[그림 9.3]

예제 9-8

어떤 종합병원에서 출생한 여자아이와 남자아이의 비는 같다고 한다. 남자아이와 여자아이의 출생률에 차이가 있는지를 알아보기 위하여 300명의 신생아를 임의로 뽑아 조사한 결과 163명이 여자아이였다. 남자아이와 여자아이의 출생률은 다르다고 할 수 있는지를 유의수준 5%에서 검정하라.

풀이 p를 출생률이라 하자. p가 0.5인지 아닌지를 판정하기 위하여 다음과 같이 가설을 세운다.

$$H_0:\ p = 0.5$$

$$H_1:\ p \neq 0.5$$

표본비율 $\hat{p} = \dfrac{X}{n} = \dfrac{163}{300}$ 이고 검정통계량의 관측값은 다음과 같다.

$$z = \frac{\dfrac{163}{300} - 0.5}{\sqrt{0.5 \cdot 0.5/300}} = 1.3856$$

유의수준 $\alpha = 0.05$에 대응하는 기각역은 R: $|Z| \geq 1.96$이고 검정통계량의 관측값은 $z = 1.3856 < 1.96$이므로 귀무가설 H_0를 기각하지 못한다. 즉 남자아이와 여자아이의 출생률은 같다고 할 수 있다.

9.4 모분산의 검정

모평균 μ, 모분산 σ^2이 미지인 정규모집단 $N(\mu, \sigma^2)$이 주어졌을 때 모분산 σ^2에 관한 다음과 같은 형태의 한쪽 검정을 살펴보자.

$$H_0 : \sigma^2 \geq \sigma_0^2, \quad H_1 : \sigma^2 < \sigma_0^2 \quad (\sigma_0^2\text{은 주어진 상수})$$

만약 표본분산 s^2이 작을수록 귀무가설 H_0는 기각될 것이다. 기각역은 다음과 같은 형태를 갖는다.

$$\text{기각역} : s^2 \leq c$$

여기서 유의수준이 α가 되도록 기각역의 경계값 c를 정해주어야 한다.

표본분산 s^2에 대하여 $\dfrac{(n-1)s^2}{\sigma^2}$은 자유도 $(n-1)$인 카이제곱분포를 따르므로 이 검정법의 검정력 함수는 다음과 같다.

$$\begin{aligned}\gamma(\sigma^2) &= P(s^2 \leq c \mid \text{실제분산} = \sigma^2) \\ &= P\left[\frac{(n-1)s^2}{\sigma^2} \leq \frac{(n-1)c}{\sigma^2}\right] \\ &= P\left[\chi^2 \leq \frac{(n-1)c}{\sigma^2}\right]\end{aligned}$$

제1종의 오류를 범할 확률은 $\sigma = \sigma_0^2$일 때 최대가 되므로 유의수준을 α로 하려면 c는 다음 식을 만족시켜야 한다.

$$\gamma(\sigma_0^2) = \alpha \qquad \text{즉} \quad \frac{(n-1)c}{\sigma^2} = \chi^2_{1-\alpha}(n-1)$$

그러므로 c에 대해서 풀면 다음을 얻는다.

$$c = \frac{\sigma_0^2 \chi^2_{1-\alpha}(n-1)}{n-1}$$

따라서 유의수준 α인 기각역은 다음이 된다.

$$s^2 \leq \frac{\sigma_0^2 \chi^2_{1-\alpha}(n-1)}{n-1}, \quad \text{즉} \quad \frac{(n-1)s^2}{\sigma_0^2} \leq \chi^2_{1-\alpha}(n-1)$$

모분산의 검정

1. 검정통계량 $\chi^2 = \dfrac{(n-1)s^2}{\sigma_0^2}$

2. 귀무가설, 대립가설, 유의수준 α인 기각역은 각각 다음과 같다.
   (1) $H_0 : \sigma^2 \le \sigma_0^2 \; H_1 : \sigma^2 > \sigma_0^2 \quad \chi^2 \ge \chi^2_{\alpha}(n-1)$
   (2) $H_0 : \sigma^2 \ge \sigma_0^2 \; H_1 : \sigma^2 < \sigma_0^2 \quad \chi^2 \le \chi^2_{1-\alpha}(n-1)$
   (3) $H_0 : \sigma^2 = \sigma_0^2 \quad H_1 : \sigma^2 \ne \sigma_0^2 \quad \chi^2 \le \chi^2_{1-\alpha/2}(n-1)$ 또는
   $\chi^2 \ge \chi^2_{\alpha/2}(n-1)$

예제 9-9

강철봉은 강도가 중요한 요소인데 어떤 제조법으로 만든 18개의 강철봉 강도의 측정값의 분산은 $s^2 = 55$이다. 측정값이 정규모집단에서 추출된 임의표본이라 가정할 때 대립가설 $\sigma^2 > 50$에 대해서 귀무가설 $\sigma^2 = 50$을 유의수준 5%에서 검정하라.

풀이

1. $H_0 : \sigma^2 = 50 \qquad H_1 : \sigma^2 > 50 \qquad \alpha = 0.05$
2. $\chi^2 = \dfrac{(n-1)s^2}{\sigma_0^2}, \qquad \chi^2 \ge \chi^2_{0.05}(17) = 27.5871$이면 귀무가설을 기각한다.
3. $s^2 = 55, \quad \sigma_0^2 = 50, \quad n = 18$을 대입하면 다음을 얻는다.
   $\chi^2 = \dfrac{17 \cdot 55}{50} = 18.7$
4. $\chi^2 = 18.7 < 27.5871$이므로 귀무가설을 기각하지 않는다.

연습문제

1. 어떤 타이어 공장에서 만든 타이어의 평균수명은 1800시간, 표준편차는 100시간이라고 한다. 새로운 공법으로 만들어진 타이어는 수명시간이 늘어났다고 이 공장에서는 홍보하는데 64개의 타이어를 추출하여 조사해본 결과 평균수명 시간이 1850시간으로 나타났다. 이 공장의 주장을 유의수준 5%에서 검정하라.

2. 어떤 설탕부대는 1kg이라고 표시되어 있다. 이를 확인하기 위하여 49개이 설탕부대를 조사한 결과 평균은 0.9kg, 표준편차는 0.4kg이었다. 설탕부대의 무게표시는 잘못되었다고 할 수 있는지 유의수준 5%에서 검정하라.

3. 어떤 회사가 생산하는 형광등의 평균수명과 표준편차를 알아보기 위하여 64개의 형광등을 추출하였다. 추출된 형광등의 평균수명은 $\overline{x}=1970$시간, 표준편차는 $s=100$시간이었다. μ가 그 회사에서 생산하는 모든 형광등의 평균수명이라 할 때 $\mu=2000$시간인지 아닌지를 유의수준 0.05와 0.01에서 검정하라.

4. 다음 자료는 A 회사에서 생산한 환등기 전구의 수명을 조사한 것이다. 이 회사에서는 환등기 전구의 평균수명이 280시간 이상이라고 주장하고 있다. 이 회사의 주장이 맞는지를 유의수준 5%에서 검정하라.

245	278	260	210	242	270	286	285	310	234	300	250
269	270	295	287	285	277	300	254	272	265	245	278
295	296	299	287	300	247	245	282	299	290	278	282

5. 어떤 공장에서 만든 통조림에는 용량이 1kg이라고 표시되어 있다. 이를 확인하기 위하여 통조림 100개를 임의로 추출하여 조사한 결과 평균이 995g, 표준편차가 20g이었다. 이때 통조림의 중량표시를 1kg이라고 한것은 정당하다고 할 수 있는지를 유의수준 5%에서 검정하라.

6. 어떤 고등학교 신입생의 평균신장은 170cm이고 표준편차는 6cm라고 알려져 있다. 금년 신입생 중에서 100명을 임의추출하여 평균신장을 측정하였더니 172cm이었다. 금년 신입생은 작년 신입생보다 키가 크다고 판정해도 좋은지 유의수준 5%에서 검정하라.

7. 어떤 담배의 1개피당 평균 니코틴 함량은 20mg이라고 한다. 어떤 회사에서 담배를 새로 개발하여 담배 1개피당 니코틴 함량이 20mg 이하라고 한다. 이를 확인하기 위하여 10개피를 조사한 결과 다음의 자료를 얻었다.

21, 14, 18, 19, 15, 24, 19, 22, 23, 15

평균 니코틴 함량이 20mg 이하라고 할 수 있는지 유의수준 5%에서 검정하라. 단, 담배속에 들어 있는 니코틴 함량은 정규분포를 따른다고 한다.

8. 어떤 컴퓨터 부품제조 공장에서 생산된 제품은 평균 사용시간이 950시간이라고 한다. 이 공장에서 생산된 제품의 평균 사용시간이 떨어지는지를 알아보기 위하여 15개를 추출하여 사용시간을 조사해 본 결과 평균사용시간은 930시간, 표준편차는 90시간이었다. 이 공장에서 생산된 제품의 평균 사용시간은 950시간 이하라고 할 수 있는지를 유의수준 5%에서 검정하라. 단, 공장에서 생산된 제품의 사용시간은 정규분포를 따른다.

9. 생후 3개월된 쥐의 평균체중은 70g이라고 한다. 이를 확인하기 위하여 10마리의 쥐를 길렀더니 생후 3개월 후에 평균체중이 69g, 표준편차가 4g이었다. 생후 3개월된 쥐의 평균체중이 잘못되었다고 할 수 있는지를 유의수준 5%에서 검정하라. 단, 생후 3개월된 쥐의 체중은 정규분포를 따른다고 한다.

10. 어떤 회사직원들의 평일의 결근률은 10%라고 한다. 연휴 다음 날의 결근상태를 조사해 보았더니 300명 가운데 50명이 결근하였다고 한다. 연휴 다음 날의 결근률은 평일보다 많다고 할 수 있는지를 유의수준 5%에서 검정하라.

11. 어떤 선생님은 그 학교 학생들의 수학 성적의 변동성에 관해 알고자 한다. 23명의 학생들을 뽑아서 수학 성적의 분산을 측정한 결과 $s^2 = 147$이라는 수치를 얻었다. 측정값이 정규모집단에서 추출된 임의표본이라 가정할 때 대립가설 $\sigma^2 \neq 100$에 대해서 귀무가설 $\sigma^2 = 100$을 유의수준 5%에서 검정하라.

제 10 장

두 모집단의 비교

제 10 장 두 모집단의 비교

01 본장의 개요

이제까지 모집단이 하나인 경우의 모평균과 모비율에 대한 구간추정과 검정을 다루었다. 이 장에서는 두 집단의 모평균과 모비율의 비교에 대해서 알아보려고 한다.

예를 들면 어떤 약품회사에서 새로운 약을 개발했는데 이 새로운 약의 효능을 비교하기 위해서 두 모집단을 다음과 같이 비교한다. 한 모집단에는 새로운 약을 먹이고, 다른 모집단은 어떠한 약도 투여하지 않고 일정기간 지난 후 두 집단을 비교함으로써 새로운 약의 효능을 검토한다.

다음과 같이 두 모집단을 비교하는 방법에는 두 가지가 있다.

(1) 독립인 두 표본: 두 모집단에서 독립적으로 임의표본을 추출하고, 추출된 표본의 평균을 구하여 이를 비교함으로써 두 모평균을 비교한다. 이와 같이 추출된 표본을 **독립표본**이라 한다.

(2) 대응표본: 고혈압에 효과적이라는 어떤 약을 임상실험하기 위해서 고혈압 환자 n명을 추출하였다. i번째 환자에 대해서 약을 투여하기 전의 혈압을 X_i, 약을 투여한 후의 혈압을 Y_i라 한다면 $(X_1, Y_1), (X_2, Y_2), \cdots, (X_n, Y_n)$은 서로 독립인 n쌍의 표본이 되며, 이 n쌍의 표본을 **대응표본**(paired sample)이라 한다.

1절에서는 두 표본이 독립인 경우의 모평균과 모비율의 차에 대한 추론을 알아보고 2절에서는 대응표본의 모평균의 차에 대한 추론을 알아본다.

10.1 두 표본이 독립인 경우의 비교

10.1.1 모분산을 아는 경우: 모평균의 차에 대한 추론

모집단 1은 모평균 μ_1, 모분산 σ_1^2인 정규분포를 따르고, 모집단 2는 모평균 μ_2, 모분산 σ_2^2인 정규분포를 따른다고 하자.

모집단 1에서 크기 n_1의 임의표본을 X_1, X_2, $\cdots$, X_{n_1}이라 하고, 모집단 2에서 크기 n_2의 임의표본을 Y_1, Y_2, $\cdots$, Y_{n_2}라 하자. X_1, X_2, $\cdots$, X_{n_1}과 Y_1, Y_2, $\cdots$, Y_{n_2}은 서로 독립이다.

두 모평균의 차에 대한 추론문제를 연구하기 위하여 먼저 다음과 같은 통계량을 상기하자.

표본	통계량	
모집단 1에서의 임의표본 X_1, X_2, $\cdots$, X_{n_1}	$\overline{X}=\dfrac{1}{n_1}\sum_{i=1}^{n_1}X_i$	$s_1^2=\dfrac{\sum_{i=1}^{n_1}(X_i-\overline{X})^2}{n_1-1}$
모집단 2에서의 임의표본 Y_1, Y_2, $\cdots$, Y_{n_2}	$\overline{Y}=\dfrac{1}{n_2}\sum_{i=1}^{n_2}Y_i$	$s_2^2=\dfrac{\sum_{i=1}^{n_2}(Y_i-\overline{Y})^2}{n_2-1}$

$\overline{X}$는 정규분포 $N\left(\mu_1,\ \dfrac{\sigma_1^2}{n_1}\right)$을 따르고 $\overline{Y}$는 정규분포 $N\left(\mu_2,\ \dfrac{\sigma_2^2}{n_2}\right)$를 따른다. $\overline{X}$와 $\overline{Y}$는 독립이므로 $\overline{X}-\overline{Y}$의 기댓값과 분산은 다음과 같다.

$$E(\overline{X}-\overline{Y})=E(\overline{X})-E(\overline{Y})=\mu_1-u_2$$

$$Var(\overline{X}-\overline{Y})=Var(\overline{X})+Var(\overline{Y})=\frac{\sigma_1^2}{n_1}+\frac{\sigma_2^2}{n_2}$$

따라서 $\overline{X}-\overline{Y}$는 평균이 $\mu_1-\mu_2$이고 $\dfrac{\sigma_1^2}{n_1}+\dfrac{\sigma_2^2}{n_2}$인 정규분포를 따른다.

표준정규 확률변수 $Z=\dfrac{(\overline{X}-\overline{Y})-(\mu_1-\mu_2)}{\sqrt{\dfrac{\sigma_1^2}{n_1}+\dfrac{\sigma_2^2}{n_2}}}$는 표준정규분포 $N(0,\ 1)$를 따른다.

8장에서와 마찬가지 방법으로 $\mu_1 - \mu_2$의 신뢰구간을 구하면 다음과 같다.

$$1-\alpha = P\left(-z_{\alpha/2} < \frac{(\overline{X}-\overline{Y})-(\mu_1-\mu_2)}{\sqrt{\frac{\sigma_1^2}{n_1}+\frac{\sigma_2^2}{n_2}}} < z_{\alpha/2} \right)$$

$$= P\left((\overline{X}-\overline{Y}) - z_{\alpha/2}\sqrt{\frac{\sigma_1^2}{n_1}+\frac{\sigma_2^2}{n_2}} < \mu_1-\mu_2 < (\overline{X}-\overline{Y}) + z_{\alpha/2}\sqrt{\frac{\sigma_1^2}{n_1}+\frac{\sigma_2^2}{n_2}} \right)$$

모분산을 알고, 독립인 두 정규모집단의 모평균의 차 $\mu_1 - \mu_2$의 $100(1-\alpha)\%$ 신뢰구간

$$\left((\overline{X}-\overline{Y}) - z_{\alpha/2}\sqrt{\frac{\sigma_1^2}{n_1}+\frac{\sigma_2^2}{n_2}},\ (\overline{X}-\overline{Y}) + z_{\alpha/2}\sqrt{\frac{\sigma_1^2}{n_1}+\frac{\sigma_2^2}{n_2}} \right)$$

그리고 9장에서와 마찬가지로 $\mu_1 - \mu_2$의 가설검정법을 구하면 다음과 같다.

$\mu_1 - \mu_2$의 가설검정

1. 검정통계량 $Z = \dfrac{(\overline{X}-\overline{Y})-\delta_0}{\sqrt{\frac{\sigma_1^2}{n_1}+\frac{\sigma_2^2}{n_2}}}$
2. 귀무가설과 대립가설, 유의수준 α인 기각역은 각각 다음과 같다.
   (1) $H_0: \mu_1 - \mu_2 \le \delta_0$ $\quad H_1: \mu_1 - \mu_2 > \delta_0$ $\quad Z \ge z_\alpha$
   (2) $H_0: \mu_1 - \mu_2 \ge \delta_0$ $\quad H_1: \mu_1 - \mu_2 < \delta_0$ $\quad Z \le -z_\alpha$
   (3) $H_0: \mu_1 - \mu_2 = \delta_0$ $\quad H_1: \mu_1 - \mu_2 \ne \delta_0$ $\quad |Z| \ge z_{\alpha/2}$

예제 10-1

두 가지 담배 A와 B의 니코틴 함량을 비교하고 있다. 담배 A, B의 니코틴 함량은 근사적으로 정규분포를 따르며, 분산은 각각 $\sigma_A^2 = 3$, $\sigma_B^2 = 4$임이 알려져 있다. 두 가지 담배에 들어 있는 니코틴 함량에 차이가 있는가를 알아보기 위해서

A와 B에서 각각 10개와 15개의 표본을 추출하고 추출한 담배의 니코틴 함량을 알아보았더니 니코틴 평균함량은 각각 $\bar{x}=16.5$와 $\bar{y}=15.5$이었다. μ_A와 μ_B를 각각 담배 A, B에 들어 있는 니코틴 함량의 진짜 평균이라 할 때

(1) $\mu_A-\mu_B$의 95% 신뢰구간을 구하라.

(2) 두 가지 담배의 니코틴 함량은 차이가 있는지를 유의수준 5%에서 검정하라.

풀이 (1) $\mu_A-\mu_B$의 95% 신뢰구간은 다음과 같다.

$$(\bar{x}-\bar{y})\pm z_{\alpha/2}\sqrt{\frac{\sigma_A^2}{n_1}+\frac{\sigma_B^2}{n_2}}=(16.5-15.5)\pm 1.96\sqrt{\frac{3}{10}+\frac{4}{15}}$$
$$=1.0\pm 1.475$$

즉 $-0.475<\mu_A-\mu_B<2.475$

(2) 두 가지 담배의 니코틴 함량에 차이가 있는지를 검정하기 위하여 다음과 같이 귀무가설과 대립가설을 세운다.

$$H_0:\ \mu_A=\mu_B,\qquad H_1:\ \mu_A\neq\mu_B$$

검정통계량의 관측값은 다음과 같다.

$$Z=\frac{(\bar{x}-\bar{y})-\delta_0}{\sqrt{\frac{\sigma_A^2}{n_1}+\frac{\sigma_B^2}{n_2}}}=\frac{(16.5-15.5)-0}{\sqrt{\frac{3}{10}+\frac{4}{15}}}=\frac{1}{0.753}=1.328$$

양측검정에서 유의수준 5%에 대한 기각역은 $R:\ |Z|\geq z_{\alpha/2}=1.96$이고 검정통계량의 계산된 값은 1.96보다 작으므로 H_0를 기각하지 못한다. 즉 두 가지 담배의 니코틴 함량은 차이가 있다고 할 만한 충분한 근거는 없다.

■

10.1.2 모분산을 모르는 경우: 모평균의 차에 대한 추론

두 모분산을 모를 때 모평균의 차에 대한 추론문제는 표본의 크기가 작을 때 특히 유용하다. 두 모집단은 각각 정규분포를 따르고 $X_1,\ \cdots,\ X_{n_1}$과 $Y_1,\ \cdots,\ Y_{n_2}$는 각 모집단에서 추출한 독립인 두 표본이라 하자. 여기서 추가되는 가정으로 두 모집단은 미지의 동일한 모분산을 가진다는 것이다. 즉 $\sigma_1^2=\sigma_2^2=\sigma^2$이라는 가정이 하나 더 필요하다.

10.1.1절에서 설명했듯이 $\overline{X}-\overline{Y}$는 평균이 $\mu_1-\mu_2$이고, 분산 $\sigma^2\left(\frac{1}{n_1}+\frac{1}{n_2}\right)$인 정규분

포를 따른다. 표준정규 확률변수 $Z = \dfrac{(\overline{X} - \overline{Y}) - (\mu_1 - \mu_2)}{\sigma\sqrt{\dfrac{1}{n_1} + \dfrac{1}{n_2}}}$ 는 표준정규분포를 따른다.

σ^2을 추정할 때는 두 표본을 합병해서 추정하는데, σ^2의 **합동추정량**(pooled estimator)은 $\sum_{i=1}^{n_1}(X_i - \overline{X})^2 + \sum_{i=1}^{n_2}(Y_i - \overline{Y})^2$을 각각의 자유도의 합인 $(n_1 - 1) + (n_2 - 1) = (n_1 + n_2 - 2)$로 나눈 값으로 정의한다. 그러므로 이 합동추정량을 s_p^2으로 나타내면 다음과 같다.

$$s_p^2 = \frac{\sum_{i=1}^{n_1}(X_i - \overline{X})^2 + \sum_{i=1}^{n_2}(Y_i - \overline{Y})^2}{n_1 + n_2 - 2}$$

또한

$$\sum_{i=1}^{n_1}(X_i - \overline{X})^2 = (n_1 - 1)s_1^2, \qquad \sum_{i=1}^{n_2}(Y_i - \overline{Y})^2 = (n_2 - 1)s_2^2$$

이므로 s_p^2을 다음과 같이 쓸 수 있다.

$$s_p^2 = \frac{(n_1 - 1)s_1^2 + (n_2 - 1)s_2^2}{n_1 + n_2 - 2}$$

등분산 σ^2의 합동추정량

$$s_p^2 = \frac{\sum_{i=1}^{n_1}(X_i - \overline{X})^2 + \sum_{i=1}^{n_2}(Y_i - \overline{Y})^2}{n_1 + n_2 - 2} = \frac{(n_1 - 1)s_1^2 + (n_2 - 1)s_2^2}{n_1 + n_2 - 2}$$

10.1.1절로부터 다음을 얻는다.

$$Z = \frac{(\overline{X} - \overline{Y}) - (\mu_1 - \mu_2)}{\sigma\sqrt{\dfrac{1}{n_1} + \dfrac{1}{n_2}}} \sim N(0, 1)$$

독립적인 확률변수들 $\dfrac{(n_1 - 1)s_1^2}{\sigma^2}$, $\dfrac{(n_2 - 1)s_2^2}{\sigma^2}$은 각각 자유도 $(n_1 - 1)$, $(n_2 - 1)$인 χ^2 분포를 따른다는 것을 7.5절로부터 알 수 있다. 또 그 합을 W로 놓으면 다음 식이 성립한다.

$$W = \frac{(n_1-1)s_1^2}{\sigma^2} + \frac{(n_2-1)s_2^2}{\sigma^2}$$
$$= \frac{(n_1+n_2-2)s_p^2}{\sigma^2} \sim \chi^2(n_1+n_2-2)$$

확률변수 Z와 W는 서로 독립이므로 t 분포의 정의로부터 확률변수 t는 자유도 (n_1+n_2-2)인 t 분포를 따른다.

$$t = \frac{Z}{\sqrt{\dfrac{W}{n_1+n_2-2}}}$$
$$= \frac{(\overline{X}-\overline{Y})-(\mu_1-\mu_2)}{s_p\sqrt{\dfrac{1}{n_1}+\dfrac{1}{n_2}}}$$

즉,

$$t = \frac{(\overline{X}-\overline{Y})-(\mu_1-\mu_2)}{s_p\sqrt{\dfrac{1}{n_1}+\dfrac{1}{n_2}}}$$

는 자유도 (n_1+n_2-2)인 t 분포를 따른다. t를 다음 식에 대입하여

$$P(-t_{\alpha/2}(n_1+n_2-2) < t < t_{\alpha/2}(n_1+n_2-2)) = 1-\alpha$$

$\mu_1-\mu_2$의 신뢰구간과 가설검정법을 구하면 다음과 같다.

등분산(미지)이며 독립인 두 정규모집단의 모평균의 차 $\mu_1-\mu_2$의 $100(1-\alpha)\%$ 신뢰구간

$$\left((\overline{X}-\overline{Y})-t_{\alpha/2}(n_1+n_2-2)\,s_p\sqrt{\frac{1}{n_1}+\frac{1}{n_2}},\right.$$
$$\left.(\overline{X}-\overline{Y})+t_{\alpha/2}(n_1+n_2-2)\,s_p\sqrt{\frac{1}{n_1}+\frac{1}{n_2}}\right)$$

여기서 $t_{\alpha/2}(n_1+n_2-2)$는 자유도 n_1+n_2-2인 t분포에서 오른쪽 꼬리부분의 면적이 $\alpha/2$가 되는 t의 값이다.

$\mu_1 - \mu_2$의 가설검정

1. 검정통계량 $t = \dfrac{(\overline{X} - \overline{Y}) - \delta_0}{s_p\sqrt{\dfrac{1}{n_1} + \dfrac{1}{n_2}}}$

2. 귀무가설과 대립가설, 유의수준 α인 기각역은 각각 다음과 같다.
   (1) $H_0:\ \mu_1 - \mu_2 \le \delta_0 \qquad H_1:\ \mu_1 - \mu_2 > \delta_0 \qquad t \ge t_\alpha(n_1 + n_2 - 2)$
   (2) $H_0:\ \mu_1 - \mu_2 \ge \delta_0 \qquad H_1:\ \mu_1 - \mu_2 < \delta_0 \qquad t \le -t_\alpha(n_1 + n_2 - 2)$
   (3) $H_0:\ \mu_1 - \mu_2 = \delta_0 \qquad H_1:\ \mu_1 - \mu_2 \ne \delta_0 \qquad |t| \ge t_{\alpha/2}(n_1 + n_2 - 2)$

예제 10-2

임의로 뽑은 젖소의 두집단에 사료 A와 B를 주고 우유 생산량에 미치는 영향의 차이를 조사하였다. 사료 A를 13마리의 젖소에게 주고 사료 B를 12마리의 젖소에게 준 결과 다음과 같은 자료를 얻었다.

사료 A	44	44	56	46	47	38	58	53	49	35	46	30	41
사료 B	35	47	55	29	40	39	32	41	42	57	51	39	

단, 사료에 따른 우유 생산량은 각각 정규분포를 따르고 분산은 같다고 가정한다.
(1) 사료에 따른 우유 생산량의 차이에 대한 95% 신뢰구간을 구하라.
(2) 사료 A를 먹인 젖소의 우유 생산량이 사료 B를 먹인 젖소의 우유 생산량보다 많다고 할 수 있는지를 유의수준 5%에서 검정하라.

풀이 주어진 자료로부터 필요한 통계량을 구하면 다음과 같다.

사료 A : $\overline{x} = 45.15,\ \ \sum(x_i - \overline{x})^2 = 767.69,\ \ s_1^2 = 64.0$

사료 B : $\overline{y} = 42.25,\ \ \sum(y_i - \overline{y})^2 = 840.25,\ \ s_2^2 = 76.4$

$$s_p^2 = \frac{\sum(x_i - \overline{x})^2 + \sum(y_i - \overline{y})^2}{n_1 + n_2 - 2} = \frac{767.69 + 840.25}{23} = 69.9$$

$$s_p = \sqrt{69.9} = 8.36$$

(1) 95% 신뢰구간이므로 $\dfrac{\alpha}{2} = 0.025$이고 자유도 $n_1 + n_2 - 2 = 23$인 t 분포표를 이용하면 $t_{0.025}(23) = 2.069$이다. 따라서 $\mu_1 - \mu_2$의 95% 신뢰구간은 다음과 같다.

$$(\overline{x}-\overline{y}) \pm t_{0.025}(23)\, s_p \sqrt{\frac{1}{n_1}+\frac{1}{n_2}} = (45.15-42.25) \pm 2.069 \times 8.36 \sqrt{\frac{1}{13}+\frac{1}{12}} = 2.90 \pm 6.92$$

즉 $-4.02 < \mu_1 - \mu_2 < 9.82$

(2) 먼저 다음과 같이 귀무가설과 대립가설을 세우자.

$$H_0:\ \mu_1 = \mu_2, \qquad H_1:\ \mu_1 > \mu_2$$

검정통계량의 관측값은 다음과 같다.

$$t = \frac{\overline{x}-\overline{y}}{s_p\sqrt{\frac{1}{n_1}+\frac{1}{n_2}}} = \frac{45.15-42.25}{8.36\sqrt{\frac{1}{13}+\frac{1}{12}}} = \frac{2.90}{3.34} = 0.87$$

자유도 23인 t 분포표를 이용하면 $t_{0.05}(23) = 1.714$이므로 기각역은 $R:\ t > t_{0.05}(23) = 1.714$이다.

검정통계량의 계산된 값은 1.714보다 작으므로 H_0를 기각하지 못한다. 즉 사료 A를 먹인 젖소의 우유 생산량이 사료 B를 먹인 젖소의 우유 생산량보다 많다고 할 만한 충분한 근거가 없다.

■

10.1.3 표본의 크기가 큰 경우의 추론

두 표본의 크기 n_1, n_2가 30보다 큰 경우에는 정규모집단의 가정이 필요없게 된다. 중심극한 정리에 의해 $\overline{X}$와 $\overline{Y}$는 각각 근사적으로 $N\left(\mu_1,\ \frac{\sigma_1^2}{n_1}\right)$, $N\left(\mu_2,\ \frac{\sigma_2^2}{n_2}\right)$를 따른다. 따라서

$$\frac{(\overline{X}-\overline{Y})-(\mu_1-\mu_2)}{\sqrt{\frac{\sigma_1^2}{n_1}+\frac{\sigma_2^2}{n_2}}}$$

은 근사적으로 표준정규분포를 따른다.

표본의 크기 n_1과 n_2가 큰 경우에는 모분산 σ_1^2, σ_2^2 대신에 표본분산 s_1^2, s_2^2을 대입해도 근사분포가 성립하므로 모분산 σ_1^2과 σ_2^2을 동일하다는 가정을 할 필요는 없다. 대표본에서 $\mu_1-\mu_2$에 대한 신뢰구간과 가설검정법은 다음과 같다.

$\mu_1 - \mu_2$의 $100(1-\alpha)\%$ 신뢰구간

$$(\overline{X} - \overline{Y}) \pm z_{\alpha/2}\sqrt{\frac{s_1^2}{n_1} + \frac{s_2^2}{n_2}}$$

귀무가설 $H_0 : \mu_1 - \mu_2 = \delta_0$을 검정하기 위한 검정통계량

$$Z = \frac{(\overline{X} - \overline{Y}) - \delta_0}{\sqrt{\frac{s_1^2}{n_1} + \frac{s_2^2}{n_2}}}$$

예제 10-3

인천과 서울 지역의 고등학교 3학년 학생들의 6월 수능모의평가 수리영역의 점수를 비교하기 위해서 인천과 서울 지역의 고등학교 3학년 학생들을 각각 80명, 90명씩을 임의추출하여 모의평가를 시행한 결과 다음과 같은 결과를 얻었다.

	인천	서울
표본크기	80	90
평균	66.4	71.2
표준편차	8.2	7.6

(1) 인천과 서울 지역의 전체 고등학교 3학년 학생들의 수능모의평가 수리영역의 평균 점수의 차 $\mu_1 - \mu_2$에 대한 95% 신뢰구간을 구하라.

(2) 평균 점수 간에 차이가 있는지를 유의수준 5%에서 검정하라.

풀이 인천과 서울 지역의 전체 고등학교 3학년 학생들의 수능모의평가 수리영역의 평균 점수를 각각 μ_1, μ_2라 하자. 표본의 크기는 각각 $n_1 = 80$, $n_2 = 90$, $\overline{x} = 66.4$, $\overline{y} = 71.2$, $s_1 = 8.2$, $s_2 = 7.6$이다.

(1) $1 - \alpha = 0.95$이므로 $\frac{\alpha}{2} = 0.025$이고 $z_{0.025} = 1.96$이다. 따라서 $\mu_1 - \mu_2$에 대한 95% 신뢰구간은 다음과 같다.

$$(\overline{x}-\overline{y}) \pm z_{0.025}\sqrt{\frac{s_1^2}{n_1}+\frac{s_2^2}{n_2}} = (66.4-71.2) \pm 1.96\sqrt{\frac{(8.2)^2}{80}+\frac{(7.6)^2}{90}}$$

$$= -4.8 \pm 2.4$$

즉 95% 신뢰구간은 $(-7.2,\ -2.4)$이다.

(2) 문제에 대한 귀무가설과 대립가설은 다음과 같다.

$$H_0 : \mu_1 = \mu_2 \qquad H_1 : \mu_1 \neq \mu_2$$

유의수준 $\alpha = 0.05$에서 기각역은 $|Z| > 1.96$이고 검정통계량의 관측값은 다음과 같다.

$$Z = \frac{66.4-71.2}{\sqrt{\frac{(8.2)^2}{80}+\frac{(7.6)^2}{90}}} = -3.93$$

$Z = -3.93 < -1.96$이므로 귀무가설 H_0를 기각한다. 즉 인천과 서울 지역의 고등학교 3학년 학생들의 수능모의평가 수리영역의 평균 점수 간에는 차이가 있다고 할 수 있다.

■

10.1.4 두 모비율의 차에 대한 추론

두 대학의 임용고시 합격률, 학과 간의 취업률 등 두 모비율 p_1, p_2를 비교하는 경우가 흔히 있다. 이 절에서는 $p_1 - p_2$에 대한 신뢰구간과 귀무가설 $H_0 : p_1 = p_2$에 대한 검증법에 대해 살펴보자.

모집단 1로부터 크기 n_1인 임의표본을 추출한 경우의 성공횟수를 X_1, 성공확률을 $\hat{p}_1$, 이와 독립인 모집단 2로부터 크기 n_2인 임의표본을 추출한 경우의 성공횟수를 X_2, 성공확률을 $\hat{p}_2$이라 하자.

표본비율의 평균은

$$E(\hat{p_1}) = p_1,\ E(\hat{p_2}) = p_2$$

이고 분산은

$$Var(\hat{p_1}) = \frac{p_1(1-p_1)}{n_1}, \qquad Var(\hat{p_2}) = \frac{p_2(1-p_2)}{n_2}$$

이다. 두 임의표본이 독립이므로 다음 식이 성립한다.

$$E(\hat{p_1}-\hat{p_2}) = p_1 - p_2$$

$$Var(\hat{p_1}-\hat{p_2}) = \frac{p_1(1-p_1)}{n_1} + \frac{p_2(1-p_2)}{n_2}$$

표준편차의 측정량은 p_1, p_2를 $\hat{p}_1$, $\hat{p}_2$로 바꿔서 얻을 수 있고 표본의 크기가 큰 경우에 $\hat{p}_1 - \hat{p}_2$은 근사적으로 정규분포를 따른다. 그래서

$$Z = \frac{(\hat{p_1}-\hat{p_2}) - (p_1 - p_2)}{\sqrt{\frac{\hat{p_1}(1-\hat{p_1})}{n_1} + \frac{\hat{p_2}(1-\hat{p_2})}{n_2}}}$$

는 근사적으로 표준정규분포를 따른다.

따라서, 식 $P(-z_{\alpha/2} < Z < z_{\alpha/2}) = 1-\alpha$에 Z를 대입하면 $p_1 - p_2$에 대한 $100(1-\alpha)\%$ 신뢰구간을 구할 수 있다.

대표본에서 $p_1 - p_2$의 $100(1-\alpha)\%$ 신뢰구간

$$(\hat{p_1}-\hat{p_2}) \pm z_{\alpha/2}\sqrt{\frac{\hat{p_1}(1-\hat{p_1})}{n_1} + \frac{\hat{p_2}(1-\hat{p_2})}{n_2}}$$

이제 두 모비율에 대한 검정문제를 살펴보자. 귀무가설 $H_0 : p_1 = p_2$를 검정하기 위해 $p = p_1 = p_2$를 H_0에서의 공통성공확률이라 하면 p에 대한 추정량은 $\hat{p} = \frac{X_1 + X_2}{n_1 + n_2}$이다. Z의 분모에 있는 $\hat{p}_1$과 $\hat{p}_2$을 추정량 $\hat{p}$으로 바꾸면 다음과 같은 검정통계량을 얻을 수 있다.

$$Z = \frac{\hat{p_1}-\hat{p_2}}{\sqrt{\hat{p}(1-\hat{p})}\sqrt{\frac{1}{n_1} + \frac{1}{n_2}}}$$

이것은 H_0가 참일 때 근사적으로 표준정규분포를 따른다.

대표본에서 $H_0 : p_1 = p_2$를 검정하기 위한 검정통계량

$$Z = \frac{\hat{p_1} - \hat{p_2}}{\sqrt{\hat{p}(1-\hat{p})}\sqrt{\frac{1}{n_1} + \frac{1}{n_2}}}$$

예제 10-4

전통적인 수업과 컴퓨터 수업을 이용하여 수학 강의의 효율성을 비교하고자 한다. 250명으로 이루어진 학급에서 150명을 뽑아서 컴퓨터 수업을 받도록 하고 남은 100명의 학생들은 전통적인 수업을 받도록 했다. 학기말에 250명 모든 학생들이 시험을 치른 결과 시험에 합격한 학생들의 수는 다음과 같았다. (단위 : 명)

	컴퓨터 수업 받은 학생 수	전통 수업 받은 학생 수
합격자 수	107	63
불합격자 수	43	37
합계	150	100

(1) 두 강의 방법의 합격률의 차에 대한 95% 신뢰구간을 구하라.

(2) 컴퓨터 수업을 받은 학생들의 합격률이 전통적인 수업을 받은 학생들의 합격률보다 높다고 할 수 있는가? 유의수준 5%에서 검정하라.

풀이 컴퓨터 수업과 전통적인 수업의 합격률을 각각 p_1, p_2라고 하자.

(1) $\hat{p_1} = \frac{107}{150} = 0.71$, $\hat{p_2} = \frac{63}{100} = 0.63$이므로 $p_1 - p_2$에 대한 95% 신뢰구간은 다음과 같다.

$$(\hat{p_1} - \hat{p_2}) \pm z_{\alpha/2}\sqrt{\frac{\hat{p_1}(1-\hat{p_1})}{n_1} + \frac{\hat{p_2}(1-\hat{p_2})}{n_2}}$$

$$= (0.71 - 0.63) \pm 1.96\sqrt{\frac{0.71 \times 0.29}{150} + \frac{0.63 \times 0.37}{100}}$$

$$= 0.08 \pm 1.96 \times 0.06$$

$$= (-0.04,\ 0.20)$$

(2) 귀무가설과 대립가설은 각각 다음과 같다.

$$H_0 : p_1 = p_2 \qquad H_1 : p_1 > p_2$$

H_0에서의 공통모비율 $p = p_1 = p_2$의 추정값은 다음과 같다.

$$\hat{p} = \frac{107+63}{150+100} = 0.68$$

또한 검정통계량의 값은 다음이 된다.

$$Z = \frac{\widehat{p_1} - \widehat{p_2}}{\sqrt{\hat{p}(1-\hat{p})}\sqrt{\frac{1}{n_1}+\frac{1}{n_2}}} = \frac{0.08}{\sqrt{0.68 \times 0.32}\sqrt{\frac{1}{150}+\frac{1}{100}}} = 1.33$$

유의수준 5%에서 기각역은 $Z \geq 1.645$이고 Z의 관측값은 더 작기 때문에 유의수준 5%에서 귀무가설 $H_0 : p_1 = p_2$를 기각하지 않는다. 따라서 컴퓨터 수업을 받은 학생들이 합격률이 전통적인 수업을 받은 학생들의 합격률보다 높다고 할 수 없다.

10.2 대응비교

이제까지 두 임의표본이 두 모집단으로부터 서로 독립적으로 추출된 경우를 다루었다. 그러나 대부분의 실험에서는 두 처리효과가 거의 종속적인 관계를 가지는 경우가 많다. 이 경우에는 두 모집단의 실험단위들을 가능한한 동질적으로 만들어서 순수한 처리 효과의 차이가 반응측정값의 차이로 나타나게 하는 것이 바람직하다.

그러나 많은 경우에 동질적인 실험단위를 얻기가 어렵다. 이와 같은 문제점을 해결하는 방법으로 대응의 개념을 이용한다. 즉 실험단위를 동질적인 쌍으로 묶은 다음 각 조의 일부에 처리 1을 적용하고 나머지 일부에 처리 2를 적용하여 각 조 내에서 처리효과의 비교를 쉽게 할 수 있다. 이와 같은 방법으로 각 쌍으로 얻은 관측값의 차를 이용하여 두 모평균을 비교하는 방법을 **대응비교**(paired comparison)라 한다. 대응비교에서 자료구조는 다음과 같이 나타낼 수 있으며 X와 Y는 각각 처리 1과 처리 2에 의한 반응값을 뜻한다.

대응비교에서의 자료구조

쌍	처리 1	처리 2	차이
1	X_1	Y_1	$D_1 = X_1 - Y_1$
2	X_2	Y_2	$D_2 = X_2 - Y_2$
$\vdots$	$\vdots$	$\vdots$	$\vdots$
n	X_n	Y_n	$D_n = X_n - Y_n$

여기서 $(X_1, Y_1), (X_2, Y_2), \cdots, (X_n, Y_n)$은 서로 독립이다.

$D_1, D_2, \cdots, D_n$의 표본평균과 표본분산은 각각 다음과 같다.

$$\overline{D} = \frac{1}{n}\sum_{i=1}^{n} D_i, \quad s_D^2 = \frac{\sum_{i=1}^{n}(D_i - \overline{D})^2}{n-1}$$

또 다음을 얻는다.

$$E(D_i) = E(X_i - Y_i) = \mu_1 - \mu_2$$

$$Var(D_i) = Var(X_i - Y_i) = \sigma_D^2 \quad (\sigma_D^2\text{은 미지})$$

이제 $D_1, D_2, \cdots, D_n$을 $N(\mu_1 - \mu_2, \sigma_D^2)$를 따르는 모집단에서 뽑은 임의표본이라고 가정하자. 그러면 $\overline{D} = \frac{1}{n}\sum_{i=1}^{n} D_i$의 분포는 $N(\mu_1 - \mu_2, \sigma_D^2/n)$이 된다. 또 σ_D^2의 추정량으로 $s_D^2 = \frac{1}{n-1}\sum_{i=1}^{n}(D_i - \overline{D})^2$을 쓰면 소표본의 경우에 t 분포의 정의에 의하여

$$t = \frac{\overline{D} - (\mu_1 - \mu_2)}{s_D/\sqrt{n}}$$

는 자유도 $(n-1)$인 t 분포를 따른다.

이를 이용하여 $\mu_1 - \mu_2$의 신뢰구간과 가설검정법을 다음과 같이 구할 수 있다.

모평균의 차에 대한 추론: 대응비교 (소표본일 때)

$D_i = X_i - Y_i$는 서로 독립이고 $N(\mu_1 - \mu_2, \sigma_D^2)$을 따른다고 하자.

1. $\mu_1 - \mu_2$의 $100(1-\alpha)\%$ 신뢰구간

$$(\overline{D}-t_{\alpha/2}(n-1)\,s_D/\sqrt{n},\ \overline{D}+t_{\alpha/2}(n-1)\,s_D/\sqrt{n})$$

여기서 $t_{\alpha/2}(n-1)$는 자유도 $n-1$인 t 분포에서 오른쪽 꼬리부분의 면적이 $\frac{\alpha}{2}$ 가 되는 t의 값이다.

2. 귀무가설 H_0: $\mu_1-\mu_2=\delta_0$를 검정하기 위한 검정통계량

$$t=\frac{\overline{D}-\delta_0}{s_D/\sqrt{n}}$$

는 H_0가 참일때 자유도 $(n-1)$인 t 분포를 따른다.

대표본의 경우에는 모집단의 분포가 정규분포라는 가정이 없어도 소표본의 경우와 마찬가지의 추론을 할 수 있다. 즉

$$Z=\frac{\overline{D}-\delta}{s_D/\sqrt{n}}$$

는 근사적으로 표준정규분포를 따른다는 사실을 이용하여 $\mu_1-\mu_2$에 관한 신뢰구간과 검정법을 구할 수 있다.

예제 10-5

어떤 약품회사에서 고혈압 환자를 위한 약을 개발하였다. 이 약이 고혈압 환자에게 효과가 있는지를 알아보기 위해서 15명에게 임상실험을 하였다. 약을 투여하기 전의 혈압(x)과 6달간 약을 투여한 후의 혈압(y)을 측정하고 이들의 혈압의 차이를 조사한 결과 다음 표와 같았다.

사람번호	1	2	3	4	5	6	7	8	9	10	11	12	13	14	15
약 투여 이전(x)	95	105	97	101	101	101	97	103	107	89	99	117	99	93	109
약 투여 이후(y)	93	97	87	95	83	91	93	77	89	97	99	85	99	97	99
차이($x-y$)	2	8	10	6	18	10	4	26	18	−8	0	32	0	−4	10

단, 약을 투여하기 이전의 혈압과 이후의 혈압은 각각 정규분포를 따르고 분산은 같다고 가정한다.

(1) 약의 투여에 따른 혈압의 차이에 대한 95% 신뢰구간을 구하라.

(2) 이 약이 혈압감소에 효과적이라고 할 수 있는지를 유의수준 5%에서 검정하라.

풀이 차이 $d_i = x_i - y_i$는 표에 주어져 있고 주어진 자료로부터 필요한 통계량을 구하면 다음과 같다.

$$\bar{d} = \frac{\sum_{i=1}^{15} d_i}{15} = 8.80, \quad s_D = \sqrt{\frac{\sum_{i=1}^{15}(d_i - \bar{d})^2}{14}} = 10.98$$

(1) 95% 신뢰구간이므로 $\frac{\alpha}{2} = 0.025$이고 자유도 $n-1=14$인 t 분포표를 이용하면 $t_{0.025}(14) = 2.145$이다. 따라서 $\mu_1 - \mu_2$에 대한 95% 신뢰구간은 다음과 같다.

$$\bar{d} \pm t_{0.025}(14)\frac{s_D}{\sqrt{15}} = 8.80 \pm 2.145 \times \frac{10.98}{\sqrt{15}} = 8.80 \pm 6.08$$

즉 $2.72 < \mu_1 - \mu_2 < 14.88$

(2) 다음과 같이 대응비교에 의한 t 검정을 시행한다.

① 귀무가설 $\mu_1 = \mu_2$

대립가설 $\mu_1 - \mu_2 > 0$

② 유의수준 $\alpha = 0.05$

③ 검정통계량 $t = \dfrac{\bar{d}}{s_D/\sqrt{n}}$

④ 기각역 $t > t_{0.05}(14) = 1.761$

⑤ $t = \dfrac{8.80}{10.98/\sqrt{15}} = \dfrac{8.80}{2.84} = 3.10$

계산된 값이 1.761보다 크므로 H_0를 기각한다. 즉 이 약은 혈압감소에 효과적이라고 할 수 있다.

연습문제

1. 어떤 산부인과 병원에서 신생아의 남아와 여아의 체중에 차이가 있는지를 알아보기 위하여 다음과 같은 자료를 얻었다.

통계량 / 성별	표본크기	표본평균	표본표준편차
남아	$n_1 = 50$	$\overline{x_1} = 3.40\text{(kg)}$	$s_1 = 0.5\text{(kg)}$
여아	$n_2 = 50$	$\overline{x_2} = 3.25\text{(kg)}$	$s_2 = 0.6\text{(kg)}$

(1) 남아와 여아의 체중차에 대한 95% 신뢰구간을 구하라.

(2) 남아와 여아의 체중은 다르다고 할 수 있는지를 유의수준 5%에서 검정하라.

2. 핵산을 통해 학습효과가 전달되는지의 여부를 알아보기 위하여 10마리의 쥐에게 미로찾기 훈련을 시켰다. 훈련된 10마리의 쥐로부터 핵산을 추출하여 다른 10마리의 쥐에 주입시켰고, 훈련되지 않은 쥐로부터 핵산을 추출하여 또 다른 10마리의 쥐에 주입시켰다. 그 후, 20마리의 쥐에 대해 20번의 미로찾기 시험을 행하여 실패한 횟수를 기록한 것이 다음과 같다.

훈련된 쥐	7	9	6	11	13	8	7	13	12	9
훈련되지 않은 쥐	12	8	9	13	14	9	8	10	7	15

핵산을 통해 학습효과가 전달되는지를 유의수준 $\alpha = 0.05$에서 검정하라.

3. 초등학교 학생들의 독해력을 향상시키는데 어떤 새로운 강의방식이 기존에 사용하던 강의방식보다 더 효과적이라고 예측된다. 이를 검사하기 위해 16명의 학생을 대상으로 8명씩 임의추출하여 두 조로 나누어 한 조에는 새로운 강의방식을, 다른 한 조에는 기존의 강의방식을 적용한 후 시험을 치른 결과가 다음과 같다.

기존의 방법	65	70	76	63	72	71	68	68
새로운 방법	75	80	72	77	69	81	71	78

이 자료를 이용하여 기존의 강의방식과 새로운 강의방식에 따른 독해력 성적에 차가 있다고 할 수 있는지를 유의수준 5%에서 검정하라.

4. 두 대의 차 A, B에 대하여 어떤 차가 주차하기 쉬운지를 비교하고자 한다. 이를 위하여 다음과 같이 각 차에 대해 14명의 사람들이 주차시키는 데 걸리는 시간을 측정하였다(단위 : 초).

사람 / 종류	1	2	3	4	5	6	7	8	9	10	11	12	13	14
차 A	37.0	25.8	16.2	24.2	22.0	33.4	29.8	58.2	38.6	24.4	23.4	21.2	36.2	29.8
차 B	17.8	20.2	19.8	41.4	21.4	38.4	16.8	32.2	27.8	23.2	33.6	20.6	32.2	53.8

위의 자료를 볼 때, 어떤 차가 다른 차보다 주차하기 쉽다고 말할 수 있는지를 유의수준 $\alpha = 0.1$에서 검정하라.

5. 왼손으로 글을 쓰는 사람 10명에 대해 오른손과 왼손의 악력을 측정한 결과가 다음과 같았다.

사람 / 구분	1	2	3	4	5	6	7	8	9	10
왼 손	140	90	125	130	95	121	85	97	131	110
오른손	138	87	110	132	96	120	86	90	129	100

(1) 이 자료에 의하면 왼손으로 글을 쓰는 사람은 왼손의 악력이 오른손보다 강하다고 할 수 있는지를 유의수준 $\alpha = 0.01$에서 검정하라.

(2) 평균의 차에 대한 90% 신뢰구간을 구하라.

6. 혈압이 정상인 사람 200명과 고혈압인 사람 200명을 대상으로 독감에 대한 항생제를 주사했다. 정상인 사람 중에서는 42명에서, 고혈압인 사람 중에서는 76명에서 과민성 반응이 나타났다.

(1) 정상인 사람과 고혈압인 사람의 과민성 반응율의 차에 대한 95% 신뢰구간을 구하라.

(2) 고혈압인 사람이 정상인 사람보다 과민성 반응이 일어날 비율이 더 높다고 할 수 있는지 유의수준 $\alpha = 0.01$에서 검정하라.

7. 수영선수들의 속도를 향상시키기 위해 개발한 프로그램이 실제로 유용한지를 알아보기 위하여 일곱 쌍의 수영선수를 임의로 추출하였다. 각 쌍에 속하는 두 선수들은 속도가 같다고 할 때, 각 쌍에서 한 선수는 개발된 프로그램으로 훈련을 받았고 다른 선수는 기존의 프로그램으로 훈련을 받았다. 다음은 속도가 향상된 정도를 점수로 나타낸 것이다.

종류 \ 쌍	1	2	3	4	5	6	7
기존 프로그램	0.5	1.0	0.1	0.1	0.2	0.1	1.0
개발 프로그램	0.8	1.1	0.5	0.2	0.5	0.5	0.8

개발된 프로그램이 속도를 향상시킨다고 말할 수 있는지를 유의수준 $\alpha = 0.05$에서 검정하라.

제 11 장

범주형 자료의 정리

▶ 11.1 다항분포
▶ 11.2 적합도 검정
▶ 11.3 독립성 검정
▶ 11.4 동일성 검정

제 11 장 범주형 자료의 정리

01 본장의 개요

9장, 10장에서 양적 자료를 검정하는 방법을 다루었다. 이 장에서 다루려고 하는 검정 방법은 주로 질적 자료 또는 측정 결과를 어떤 속성에 따라 분류시켜 돗수화한 범주형 자료(categorical data)의 분석에 적합한 방법들이다. 모집단의 개체들이 여러 가지 속성을 가질 때, 각 속성을 가진 개체들의 비율 또는 그런 비율 사이의 관계에 대한 가설을 검정하는 방법을 적합성 검정이라 한다. 적합성 검정에는 카이제곱분포가 이용된다.

카이제곱 분포를 이용한 검정의 다른 적용으로서 두 개 이상의 다항분포들이 같은지를 검정하기 위한 동질성 검정과 분류의 속성들이 서로 독립인지를 검정하는 독립성 검정을 소개한다.

11.1 다항 분포

5장의 1절에서, 시행의 결과가 둘 중의 하나인 베르누이 시행을 다루었다. 한 번의 시행에서 나타날 수 있는 결과가 여러 개 중의 하나인 시행을 다항시행(multinomial trial)이라 한다. 한번의 다항시행에서 k개의 서로 배반인 사건 중 i번째 사건이 일어날 확률을 p_i라고 할 때, n번의 서로 독립인 다항시행을 행하여 i번째 사건이 일어날 돗수를 $X_i(i=1,\cdots,k)$라고 하면, 다음을 알 수 있다.

$$P(X_1=n_1,\cdots,X_k=n_k)=\frac{n!}{x_1!\cdots x_k!}p_1^{x_1}p_2^{x_2}\cdots p_k^{x_k},\quad x_1+\cdots+x_k=n$$

이때, $(X_1,\cdots,X_k)$는 모수 $(p_1,\cdots,p_k)$를 갖는 다항분포(multinomial distribution)를

따른다 하고 다음과 같이 나타낸다.

$$(X_1,\cdots,X_k) \sim m(n, p_1,\cdots,p_k)$$

만약 다항시행의 결과 i번째 사건이 일어나면 "성공"이라고 보고, 그 이외의 사건이 일어나면 모두 "실패"로 보는데, 확률변수 X_i는 n번의 독립적인 베르누이시행에서 "성공"의 횟수를 뜻한다. 그런데 매 시행에서 i번째 사건이 일어날 확률이 p_i이므로 확률변수 X_i는 이항분포 $b(n,p_i)$를 따른다. 즉, $(X_1,\cdots,X_k) \sim m(n, p_1,\cdots,p_k)$일 때 X_i의 주변확률분포는 이항분포 $b(n, p_i)$이다. 따라서, 다음을 알 수 있다.

$$E(X_i) = np_i, \qquad Var(X_i) = np_i(1-p_i), \qquad p_1 + p_2 + \cdots + p_k = 1$$

다항분포에서 n이 충분히 크면, 근사적으로 다음이 성립되는데 이것은 분류된 자료의 분석에서 가장 중요하게 사용된다.

$$\sum_{i=1}^{k} \frac{(X_i - np_i)^2}{np_i} \sim \chi^2(k-1)$$

이제 $k=2$일 때, 즉 이항분포의 경우에 이를 증명하여 보자.

X_1이 $b(n,p_1)$, $0 < p_1 < 1$ 분포를 갖는다고 하자. 중심극한정리에 의해 n이 큰 경우에 Z는 다음과 같이 나타낼 수 있다.

$$Z = \frac{X_1 - np_1}{\sqrt{np_1(1-p_1)}}$$

특히 $np \geq 5$이고 $n(1-p) \geq 5$이면 근사적으로 Z는 $N(0,1)$ 분포를 따른다. 정리 7.2에 의해 Z^2은 근사적으로 자유도가 1인 카이제곱분포를 따른다. 따라서 χ^2을 다음과 같이 정리할 수 있다,

$$\begin{aligned}\chi^2 = Z^2 &= \frac{(X_1 - np_1)^2}{np_1(1-p_1)} \\ &= \frac{(X_1 - np_1)^2}{np_1} + \frac{(X_1 - np_1)^2}{n(1-p_1)} \\ &= \frac{(X_1 - np_1)^2}{np_1} + \frac{[(n-X_1) - n(1-p_1)]^2}{n(1-p_1)}\end{aligned}$$

여기서, 베르누이 시행의 두 결과를 각각 A_1과 A_2라 하고 O_1과 O_2를 n번의 독립 베르누이 시행에서 결과 A_1과 A_2가 관측된 횟수라 하자. 즉, A_1과 A_2는 각각 성공과

실패의 결과를 나타낸다면, O_1은 n번의 베르누이 시행에서 성공의 횟수이고 O_2는 실패의 횟수이다. 또한 $P(A_1)=p_1$이고, $P(A_2)=1-p_1$이다.

이 때 귀무가설 $H_0 : p=p_0$ 와 대립가설 $H_1 : p \neq p_0$를 검정하기 위해 χ^2-통계량을 이용할 수 있다. 귀무가설 H_0에서 각 결과의 기대횟수는 $E_1=np_0$이고 $E_2=n(1-p_0)$이므로 $H_0 : p=p_0$에서 χ^2은 다음과 같이 나타낼 수 있다.

$$\begin{aligned}\chi^2 &= \frac{(X_1-np_0)^2}{np_0}+\frac{[(n-X_1)-n(1-p_0)]^2}{n(1-p_0)} \\ &= \sum_{i=1}^{2}\frac{(X_i-np_i)^2}{np_i}=\sum_{i=1}^{2}\frac{(O_i-E_i)^2}{E_i}\end{aligned}$$

표 11.1 다항분포의 구조

범주	1	2	⋯	k	합계
확률	p_1	p_2	⋯	p_k	1
관측돗수	x_1	x_2	⋯	x_k	n

11.2 적합도 검정

실험 또는 관찰 결과로 얻은 결과가 이론과 잘 일치하는 정도를 적합도라고 하며 적합도를 검정하는 것을 적합도 검정이라고 한다. 즉, 적합도 검정이란 관측된 돗수가 정규분포나 이항분포 같은 이론분포와 일치하는가를 검정하는 것으로 관측돗수와 이론에 의한 기대돗수가 얼마나 잘 일치하는가를 평가한다. 이것은 각 속성의 확률이 주어진 경우와 주어지지 않은 경우로 나누어서 다룬다.

11.2.1. 귀무가설 H_0에 각 범주의 확률이 주어진 경우

실험 또는 관측된 결과가 이론적인 기댓값과 잘 일치하는지를 검정하는 경우에 χ^2-통계량을 이용할 수 있다. 귀무가설이 다음과 같이 주어진 경우의 적합도 검정을 살펴보자.

$$H_0 : p_1=p_{10},\cdots,p_k=p_{k0}$$

여기서, $p_{10},\cdots,p_{k0}$ 은 주어진 값이며 $p_{10}+\cdots+p_{k0}=1$ 이다.

크기 n인 임의표본에 대해 i번째 범주에 속하는 관측돗수(observed frequency)를 O_i라 하고 귀무가설 H_0에서 i번째 범주에 속할 기대돗수(expected frequency)를 E_i라 하자. 그러면 다음 식이 성립한다.

$$E_i = np_{i0} \ (i = 1, \ldots, k)$$

적합도 검정은 H_0에서 관측돗수와 기대돗수 사이에 차이가 존재하는지를 검정하는 것이다. 이러한 차이에 대한 유용한 측도로서 다음의 χ^2-통계량이 사용된다.

$$\chi^2 = \sum_{i=1}^{k} \frac{(x_i - np_{i0})^2}{np_{i0}} = \sum_{i=1}^{k} \frac{(O_i - E_i)^2}{E_i}$$

여기서 O_i와 E_i는 각각 i번째 범주의 관측돗수와 기대돗수를 뜻한다.

χ^2-통계량은 칼 피어슨이 제안했는데 피어슨의 적합도 검정은 다음과 같이 정리할 수 있다.

적합도 검정

귀무가설 : $H_0 : p_1 = p_{10}, \cdots, p_k = p_{k0}$

검정통계량 : $\chi^2 = \sum_{i=1}^{k} \frac{(x_i - np_{i0})^2}{np_{i0}} = \sum_{i=1}^{k} \frac{(O_i - E_i)^2}{E_i} \sim \chi^2(k-1)$

기각역 : $\chi^2 \geq \chi^2_\alpha(k-1)$ 여기서 $\chi^2_\alpha(k-1)$은 자유도 k-1 유의수준 α인 χ^2분포를 따른다.

위의 적합도 검정은 임의표본의 크기 n이 충분히 커서 각 범주의 기대돗수가 5이상이 되어야 한다. 기대돗수가 5 미만인 경우에는 다른 범주와 합하여 위의 검정법을 적용하는 것이 바람직하다.

예제 11-1

M회사의 가정용 세탁기는 다섯 가지 색상으로 팔린다. 300명의 고객들에게 자신이 선호하는 색상을 선택하도록 하여 아래 표와 같은 결과를 얻었다. 다섯 가지 색상에 대한 고객들의 선호도가 다르다고 할 수 있는지 유의수준 5%로 검정하라.

색상	흰색	회색	자주	파랑	검정	합계
고객수	88	65	52	40	55	300

풀이 다섯 가지 색상에 대한 고객들의 선호도는 각각 $p_1,\cdots,p_5$ 라고 하면 선호도가 동일하다고 하는 귀무가설은 다음과 같다.

$$H_0 : p_1 = p_2 = \cdots = p_5 = 0.2$$

각 범주에 대한 기대돗수는 다음과 같다.

$$E(X_i) = np_i = 300 \times 0.2 = 60,\ \ i = 1,\ldots,5.$$

표 11.2 적합도 검정의 계산

	흰색	회색	자주	파랑	검정	합계
관측돗수 O	88	65	52	40	55	300
귀무가설 H_0	.2	.2	.2	.2	.2	1.0
기대돗수 E	60	60	60	60	60	300
$\frac{(O-E)^2}{E}$	$\frac{(28)^2}{60}$	$\frac{5^2}{60}$	$\frac{8^2}{60}$	$\frac{(20)^2}{60}$	$\frac{5^2}{60}$	
	=13.067	=.417	=1.067	=6.667	=.417	$\chi^2 = 21.635$ $d.f. = 4$

따라서 검정통계량 χ^2의 값은 다음과 같다.

$$\chi^2 = \sum_{i=1}^{5} \frac{(O_i - E_i)^2}{E_i} = \frac{28^2}{60} + \frac{5^2}{60} + \frac{8^2}{60} + \frac{20^2}{60} + \frac{5^2}{60} = 21.635$$

기각역의 경계값은 $\chi^2_{0.05}(4) = 9.487$이고 χ^2-통계량은 자유도 5-1=4인 χ^2분포를 따르고 $\chi^2_\alpha = 21.635 \geq \chi^2_{0.05}(4) = 9.487$이므로 귀무가설 H_0는 유의수준 $\alpha = 0.05$에서 기각된다. 그러므로 고객들의 다섯 가지 색상에 대한 선호도는 다르다고 할 수 있다.

11.2.2 귀무가설에 각 범주의 확률이 주어지지 않은 경우

이제 귀무가설에서 각 범주에 대한 확률 p_i가 주어지지 않은 경우를 살펴보자. 이 경우에 주어진 자료가 어떤 특정한 형태의 분포를 따르는지를 검정한다. 흔히 사용되는 귀무가설의 예는 다음과 같다.

H_0: 주어진 자료의 분포는 푸아송분포이다. 또는

H_0: 주어진 자료의 분포는 정규분포이다.

가설검정에서 검정통계량은 앞절에서와 마찬가지로 다음과 같다.

$$\chi^2 = \sum_{i=1}^{k} \frac{(O_i - E_i)^2}{E_i}$$

여기서 각각의 기대돗수가 5 이상이 되지 않으면 작은 범주들을 결합하여 5 이상이 되도록 만든 후에 검정한다. χ^2-통계량의 자유도는 다음과 같이 주어진다.

$$\text{자유도} = (k-1) - (\text{추정된 모수의 수})$$

예제 11-2

어떤 보험 회사에 5년 동안 접수된 자동차 보험 청구 횟수의 돗수분포가 아래 표에 주어져 있다. 자동차 보험 청구 횟수는 푸아송분포를 따르는지 유의수준 5%에서 검정하라.

청구횟수	0	1	2	3	4	5	6	7	합계
관측돗수	22	53	58	39	20	5	2	1	200

풀이 검정하고자 하는 귀무가설은 다음과 같다.

H_0: 청구횟수는 푸아송분포를 따른다.

귀무가설에서 푸아송분포의 모평균 m이 명시되지 않았으므로 표본평균 $\overline{x}$를 이용하여 모평균 m의 값을 추정해야한다.

$$\overline{x} = (0\times22+1\times53+2\times58+\cdots+7\times1)/200$$

$$= 410/200 = 2.05 \approx 2$$

푸아송분포에서 평균이 m이고 청구횟수가 x일 때의 확률 $p(x;m)$은 아래와 같다.

$$p(x;m)=\frac{m^x e^{-m}}{x!}$$

부록 표2를 이용해서 각 범주의 확률을 구한 후에 각각에 n=200을 곱하면 기대돗수를 구할 수 있다. 이 값들은 검정통계량 $\frac{(O-E)^2}{E}$과 함께 표 11.3에 나타냈다. 주어진 자료에서 청구횟수 5,6,7에 대한 관측돗수가 5이하이므로 이것들을 묶어 하나의 범주로 나타낸다. 이와 같은 경우에 카이제곱 분포의 자유도를 계산할 때 범주의 수 k는 새로운 분류에 따라야 한다. 따라서 k=6이 되고 추정된 모수는 m 하나뿐이므로 자유도는 다음과 같다.

자유도=$(k-1)$ − (추정된 모수의 수)=$(6-1)-1=4$

따라서 유의수준 0.05, 자유도 4인 카이제곱분포표로부터 $\chi^2_{0.05}(4)=9.487$ 을 얻는다. 표 11.3에서 구한 $\chi^2=2.33$이 $\chi^2_{0.05}(4)=9.487$ 보다 작으므로 귀무가설을 기각하지 않는다. 따라서 유의수준 5%에서 자동차 보험 청구횟수는 푸아송분포를 따르지 않는다고 할 뚜렷한 이유가 없다.

표 11.3 관측돗수 및 기대돗수와 χ^2값의 계산

청구횟수	0	1	2	3	4	5	6	7	합계
관측돗수 O	22	53	58	39	20	5 ←	2 8	1 →	200
푸아송분포 확률 $(m=2)$	.135	.271	.271	.180	.090	.036	.012	.005	1.000
기대돗수 E	27.0	54.2	54.2	36.0	18.0	7.2 ←	2.4 10.6	1.0 →	200
$\frac{(O-E)^2}{E}$	.926	.027	.266	.250	.222		.638		$\chi^2=2.33$
									$d.f.=6-1-1=4$

예제 11-3

다음 자료는 간이식 수술을 받은 52명 환자의 생존일수이다.

15 3 624 46 127 61 1350 312 24 10 1024 39 73
136 1379 1 836 60 1140 1153 54 47 0 43 971 868
44 780 51 710 663 253 147 51 479 322 442 419 65
362 64 228 65 264 25 193 196 63 12 103 60 43

이 자료를 이용하여 간이식 수술을 받은 환자의 생존일수는 정규분포를 따르는지 $\alpha = 0.05$에서 검정해 보자.

풀이 검정하고자 하는 귀무가설은 다음과 같다.

H_0 : 간이식 수술을 받은 환자의 생존일수는 정규분포이다.

표 11.4 간이식 수술 환자의 생존일

생존일수(x)	관측도수(o_i)	H_0에서 표준화 시킨 구간	H_0에서 각 구간에 속할 확률(p_{i0})	기대돗수(E_i)
100일 미만	24	$z \le -0.58$	0.281	14.61
100일~300일 미만	9	$-0.58 < z \le -0.08$	0.1871	9.73
300일~500일 미만	6	$-0.08 < z \le 0.43$	0.1983	10.31
500일~700일 미만	2	$0.43 < z \le 0.94$	0.160	8.32
700일 이상	11	$0.94 < z$	0.1736	9.03

귀무가설에서 주어진 분포가 연속확률분포이므로 주어진 자료를 분류된 자료로 바꾸기 위해 생존일수를 표 11.4와 같이 5개의 구간으로 나누어 각 구간에 속하는 관측값을 구하여 관측돗수 $O_1, \ldots, O_5$를 찾는다.

미지의 모수 μ와 σ^2 대신에 표본평균 $\overline{x}$, 표본분산 s^2을 추정치로 사용한다. 자료로부터 $\hat{\mu} = \overline{x} = 329.75$, $\hat{\sigma} = 394.21$를 추정하여 표준정규 확률변수로 변환후 기대돗수를 구할 수 있다.

H_0에서 표준화시킨 구간은 다음과 같이 구할 수 있다.

$$z = \frac{x - \hat{x}}{s} = \frac{x - 329.75}{394.21}$$

예를 들어, $x = 100$일에 해당되는 z의 값은 -0.58이며 표준정규분포표에 의해

$P(Z \leq -0.58) = 0.281$임을 알 수 있고 기대돗수는 $E_1 = 52(0.281) = 14.61$이 된다. 다른 구간에 대해서도 같은 방법으로 표4와 같이 구할 수 있다. 검정통계량의 값은 다음과 같다.

$$\begin{aligned} x^2 &= \frac{(24-14.61)^2}{14.61} + \frac{(9-9.73)^2}{9.73} + \frac{(6-10.31)^2}{10.31} \\ &+ \frac{(2-8.32)^2}{8.32} + \frac{(11-9.03)^2}{9.03} \\ &\approx 13.1231 \end{aligned}$$

또한 측정된 모수의 개수는 2개이므로 자유도는 다음과 같다.

$$\text{자유도} = 5-1-2 = 3$$

$\alpha = 0.05$인 검정의 기각역은 다음과 같으므로 H_0를 기각한다.

$$x^2 \geq x^2_{0.05}(5-1-2) = x^2_{0.05}(2) = 5.99$$

따라서 이 자료는 정규분포를 따른다고 할 수 없다.

11.3 독립성 검정

이 절에서는 각 개체의 두 가지 이상의 질적 변수의 관련성에 대한 검정을 다루고자 한다. 예를 들면 각 직장인의 교육 수준과 결혼 생활의 만족도를 관찰하고 이 두 변수 사이에 서로 관련이 있는지 또는 무관한지를 검정하는 문제이다. 즉, 어떤 모집단의 각 개체에서 관찰된 두 변수가 독립인지 아니면 종속인지를 검정하는 문제를 다룬다. 이것을 두 변수간의 독립성 검정이라 한다. 앞서 설명한 χ^2-검정은 이와 같은 문제에도 이용된다.

관측된 자료가 A, B와 같이 두 개의 서로 다른 변수로 분류된다고 하자. A는 상호배반인 r개의 범주 $A_1, \cdots, A_r$로 분류되고, B는 상호배반인 c개의 범주 $B_1, \cdots, B_c$로 분류된다고 하자. 범주 A_i에 속하면서 범주 B_j에 속하는 관측돗수를 $n_{ij}(i = 1, \cdots, r, j = 1, \cdots, c)$라 하면 표 11.5와 같은 형태로 작성할 수 있는데, 이 표를 $r \times c$ 분할표(contingency table)라 한다.

표 11.5 독립성 검정의 구조($r \times c$ 분할표)

A 범주 \ B 범주	B_1	B_2	$\cdots$	B_C	행의 합
A_1	n_{11}	n_{12}	$\cdots$	n_{1c}	n_{10}
A_2	n_{21}	n_{22}	$\cdots$	n_{2c}	n_{20}
$\vdots$	$\vdots$	$\vdots$		$\vdots$	$\vdots$
A_r	n_{r1}	n_{r2}	$\cdots$	n_{rc}	n_{r0}
열의 합	n_{01}	n_{02}	$\cdots$	n_{0c}	n

여기서 n_{io}는 i행의 합 또는 범주 A_i의 돗수를 나타내고, n_{oj}는 j열의 합 또는 범주 B_j의 돗수를 나타내고, n은 표본의 크기를 나타낸다.

표 11.6 독립성 검정의 확률

A 범주 \ B 범주	B_1	B_2	$\cdots$	B_C	행의 합
A_1	p_{11}	p_{12}	$\cdots$	p_{1c}	p_{10}
A_2	p_{21}	p_{22}	$\cdots$	p_{2c}	p_{20}
$\vdots$	$\vdots$	$\vdots$		$\vdots$	$\vdots$
A_r	p_{r1}	p_{r2}	$\cdots$	p_{rc}	p_{r0}
열의 합	p_{01}	p_{02}	$\cdots$	p_{0c}	1

관측값이 범주 A_i와 범주 B_j에 동시에 속할 확률을 p_{ij}, 범주 A_i에 속할 확률을 p_{i0}, 범주 B_j에 속할 확률을 p_{0j}라 하면 두 분류 변수 A,B가 서로 독립이라는 귀무가설은 다음과 같이 세울 수 있다.

$$H_0 : p_{ij} = p_{i0}p_{0j},\ \ i = 1,\cdots,r,\ j = 1,\cdots,c.$$

$p_{i0} = P(A_i)$ 이므로 미지인 p_{i0}와 p_{0j}는 A_i와 B_j의 표본 상대돗수로 추정한다.

$$즉,\ \widehat{p_{i0}} = \frac{n_{i0}}{n}, \qquad \widehat{p_{0j}} = \frac{n_{0j}}{n}.$$

귀무가설이 참이면 p_{ij}를 다음과 같이 추정할 수 있다.

$$\hat{p}_{ij} = \hat{p}_{i0}\hat{p}_{0j} = \frac{n_{i0} \times n_{0j}}{n^2}$$

그러면 (i,j)칸에 대한 기대돗수 E_{ij}는 다음과 같이 추정할 수 있다.

$$E_{ij} = n\hat{p}_{ij} = \frac{n_{i0}n_{0j}}{n}$$

따라서 독립성 검정에서 사용되는 검정통계량은 다음이 된다.

$$\chi^2 = \sum_{i=1}^{r}\sum_{j=1}^{c}\frac{(n_{ij}-E_{ij})^2}{E_{ij}}$$

이 통계량은 n이 클 때 근사적으로 χ^2-분포를 따르며 자유도는 다음과 같다.

$$\begin{aligned}\text{자유도} &= (\text{전체 칸의 개수} -1)-(\text{추정되는 모수의 수})\\ &= rc-1-((r-1)+(c-1))\\ &= rc-r-c+1=(r-1)+(c-1))\end{aligned}$$

귀무가설 H_0의 기각역은 다음과 같다.

$$\chi^2 \ge \chi^2_\alpha((r-1)(c-1))$$

예제 11-4

아래 표는 400명의 어떤 중학교 학생을 대상으로 실시한 수학 성적 결과를 혈액형에 따라 분류한 것이다. 이 자료로부터 수학 성적과 혈액형은 서로 독립이라고 할 수 있는가? 유의수준 5%로 검정하여라.

성적 \ 혈액형	A	B	O	AB	합계
상	56	54	72	18	200
중	44	26	38	12	120
하	25	20	25	10	80
합계	125	100	135	40	400

풀이 적절한 가설은 다음으로 표현된다.

H_0: 통계성적은 혈액형과 서로 독립이다.

즉, 귀무가설은 다음과 같다.

$H_0 : p_{ij} = p_{i0} \cdot p_{oj,}\ i=1,2,3,\ j=1,2,3,4$

관측돗수와 기대돗수를 각각 적어보면 표 11.7과 같다.

표 11.7 독립성 검정의 계산

성적 \ 혈액형	A	B	O	AB	합계
상	56 (62.5)	54 (50)	72 (67.5)	18 (20)	200
중	44 (37.5)	26 (30)	38 (40.5)	12 (12)	120
하	25 (25)	20 (20)	25 (27)	10 (8)	80
합계	125	100	135	40	400

여기서 (　)는 기대돗수를 나타내고, 상은 90점 이상, 중은 70점-89점, 하는 69점 이하를 나타낸다.

$$E_{11} = \frac{n_{10} \cdot n_{01}}{n} = \frac{(200)(125)}{400} = 62.5$$

$$E_{34} = \frac{(80)(40)}{400} = 8$$

검정통계량의 값을 계산하면 다음과 같다.

$$\begin{aligned}
\chi_0^2 &= \sum_{i=1}^{3}\sum_{j=1}^{4} \frac{(n_{ij} - E_{ij})^2}{E_{ij}} \\
&= \frac{(56-62.5)^2}{62.5} + \frac{(54-50)^2}{50} + \frac{(72-67.5)^2}{67.5} + \frac{(18-20)^2}{20} \\
&+ \frac{(44-37.5)^2}{37.5} + \frac{(26-30)^2}{30} + \frac{(38-40.5)^2}{40.5} + \frac{(12-12)^2}{12} \\
&+ \frac{(25-25)^2}{25} + \frac{(20-20)^2}{20} + \frac{(25-27)^2}{27} + \frac{(10-8)^2}{8} \\
&= \frac{42.25}{62.5} + \frac{16}{50} + \frac{20.25}{67.5} + \frac{42.25}{37.5} + \frac{16}{30} + \frac{6.25}{40.5} + \frac{4}{27} \\
&= 0.676 + 0.32 + 0.3 + 0.2 + 1.1267 + 0.5333 + 0.1543 + 0.1481 + 0.5 \\
&= 3.4584
\end{aligned}$$

분할표를 구성하는 행의 범주의 수가 r, 열의 범주의 수가 c일 때 χ^2-통계량의 자유도는 $(r-1)\times(c-1)=(3-1)(4-1)=6$이고, $\chi_0^2=3.4584 < \chi_{0.05}^2(6)=12.592$이므로 수학 성적과 혈액형은 서로 독립이라는 귀무가설을 유의 수준 5%에서 기각할 수 없다.

11.4 동일성 검정

조사대상인 모집단을 r개의 부차모집단 $A_1,\cdots,A_r$로 분할하고, 각각의 부차모집단 $A_1,\cdots,A_r$에서 각각 크기 $n_{10},\cdots,n_{r0}$의 서로 독립인 임의표본을 택하자. 이러한 표본들을 각각 서로 배반인 범주 $B_1,\cdots,B_c$로 분류하여 표 11.8과 같이 행의 합이 표본 크기로 고정된 $r\times c$ 분할표를 얻는다.

표 11.8 동일성 검정의 구조(행의 합이 고정된 $r\times c$ 분할표)

부차모집단	B_1	B_2	$\cdots$	B_C	표본크기
A_1	n_{11}	n_{12}	$\cdots$	n_{1c}	n_{10}
A_2	n_{21}	n_{22}	$\cdots$	n_{2c}	n_{20}
$\vdots$	$\vdots$	$\vdots$		$\vdots$	$\vdots$
A_r	n_{r1}	n_{r2}	$\cdots$	n_{rc}	n_{r0}
합계	n_{01}	n_{02}	$\cdots$	n_{0c}	n

표 11.9 부차모집단 A_i에서 범주 B_j에 속할 확률

A \ B	B_1	B_2	$\cdots$	B_C	합계
A_1	w_{11}	w_{12}	$\cdots$	w_{1c}	1
A_2	w_{21}	w_{22}	$\cdots$	w_{2c}	1
$\vdots$	$\vdots$	$\vdots$		$\vdots$	$\vdots$
A_r	w_{r1}	w_{r2}	$\cdots$	w_{rc}	1

부차모집단 A_i에서 범주 B_j에 속할 확률을 w_{ij}라 하면 w_{ij}는 A_i에서 B_j에 속할 조건부확률이다. 즉, $w_{ij}=P(B_j|A_i)$ (단, $\sum_{j=1}^{c} w_{ij}=1$)

동일성 검정에서의 귀무가설과 대립가설을 각각 다음과 같이 세울 수 있다.

$$H_0 : w_{1j}=w_{2j}= \cdots =w_{rj},\ j=1,\cdots,c,\ \ H_1 : H_0\text{가 아니다.}$$

즉, 귀무가설 H_0에서 한 실험대상이 범주 B_j에 속할 확률은 어느 부차모집단에 대해서도 동일하다.

귀무가설 H_0에서 관측값이 범주 B_j에 속할 확률은 전체 표본 n에서 B_j에 속하는 n_{0j}개가 차지하는 비율로 추정한다. 즉,

$$\widehat{w_{1j}} = \widehat{w_{2j}} = \cdots = \widehat{w_{rj}} = \frac{n_{0j}}{n},\ j = 1, 2, \cdots, c$$

이므로, 귀무가설에서 (i, j)칸에 대한 기대도수 E_{ij}는 다음과 같이 추정된다.

$$\begin{aligned}\widehat{E_{ij}} &= (A_i\text{의 표본크기}) \times (A_i\text{에서 } B_j\text{에 속할 추정확률}) \\ &= n_{i0} \cdot \widehat{w_{ij}} = \frac{n_{i0} \cdot n_{0j}}{n}\end{aligned}$$

따라서 동일성 검정의 검정통계량과 자유도는 다음과 같다.

$$\chi_0^2 = \sum_{i=1}^{r} \sum_{j=1}^{c} \frac{(n_{ij} - \widehat{E_{ij}})^2}{\widehat{E_{ij}}}$$

$$\begin{aligned}\text{자유도} &= r(c-1) - (\text{추정되는 모수의 갯수}) \\ &= r(c-1) - (c-1) \\ &= (r-1)(c-1)\end{aligned}$$

따라서 이 기각역의 경계값 $\chi_\alpha^2((r-1)(c-1))$보다 크면 귀무가설 H_0를 기각한다.

예제 11-4

어떤 고등학교에서 수학, 영어, 국어 세 과목에 대한 선호도가 남학생과 여학생에 따라 다른가를 조사하고자 한다. 남학생과 여학생을 각각 250명씩 임의 추출하여 가장 좋아하는 과목을 택한 결과가 아래 표와 같을 때 남학생과 여학생의 과목의 선호도가 다르다고 할 수 있는지를 유의수준 5%로 검정하라.

학생 \ 과목	영어(E)	수학(M)	국어(K)	표본크기
남학생(B)	100	80	70	250
여학생(G)	110	60	80	250
합계	210	140	150	500

풀이 남학생이 세 과목 중에서 영어, 수학, 국어를 가장 좋아할 확률을 각각 p_{11}, p_{12}, p_{13}라 하고, 여학생에 대해서도 마찬가지로 p_{21}, p_{22}, p_{23}라고 하면, 남학생과 여학생의 과목의 선호도가 같다는 귀무가설은 다음과 같다.

$$H_0 : (p_{11}, p_{12}, p_{13}) = (p_{21}, p_{22}, p_{23})$$

관측돗수와 추정된 기대돗수를 각각 적어보면 표 11.10과 같고, 표에서 괄호 속의 숫자는 추정된 기대돗수이다.

표 11.10 동일성 검정의 계산

학생 \ 과목	영어(E)	수학(M)	국어(K)	표본크기
남학생(B)	100(105)	80(70)	70(75)	250
여학생(G)	110(105)	60(70)	80(75)	250
합계	210	140	150	500

예를 들어, 범주B에서 범주E에 속할 기대돗수를 추정하면 다음과 같다.

$$\widehat{E_{11}} = n_{10} \times \frac{n_{01}}{n} = 250 \times \frac{210}{500} = 105$$

따라서, 검정통계량의 값은 다음과 같으며,

$$\chi^2 = \sum_{i=1}^{2}\sum_{j=1}^{3} \frac{(n_{ij} - \widehat{E_{ij}})^2}{\widehat{E_{ij}}} = \frac{(100-105)^2}{105} + \cdots + \frac{(80-75)^2}{75} = 4$$

자유도는 $(2-1)(3-1) = 2$이다.

카이제곱분포표에서 $\chi^2_{0.05}(2) = 5.991$이고 $\chi^2 = 4 < \chi^2_{0.05}(2) = 5.991$이므로, 남학생과 여학생의 과목선호도가 다르다고 할 만한 뚜렷한 이유가 없다.

연습문제

1. 어떤 음식점은 비흡연자를 위한 장소를 따로 마련하고자 여론조사를 실시하여 고객의 반응을 알아보았다. 다음은 임의추출된 450명의 자료를 나타낸 것이다.

찬성여부 \ 외식횟수	거의 매일	일주일에 1번	한달에 1번	거의 없음
찬성	98	84	69	27
반대	76	53	32	11

비흡연자를 위한 장소를 따로 마련하는데 찬성하는 사람의 비율은 외식횟수와는 관계없이 동일하다는 귀무가설을 유의수준 5%에서 검정하라.

2. 어떤 공항은 주차장에 5개의 입구가 있다. 일정시간 동안에 각 출입구를 통해 주차장에 들어 온 자동차의 수는 다음과 같다.

주차장 입구	A	B	C	D	E
들어온 자동차 수	238	216	302	294	199

주차장에 들어온 자동차 수는 주차장 출입구의 위치와는 관계없이 동일하다는 귀무가설을 유의수준 5%에서 검정하라.

3. 다음은 한주일 동안 어느 병원의 응급실에서 응급처치된 환자를 요일별로 분류한 결과이다.

요일	월	화	수	목	금	토	일
환자수	188	201	179	210	200	206	237

응급처치된 환자의 수는 요일과는 무관하다는 귀무가설을 유의수준 5%에서 검정하라.

4. 음주와 흡연은 밀접한 관련이 있다는 가설이 있다. 이 가설이 옳은지 알아보기 위해 600명을 임의추출하여 다음과 같은 결과를 얻었다. 이 가설을 유의수준 5%에서 검정하라.

술 \ 담배	흡연	비흡연
음주	98	52
비음주	37	23

5. 다음의 자료는 어떤 병원에서 2015년도에 분기별로 기록한 출생한 신생아수를 기록한 표이다.

분기	1	2	3	4
출생아수	110	57	53	80

1분기에 다른 분기보다 두 배의 출생자의 수가 있다고 주장한다면 이 주장은 옳은 주장인지를 유의수준 $\alpha = 0.10$으로 검정하라.

6. 어떤 전자 제품 회사의 A/S 센터에 52주 동안 신고된 냉장고 고장 건수(단위기간: 주일)에 관한 자료가 다음과 같다. 냉장고 고장 건수는 푸아송분포를 따르는지 유의수준 $\alpha = 0.05$로 가설검정하라.

주	고장 신고 건수												
1–13	5	5	2	1	3	3	3	3	8	6	5	3	6
14–26	4	6	5	3	2	6	2	5	3	2	8	2	2
27–39	6	3	6	2	5	4	6	4	5	3	4	2	2
40–52	6	6	3	7	5	0	4	4	10	1	3	4	0

7. 어떤 고등학교 학생들의 모의고사 점수가 정규분포를 따르는지를 검정하기 위하여 100명을 임의추출하여 조사한 결과가 다음과 같을 때 유의수준 $\alpha = 0.05$로 가설 검정하라.

229	275	279	321	291	254	60	315	111	268
236	163	157	295	270	289	229	269	337	210
156	278	201	322	257	242	329	321	129	202
203	288	333	262	131	249	220	299	291	252
283	229	293	242	254	306	304	295	183	157
154	328	268	249	306	196	251	215	325	150

199	181	242	330	270	182	190	321	275	210
229	275	241	308	85	249	65	262	190	304
195	278	337	242	242	274	333	311	275	214
157	324	153	216	321	196	308	315	275	177

8. 어떤 대학에서 1학년 학생 330명, 2학년 170명을 임의추출하여 특강을 실시한 후에 특강에 대한 평가를 실시하였다. 그 결과가 다음과 같을 때, 특강에 대한 평가가 학년에 따라 다르다고 할 수 있는 지를 유의수준 $\alpha = 0.05$로 가설검정하라.

학생 \ 성적	나쁘다	보통이다	좋다	뛰어나다	합 계
1학년	20	110	170	30	330
2학년	10	50	90	20	170
합 계	30	160	260	50	500

9. 교육수준이 결혼생활에 영향을 미치는지 알아보기 위해 1000명을 임의추출하여 조사한 결과 아래와 같은 표를 얻었다. 이 자료로부터 개인의 교육수준이 결혼생활의 만족도에 영향을 미친다고 할 수 있는 지를 유의수준 $\alpha = 0.05$로 검정하라.

교육수준	결 혼 생 활		
	불만족	원 만	대단히 만족
대 학	72	112	245
고등학교	65	90	120
중 학 교	95	103	98

10. 멘델의 이론에 의하면 어떤 종류의 콩을 색깔과 모양에 따라 "둥글고 노란색 콩", "둥글고 초록색 콩", "모나고 노란색 콩", "모나고 초록색 콩"의 네 가지 형태로 분류할 수 있고, 이들의 비가 9:3:3:1이라 한다. 실제로 320개의 콩을 조사했더니 둥글고 노란색 콩이 160개, 둥글고 초록색 콩이 70개, 모나고 노란색 콩이 65개, 모나고 초록색 콩이 25개였다. 멘델의 이론이 적합한 것인지를 유의 수준 5%로 검정하라.

11. 대중 매체의 신뢰도를 알아보기 위하여 429명을 임의추출하여 조사한 결과 다음 자료를 얻었다, 이 자료에 의하면, 대중 매체의 신뢰도와 성별은 독립인지를 유의수준 $\alpha = 0.05$로 가설검정하라.

성별 \ 매체	가장 신뢰하는 대중매체			합계
	신문	T.V.	SNS	
남자	92	108	19	219
여자	97	81	32	210
합계	189	189	51	429

12. 색맹과 성별 간에 관계가 있는지를 알아보기 위하여 1000명을 임의추출하여 조사한 결과 다음의 표를 얻었다, 이 자료를 이용하여, 색맹과 성별간의 관계가 있는지를 유의수준 $\alpha = 0.05$로 가설검정하라.

상태 \ 성별	남	여	합 계
정 상	442	514	956
색 맹	38	6	44
합 계	180	520	1000

13. 공기의 오염도가 채소에 얼마나 피해를 주는가를 알아보기 위하여 환경을 동일하게 한 장소에서 아황산가스를 각각 40개의 상추, 양배추, 치커리에 불어 넣어 주고 이 중에서 몇 개가 크게 피해를 입는가를 조사하였다, 아황산가스에 노출되어 피해를 입는 정도가 세 종류의 채소에 동일한 지를 $\alpha = 0.10$으로 검정하라.

야채 \ 정도	피해 적음	피해 많음	합 계
상 추	32	8	40
양배추	28	12	40
치커리	19	21	40
합 계	79	41	120

제 12 장

상관분석 및 회귀분석

제 12 장 상관분석 및 회귀분석

01 본장의 개요

이 장에서는 두 변수 사이에 관계가 있는지 없는지를 분석하는 상관분석(correlation analysis)과 한 변수에 대한 다른 변수의 변화를 예측하려고 할 때, 그 관계를 함수관계로 나타내어 분석하는 **회귀분석**(regression analysis)에 대하여 알아본다. 1절에서는 두 변수의 관계를 하나의 수로 나타내는 표본상관계수와 순위상관계수를 정의하여 이를 구하는 문제를 취급하고, 2절에서는 단순선형모형을 이용하여 독립변수의 값으로부터 이에 대응하는 종속변수의 값을 예측하고자 한다. 그리고 상관계수와 회귀계수와의 관계를 알아본다.

12.1 상관분석

사회현상이나 일상생활에는 두 가지 변수가 서로 관련된 경우가 많이 있다. 예를 들어 상품의 수요량과 상품의 가격 사이의 관계, 어떤 대학 신입생의 수학성적과 물리성적 사이의 관계, 학업성적과 지능지수 사이의 관계, 경제성장률의 변동과 실업률 사이의 관계 등이다.

이와 같은 두 가지 변수 사이의 관계를 알아보기 위하여 산점도를 이용하는데, **산점도**(scatter diagram)란 주어진 자료를 좌표평면 위에 대응하는 점들로 나타내는 그림이다. 산점도를 이용하면 두 변수 사이의 관계를 대략적으로 파악할 수 있다. 다음 예제를 통하여 두 변수 사이의 관계를 산점도로 나타내 보자.

예제 12-1

다음 표는 어떤 병원에서 임의로 추출한 신생아 20명의 키와 머리둘레이다. 이 자료를 산점도로 나타내라.

x(키)	48	53	52	49	49	48	50	49	53	49	48	50	49	50	54	50	52	51	52	48
y(머리둘레)	33	36	35	34	35	34	34	34	35	33	34	35	33	35	37	35	34	35	35	33

풀이 이 자료를 산점도로 나타내면 그림 11.1과 같다.

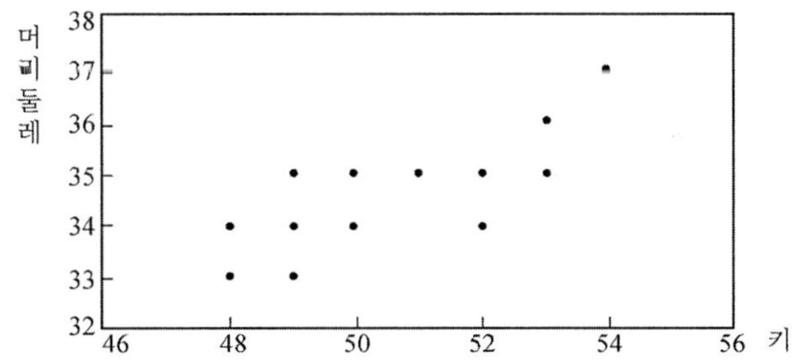

[그림 12.1] 키와 머리둘레

그림 12.1에서 신생아의 키가 크면 머리둘레도 크고, 키가 작으면 머리둘레도 작게 나타남을 알 수 있다. 즉 신생아의 키와 머리둘레 사이에는 어떤 관계가 있음을 알 수 있는데, 이것을 **상관관계**라고 한다.

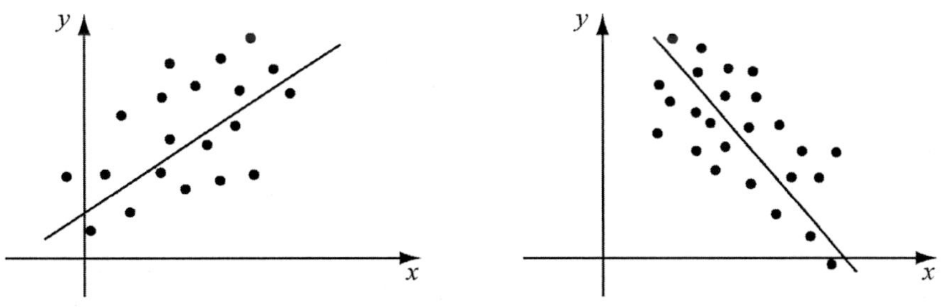

(1) (2)

[그림 12.2] (1) 양의 상관관계의 산점도 (2) 음의 상관관계의 산점도

상관관계가 있는 두 변수 X와 Y에 관한 산점도를 만들었을 때, 이들을 좌표로 하

는 점 $(x,\ y)$가 대체로 양의 기울기를 가진 어떤 직선 주위에 분포되어 있을 경우 두 변수 사이에는 **양의 상관관계**가 있다고 한다. 반대로, 점들이 음의 기울기를 가진 어떤 직선 주위에 분포되어 있을 경우 두 변수 사이에는 **음의 상관관계**가 있다고 한다. 그리고 점들이 직선 주위에 가까이 모여 있을수록 상관관계가 강하다고 한다.

특히, 그림 12.3의 산점도와 같이 점들이 각 방향으로 흩어져 있을 경우에는 상관관계가 없다 또는 무상관이라고 한다.

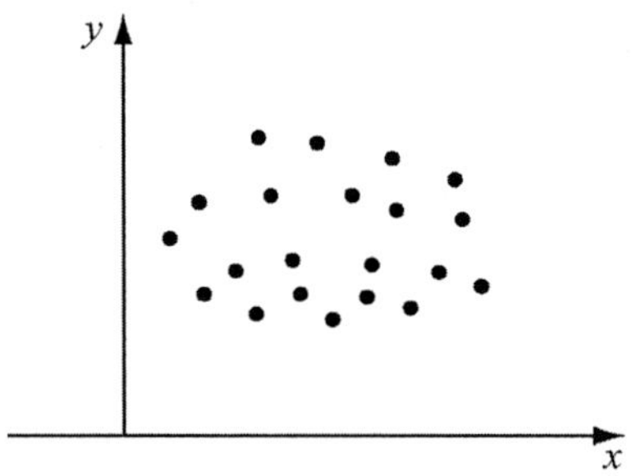

[그림 12.3] 무상관의 산점도

예제 12-1에서 알아본 것과 같이 산점도를 이용하여 두 변수 사이의 관계를 대략적으로 파악할 수 있다. 그러나 좀더 정밀한 분석을 위해서는 이러한 관계를 하나의 수치로 나타내는 통계량이 필요한데 그것이 **상관계수**(correlation coefficient)이다. 상관계수를 이용하여 두 변수 사이에 선형관계가 있고 없음을 분석하는 **상관분석**(correlation analysis)이 가능한데, 두 변수 사이의 관련성을 조사하는 것이 상관분석의 주요 목적이지 한 변수가 다른 변수와 어떠한 함수관계가 있는가를 파악하는 것이 목적은 아니다.

12.1.1 상관계수

직선 주변에 흩어져 있는 점들로부터 두 변수 X와 Y 사이의 관계를 짐작할 수 있는데, 점들이 어떤 직선 주변에 가까이 흩어져 있으면 강한 선형관계를 나타내고 멀리 흩어져 있으면 약한 선형관계를 나타낸다. 이러한 두 변수 사이의 관계를 하나의 수치로 나타낸 것을 **표본상관계수**(sample correlation coefficient)라고 한다. 실제로 어떤 모집단에서 두 변수 사이의 모상관계수를 구하는 일은 드물기 때문에 일반적으로 표본에서 추출된 값을 이용하여 표본상관계수를 구한다. 두 변수 X와 Y 사이의 표본상관계수를 보통 r로 나타내는데, 이는 다음과 같이 정의한다.

$$r = \frac{\sum_{i=1}^{n}(x_i - \overline{x})(y_i - \overline{y})}{\sqrt{\sum_{i=1}^{n}(x_i - \overline{x})^2}\ \sqrt{\sum_{i=1}^{n}(y_i - \overline{y})^2}}$$

2.9절로부터 모상관계수는 다음과 같이 정의되었다.

$$Corr(X,\ Y) = \frac{Cov(X,\ Y)}{\sigma_X \sigma_Y}$$

표본상관계수 r은 모상관계수 $Corr(X,\ Y)$와 상당히 비슷한 형태를 취하는데, 다음의 치환 규칙을 적용하여 얻을 수 있다.

$Cov(X,\ Y)$을 $\frac{1}{n-1}\sum_{i=1}^{n}(x_i - \overline{x})(y_i - \overline{y})$로, σ_X^2을 $\frac{1}{n-1}\sum_{i=1}^{n}(x_i - \overline{x})^2$로, σ_Y^2을 $\frac{1}{n-1}\sum_{i=1}^{n}(y_i - \overline{y})^2$로 치환한다.

계산의 편의를 위하여 표본상관계수의 공식을 다음과 같이 바꾸어 이용한다.

$$r = \frac{s_{xy}}{s_x s_y} = \frac{\sum_{i=1}^{n} x_i y_i - n\overline{x}\,\overline{y}}{\sqrt{\left[\sum_{i=1}^{n} x_i^2 - n\overline{x}^2\right]\left[\sum_{i=1}^{n} y_i^2 - n\overline{y}^2\right]}}$$

$$= \frac{\sum_{i=1}^{n} x_i y_i - (\sum_{i=1}^{n} x_i)(\sum_{i=1}^{n} y_i)/n}{\sqrt{\left[\sum_{i=1}^{n} x_i^2 - (\sum_{i=1}^{n} x_i)^2/n\right]\left[\sum_{i=1}^{n} y_i^2 - (\sum_{i=1}^{n} y_i)^2/n\right]}}$$

여기서

$$s_{xy} = \sum_{i=1}^{n}(x_i - \overline{x})(y_i - \overline{y}) = \sum_{i=1}^{n} x_i y_i - n\overline{x}\,\overline{y}$$

$$s_x = \sqrt{\sum_{i=1}^{n}(x_i - \overline{x})^2} = \sqrt{\sum_{i=1}^{n} x_i^2 - n\overline{x}^2}$$

$$s_y = \sqrt{\sum_{i=1}^{n}(y_i - \overline{y})^2} = \sqrt{\sum_{i=1}^{n} y_i^2 - n\overline{y}^2}$$

예제 12-2

예제 12-1의 자료에서 신생아의 키와 머리둘레 사이의 표본상관계수를 구하라.

x	y	xy	x^2	y^2
48	33	1584	2304	1089
53	36	1908	2809	1296
52	35	1820	2704	1225
49	34	1666	2401	1156
49	35	1715	2401	1225
48	34	1632	2304	1156
50	34	1700	2500	1156
49	34	1666	2401	1156
53	35	1855	2809	1225
49	33	1617	2401	1089
48	34	1632	2304	1156
50	35	1750	2500	1225
49	33	1617	2401	1089
50	35	1750	2500	1225
54	37	1998	2916	1369
50	35	1750	2500	1225
52	34	1768	2704	1156
51	35	1785	2601	1225
52	35	1820	2704	1225
48	33	1584	2304	1089
$\Sigma x_i = 1004$	$\Sigma y_i = 689$	$\Sigma x_i y_i = 34617$	$\Sigma x_i^2 = 50468$	$\Sigma y_i^2 = 23757$

풀이 신생아의 키와 머리둘레 사이의 표본상관계수는 다음과 같다.

$$r = \frac{s_{xy}}{s_x s_y} = \frac{\Sigma x_i y_i - (\Sigma x_i)(\Sigma y_i)/n}{\sqrt{[\Sigma x_i^2 - (\Sigma x_i)^2/n][\Sigma y_i^2 - (\Sigma y_i)^2/n]}}$$

$$= \frac{34617 - 1004 \cdot 689/20}{\sqrt{[50468 - 1004^2/20][23757 - 689^2/20]}}$$

$$= \frac{29.2}{\sqrt{67.2 \times 20.95}} = 0.7782$$

■

예제 12-3

다음 자료에서 두 변수 사이의 상관계수를 구하라.

x	5	1	4	3	2
y	0	4	2	0	−1

풀이 상관계수 r를 다음 표를 이용하여 구할 수 있다.

x	y	xy	x^2	y^2
5	0	0	25	0
1	4	4	1	16
4	2	8	16	4
3	0	0	9	0
2	−1	−2	4	1
$\Sigma x_i = 15$	$\Sigma y_i = 5$	$\Sigma x_i y_i = 10$	$\Sigma x_i^2 = 55$	$\Sigma y_i^2 = 21$

그러면 상관계수는 다음과 같다.

$$r = \frac{s_{xy}}{s_x s_y} = \frac{\Sigma x_i y_i - (\Sigma x_i)(\Sigma y_i)/n}{\sqrt{[\Sigma x_i^2 - (\Sigma x_i)^2/n][\Sigma y_i^2 - (\Sigma y_i)^2/n]}}$$

$$= \frac{10 - (15)(5)/5}{\sqrt{[55 - (15)^2/5][21 - (5)^2/5]}}$$

$$= \frac{-5}{\sqrt{10 \times 16}} = -0.3953$$

■

예제 12-4

다음 표는 어떤 중학교에서 임의로 추출한 신입생 10명의 국어와 영어 성적이다. 이 자료를 산점도로 나타내고 국어와 영어 성적 사이의 상관계수를 구하라.

국어	90	92	76	60	66	50	64	48	80	84
영어	88	90	78	64	70	52	68	46	82	86

풀이 X와 Y를 각각 국어 성적과 영어 성적이라 하자. 그러면 다음이 성립한다.

$$\Sigma x_i = 710,\ \Sigma y_i = 724,\ \Sigma x_i y_i = 53532,\ \Sigma x_i^2 = 52652$$

$$\Sigma y_i^2 = 54488,\ (\Sigma x_i)^2 = 504100,\ (\Sigma y_i)^2 = 524176$$

따라서 상관계수는 다음과 같다.

$$r = \frac{\sum x_i y_i - (\sum x_i)(\sum y_i)/n}{\sqrt{[\sum x_i^2 - (\sum x_i)^2/n][\sum y_i^2 - (\sum y_i)^2/n]}}$$

$$= \frac{53532 - 710 \cdot 724/10}{\sqrt{(52652 - 504100/10)(54488 - 524176/10)}}$$

$$= \frac{2128}{\sqrt{2242 \times 2070.4}} = 0.9877$$

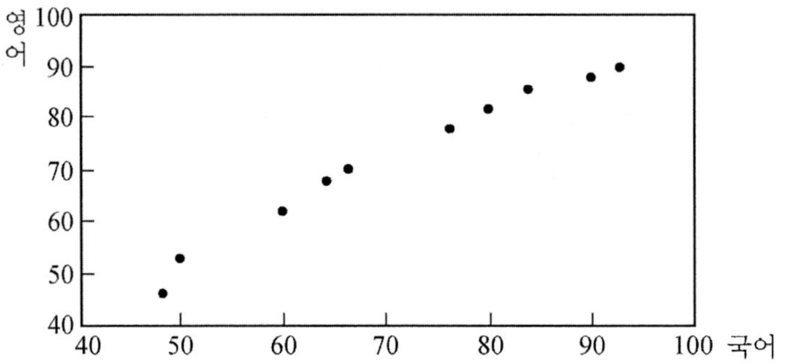

[그림 11.4] 국어 성적과 영어 성적

상관계수의 중요한 성질을 정리하면 다음과 같다.

상관계수의 성질

1. 상관계수 r은 변수 X와 Y 사이의 직선적인 관계의 강도를 나타내는 측도이며, r의 부호는 직선의 방향을 나타낸다.
2. 상관계수의 값 r은 항상 -1과 1 사이에 있다.
3. 상관계수의 값 r이 0과 1 사이에 있을 때는 두 변수 X와 Y 사이에는 양의 상관관계가 있다고 하고, r이 -1과 0 사이에 있을 때는 두 변수 X와 Y 사이에는 음의 상관관계가 있다고 한다. 특히 r이 1과 -1일때는 X와 Y가 직선 위에 있을 때이며, 각각 **양의 완전상관관계**와 **음의 완전상관관계**가 있다고 한다.
4. x의 값이 $ax+b$로 바뀌고 y의 값이 $cy+d$로 바뀌어도 a와 c가 부호가 같을 때는 상관계수 r의 값은 변함이 없다.

12.1.2 순위상관계수

각종 경연대회에서는 성적으로 평가하는 것보다 순위로 평가하는 것이 바람직한데 이때 상관계수 대신 많이 사용하는 것이 **순위상관계수**이다.

두 변수 X와 Y의 n개의 자료값에 각각 순위를 매겨서 순위의 짝을 $(x_1, y_1), \cdots, (x_n, y_n)$이라 하자. 이때 순위상관계수를 r_s라 하면 다음과 같이 정의된다.

$$r_s = 1 - \frac{6\sum_{i=1}^{n}(x_i - y_i)^2}{n(n^2-1)}$$

예제 12-5

다음 표는 음악경연대회에서 4명의 학생이 받은 음악성(X)과 가창력(Y)의 성적 순위이다. 두 변수 사이의 순위상관계수를 구하라.

x	y
1	2
2	3
3	1
4	4

풀이

$$r_s = 1 - \frac{6\{(1-2)^2 + (2-3)^2 + (3-1)^2 + (4-4)^2\}}{4(4^2-1)}$$
$$= 1 - \frac{6(1+1+4)}{4 \cdot 15} = 0.4$$

■

12.2 회귀분석

두 변수 사이에 선형 관련성이 있는지 없는지를 조사하는 것이 상관분석의 주요 목적인데 반하여 두 변수의 관련성을 구체적인 함수의 형태로 나타내어 한 변수의 값으로부터 다른 변수의 값을 예측하는 것이 회귀분석(regression analysis)의 주요 목적이다.

예를 들어, 어떤 대학 1학년 학생의 수능성적과 입학성적을 살펴 보면 다음과 같다.

수능성적(x)	320	330	335	350	360	370	380	390
입학성적(y)	540	545	560	580	580	630	630	700

위의 예에서 수능성적과 같이 다른 변수에 영향을 주는 변수를 **독립변수**(independent

variable)라 하고 입학성적과 같이 다른 변수의 영향을 받는 변수를 **종속변수**(dependent variable)라 한다.

회귀분석의 목적은 독립변수의 값으로부터 종속변수의 값을 예측하는 것이다. 앞의 예에서 보듯이 수능성적(x)이 증가함에 따라서 입학성적(y)이 증가하는 것을 짐작할 수 있으나 그 관계식이 어떤 것인지를 즉시 알아내기는 어렵다.

회귀분석에서의 첫 번째 단계는 두 변수 사이의 관계를 조사하기 위해서 산점도를 그리는 것이다. 산점도를 그리면 두 변수 사이의 관계가 직선인지 아닌지를 즉 직선 주변에 점들이 흩어져 있는지 아니면 곡선 주변에 점들이 흩어져 있는지를 짐작할 수 있다.

수능성적과 입학성적의 예에서 두 변수 x와 y 사이의 관계를 알아보기 위해서 산점도를 그려 보면 그림 12.5를 얻는다.

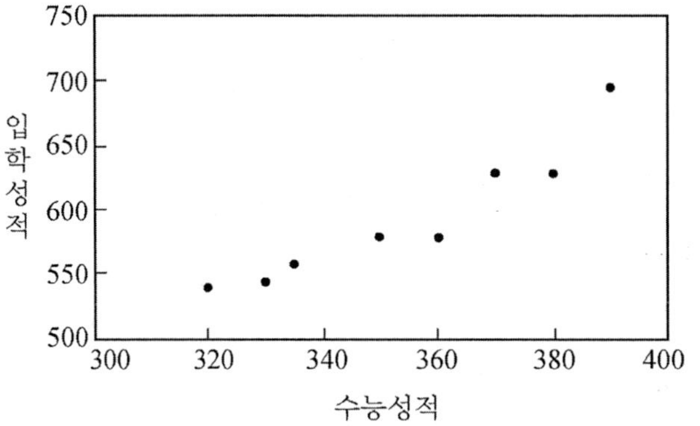

[그림 12.5] 수능성적과 입학성적

그림 12.5에서 두 변수는 직선 주변에 흩어져 있다는 사실로부터 두 변수 x와 y 사이의 관계는 직선임을 추측할 수 있고 회귀분석에서 직선식을 적합시키는 것이 타당하다.

독립변수가 한 개일때의 회귀분석을 **단순회귀분석**(simple regression)이라 하고, 독립변수가 두 개 이상일때의 회귀분석을 **중회귀분석**(multiple regression)이라 한다.

앞의 예에서와 같이 독립변수가 하나이고 독립변수와 종속변수의 관계가 직선관계인 경우를 **단순선형회귀**(simple linear regression)라 하는데, 이 절에서는 단순선형회귀만을 다루고자 한다.

12.2.1 단순선형회귀모형

그림 12.5의 산점도에서 두 변수는 직선관계를 중심으로 흩어져 있음을 알 수 있다. 미지의 직선관계를 $y=\alpha+\beta x$로 나타내고 산포의 정도를 σ^2으로 나타내면 독립변수 x에 대응하는 종속변수값 y는 다음 식으로 정의된 확률변수 Y의 관측값으로 생각할 수 있다.

$$Y=\alpha+\beta x+\varepsilon, \quad \varepsilon\sim N(0,\sigma^2)$$

여기서 ε는 오차항으로 평균이 0이고 분산이 σ^2인 정규분포를 따르는 확률변수이다.

이 식을 **단순선형회귀모형**(simple linear regression model)이라 하며 정리하면 다음과 같다.

단순선형회귀모형

$$Y_i=\alpha+\beta x_i+\varepsilon_i \qquad (i=1,\ \cdots,\ n)$$

여기서 x_i: i번째 주어진 독립변수의 값

Y_i: i번째 독립변수에 대응하는 종속변수

ε_i: 서로 독립이며 오차항으로 평균이 0이고 분산이 σ^2인 정규분포를 따르는 확률변수

단순선형회귀모형에서 $E(Y_i)=\alpha+\beta x_i$임을 알 수 있다. 단순선형회귀모형에서 미지의 직선관계를 나타내는 $y=\alpha+\beta x$를 **모회귀직선**(population regression line)이라 한다. **최소제곱법**(method of least squares)을 이용하여 모회귀직선을 추정하자.

산점도상의 점들에 적합한 직선을 $\hat{y}=\alpha+\beta x$라 하자. i번째의 실제 관측값 y_i와 x_i에 대응하는 추측값 $\hat{y_i}=\alpha+\beta x_i$와의 차 $d_i=y_i-(\alpha+\beta x_i)$를 **잔차**(residual)라 한다. 즉 잔차는 다음과 같다.

$$d_i=y_i-\hat{y_i}=y_i-(\alpha+\beta x_i)$$

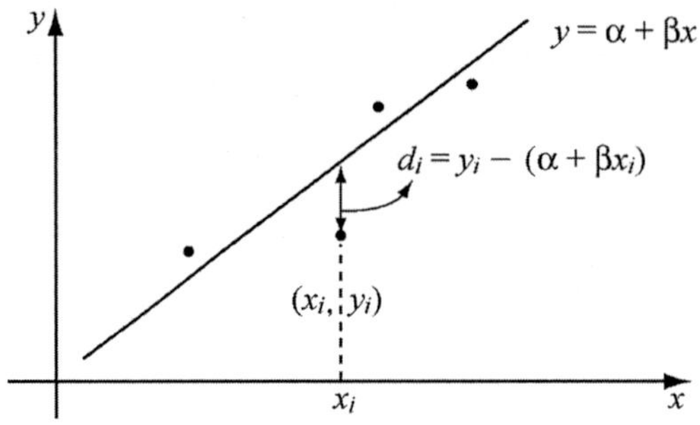

[그림 12.6] 산점도와 회귀직선

적합한 직선상의 n개의 점 사이의 모든 잔차의 제곱합을

$$D=\sum_{i=1}^{n} d_i^2=\sum_{i=1}^{n}\{y_i-(\alpha+\beta x_i)\}^2$$

이라 하고 최소제곱법을 이용하자. 최소제곱법은 잔차의 제곱합 또는 오차의 제곱합 D의 값이 최소가 되도록 α와 β를 추정하는 방법이다. 이때 구한 α와 β의 추정량 $\hat{\alpha}$, $\hat{\beta}$을 **최소제곱추정량**(least square estimator)이라고 한다.

D를 최소로 하기 위하여 $\partial D/\partial\alpha=0$, $\partial D/\partial\beta=0$을 만족해야 한다. 즉 다음을 만족하는 α와 β를 결정하면 된다.

$$\frac{\partial D}{\partial \alpha}=-2\sum_{i=1}^{n}(y_i-\alpha-\beta x_i)=0$$

$$\frac{\partial D}{\partial \beta}=-2\sum_{i=1}^{n}(y_i-\alpha-\beta x_i)x_i=0$$

위의 식을 다시 정리하면

$$\sum_{i=1}^{n} y_i=n\alpha+\beta\sum_{i=1}^{n} x_i$$

$$\sum_{i=1}^{n} x_i y_i=\alpha\sum_{i=1}^{n} x_i+\beta\sum_{i=1}^{n} x_i^2$$

가 되는데 위의 식을 **정규방정식**(normal equation)이라 한다.

정규방정식에서 α와 β를 **회귀계수**라 한다. 또 정규방정식을 만족하는 α, β의 추정값을 $\hat{\alpha}$, $\hat{\beta}$으로 놓고 정리하면 다음과 같다.

$$\hat{\beta} = \frac{\sum_{i=1}^{n} x_i y_i - n\overline{x}\,\overline{y}}{\sum_{i=1}^{n} x_i^2 - n\overline{x}^2} = \frac{s_{xy}}{s_x^2}$$

$$\hat{\alpha} = \overline{y} - \hat{\beta}\overline{x}$$

이렇게 구한 직선 $\hat{y} = \hat{\alpha} + \hat{\beta}x$를 **추정회귀직선**(estimated regression line) 또는 **최소제곱회귀직선**이라 한다. 추정회귀직선을 정리하면 다음과 같다.

추정회귀직선

$$\hat{y} - \overline{y} = \hat{\beta}(x - \overline{x})$$

$$\hat{\beta} = \frac{s_{xy}}{s_x^2}$$

예제 12-6

다음 자료에서 추정회귀직선을 구하라.

x	1	2	2	3	3	4	5	5	6	6
y	2.5	2.5	2.6	3.2	3.5	4.0	5.3	4.8	5.8	7.0

풀이 위의 자료에서 다음을 얻는다.

$$\overline{x} = \frac{\sum x_i}{n} = \frac{37}{10} = 3.7$$

$$\overline{y} = \frac{\sum y_i}{n} = 4.12$$

$$s_x^2 = \sum x_i^2 - n\overline{x}^2 = 165 - 136.9 = 28.1$$

$$s_{xy} = \sum x_i y_i - n\overline{x}\,\overline{y} = 176.1 - 10 \cdot 3.7 \cdot 4.12 = 23.66$$

따라서 다음을 얻는다.

$$\hat{\beta} = \frac{s_{xy}}{s_x^2} = \frac{23.66}{28.1} = 0.842$$

$$\hat{\alpha} = \overline{y} - \hat{\beta}\overline{x} = 4.12 - 0.842 \cdot 3.7 = 1.0046$$

그러므로 추정회귀직선은 $\hat{y} = 0.842x + 1.0046$가 된다. 산점도에 회귀직선을 그려 보면 그림 12.7과 같다.

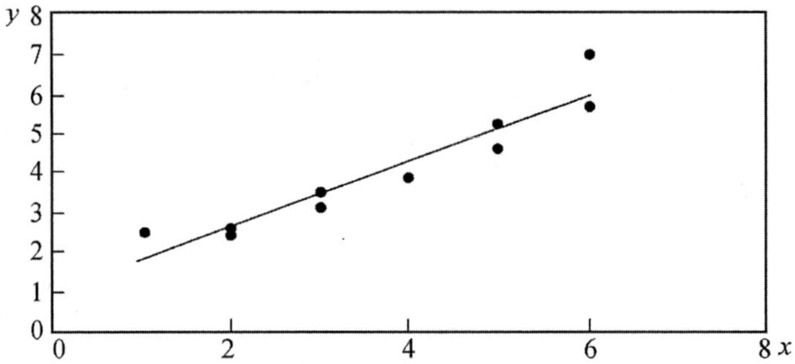

[그림 12.7] 추정회귀직선

단순회귀모형이 적합하게 적용되었는지 알아보자. 관측값 $y_i(i=1, \cdots, n)$는 다음과 같이 두 요소로 분할된다.

$$y_i = \hat{y_i} + (y_i - \hat{y_i})$$

여기서 $\hat{y_i}$는 선형관계에 의해 설명되는 요소이고, $(y_i - \hat{y_i})$은 잔차로서 선형관계에 의해 설명되지 않는 요소이다.

이 식은 다음과 같이 나타낼 수 있다.

$$y_i - \overline{y} = (y_i - \hat{y_i}) + (\hat{y_i} - \overline{y})$$

여기서 $y_i - \overline{y}(i=1, \cdots, n)$을 **총편차**(total deviation)라 한다.

위의 식의 양변을 제곱하고 정규방정식의 결과를 이용하면 다음을 유도할 수 있다.

$$\sum_{i=1}^{n}(y_i - \overline{y})^2 = \sum_{i=1}^{n}(y_i - \hat{y_i})^2 + \sum_{i=1}^{n}(\hat{y_i} - \overline{y})^2$$

여기서 $\sum_{i=1}^{n}(y_i - \overline{y})^2$을 **총제곱합**(total sum of squares)이라 하며, 기호로 SST로 나타내고, $\sum_{i=1}^{n}(\hat{y_i} - \overline{y})^2$을 **회귀제곱합**(regression sum of squares)이라 하며, 기호로 SSR로 나타낸다. 또 $\sum_{i=1}^{n}(y_i - \hat{y_i})^2$은 **오차제곱합**(residual sum of squares)이라 하며 SSE로 나타낸다. 이를 정리하면 다음과 같다.

$$\sum_{i=1}^{n}(y_i-\overline{y})^2=\sum_{i=1}^{n}(y_i-\hat{y_i})^2+\sum_{i=1}^{n}(\hat{y_i}-\overline{y})^2$$

SST　　　SSE　　　SSR

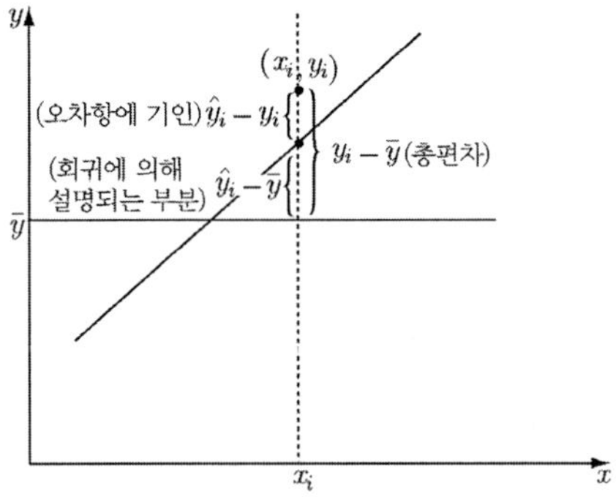

[그림 12.8] 총편차 $y_i-\overline{y}$의 분해

총제곱합 SST에 비하여 회귀제곱합 SSR이 차지하는 부분이 크면 회귀모형이 관측결과를 잘 설명해 준다고 할 수 있다. 총제곱합 중에서 회귀제곱합이 차지하는 비율인

$$r^2=\frac{SSR}{SST}$$

를 **결정계수**(coefficient of determination) 또는 **회귀직선의 기여율**이라 부른다.

12.1.1절과 회귀계수를 이용하여 SST, SSR을 다음과 같이 구할 수 있다.

$$SST=\sum_{i=1}^{n}(y_i-\overline{y})^2=\sum_{i=1}^{n}y_i^2-(\sum_{i=1}^{n}y_i)^2/n$$

$$SSR=\sum_{i=1}^{n}(\hat{y_i}-\overline{y})^2=\frac{\left\{\sum_{i=1}^{n}x_iy_i-(\sum_{i=1}^{n}x_i)(\sum_{i=1}^{n}y_i)/n\right\}^2}{\sum_{i=1}^{n}x_i^2-(\sum_{i=1}^{n}x_i)^2/n}$$

따라서 결정계수는 다음과 같이 나타낼 수 있다.

$$r^2=\frac{SSR}{SST}=\frac{\left\{\sum_{i=1}^{n}x_iy_i-(\sum_{i=1}^{n}x_i)(\sum_{i=1}^{n}y_i)/n\right\}^2}{\left\{\sum_{i=1}^{n}x_i^2-(\sum_{i=1}^{n}x_i)^2/n\right\}\left\{\sum_{i=1}^{n}y_i^2-(\sum_{i=1}^{n}y_i)^2/n\right\}}$$

결정계수 r^2은 표본상관계수의 제곱이므로 r^2의 값이 1에 가까울수록 산점도에서 직선 주위에 밀집되어 있음을 나타낸다.

예제 12-7

예제 12-6의 자료에서 결정계수를 구하라.

풀이

$$n=10,\quad \sum_{i=1}^{n} x_i = 37,\quad \sum_{i=1}^{n} y_i = 41.2$$

$$\sum_{i=1}^{n} x_i^2 = 165,\quad \sum_{i=1}^{n} y_i^2 = 191.52$$

$$\sum_{i=1}^{n} x_i^2 - (\sum_{i=1}^{n} x_i)^2/n = 28.1$$

$$\sum_{i=1}^{n} y_i^2 - (\sum_{i=1}^{n} y_i)^2/n = 21.776$$

$$\sum_{i=1}^{n} x_i y_i - (\sum_{i=1}^{n} x_i)(\sum_{i=1}^{n} y_i)/n = 23.66$$

이므로 결정계수는 다음과 같다.

$$r^2 = \frac{23.66^2}{(28.1)(21.776)} = 0.91$$

이것은 전체 자료의 산포의 91%가 선형회귀에 의해 설명될 수 있음을 뜻하므로 단순선형회귀모형이 매우 만족스럽다고 할 수 있다.

12.2.2 상관계수와 회귀계수와의 관계

상관계수 r과 회귀계수 β와의 관계를 살펴보면 다음과 같다.

$$\begin{aligned}\beta &= \frac{s_{xy}}{s_x^2} \\ &= \frac{s_{xy}}{s_x s_y} \cdot \frac{s_y}{s_x} \\ &= r \cdot \frac{s_y}{s_x}\end{aligned}$$

그리고 상관계수 r과 회귀계수 β와의 관계로부터 다음을 알 수 있다.

$\beta > 0$이면 $r > 0$이므로 두 변수 X와 Y는 양의 상관관계이다.
$\beta < 0$이면 $r < 0$이므로 두 변수 X와 Y는 음의 상관관계이다.
$\beta = 0$이면 $r = 0$이므로 무상관이다.
추정회귀직선은 상관계수를 이용하여 다음과 같이 나타낼 수 있다.

$$\hat{y} - \overline{y} = r \cdot \frac{s_y}{s_x}(x - \overline{x})$$

예제 12-8

X의 표본표준편차는 4이고, Y의 표본표준편차는 8이다. 그리고 추정회귀직선은

$$\hat{y} = 0.5x + 4.5$$

이다. 두 변수 X와 Y 사이의 상관계수를 구하라.

풀이 $\beta = r \cdot \frac{s_y}{s_x}$이므로 $0.5 = r \cdot \frac{8}{4}$이다. 그러므로 상관계수 $r = \frac{1}{4}$이다.

■

예제 12-9

두 변수 X와 Y 사이의 상관계수 $r = 0.8$이다. X의 평균은 20이고 X의 표본분산은 64이고, Y의 평균은 30이고 Y의 표본분산은 625이다. 추정회귀직선을 구하라.

풀이 $\beta = r \cdot \frac{s_y}{s_x} = 0.8 \cdot \frac{25}{8} = 2.5$이므로 $\hat{y} - \overline{y} = \beta(x - \overline{x})$는 $\hat{y} - 30 = 2.5(x - 20)$가 된다. 따라서 다음을 얻는다.

$$\hat{y} = 2.5x - 20$$

■

연습문제

1. 다음 자료에서 두 변수 X와 Y 사이의 상관계수를 구하라.

x	−3	−2	−1	0	1	2	3
y	9	4	1	0	1	4	9

2. 다음과 같은 표가 주어졌을 때 변수 X와 Y 사이의 상관계수를 구하라.

(1)

x	1	3	4	6	9
y	16	18	20	21	19

(2)

x	2	4	6	8
y	1	3	3	6

3. 변수 X와 Y 사이의 상관계수를 r이라 할 때 $3X$와 $2Y+1$ 사이의 상관계수를 구하라.

4. 다음 자료에서 X와 Y 사이의 상관계수를 구하라.

x	1	2	3	4	5
y	17	15	13	11	9

5. 다음 자료는 A, B, C, D 학생의 학업순위 X와 체력순위 Y를 나타낸 것이다. X와 Y 사이의 순위상관계수를 구하라.

x	1	2	3	4
y	3	1	2	4

6. 다음 자료에 알맞은 추정회귀직선을 구하라.

x	1	2	3	4	5
y	1	5	9	10	17

7. 다음과 같은 자료가 있다.

x	1	2	2	3	3	4	6	7	8	10
y	2.5	1.8	2.0	2.0	1.7	1.2	1.2	0.7	0.6	0.5

(1) 산점도를 그려라. (2) 추정회귀직선을 구하라.

8. 추정회귀직선이 $\hat{y}=2x-3$이고 X의 표본표준편차와 Y의 표본표준편차가 각각 3과 8일때 X와 Y 사이의 상관계수 r의 값을 구하라.

9. 어떤 반 학생의 신장(x)과 체중 (y)을 조사했더니 $\bar{x}=170\text{cm}$, $\bar{y}=60\text{kg}$, $s_x=5\text{cm}$, $s_y=4\text{kg}$, $r=0.7$이었다. 신장이 180cm인 학생의 체중을 추정하라.

제 13 장

시계열

제 13 장 시계열

01 본장의 개요

시계열(time series) 자료란 시간이 지남에 따라 순서대로 관측되는 자료의 집합을 의미한다. 이러한 시계열 자료를 수집, 분석함으로써 미래를 예측하는 것을 시계열 분석이라고 한다.

시계열 자료의 예로는 연도별 물가지수, 국민 총생산, 상품의 월별 판매고 등과 같은 자료를 들 수 있는데 이와 같은 시계열 자료가 생성되는 확률과정을 모형화하여 그 과정을 연구하는 것은 이 책의 수준을 넘으므로 제외하고 이 장에서는 기본적인 시계열의 유형과 널리 사용되는 기술적인 방법과 지수의 산출방법에 대하여 알아본다.

13.1 시계열 자료를 구성하는 요소

대부분의 **시계열 자료**(time series data)는 그래프를 그려보면 쉽게 분석할 수 있는데, 시간이 경과함에 따라 시계열이 변하는 것을 그린 그림을 **시계열도표**(time series plot)라 한다. 시계열도표는 시간 t를 가로축으로 하고 시계열의 관측값 Y_t를 세로축으로 하여 그린 그림이며 이것으로 시계열의 특징을 쉽게 알 수 있다.

시계열 자료들은 여러 종류의 형태를 나타내는데, 그 형태들은 다음과 같은 대표적인 변동요인에 의해 분류될 수 있다.

(1) 추세변동(trend variation)　　(2) 계절변동(seasonnal variation)
(3) 순환변동(cyclical variation)　　(4) 우연변동(random variation)

추세변동은 시간이 지남에 따라 관측값이 지속적으로 증가하거나 감소하는 형태를 나타내는 변동인데 경제성장, 물가상승과 같이 경제와 관련된 많은 자료들이 이러한 추세요인을 가지고 있다. 추세개념의 특징은 시계열의 관측값이 장기간에 걸쳐서 작용하므로 연속적으로 완만한 경향을 나타낸다는 점이다. 이러한 추세를 나타내는 곡선을 **추세선**(trend curve)이라고 한다.

추세선은 시간변수 혹은 다항식과 같은 수학적 함수에 의하여 표현되는데 선형 또는 곡선으로 나타나기도 한다.

계절변동은 주별, 월별, 분기별, 계절별과 같이 주기적인 요인에 의하여 규칙적으로 발생하는 변동을 말한다. 여름에 바캉스 용품이나 청량음료의 소비나 전력소비량이 늘어난다든지, 겨울에 기름의 수요가 늘어나는 것을 계절변동의 예로 들 수 있다.

순환변동은 계절변동과 비슷하게 변화하며 시간이 경과함에 따라 순환적으로 반복되는 변동으로 변동의 주기가 계절변동보다 길다. 경제학에서는 순환변동을 **경기변동**(business cycle)이라고 한다. 일반적으로 경제활동은 계속 일정한 방향으로 발전(또는 침체) 해 가는 것이 아니라, 호황과 불황이 교대로 순환하는 것이다. 또 순환의 주기는 비교적 단기간이 되기도 하고 중장기적인 기간이 되기도 한다.

우연변동은 시계열 자료가 위에 열거된 요인들로 설명되지 않는 변동으로 단기적인 변동이다. 이러한 단기적인 변동은 천재지변, 정치적 위기나 전쟁과 같은 비반복적이고 특수한 요인을 반영하며 거의 예측이 불가능하다.

앞에서 설명한 네 가지 변동을 그림으로 나타내면 다음과 같다.

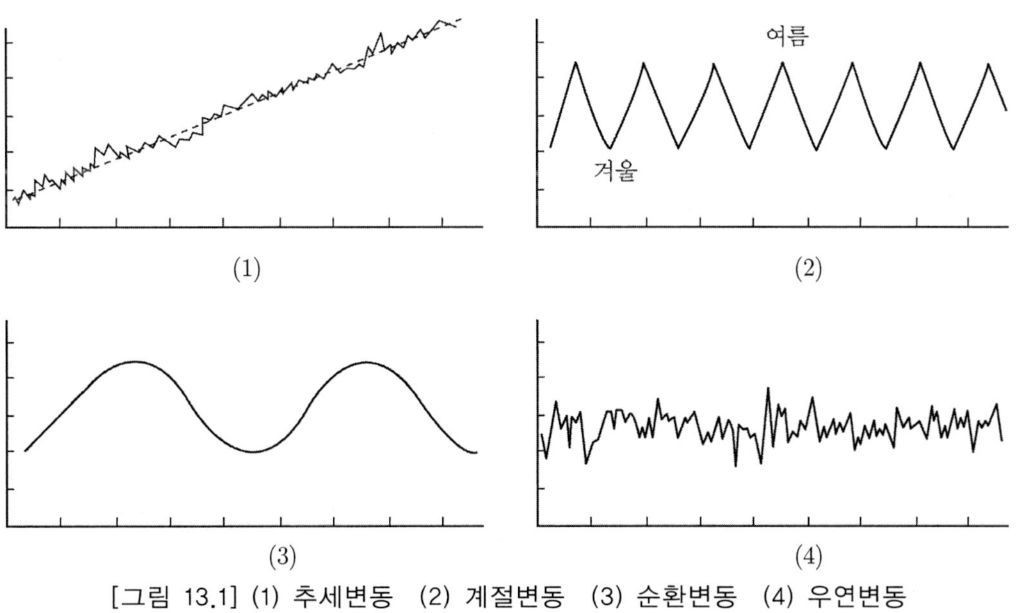

[그림 13.1] (1) 추세변동 (2) 계절변동 (3) 순환변동 (4) 우연변동

대부분의 경제학 및 경영학 분야의 시계열 자료는 단순한 시계열의 형태만을 나타내지 않고 앞에서 설명한 네 개의 구성요소, 즉 추세변동, 계절변동, 순환변동, 우연변동을 포함하는 모형으로 개발되어 왔다. 고전적인 복합모형은 다음과 같다.

$$Y = T \cdot S \cdot C \cdot R$$

여기서 Y는 시계열 자료를 나타내고 $T \cdot C \cdot S$ 및 R은 시계열의 추세변동, 계절변동, 순환변동 및 우연변동을 나타낸다.

13.2 선형 추세선

추세변동을 포함하는 시계열 자료는 전기간에 걸쳐 연속적으로 완만한 경향을 나타내는 추세선을 가지는데 곡선의 추세선은 이 책의 수준을 넘으므로 이 절에서는 선형인 경우만 다루기도 하자.

X_t는 t시점을 나타내고 Y_t는 t시점에서의 관측값이라 하자. 그러면 선형 추세선은 다음과 같다.

$$Y_t = a + bX_t$$

여기서 a는 추세선의 절편이고 b는 추세선의 기울기이다.

일반적으로 11장에서 다룬 최소제곱법을 이용하여 a와 b를 구한다. 최소제곱법은 Y가 어떤 특정한 분포를 한다고 가정할 필요가 없기 때문에 고전적 시계열 모형에 최소제곱법을 적용할 수 있다. 따라서 11장의 단순선형회귀모형을 그대로 선형 추세선에 적용하면 된다. 단 11장에서 사용한 회귀계수 β에서 관측값 x_i와 y_i의 첨자 i를 t로, x와 y를 대문자로 바꾸어 각각 X_t와 Y_t로 나타내고 α와 β를 각각 a와 b로 바꾸면 최소제곱법에 의한 a와 b의 공식은 다음과 같다.

$$b = \frac{\sum_{t=1}^{n} X_t Y_t - (\sum_{t=1}^{n} X_t)(\sum_{t=1}^{n} Y_t)/n}{\sum_{t=1}^{n} X_t^2 - (\sum_{t=1}^{n} X_t)^2/n}$$

$$a = \overline{Y} - b\overline{X}$$

다음 예를 이용하여 선형 추세선을 구해 보자. 표 12.1은 어떤 기업에서 2001년에서 2010년에 거쳐서 판매한 음향기기의 수량(단위 : 1,000개)을 나타낸 것이다.

표 13.1 음향기기 판매량

연도	판매량(단위 : 1000개)
2001	20
2002	23
2003	25
2004	22
2005	24
2006	27
2007	31
2008	29
2009	28
2010	31

표 13.1을 그림으로 나타내면 그림 13.2에서와 같이 그래프가 2001년에서 2010년에 걸쳐 상승과 하강의 움직임을 보이고 있지만 시계열은 점진적으로 증가하는 경향을 보이고 있다. 이 시계열은 선형 증가적인 경향을 나타내어서 장기적인 추세선이 거의 직선에 가깝게 된다.

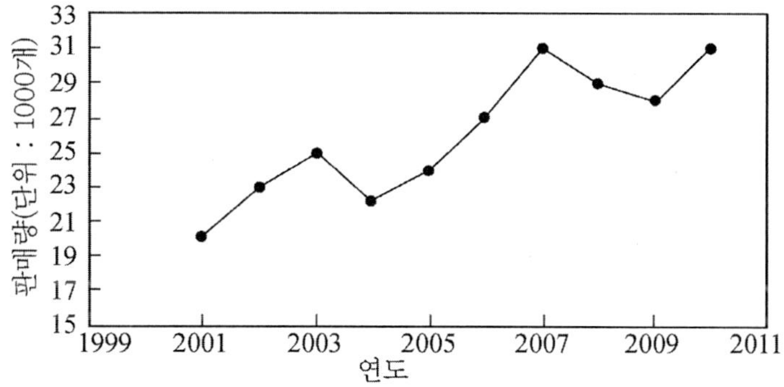

[그림 13.2] 음향기기 판매량에 대한 그래프

앞에서 소개한 추세선의 공식을 이용하기 위하여 먼저 연도를 열 개의 시점으로 표시하자. 즉 2001년 시계열 자료의 시점은 $X_1 = 1$, 2005년 시계열 자료의 시점은 $X_5 = 5$, 2010년 시계열 자료의 시점은 $X_{10} = 10$ 등으로 표시된다.

추세선의 절편과 기울기를 계산하기 위하여 다음 표를 이용하자.

연도	X_t	판매량 Y_t	$X_t Y_t$	X_t^2
2001	1	20	20	1
2002	2	23	46	4
2003	3	25	75	9
2004	4	22	88	16
2005	5	24	120	25
2006	6	27	162	36
2007	7	31	217	49
2008	8	29	232	64
2009	9	28	252	81
2010	10	31	310	100
합계	55	260	1522	385

$$\overline{X} = \frac{55}{10} = 5.5$$

$$\overline{Y} = \frac{260}{10} = 26$$

$$b = \frac{1522 - 55 \cdot 260/10}{385 - 55^2/10} = \frac{92}{82.5} \cong 1.115$$

$$a = 26 - 1.115 \cdot 5.5 \approx 19.87$$

따라서 추세선은 다음과 같다.

$$Y_t = 19.87 + 1.115 X_t$$

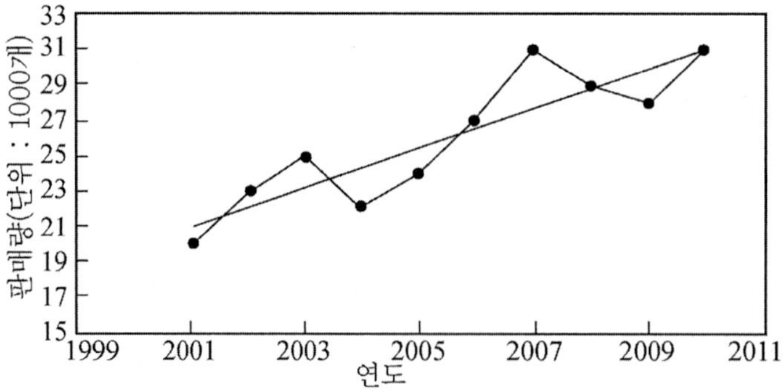

[그림 13.3] 음향기기 판매량과 추세선

추세선의 기울기 $b = 1.115$는 기업이 2001년에서 2010년에 걸쳐 평균적으로 매년

약 115개씩 판매량이 늘어났음을 보여준다. 이 추세선을 이용하여 2011년($X_{11}=11$)의 판매량을 다음과 같이 예측할 수 있다.

$$Y_{11} = 19.87 + 1.115 \cdot 11 = 32.135$$

이 수치는 기업의 주변 여건에 커다란 변화없이 판매량의 경향이 전과 같다면 2011년에는 판매량이 32,135개가 됨을 나타낸다.

13.3 지수

시간이 지남에 따라 생기는 몇몇 현상이나 자료의 변화를 파악하고 이들을 비교하기 위하여 **지수**(index numbers)를 사용하는데, 지수란 기준시점의 시계열의 값에 대한 다른 시점에서의 시계열의 값의 비율을 뜻하며 보통 백분율을 사용한다. 즉 지수공식은 다음과 같다.

$$\text{지수} = \frac{\text{비교시점의 시계열의 값}}{\text{기준시점의 시계열의 값}} \times 100$$

경영학이나 경제학 분야에서 많이 이용되는 지수로는 **가격지수**(price index)와 **수량지수**(quantity index)를 들 수 있다. 가격지수는 시간의 변화에 따른 상품 가격의 변화를 측정하는 지수이며, 수량지수는 상품의 수의 변화를 측정하는 지수이다.

예를 들어, 2005년도에 100,000원이었던 쌀 한 가마니의 가격이 2012년도에는 160,000원이 되었다. 2005년도를 기준년도로 했을 때 2012년도의 쌀의 가격지수는 다음과 같다.

$$\frac{160,000}{100,000} \times 100 = 160$$

이것은 2012년도의 쌀 한 가마니의 가격이 기준년도 2005년에 비해 60% 증가하였다는 것을 의미한다.

지수는 계산하는 방법에 따라 **단순지수**(simple index numbers)와 **복합지수**(composite index numbers)로 나눌 수 있다.

단순지수는 단 하나의 상품의 가격이나 상품의 수량에 대해 계산되는 지수로서 계산방법은 다음과 같다.

단순지수의 계산방법

1. 관심있는 기간 동안의 상품의 가격이나 수량을 기록한다.
2. 기준시를 정한다.
3. t 시점에서의 단순지수는 다음과 같다.

$$t\text{ 시점에서의 단순지수} = \frac{t\text{ 시점에서의 시계열의 값}}{\text{기준시의 시계열의 값}} \times 100$$

예제 13-1

1993년부터 2008년까지 우리 나라 제조업체에 근무하는 근로자의 월소득 자료가 표에 주어져 있다. 2002년을 기준시로 하여 2008년도의 월소득의 단순지수를 구하라.

연도	월소득	연도	월소득
1993	1,226,800	2001	1,690,300
1994	1,245,300	2002	1,798,500
1995	1,269,700	2003	2,324,100
1996	1,294,500	2004	2,424,900
1997	1,328,700	2005	2,123,900
1998	1,393,100	2006	2,261,200
1999	1,491,600	2007	2,326,200
2000	1,590,800	2008	2,284,000

풀이 2002년을 기준시로 하여 2008년도의 지수를 구하면 다음과 같다.

$$\begin{aligned}\text{2008년도의 지수} &= \frac{\text{2008년의 월소득}}{\text{2002년의 월소득}} \times 100 \\ &= \frac{2,284,000}{1,798,500} \times 100 \\ &= 126.99\end{aligned}$$

■

단순지수는 단 한가지 상품의 가격이나 수량의 변화를 근거로 하는데 반해 복합지수는 여러 가지 상품의 가격이나 수량의 변화를 종합하여 반영하는 수치이다. 즉 복합지수는 여러 가지 상품의 가격이나 수량의 합으로 계산되는 지수이다.

여러 가지 상품의 가격이나 여러 가지 상품의 수량의 합으로 계산되는 단순지수를 **단순복합지수**(simple composite index)라 한다.

예제 13-2

1992년을 기준으로 하였을 때 1995년도의 금속의 가격지수를 구하라.

연도 \ 품목	금		은	
	가격(원/g)	생산량(kg)	가격(원/g)	생산량(kg)
1992	13000	50	320	100
1995	15000	60	380	110

풀이

$$1995\text{년도의 금속의 가격지수} = \frac{1995\text{년의 두 금속의 가격의 합}}{1992\text{년의 두 금속의 가격의 합}} \times 100$$

$$= \frac{15000+380}{13000+320} \times 100$$

$$= 115.47\%$$

■

위의 예에서 사용된 단순복합지수는 가격으로만 지수를 구했고 생산량을 고려하지 않았다. 해당 상품의 판매량이나 생산량이 고려되지 않는다는 것이 단순복합지수의 문제점인데 이러한 점을 보완한 것이 **가중복합가격지수**(weighted composite price index)이다. 가중복합가격지수란 여러 가지 상품의 가격이나 수량의 합으로 지수를 구할 때 각 상품의 가격에 가중치를 두어 계산하는 지수이다. 대표적인 가중복합가격지수로는 다음과 같은 것이 있다.

(1) **라스파이레스지수**(Laspeyers index): 가중보합가격지수의 대표적인 지수로 기준시점의 상품의 수량을 가중으로 하는 가중산술평균에 의한 종합지수이다.

$$I_L = \frac{\sum_i p_{ti} q_{0i}}{\sum_i p_{0i} q_{0i}} \times 100$$

여기서 q_{0i}: 기준시점에서의 각 상품의 수량

p_{0i}: 기준시점에서의 각 상품의 가격

p_{ti}: 시점 t에서의 각 상품의 가격

(2) **파쉐 지수**(Pasche index): 비교시점의 상품의 수량을 가중으로 하는 가중산술평

균에 의한 종합지수이다.

$$I_P = \frac{\sum_i p_{ti} q_{0i}}{\sum_i p_{0i} q_{ti}} \times 100$$

여기서 q_{ti}: 시점 t에서의 각 상품의 수량

p_{0i}: 기준시점에서의 각 상품의 가격

p_{ti}: 시점 t에서의 각 상품의 가격

(3) **피셔 지수**(Fisher index): 라스파이레스 지수와 파쉐 지수의 단점을 보완하기 위하여 기준시점과 비교시점의 상품의 수량을 동시에 고려한 지수로서 라스파이레스 지수와 파쉐 지수의 기하평균을 뜻한다.

$$I_F = \sqrt{\frac{\sum_i p_{ti} q_{0i}}{\sum_i p_{0i} q_{0i}} \cdot \frac{\sum_i p_{ti} q_{ti}}{\sum_i p_{0i} q_{ti}}} \times 100$$

예제 13-3

1992년과 1995년의 금, 은 가격과 생산량이 표에 주어져 있다. 1992년을 기준시로 하여 라스파이레스, 파쉐, 피셔의 방법으로 물가지수를 구하라.

품목 / 연도	금		은	
	가격(원/g)	생산량(kg)	가격(원/g)	생산량(kg)
1992	13000	50	320	100
1995	15000	60	380	110

풀이 기준년도 1992년의 금속의 생산량을 가중치로 이용해서 라스파이레스 지수를 구하면

$$I_L = \frac{15000 \times 50000 + 380 \times 100000}{13000 \times 50000 + 320 \times 100000} \times 100 = 115.53\%$$

비교년도 1995년의 금속의 생산량을 가중치로 이용해서 파쉐 지수를 구하면

$$I_P = \frac{15000 \times 60000 + 380 \times 110000}{13000 \times 60000 + 320 \times 110000} \times 100 = 115.53\%$$

피셔 지수는 라스파이레스 지수와 파쉐 지수의 기하평균이므로 다음과 같다.

$$I_F = \sqrt{I_L \times I_P} = 115.54\%$$

앞에서 설명한 지수 외에도 다음과 같은 경제지수가 있다.

(1) 물가지수
(2) 생계비지수
(3) 임금지수

물가지수는 여러 상품의 가격변동을 종합적으로 나타내는 지수로서, **도매물가지수**와 **소비자물가지수**가 있다.

도매물가지수는 생산자에 가까운 도매업자가 상품을 현금매매할 때의 계약가격에 대하여 산출하는 것이다. 이 지수는 경제동향을 민감하게 반영하기 때문에 경기변동 추세를 결정하는데 매우 중요한 경제지수 중의 하나로 사용된다. 소비자물가지수는 최종 소비자인 가계를 기준으로 하여 산출된 지수이다.

생계비지수는 한 생활단위가 일정한 생활수준을 유지하는데 필요로 하는 지출 즉 생계비의 동향을 지수로 나타낸 것으로 가격체계변동은 물론 소비구조 내용 변화까지도 대상으로 하기 때문에 소비자물가지수와는 다르다.

임금지수에는 각 시점의 임금을 지수화한 것으로 **명목임금지수**와 **실질임금지수**가 있다. 임금의 실질적인 구매력의 변화를 파악하려면 소비자물가의 동향과 비교하여 상대적으로 보는 것이 합리적이다. 그러므로 실질적인 임금지수는 명목임금지수를 소비자물가지수로 나눈 몫을 지수화해서 표시해야 한다. 즉 실질임금지수는 다음과 같이 구할 수 있다.

$$\text{실질임금지수} = \frac{\text{명목임금지수}}{\text{소비자물가지수}} \times 100$$

13.4 예측

과거의 자료로부터 미래의 값을 예측하기 위하여 시계열 자료를 분석하는데 예측방법에는 다음과 같은 두 가지 방법이 있다. 주관적인 판단에 기초를 두어서 개인의 경험에 의해 결정되는 질적인(qualitative) 방법과 모형을 이용하는 양적인(quantitative) 방법이 그것이다. 질적인 방법보다는 양적인 방법이 보편적인데 양적인 방법에는 다음과 같은 것이 있다.

모형을 이용하는 양적인 방법에는 이동평균법(moving average method)과 다항추세모형(polynomial trend model)과 자기회귀누적 이동평균 모형방법이 있는데, 다항추세모형에서 모수를 추정할 때는 지수평활법(exponential smoothing method)을 많이 이용하고 있다. 지수평활법에서는 최소제곱법 대신에 최근의 자료에 더 큰 가중값을 주는 가중최소제곱법(weighted least squares method)을 이용한다.

많은 시계열 자료는 불규칙한 변동을 포함하는 경우가 많아서 장기적인 추세를 효율적으로 파악하기 힘든 경우가 많은데 이런 일시적이거나 단기적인 변동을 제거하여 전반적인 추세를 파악할 수 있도록 해 주는 방법이 평활법(smoothing method)이다. 대표적인 평활법인 이동평균법과 지수평활법에 대해 알아보자.

13.4.1 이동평균법

이동평균법(moving avarage method)은 평활을 목적으로 사용되는 방법 중 가장 이해하기가 쉽고 사용하기에 간편한 방법이다. 시계열의 관측값을 x_1, x_2, $\cdots$, x_n이라 할 때 길이 n의 이동평균이란 n개의 인접한 관측값들의 산술평균을 뜻한다. 즉 길이 $n=5$인 경우의 시점 t에서의 이동평균 M_t는 다음과 같다.

$$M_t = \frac{X_{t-2}+X_{t-1}+X_t+X_{t+1}+X_{t+2}}{n}$$

예를 들어, 어떤 회사의 연도별 순이익이 표 12.2에 주어져 있다. $n=5$인 경우의 2000년의 이동평균 M_{2000}을 구해 보면 다음과 같다.

$$\begin{aligned} M_{2000} &= \frac{X_{1998}+X_{1999}+X_{2000}+X_{2001}+X_{2002}}{5} \\ &= \frac{30+50+60+70+70}{5} = \frac{280}{5} = 56(\text{억원}) \end{aligned}$$

표 13.2에는 1998년부터 2011년까지의 연도별 순이익과 $n=5$인 경우의 이동평균이 구해져 있다.

표 13.2 연도별 순이익과 이동평균

연도	순이익(단위 : 억원)	$n=5$ 이동평균	연도	순이익(단위 : 억원)	$n=5$ 이동평균
1998	30	–	2005	100	96
1999	50	–	2006	90	104
2000	60	56	2007	120	118
2001	70	68	2008	130	132
2002	70	74	2009	150	150
2003	90	82	2010	170	–
2004	80	86	2011	180	–

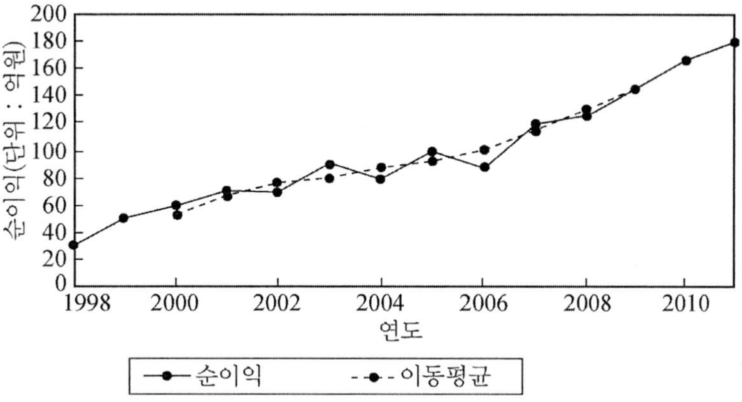

[그림 13.4] 원래의 자료와 이동평균 $n=5$의 시계열 도표

그림 13.4에 원래의 자료와 구해진 이동평균을 같이 나타내었다. 이동평균은 변화하는 정도가 시계열에 비해 급격하지 않아 시계열의 장기추세를 쉽게 알 수 있게 한다. n의 값이 크면 평활되는 정도가 커져서 추세를 파악하기는 쉬우나 앞뒤로 잃어버리는 자료의 개수가 많아져서 자료의 손실이 커진다.

13.4.2 지수평활법

이동평균법은 구하려는 시점을 기준으로 과거, 현재 그리고 미래의 자료를 필요로 한다. 그러나 이는 미래의 자료를 필요로 하기 때문에 예측의 목적으로 적합지 않다. 이의 단점을 보완한 것이 **지수평활법**(exponential smoothing method)인데 지수평활법은 과거와 현재의 자료만을 이용하고 최근의 자료에 더 많은 비중을 주는 방법이다. 지수평활된 값 E_t는 현재의 관측값 X_t에 가중치 w를 주고 그 전에 지수평활된 값 X_{t-1}에 $(1-w)$의 가중치를 주면 다음과 같이 정의된다. 여기서 w를 **지수평활계수**(exponential smoothing coefficient)라 하며 w는 0과 1 사이의 값을 가진다. 즉 다음과 같다.

$$
\begin{aligned}
E_1 &= X_1 \\
E_2 &= wX_2 + (1-w)E_1 \\
E_3 &= wX_3 + (1-w)E_2 \\
&\vdots \\
E_t &= wX_t + (1-w)E_{t-1}
\end{aligned}
$$

앞의 13.4.1절의 예에서 평활계수 $w=0.3$인 경우의 지수평활을 해보자.

$$E_{1998} = X_{1998} = 30$$

$$E_{1999} = 0.3X_{1999} + 0.7E_{1998} = 0.3 \cdot 50 + 0.7 \cdot 30 = 36$$

$$E_{2000} = 0.3X_{2000} + 0.7E_{1999} = 0.3 \cdot 60 + 0.7 \cdot 36 = 43.2$$

$$\vdots$$

$$E_{2011} = 0.3X_{2011} + 0.7E_{2010} = 0.3 \cdot 180 + 0.7 \cdot 133.8083 = 147.6658$$

원래의 순이익과 지수평활된 값을 표로 나타내면 다음과 같다.

연도	순이익(단위 : 억원)	지수평활된 값 ($w = 0.3$)	연도	순이익(단위 : 억원)	지수평활된 값 ($w = 0.3$)
1998	30	30	2005	100	79.53572
1999	50	36	2006	90	82.67501
2000	60	43.2	2007	120	93.8725
2001	70	51.24	2008	130	104.7108
2002	70	56.868	2009	150	118.2975
2003	90	66.8076	2010	170	133.8083
2004	80	70.76532	2011	180	147.6658

원래의 자료와 지수평활된 값의 시계열 도표를 겹쳐 그리면 그림 13.5와 같다.

그림 13.5는 지수평활된 계열의 시계열 도표가 원래의 순이익 시계열 도표보다 훨씬 원만하게 움직임을 보여 준다.

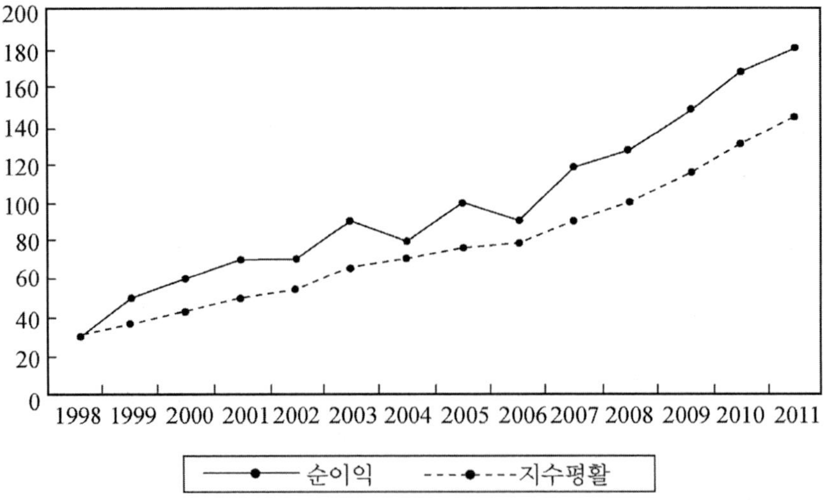

[그림 13.5] 원래의 자료와 지수평활된 ($w = 0.3$)값의 시계열 도표

연습문제

1. 시계열 추세선을 구하는 방법 중 가장 객관적이고 과학적인 방법을 말하라.

2. 다음과 같은 월별자료가 주어져 있을 때 추세선 $y = ax + b$를 구하라.

월	판매량
1	7
2	9
3	10
4	14
5	15
6	13
7	15
8	14
9	15
10	14
11	12
12	11

3. 70년대 중동전쟁으로 석유파동이 일어났다. 어떤 변동을 따르는지 말하라.

4. 자본주의 경제가 발전 → 침체 → 회복 → 발전과 같은 파장운동을 한다면 이 변동은 시계열의 변동 중 무엇에 해당하는지 말하라.

5. 2000년에 2,000원이었던 제품가격이 2008년에는 3,000원이었다. 2000년을 기준으로 한 2008년의 이 제품의 가격지수를 구하라.

6. 1978년 쌀값이 10kg당 4,000원이었고, 2011년에는 10kg당 20,000원이었다면 1978년을 기준으로 한 2011년의 쌀값의 지수를 구하라.

7. 다음은 1990년과 1995년도의 쌀, 현미, 팥의 소비량을 나타낸 것이다. 1990년을 기준으로 한 물가지수를 라스파이레스 식으로 구하라.

	쌀		현미		팥	
	가격(원/kg)	소비량(kg)	가격(원/kg)	소비량(kg)	가격(원/kg)	소비량(kg)
1990	2000	2500	2500	200	4000	150
1995	2200	2000	3000	250	5000	120

8. 명목임금지수가 120이고 소비자 물가지수가 80일때 실질임금지수의 값을 구하라.

9. 다음 표는 어떤 회사의 연도별 판매량을 나타낸 것이다. 3년 이동평균을 구하라.

연도	판매량(단위 : 만개)
2002	48
2003	50
2004	52
2005	53
2006	60

부록

- 1. 누적 이항분포표
- 2. 누적 Poisson 분포표
- 3. 표준정규분포표
- 4. t-분포표
- 5. χ^2-분포표
- 6. F-분포표
- 7. 난수표

[표 1] 누적 이항분포표 : $P(X \le c) = \sum_{x=0}^{c} \binom{n}{r} p^{n-x}$

		p										
	c	**.05**	**.10**	**.20**	**.30**	**.40**	**.50**	**.60**	**.70**	**.80**	**.90**	**.95**
$n=1$	0	.950	.900	.800	.700	.600	.500	.400	.300	.200	.100	.050
	1	1.000	1.000	1.000	1.000	1.000	1.000	1.000	1.000	1.000	1.000	1.000
$n=2$	0	.902	.810	.640	.490	.360	.250	.160	.090	.040	.010	.002
	1	.997	.990	.960	.910	.840	.750	.640	.510	.360	.190	.097
	2	1.000	1.000	1.000	1.000	1.000	1.000	1.000	1.000	1.000	1.000	1.000
$n=3$	0	.857	.729	.512	.343	.216	.125	.064	.027	.008	.001	.000
	1	.993	.972	.896	.784	.648	.500	.352	.216	.104	.028	.007
	2	1.000	.999	.992	.973	.936	.875	.784	.657	.488	.271	.143
	3	1.000	1.000	1.000	1.000	1.000	1.000	1.000	1.000	1.000	1.000	1.000
$n=4$	0	.815	.656	.410	.240	.130	.063	.026	.008	.002	.000	.000
	1	.986	.948	.819	.652	.475	.313	.179	.084	.027	.004	.000
	2	1.000	.996	.973	.916	.821	.688	.525	.348	.181	.052	.014
	3	1.000	1.000	.998	.992	.974	.938	.870	.760	.590	.344	.185
	4	1.000	1.000	1.000	1.000	1.000	1.000	1.000	1.000	1.000	1.000	1.000
$n=5$	0	.774	.590	.328	.168	.078	.031	.010	.002	.000	.000	.000
	1	.977	.919	.737	.528	.337	.188	.087	.031	.007	.000	.000
	2	.999	.991	.942	.837	.683	.500	.317	.163	.058	.009	.001
	3	1.000	1.000	.993	.969	.913	.813	.663	.472	.263	.081	.023
	4	1.000	1.000	1.000	.998	.990	.969	.922	.832	.672	.410	.226
	5	1.000	1.000	1.000	1.000	1.000	1.000	1.000	1.000	1.000	1.000	1.000
$n=6$	0	.735	.590	.262	.118	.047	.016	.004	.001	.000	.000	.000
	1	.967	.919	.655	.420	.233	.109	.041	.011	.002	.000	.000
	2	.998	.991	.901	.744	.544	.344	.179	.070	.017	.001	.000
	3	1.000	.999	.983	.930	.821	.656	.456	.256	.099	.016	.002
	4	1.000	1.000	.998	.989	.959	.891	.767	.580	.345	.114	.033
	5	1.000	1.000	1.000	.999	.996	.984	.953	.882	.738	.469	.265
	6	1.000	1.000	1.000	1.000	1.000	1.000	1.000	1.000	1.000	1.000	1.000
$n=7$	0	.698	.478	.210	.082	.028	.008	.002	.000	.000	.000	.000
	1	.956	.850	.577	.329	.159	.063	.019	.004	.000	.000	.000
	2	.996	.974	.852	.647	.420	.227	.096	.029	.005	.000	.000
	3	1.000	.997	.967	.874	.710	.500	.290	.126	.033	.003	.000
	4	1.000	1.000	.995	.971	.904	.773	.580	.353	.148	.026	.004

〈계속〉

							p					
	c	**.05**	**.10**	**.20**	**.30**	**.40**	**.50**	**.60**	**.70**	**.80**	**.90**	**.95**
$n=7$	5	1.000	1.000	1.000	.996	.981	.938	.841	.671	.423	.150	.044
	6	1.000	1.000	1.000	1.000	.998	.992	.972	.918	.790	.522	.302
	7	1.000	1.000	1.000	1.000	1.000	1.000	1.000	1.000	1.000	1.000	1.000
$n=8$	0	.663	.430	.168	.058	.017	.004	.001	.000	.000	.000	.000
	1	.943	.813	.503	.255	.106	.035	.009	.001	.000	.000	.000
	2	.994	.962	.797	.552	.315	.145	.050	.011	.001	.000	.000
	3	1.000	.995	.944	.806	.594	.363	.174	.058	.010	.000	.000
	4	1.000	1.000	.990	.942	.826	.637	.406	.194	.056	.005	.000
	5	1.000	1.000	.999	.989	.950	.855	.685	.448	.203	.038	.006
	6	1.000	1.000	1.000	.999	.991	.965	.894	.745	.497	.187	.057
	7	1.000	1.000	1.000	1.000	.999	.996	.983	.942	.832	.570	.337
	8	1.000	1.000	1.000	1.000	1.000	1.000	1.000	1.000	1.000	1.000	1.000
$n=9$	0	.630	.387	.134	.040	.010	.002	.000	.000	.000	.000	.000
	1	.929	.775	.436	.196	.071	.020	.004	.000	.000	.000	.000
	2	.992	.947	.738	.463	.232	.090	.025	.004	.000	.000	.000
	3	.999	.992	.914	.730	.483	.254	.099	.025	.003	.000	.000
	4	1.000	.999	.980	.901	.733	.500	.267	.099	.020	.001	.000
	5	1.000	1.000	.997	.975	.901	.746	.517	.270	.086	.008	.001
	6	1.000	1.000	1.000	.996	.975	.910	.768	.537	.262	.053	.008
	7	1.000	1.000	1.000	1.000	.996	.980	.929	.804	.564	.225	.071
	8	1.000	1.000	1.000	1.000	1.000	.998	.990	.960	.866	.613	.370
	9	1.000	1.000	1.000	1.000	1.000	1.000	1.000	1.000	1.000	1.000	1.000
$n=10$	0	.599	.349	.107	.028	.006	.001	.000	.000	.000	.000	.000
	1	.914	.736	.376	.149	.046	.011	.002	.000	.000	.000	.000
	2	.988	.930	.678	.383	.167	.055	.012	.002	.000	.000	.000
	3	.999	.987	.879	.650	.382	.172	.055	.011	.001	.000	.000
	4	1.000	.998	.967	.850	.633	.377	.166	.047	.006	.000	.000
	5	1.000	1.000	.994	.953	.834	.623	.367	.150	.033	.002	.000
	6	1.000	1.000	.999	.989	.945	.828	.618	.350	.121	.013	.001
	7	1.000	1.000	1.000	.998	.988	.945	.833	.617	.322	.070	.012
	8	1.000	1.000	1.000	1.000	.998	.989	.954	.851	.624	.264	.086
	9	1.000	1.000	1.000	1.000	1.000	.999	.994	.972	.893	.651	.401
	10	1.000	1.000	1.000	1.000	1.000	1.000	1.000	1.000	1.000	1.000	1.000

〈계속〉

		p										
	c	**.05**	**.10**	**.20**	**.30**	**.40**	**.50**	**.60**	**.70**	**.80**	**.90**	**.95**
$n=11$	0	.569	.314	.086	.020	.004	.000	.000	.000	.000	.000	.000
	1	.898	.697	.322	.113	.030	.006	.001	.000	.000	.000	.000
	2	.985	.910	.617	.313	.119	.033	.006	.001	.000	.000	.000
	3	.998	.981	.839	.570	.296	.113	.029	.004	.000	.000	.000
	4	1.000	.97	.950	.790	.533	.274	.099	.022	.002	.000	.000
	5	1.000	1.000	.988	.922	.753	.500	.247	.078	.012	.000	.000
	6	1.000	1.000	.998	.978	.901	.726	.467	.210	.050	.003	.000
	7	1.000	1.000	1.000	.996	.971	.887	.704	.430	.161	.019	.002
	8	1.000	1.000	1.000	.999	.994	.967	.881	.687	.383	.090	.015
	9	1.000	1.000	1.000	1.000	.999	.994	.970	.887	.678	.303	.102
	10	1.000	1.000	1.000	1.000	1.000	1.000	.996	.980	.914	.686	.431
	11	1.000	1.000	1.000	1.000	1.000	1.000	1.000	1.000	1.000	1.000	1.000
$n=12$	0	.540	.282	.069	.014	.002	.000	.000	.000	.000	.000	.000
	1	.882	.689	.275	.085	.020	.003	.000	.000	.000	.000	.000
	2	.980	.889	.558	.253	.083	.019	.003	.000	.000	.000	.000
	3	.998	.974	.795	.493	.225	.073	.015	.002	.000	.000	.000
	4	1.000	.996	.927	.724	.438	.194	.057	.009	.001	.000	.000
	5	1.000	.999	.981	.882	.665	.387	.158	.039	.004	.000	.000
	6	1.000	1.000	.996	.961	.842	.613	.335	.118	.019	.001	.000
	7	1.000	1.000	.999	.991	.943	.806	.562	.276	.073	.004	.000
	8	1.000	1.000	1.000	.998	.985	.927	.775	.507	.205	.026	.002
	9	1.000	1.000	1.000	1.000	.997	.981	.917	.747	.442	.111	.020
	10	1.000	1.000	1.000	1.000	1.000	.997	.980	.915	.725	.341	.118
	11	1.000	1.000	1.000	1.000	1.000	1.000	.998	.986	.931	.718	.460
	12	1.000	1.000	1.000	1.000	1.000	1.000	1.000	1.000	1.000	1.000	1.000
$n=13$	0	.513	.254	.055	.010	.001	.000	.000	.000	.000	.000	.000
	1	.865	.621	.234	.064	.013	.002	.000	.000	.000	.000	.000
	2	.975	.866	.502	.202	.058	.011	.001	.000	.000	.000	.000
	3	.997	.966	.747	.421	.169	.046	.008	.001	.000	.000	.000
	4	1.000	.994	.901	.654	.353	.133	.032	.004	.000	.000	.000
	5	1.000	.999	.970	.835	.574	.291	.098	.018	.001	.000	.000
	6	1.000	1.000	.993	.938	.771	.500	.229	.062	.007	.000	.000
	7	1.000	1.000	.999	.982	.902	.709	.426	.165	.030	.001	.000
	8	1.000	1.000	1.000	.996	.968	.867	.647	.346	.099	.006	.000

〈계속〉

		p										
	c	**.05**	**.10**	**.20**	**.30**	**.40**	**.50**	**.60**	**.70**	**.80**	**.90**	**.95**
	9	1.000	1.000	1.000	.999	.992	.954	.831	.579	.253	.034	.003
	10	1.000	1.000	1.000	1.000	.999	.989	.942	.798	.498	.134	.025
	11	1.000	1.000	1.000	1.000	1.000	.998	.987	.936	.766	.379	.135
	12	1.000	1.000	1.000	1.000	1.000	1.000	.999	.990	.945	.746	.487
	13	1.000	1.000	1.000	1.000	1.000	1.000	1.000	1.000	1.000	1.000	1.000
$n=14$	0	.488	.229	.044	.007	.001	.000	.000	.000	.000	.000	.000
	1	.847	.585	.198	.047	.008	.001	.000	.000	.000	.000	.000
	2	.970	.842	.448	.161	.040	.116	.001	.000	.000	.000	.000
	3	.996	.956	.698	.355	.124	.029	.004	.000	.000	.000	.000
	4	1.000	.991	.870	.584	.279	.090	.018	.002	.000	.000	.000
	5	1.000	.999	.956	.781	.486	.212	.058	.008	.000	.000	.000
	6	1.000	1.000	.988	.907	.692	.395	.150	.031	.002	.000	.000
	7	1.000	1.000	.998	.969	.850	.605	.308	.093	.012	.000	.000
	8	1.000	1.000	1.000	.992	.942	.788	.514	.219	.044	.001	.000
	9	1.000	1.000	1.000	.998	.982	.910	.721	.416	.130	.009	.000
	10	1.000	1.000	1.000	1.000	.996	.971	.876	.645	.302	.044	.004
	11	1.000	1.000	1.000	1.000	.999	.994	.960	.839	.552	.158	.030
	12	1.000	1.000	1.000	1.000	1.000	.999	.992	.953	.802	.415	.153
	13	1.000	1.000	1.000	1.000	1.000	1.000	.999	.993	.956	.771	.512
	14	1.000	1.000	1.000	1.000	1.000	1.000	1.000	1.000	1.000	1.000	1.000
$n=15$	0	.463	.206	.035	.005	.000	.000	.000	.000	.000	.000	.000
	1	.829	.549	.167	.035	.005	.000	.000	.000	.000	.000	.000
	2	.964	.816	.398	.127	.027	.004	.000	.000	.000	.000	.000
	3	.995	.944	.648	.297	.091	.018	.002	.000	.000	.000	.000
	4	.999	.987	.836	.515	.217	.059	.009	.001	.000	.000	.000
	5	1.000	.998	.939	.722	.403	.151	.034	.004	.000	.000	.000
	6	1.000	1.000	.982	.869	.610	.304	.095	.015	.001	.000	.000
	7	1.000	1.000	.996	.950	.787	.500	.213	.050	.004	.000	.000
	8	1.000	1.000	.999	.985	.905	.696	.390	.131	.018	.000	.000
	9	1.000	1.000	1.000	.996	.966	.849	.597	.278	.016	.002	.000
	10	1.000	1.000	1.000	.999	.991	.941	.783	.485	.164	.013	.001
	11	1.000	1.000	1.000	1.000	.998	.982	.909	.703	.352	.056	.005
	12	1.000	1.000	1.000	1.000	1.000	.996	.973	.873	.602	.184	.036
	13	1.000	1.000	1.000	1.000	1.000	1.000	.995	.965	.833	.451	.171

〈계속〉

						p						
	c	**.05**	**.10**	**.20**	**.30**	**.40**	**.50**	**.60**	**.70**	**.80**	**.90**	**.95**
	14	1.000	1.000	1.000	1.000	1.000	1.000	1.000	.995	.965	.794	.537
	15	1.000	1.000	1.000	1.000	1.000	1.000	1.000	1.000	1.000	1.000	1.000
$n=16$	0	.440	.185	.028	.003	.000	.000	.000	.000	.000	.000	.000
	1	.811	.515	.141	.026	.003	.000	.000	.000	.000	.000	.000
	2	.957	.789	.352	.099	.018	.002	.000	.000	.000	.000	.000
	3	.993	.932	.598	.246	.065	.011	.001	.000	.000	.000	.000
	4	.999	.983	.798	.450	.167	.038	.005	.000	.000	.000	.000
	5	1.000	.997	.918	.660	.329	.105	.019	.002	.000	.000	.000
	6	1.000	.999	.973	.825	.527	.227	.058	.007	.000	.000	.000
	7	1.000	1.000	.993	.926	.716	.402	.142	.026	.001	.000	.000
	8	1.000	1.000	.999	.974	.858	.598	.284	.074	.007	.000	.000
	9	1.000	1.000	1.000	.993	.942	.773	.473	.175	.027	.001	.000
	10	1.000	1.000	1.000	.998	.981	.895	.671	.340	.082	.003	.000
	11	1.000	1.000	1.000	1.000	.995	.962	.833	.550	.202	.017	.001
	12	1.000	1.000	1.000	1.000	.999	.989	.935	.754	.402	.068	.007
	13	1.000	1.000	1.000	1.000	1.000	.998	.982	.901	.648	.211	.043
	14	1.000	1.000	1.000	1.000	1.000	1.000	.997	.974	.859	.485	.189
	15	1.000	1.000	1.000	1.000	1.000	1.000	1.000	.997	.972	.815	.560
	16	1.000	1.000	1.000	1.000	1.000	1.000	1.000	1.000	1.000	1.000	1.000
$n=17$	0	.418	.167	.023	.002	.000	.000	.000	.000	.000	.000	.000
	1	.792	.482	.118	.019	.002	.000	.000	.000	.000	.000	.000
	2	.950	.762	.310	.077	.012	.001	.000	.000	.000	.000	.000
	3	.991	.917	.549	.202	.046	.006	.000	.000	.000	.000	.000
	4	.999	.978	.758	.389	.126	.025	.003	.000	.000	.000	.000
	5	1.000	.995	.894	.597	.264	.072	.011	.000	.000	.000	.000
	6	1.000	.999	.962	.775	.448	.166	.035	.001	.000	.000	.000
	7	1.000	1.000	.989	.895	.641	.315	.092	.003	.000	.000	.000
	8	1.000	1.000	.997	.960	.801	.500	.199	.013	.000	.000	.000
	9	1.000	1.000	1.000	.987	.908	.685	.359	.040	.003	.000	.000
	10	1.000	1.000	1.000	.997	.965	.834	.552	.105	.011	.000	.000
	11	1.000	1.000	1.000	.999	.989	.928	.736	.225	.038	.001	.000
	12	1.000	1.000	1.000	1.000	.997	.975	.874	.403	.106	.005	.000
	13	1.000	1.000	1.000	1.000	1.000	.994	.954	.611	.242	.022	.001
	14	1.000	1.000	1.000	1.000	1.000	.999	.988	.798	.451	.083	.009

〈계속〉

							p					
	c	**.05**	**.10**	**.20**	**.30**	**.40**	**.50**	**.60**	**.70**	**.80**	**.90**	**.95**
	15	1.000	1.000	1.000	1.000	1.000	1.000	.998	.981	.882	.518	.208
	16	1.000	1.000	1.000	1.000	1.000	1.000	1.000	.998	.977	.833	.582
	17	1.000	1.000	1.000	1.000	1.000	1.000	1.000	1.000	1.000	1.000	1.000
$n=18$	0	.397	.150	.018	.002	.000	.000	.000	.000	.000	.000	.000
	1	.774	.450	.099	.014	.001	.000	.000	.000	.000	.000	.000
	2	.942	.734	.271	.060	.008	.001	.000	.000	.000	.000	.000
	3	.989	.902	.501	.165	.033	.004	.000	.000	.000	.000	.000
	4	.998	.972	.716	.333	.094	.015	.001	.000	.000	.000	.000
	5	1.000	.994	.867	.534	.209	.048	.006	.000	.000	.000	.000
	6	1.000	.999	.949	.722	.374	.119	.020	.001	.000	.000	.000
	7	1.000	1.000	.984	.859	.563	.240	.058	.006	.000	.000	.000
	8	1.000	1.000	.996	.940	.737	.407	.135	.021	.001	.000	.000
	9	1.000	1.000	.999	.979	.865	.593	.263	.060	.004	.000	.000
	10	1.000	1.000	1.000	.994	.942	.760	.437	.141	.016	.000	.000
	11	1.000	1.000	1.000	.999	.980	.881	.626	.278	.051	.001	.000
	12	1.000	1.000	1.000	1.000	.994	.952	.791	.466	.133	.006	.000
	13	1.000	1.000	1.000	1.000	.999	.985	.906	.667	.284	.028	.002
	14	1.000	1.000	1.000	1.000	1.000	.996	.967	.835	.499	.098	.011
	15	1.000	1.000	1.000	1.000	1.000	.999	.992	.940	.729	.266	.058
	16	1.000	1.000	1.000	1.000	1.000	1.000	.999	.986	.901	.550	.226
	17	1.000	1.000	1.000	1.000	1.000	1.000	1.000	.998	.982	.850	.603
	18	1.000	1.000	1.000	1.000	1.000	1.000	1.000	1.000	1.000	1.000	1.000
$n=19$	0	.377	.135	.014	.001	.000	.000	.000	.000	.000	.000	.000
	1	.755	.420	.083	.010	.001	.000	.000	.000	.000	.000	.000
	2	.933	.705	.237	.046	.005	.000	.000	.000	.000	.000	.000
	3	.987	.885	.455	.133	.023	.002	.000	.000	.000	.000	.000
	4	.998	.965	.673	282	.070	.010	.001	.000	.000	.000	.000
	5	1.000	.991	.837	.474	.163	.032	.003	.000	.000	.000	.000
	6	1.000	.998	.932	.666	.308	.084	.012	.001	.000	.000	.000
	7	1.000	1.000	.977	.818	.488	.180	.035	.003	.000	.000	.000
	8	1.000	1.000	.993	.916	.667	.324	.088	.011	.000	.000	.000
	9	1.000	1.000	.998	.967	.814	.500	.186	.033	.002	.000	.000
	10	1.000	1.000	1.000	.989	.912	.676	.333	.084	.007	.000	.000
	11	1.000	1.000	1.000	.997	.965	.820	.512	.182	.023	.000	.000

〈계속〉

	c	.05	.10	.20	.30	.40	.50	.60	.70	.80	.90	.95
							p					
	12	1.000	1.000	1.000	.999	.988	.916	.692	.334	.068	.002	.000
	13	1.000	1.000	1.000	1.000	.997	.968	.837	.526	.163	.009	.000
	14	1.000	1.000	1.000	1.000	.999	.990	.930	.718	.327	.035	.002
	15	1.000	1.000	1.000	1.000	1.000	.998	.977	.867	.545	.115	.013
	16	1.000	1.000	1.000	1.000	1.000	1.000	.995	.954	.763	.295	.067
	17	1.000	1.000	1.000	1.000	1.000	1.000	.999	.990	.917	.580	.245
	18	1.000	1.000	1.000	1.000	1.000	1.000	1.000	.999	.986	.865	.623
	19	1.000	1.000	1.000	1.000	1.000	1.000	1.000	1.000	1.000	1.000	1.000
$n=20$	0	.358	.122	.012	.001	.000	.000	.000	.000	.000	.000	.000
	1	.736	.392	.069	.008	.001	.000	.000	.000	.000	.000	.000
	2	.925	.677	.206	.035	.004	.000	.000	.000	.000	.000	.000
	3	.984	.867	.411	.107	.016	.001	.000	.000	.000	.000	.000
	4	.997	.957	.630	.238	.051	.006	.000	.000	.000	.000	.000
	5	1.000	.989	.804	.416	.126	.021	.002	.000	.000	.000	.000
	6	1.000	.998	.913	.608	.250	.058	.006	.000	.000	.000	.000
	7	1.000	1.000	.968	.772	.416	.132	.021	.001	.000	.000	.000
	8	1.000	1.000	.990	.887	.596	.252	.057	.005	.000	.000	.000
	9	1.000	1.000	.997	.952	.755	.412	.128	.017	.001	.000	.000
	10	1.000	1.000	.999	.983	.872	.588	.245	.048	.003	.000	.000
	11	1.000	1.000	1.000	.995	.943	.748	.404	.113	.010	.000	.000
	12	1.000	1.000	1.000	.999	.979	.868	.584	.228	.032	.000	.000
	13	1.000	1.000	1.000	1.000	.994	.942	.750	.392	.087	.002	.000
	14	1.000	1.000	1.000	1.000	.998	.979	.874	.584	.196	.011	.000
	15	1.000	1.000	1.000	1.000	1.000	.994	.949	.762	.370	.043	.003
	16	1.000	1.000	1.000	1.000	1.000	.999	.984	.893	.589	.133	.016
	17	1.000	1.000	1.000	1.000	1.000	1.000	.996	.965	.794	.323	.075
	18	1.000	1.000	1.000	1.000	1.000	1.000	.999	.992	.931	.608	.264
	19	1.000	1.000	1.000	1.000	1.000	1.000	1.000	.999	.988	.878	.642
	20	1.000	1.000	1.000	1.000	1.000	1.000	1.000	1.000	1.000	1.000	1.000
$n=25$	0	.277	.072	.004	.000	.000	.000	.000	.000	.000	.000	.000
	1	.642	.271	.027	.002	.000	.000	.000	.000	.000	.000	.000
	2	.873	.537	.098	.009	.000	.000	.000	.000	.000	.000	.000
	3	.966	.764	.234	.033	.002	.000	.000	.000	.000	.000	.000
	4	.993	.902	.421	.090	.009	.000	.000	.000	.000	.000	.000

〈계속〉

						p					
c	**.05**	**.10**	**.20**	**.30**	**.40**	**.50**	**.60**	**.70**	**.80**	**.90**	**.95**
5	.999	.967	.617	.193	.029	.002	.000	.000	.000	.000	.000
6	1.000	.991	.780	.341	.074	.007	.000	.000	.000	.000	.000
7	1.000	.998	.891	.512	.154	.022	.001	.000	.000	.000	.000
8	1.000	1.000	.953	.677	.274	.054	.004	.000	.000	.000	.000
9	1.000	1.000	.983	.811	.425	.115	.013	.000	.000	.000	.000
10	1.000	1.000	.994	.902	.586	.212	.034	.002	.000	.000	.000
11	1.000	1.000	.998	.956	.732	.345	.078	.006	.000	.000	.000
12	1.000	1.000	1.000	.983	.846	.500	.154	.017	.000	.000	.000
13	1.000	1.000	1.000	.994	.822	.655	.268	.044	.002	.000	.000
14	1.000	1.000	1.000	.998	.966	.788	.414	.098	.006	.000	.000
15	1.000	1.000	1.000	1.000	.987	.885	.575	.189	.017	.000	.000
16	1.000	1.000	1.000	1.000	.996	.946	.726	.323	.047	.000	.000
17	1.000	1.000	1.000	1.000	.999	.978	.846	.488	.109	.002	.000
18	1.000	1.000	1.000	1.000	1.000	.993	.926	.659	.220	.009	.000
19	1.000	1.000	1.000	1.000	1.000	.998	.971	.807	.383	.033	.001
20	1.000	1.000	1.000	1.000	1.000	1.000	.991	.910	.579	.098	.007
21	1.000	1.000	1.000	1.000	1.000	1.000	.998	.967	.766	.236	.034
22	1.000	1.000	1.000	1.000	1.000	1.000	1.000	.991	.902	.463	.127
23	1.000	1.000	1.000	1.000	1.000	1.000	1.000	.998	.973	.729	.358
24	1.000	1.000	1.000	1.000	1.000	1.000	1.000	1.000	.996	.928	.723
25	1.000	1.000	1.000	1.000	1.000	1.000	1.000	1.000	1.000	1.000	1.000

[표 2] 누적 Poisson 분포표 : $P(X \leq c) = \sum_{x=0}^{c} \left(\frac{e^{-x} m^x}{x!} \right)$

c	.10	.20	.30	.40	.50	.60	.70	.80	.90	1.00
0	.905	.819	.741	.670	.607	.549	.497	.449	.407	.368
1	.995	.982	.963	.938	.910	.878	.844	.809	.772	.736
2	1.000	.999	.996	.992	.986	.977	.966	.953	.937	.920
3	1.000	1.000	1.000	.999	.998	.997	.994	.991	.987	.981
4	1.000	1.000	1.000	1.000	1.000	1.000	.999	.999	998	.996
5	1.000	1.000	1.000	1.000	1.000	1.000	1.000	1.000	1.000	.999
6	1.000	1.000	1.000	1.000	1.000	1.000	1.000	1.000	1.000	1.000
7	1.000	1.000	1.000	1.000	1.000	1.000	1.000	1.000	1.000	1.000

c	1.10	1.20	1.30	1.40	1.50	1.60	1.70	1.80	1.90	2.100
0	.333	.301	.273	.247	.223	.202	.183	.165	.150	.135
1	.699	.663	.627	.592	.558	.525	.493	.493	.434	.406
2	.900	.879	.857	.833	.809	.783	.757	.731	.704	.677
3	.974	.966	.957	.946	.934	.921	.967	.891	.875	.857
4	.995	.992	.989	.986	.981	.976	.970	.964	.954	.900
5	.999	.998	.998	.997	.996	.994	.992	.990	.987	.983
6	1.000	1.000	1.000	.999	.999	.999	.998	.997	.997	.995
7	1.000	1.000	1.000	1.000	1.000	1.000	1.000	.999	.999	.999
8	1.000	1.000	1.000	1.000	1.000	1.000	1.000	1.000	1.000	1.000
9	1.000	1.000	1.000	1.000	1.000	1.000	1.000	1.000	1.000	1.000

c	2.10	2.20	2.30	2.40	2.50	2.60	2.70	2.80	2.90	3.100
0	.122	.111	.100	.091	.082	.074	.067	.061	.055	.050
1	.380	.355	.331	.308	.287	.267	.249	.231	.215	.199
2	.650	.623	.596	.570	.544	.518	.494	.469	.446	.423
3	.839	.819	.799	.779	.758	.736	.714	.692	.670	.647
4	.938	.928	.916	.904	.891	.877	.863	.848	.832	.815
5	.980	.975	.970	.964	.958	.951	.943	.935	.926	.916
6	.994	.993	.991	.988	.986	.983	.979	.976	.971	.966
7	.999	.998	.997	.997	.996	.995	.993	.992	.990	.988
8	1.000	1.000	.999	.999	.999	.999	.998	.998	.997	.996
9	1.000	1.000	1.000	1.000	1.000	1.000	.999	.999	.999	.999
10	1.000	1.000	1.000	1.000	1.000	1.000	1.000	1.000	1.000	1.000
11	1.000	1.000	1.000	1.000	1.000	1.000	1.000	1.000	1.000	1.000
12	1.000	1.000	1.000	1.000	1.000	1.000	1.000	1.000	1.000	1.000

〈계속〉

c	m 3.10	3.20	3.30	3.40	3.50	3.60	3.70	3.80	3.90	4.00
0	.045	.041	.037	.033	.030	.027	.025	.022	.020	.018
1	.185	.171	.159	.147	.136	.126	.116	.107	.099	.092
2	.401	.280	.359	.340	.321	.303	.285	.269	.253	.238
3	.625	.603	.580	.558	.537	.515	.494	.473	.453	.433
4	.798	.781	.763	.744	.725	.706	.687	.668	.648	.629
5	.906	.895	.883	.871	.858	.844	.830	.816	.801	.785
6	.961	.955	.949	.942	.935	.927	.918	.909	.899	.889
7	.986	.983	.980	.977	.973	.969	.965	.960	.955	.949
8	.995	.994	.993	.992	.990	.988	.986	.984	.981	.979
9	.999	.998	.998	.997	.997	.996	.995	.994	.993	.992
10	1.000	1.000	.999	.999	.999	.999	.998	.998	.998	.997
11	1.000	1.000	1.000	1.000	1.000	1.000	1.000	.999	.999	.999
12	1.000	1.000	1.000	1.000	1.000	1.000	1.000	1.000	1.000	1.000
13	1.000	1.000	1.000	1.000	1.000	1.000	1.000	1.000	1.000	1.000
14	1.000	1.000	1.000	1.000	1.000	1.000	1.000	1.000	1.000	1.000

c	m 4.50	5.00	5.50	6.00	6.50	7.00	7.50	8.00	8.50	9.00
0	.011	.007	.004	.002	.002	.001	.001	.000	.000	.000
1	.061	.040	.027	.017	.011	.007	.005	.003	.002	.001
2	.174	.125	.088	.062	.043	.030	.020	.014	.009	.006
3	.342	.265	.202	.151	.112	.082	.059	.042	.030	.021
4	.532	.440	.358	.285	.224	.173	.132	.100	.074	.055
5	.703	.616	.529	.446	.369	.301	.241	.191	.150	.116
6	.831	.762	.686	.606	.527	.450	.378	.313	.256	.207
7	.913	.867	.809	.744	.676	.599	.525	.453	.386	.324
8	.960	.932	.894	.847	.792	.729	.662	.593	.523	.456
9	.983	.968	.946	.916	.977	.830	.776	.717	.653	.587
10	.993	.986	.975	.957	.933	.901	.862	.816	.763	.706
11	.998	.995	.989	.980	.966	.947	.921	.888	.849	.803
12	.999	.998	.996	.991	.984	.973	.957	.936	.909	.876
13	1.000	.999	.998	.996	.993	.987	.978	.966	.949	.926
14	1.000	1.000	.999	.999	.997	.994	.990	.983	.973	.956
15	1.000	1.000	1.000	.999	.999	.998	.995	.992	.986	.978
16	1.000	1.000	1.000	1.000	1.000	.999	.998	.996	.993	.989
17	1.000	1.000	1.000	1.000	1.000	1.000	.999	.998	.997	.995
18	1.000	1.000	1.000	1.000	1.000	1.000	1.000	.999	.999	.998
19	1.000	1.000	1.000	1.000	1.000	1.000	1.000	1.000	.999	.999
20	1.000	1.000	1.000	1.000	1.000	1.000	1.000	1.000	1.000	1.000
21	1.000	1.000	1.000	1.000	1.000	1.000	1.000	1.000	1.000	1.000
22	1.000	1.000	1.000	1.000	1.000	1.000	1.000	1.000	1.000	1.000

[표 3] **표준정규분포표** : $P(Z \leq z) = \int_{-\infty}^{z} \frac{1}{\sqrt{2\pi}} e^{-\frac{t^2}{2}} dt$

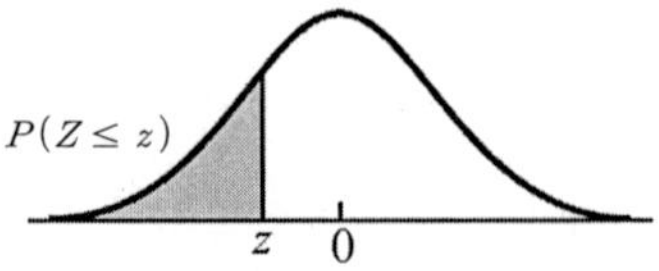

z	.00	.01	.02	.03	.04	.05	.06	.07	.08	.09
0.0	.5000	.5040	.5080	.5120	.5160	.5199	.5239	.5279	.5319	.5359
0.1	.5398	.5438	.5478	.5517	.5557	.5596	.5636	.5675	.5714	.5753
0.2	.5793	.5832	.5871	.5910	.5948	.5987	.6026	.6064	.6103	.6141
0.3	.6179	.6217	.6255	.6293	.6331	.6368	.6406	.6443	.6480	.6517
0.4	.6554	.6591	.6628	.6664	.6700	.6736	.6772	.6808	.6844	.6879
0.5	.6915	.6950	.6985	.7019	.7054	.7088	.7123	.7157	.7190	.7224
0.6	.7257	.7291	.7224	.7357	.7389	.7422	.7454	.7486	.7517	.7549
0.7	.7580	.7611	.7642	.7673	.7704	.7734	.7764	.7794	.7823	.7852
0.8	.7881	.7910	.7939	.7967	.7995	.8023	.8051	.8078	.8106	.8133
0.9	.8159	.8186	.8212	.8238	.8264	.8289	.8315	.8340	.8365	.8389
1.0	.8413	.8438	.8461	.8485	.8508	.8531	.8554	.8577	.8599	.8621
1.1	.8643	.8665	.8686	.8708	.8279	.8749	.8770	.8790	.8810	.8830
1.2	.8849	.8869	.8888	.8907	.8925	.8944	.8962	.8980	.8997	.9015
1.3	.9032	.9049	.9066	.9082	.9099	.9115	.9131	.9147	.9162	.9177
1.4	.9192	.9207	.9222	.9236	.9251	.9265	.9279	.9292	.9306	.9319
1.5	.9332	.9345	.9357	.9370	.9382	.9394	.9406	.9418	.9429	.9441
1.6	.9452	.9463	.9474	.9484	.9495	.9505	.9515	.9525	.9536	.9545
1.7	.9554	.9564	.9573	.9582	.9591	.9599	.9608	.9616	.9625	.9633
1.8	.9641	.9649	.9656	.9664	.9671	.9678	.9686	.9693	.9699	.9706
1.9	.9713	.9719	.9726	.9732	.9738	.9744	.9750	.9756	.9761	.9767
2.0	.9772	.9778	.9783	.9788	.9793	.9798	.9803	.9808	.9812	.9817
2.1	.9821	.9826	.9830	.9834	.9838	.9842	.9846	.9850	.9854	.9857
2.2	.9861	.9864	.9868	.9871	.9875	.9878	.9881	.9884	.9887	.9890
2.3	.9893	.9896	.9898	.9901	.9904	.9906	.9909	.9911	.9913	.9916
2.4	.9918	.9920	.9922	.9925	.9927	.9929	.9931	.9932	.9934	.9936
2.5	.9938	.9940	.9941	.9943	.9945	.9946	.9948	.9949	.9951	.9952
2.6	.9953	.9955	.9956	.9957	.9959	.9960	.9961	.9962	.9963	.9964
2.7	.9965	.9966	.9967	.9968	.9969	.9970	.9971	.9972	.9973	.9974
2.8	.9974	.9975	.9976	.9977	.9977	.9978	.9979	.9979	.9980	.4981
2.9	.9981	.9982	.9982	.9983	.9984	.9984	.9985	.9985	.9986	.9986
3.0	.9987	.9987	.9987	.9988	.9988	.9989	.9989	.9989	.9990	.9990
3.1	.9990	.9991	.9991	.9991	.9992	.9992	.9992	.9992	.9993	.9993
3.2	.9993	.9993	.9994	.9994	.9994	.9994	.9994	.9994	.9995	.9995
3.3	.9995	.9995	.9995	.9996	.9996	.9996	.9996	.9996	.9996	.9997
3.4	.9997	.9997	.9997	.9997	.9997	.9997	.9997	.9997	.9997	.9998
3.5	.9998	.9998	.9998	.9998	.9998	.9998	.9998	.9998	.9998	.9998

[표 4] t-분포표 : $P(t \geq t_{\alpha}) = \alpha$

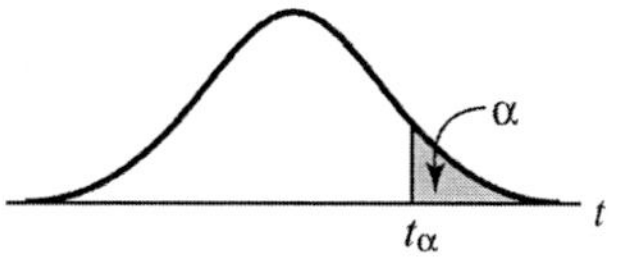

자유도 \ α	.100	.050	.025	.010	.005
1	3.078	6.314	12.706	31.821	63.657
2	1.886	2.920	4.303	6.965	9.925
3	1.638	2.353	3.182	4.541	5.841
4	1.533	2.132	2.776	3.747	4.604
5	1.476	2.015	2.571	3.365	4.032
6	1.440	1.943	2.447	3.143	3.707
7	1.415	1.895	2.365	2.998	3.499
8	1.397	1.860	2.306	2.896	3.355
9	1.383	1.833	2.262	2.821	3.250
10	1.372	1.912	2.228	2.764	3.169
11	1.363	1.796	2.201	2.718	3.106
12	1.356	1.782	2.179	2.681	3.055
13	1.350	1.771	2.160	2.650	3.012
14	1.345	1.761	2.145	2.624	2.977
15	1.341	1.753	2.131	2.602	2.947
16	1.337	1.746	2.120	2.583	2.921
17	1.333	1.740	2.110	2.567	2.898
18	1.330	1.734	2.101	2.552	2.878
19	1.328	1.729	2.093	2.539	2.861
20	1.325	1.725	2.086	2.528	2.845
21	1.323	1.721	2.080	2.518	2.831
22	1.321	1.717	2.074	2.508	2.819
23	1.319	1.714	2.069	2.500	2.807
24	1.318	1.711	2.064	2.492	2.797
25	1.316	1.708	2.060	2.485	2.787
26	1.315	1.706	2.056	2.479	2.779
27	1.314	1.703	2.052	2.473	2.771
28	1.313	1.701	2.048	2.467	2.763
29	1.311	1.699	2.045	2.462	2.756
inf.	1.282	1.645	1.960	2.326	2.576

[표 5] χ^2-분포표 : $P(X \geq \chi^2_\alpha) = \alpha$

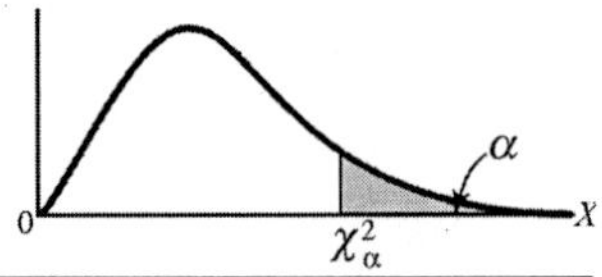

자유도 \ α	.955	.990	.975	.950	.900
1	0.0000393	0.0001571	0.0009821	0.0039321	0.01557908
2	0.0100251	0.0201007	0.0506356	0.102587	0.210720
3	0.0717212	0.114832	0.215795	0.351846	0.584375
4	0.206990	0.297110	0.484419	0.710721	1.063623
5	0.411740	0.554300	0.831211	1.145476	1.61031
6	0.675727	0.872085	1.237347	1.63539	2.20413
7	0.989265	1.239043	1.68987	2.16735	2.83311
8	1.344419	1.646482	2.17973	2.73264	3.48954
9	1.734926	2.087912	2.70039	3.32511	4.16816
10	2.15585	2.55821	3.24697	3.94030	4.86518
11	2.60321	3.05347	3.81575	4.57481	5.57779
12	3.07382	3.57056	4.40379	5.22603	6.30380
13	3.56503	4.10691	5.00874	5.89186	7.04150
14	4.07468	4.66043	5.62872	6.57063	7.78953
15	4.60094	5.22935	6.26214	7.26094	8.54675
16	5.14224	5.81221	6.90766	7.96164	9.31223
17	5.69724	6.40776	7.56418	8.67176	10.0852
18	6.26481	7.01491	8.23075	9.39046	10.8649
19	6.84398	7.63273	8.90655	10.1170	11.6509
20	7.43386	8.26040	9.59083	10.8508	12.4426
21	8.03366	8.89720	10.28293	11.5913	13.2396
22	8.64272	9.54249	10.9823	12.3380	14.0415
23	9.26042	10.19567	11.9885	13.0905	14.8479
24	9.99623	10.8564	12.4011	13.8484	15.6587
25	10.5197	11.5240	13.1197	14.6114	16.4734
26	11.1603	12.1981	13.8439	15.3971	17.2919
27	11.8076	12.8786	14.5733	16.1513	18.1139
28	12.4613	13.5648	15.3079	16.9279	18.9392
29	13.1211	14.2565	16.0471	17.7083	19.7677
30	13.7867	14.9535	16.7908	18.4926	20.5992
40	20.7065	22.1643	24.4331	26.5093	29.0505
50	27.9907	29.7067	32.3574	34.7642	37.6886
60	35.5346	37.4848	40.4817	43.1879	46.4589
70	43.2752	45.4418	48.7576	51.7393	55.3290
80	51.1720	53.5400	57.1532	60.3915	64.2278
90	59.1963	61.7541	65.6466	69.1260	73.2912
100	67.3276	70.0648	74.2219	77.9295	82.3581

자유도 \ α	**.100**	**.050**	**.025**	**.010**	**.005**
1	2.70554	3.84146	5.02389	6.63490	7.87944
2	4.60517	5.99147	7.37776	9.21034	10.5966
3	6.25139	7.81473	9.34840	11.3449	12.8381
4	7.77944	9.48773	11.1433	13.2767	14.8602
5	9.23635	11.0705	12.8325	15.0863	16.7496
6	10.6446	12.5916	14.4494	16.9119	18.5476
7	12.0170	14.0671	16.0128	18.4753	20.2777
8	13.3616	15.5073	17.5346	20.0902	21.9550
9	14.6837	16.9190	19.0228	21.6660	23.5893
10	15.9871	18.3070	20.4831	23.2093	25.1882
11	17.2750	19.6751	21.9200	24.7250	26.7569
12	18.5494	21.0261	23.3367	26.2170	28.2995
13	19.8119	22.3621	24.7356	27.6883	29.8194
14	21.0642	23.6848	26.1190	29.1413	31.3193
15	22.3072	24.9958	27.4884	30.5779	32.8013
16	23.5418	26.2962	28.8454	31.9999	34.2672
17	24.7690	27.5871	30.1910	33.4087	35.7185
18	25.9894	28.8693	31.5264	34.8053	37.1564
19	27.2036	30.1435	32.8523	36.1908	38.5822
20	28.4120	31.4104	34.1696	37.5662	39.9968
21	29.6151	32.6705	35.4789	38.9321	41.4010
22	30.9133	33.9244	36.7807	40.2894	42.7956
23	32.0069	35.1725	38.0757	41.2894	44.1813
24	33.1963	36.4151	39.3641	42.9798	45.5585
25	34.3816	37.6225	40.6465	44.3141	46.9278
26	35.5631	38.8852	41.9223	45.6417	48.2998
27	36.7412	40.1133	43.1944	46.9630	49.6449
28	37.9159	41.3372	44.4607	48.2782	50.9933
29	39.0875	42.5569	45.7222	49.5879	52.3356
30	40.2560	43.7729	46.9792	50.8922	53.6720
40	51.8050	55.7585	59.3417	63.6907	66.7659
50	63.1671	67.5048	71.4202	76.1539	79.4900
60	74.3970	79.0819	83.2976	88.3794	91.9517
70	85.5271	90.5312	95.0231	100.425	104.215
80	96.5782	101.879	106.629	112.329	116.321
90	107.565	113.145	118.136	124.116	128.299
100	118.498	124.342	129.561	135.807	140.169

[표 6] F-분포표 : $\alpha = 0.10$

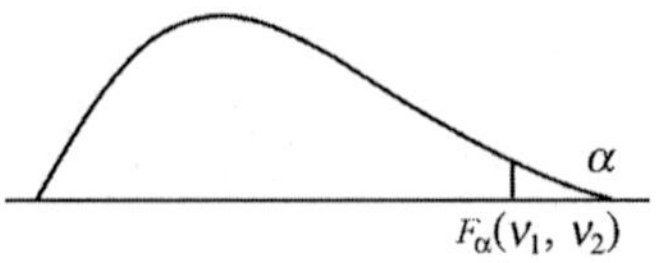

ν_2 \ ν_1	1	2	3	4	5	6	7	8	9	10
1	39.86	49.50	53.59	55.83	57.24	58.20	58.91	59.44	59.86	60.19
2	8.53	9.00	9.16	9.24	9.29	9.33	9.35	9.37	9.38	9.39
3	5.54	5.46	5.39	5.34	5.31	5.28	5.27	5.25	5.24	5.23
4	4.54	4.32	4.19	4.11	4.05	4.01	3.98	3.95	3.94	3.92
5	4.06	3.78	3.62	3.52	3.45	3.40	3.37	3.34	3.32	3.30
6	3.78	3.46	3.29	3.18	3.11	3.05	3.01	2.98	2.96	2.94
7	3.59	3.26	3.07	2.96	2.88	2.83	2.78	2.75	2.72	2.70
8	3.46	3.11	2.92	2.81	2.73	2.67	2.62	2.59	2.56	2.54
9	3.36	3.01	2.81	2.69	2.61	2.55	2.51	2.47	2.44	2.42
10	3.29	2.92	2.73	2.61	2.52	2.46	2.41	2.38	2.35	2.32
11	3.23	2.86	2.66	2.54	2.45	2.39	2.34	2.30	2.27	2.25
12	3.18	2.81	2.61	2.48	2.39	2.33	2.28	2.24	2.21	2.19
13	3.14	2.76	2.56	2.43	2.35	2.28	2.23	2.20	2.16	2.14
14	3.10	2.73	2.52	2.39	2.31	2.24	2.19	2.15	2.12	2.10
15	3.07	2.70	2.49	2.36	2.27	2.21	2.16	2.12	2.09	2.06
16	3.05	2.67	2.46	2.33	2.24	2.18	2.13	2.09	2.06	2.03
17	3.03	2.64	2.44	2.31	2.22	2.15	2.10	2.06	2.03	2.00
18	3.01	2.62	2.42	2.29	2.20	2.13	2.08	2.04	2.00	1.98
19	2.99	2.61	2.40	2.27	2.18	2.11	2.06	2.02	1.98	1.96
20	2.97	2.59	2.38	2.25	2.16	2.09	2.04	2.00	1.96	1.94
21	2.96	2.57	2.36	2.23	2.14	2.08	2.02	1.98	1.95	1.92
22	2.95	2.56	2.35	2.22	2.13	2.06	2.01	1.97	1.93	1.90
23	2.94	2.55	2.34	2.21	2.11	2.05	1.99	1.95	1.92	1.89
24	2.93	2.54	2.33	2.19	2.10	2.04	1.98	1.94	1.91	1.88
25	2.92	2.53	2.32	2.18	2.09	2.02	1.97	1.93	1.89	1.87
26	2.91	2.52	2.31	2.17	2.08	2.01	1.96	1.92	1.88	1.86
27	2.90	2.51	2.30	2.17	2.07	2.00	1.95	1.91	1.87	1.85
28	2.89	2.50	2.29	2.16	2.06	2.00	1.94	1.90	1.87	1.84
29	2.89	2.50	2.28	2.15	2.06	1.99	1.93	1.89	1.86	1.83
30	2.88	2.49	2.28	2.14	2.05	1.98	1.93	1.88	1.85	1.82
40	2.84	2.44	2.23	2.09	2.00	1.93	1.87	1.83	1.79	1.76
60	2.79	2.39	2.18	2.04	1.95	1.87	1.82	1.77	1.74	1.71
120	2.75	2.35	2.13	1.99	1.90	1.82	1.77	1.72	1.68	1.65
∞	2.71	2.30	2.08	1.94	1.85	1.77	1.72	1.67	1.63	1.60

〈계속〉

12	15	20	24	30	40	60	120	∞
60.71	61.22	61.74	62.00	62.26	62.53	62.79	63.06	63.33
9.41	9.42	9.44	9.45	9.46	9.47	9.47	9.48	9.49
5.22	5.20	5.18	5.18	5.17	5.16	5.15	5.14	5.13
3.90	3.87	3.84	3.83	3.82	3.80	3.79	3.78	3.76
3.27	3.24	3.21	3.19	3.17	3.16	3.14	3.12	3.11
2.90	2.87	2.84	2.82	2.80	2.78	2.76	2.74	2.72
2.67	2.63	2.59	2.58	2.56	2.54	2.51	2.49	2.47
2.50	2.46	2.42	2.40	2.38	2.36	2.34	2.32	2.29
2.38	2.34	2.30	2.28	2.25	2.23	2.21	2.18	2.16
2.28	2.24	2.20	2.18	2.16	2.13	2.11	2.08	2.06
2.21	2.17	2.12	2.10	2.08	2.05	2.03	2.00	1.97
2.15	2.10	2.06	2.04	2.01	1.99	1.96	1.93	1.90
2.10	2.05	2.01	1.98	1.96	1.93	1.90	1.88	1.85
2.05	2.01	1.96	1.94	1.91	1.89	1.86	1.83	1.80
2.02	1.97	1.92	1.90	1.87	1.85	1.82	1.79	1.76
1.99	1.94	1.89	1.87	1.84	1.81	1.78	1.75	1.72
1.96	1.91	1.86	1.84	1.81	1.78	1.75	1.72	1.69
1.93	1.89	1.84	1.81	1.78	1.75	1.72	1.69	1.66
1.91	1.86	1.81	1.79	1.76	1.73	1.70	1.67	1.63
1.89	1.84	1.79	1.77	1.74	1.71	1.68	1.64	1.61
1.87	1.83	1.78	1.75	1.72	1.69	1.66	1.62	1.59
1.86	1.81	1.76	1.73	1.70	1.67	1.64	1.60	1.57
1.84	1.80	1.74	1.72	1.69	1.66	1.62	1.59	1.55
1.83	1.78	1.73	1.70	1.67	1.64	1.61	1.57	1.53
1.82	1.77	1.72	1.69	1.66	1.63	1.59	1.56	1.52
1.81	1.76	1.71	1.68	1.65	1.61	1.58	1.54	1.50
1.80	1.75	1.70	1.67	1.64	1.60	1.57	1.53	1.49
1.79	1.74	1.69	1.66	1.63	1.59	1.56	1.52	1.48
1.78	1.73	1.68	1.65	1.62	1.58	1.55	1.51	1.47
1.77	1.72	1.67	1.64	1.61	1.57	1.54	1.50	1.46
1.71	1.66	1.61	1.57	1.54	1.51	1.47	1.42	1.38
1.66	1.60	1.54	1.51	1.48	1.44	1.40	1.35	1.29
1.60	1.55	1.48	1.45	1.41	1.37	1.32	1.26	1.19
1.55	1.49	1.42	1.38	1.34	1.30	1.24	1.17	1.00

$\alpha = 0.05$ 〈계속〉

ν_2 \ ν_1	1	2	3	4	5	6	7	8	9	10
1	161.4	199.5	215.7	224.6	230.2	234.0	236.8	238.9	240.5	241.9
2	18.51	19.00	19.16	19.25	19.30	19.33	19.35	19.37	19.38	19.40
3	10.13	9.55	9.28	9.12	9.01	8.94	8.89	8.85	8.81	8.79
4	7.71	6.94	6.59	6.39	6.26	6.16	6.09	6.04	6.00	5.96
5	6.61	5.79	5.41	5.19	5.05	4.95	4.88	4.82	4.77	4.74
6	5.99	5.14	4.76	4.53	4.39	4.28	4.21	4.15	4.10	4.06
7	5.59	4.74	4.35	4.12	3.97	3.87	3.79	3.73	3.68	3.64
8	5.32	4.46	4.07	3.84	3.69	3.58	3.50	3.44	3.39	3.35
9	5.12	4.26	3.86	3.63	3.48	3.37	3.29	3.23	3.18	3.14
10	4.96	4.10	3.71	3.48	3.33	3.22	3.14	3.07	3.02	2.98
11	4.84	3.98	3.59	3.36	3.20	3.09	3.01	2.95	2.90	2.85
12	4.75	3.89	3.49	3.26	3.11	3.00	2.91	2.85	2.80	2.75
13	4.67	3.81	3.41	3.18	3.03	2.92	2.83	2.77	2.71	2.67
14	4.60	3.74	3.34	3.11	2.96	2.85	2.76	2.70	2.65	2.60
15	4.54	3.68	3.29	3.06	2.90	2.79	2.71	2.64	2.59	2.54
16	4.49	3.63	3.24	3.01	2.85	2.74	2.66	2.59	2.54	2.49
17	4.45	3.59	3.20	2.96	2.81	2.70	2.61	2.55	2.49	2.45
18	4.41	3.55	3.16	2.93	2.77	2.66	2.58	2.51	2.46	2.41
19	4.38	3.52	3.13	2.90	2.74	2.63	2.54	2.48	2.42	2.38
20	4.35	3.49	3.10	2.87	2.71	2.60	2.51	2.45	2.39	2.35
21	4.32	3.47	3.07	2.84	2.68	2.57	2.49	2.42	2.37	2.32
22	4.30	3.44	3.05	2.82	2.66	2.55	2.46	2.40	2.34	2.30
23	4.28	3.42	3.03	2.80	2.64	2.53	2.44	2.37	2.32	2.27
24	4.26	3.40	3.01	2.78	2.62	2.51	2.42	2.36	2.30	2.25
25	4.24	3.39	2.99	2.76	2.60	2.49	2.40	2.34	2.28	2.24
26	4.23	3.37	2.98	2.74	2.59	2.47	2.39	2.32	2.27	2.22
27	4.21	3.35	2.96	2.73	2.57	2.46	2.37	2.31	2.25	2.20
28	4.20	3.34	2.95	2.71	2.56	2.45	2.36	2.29	2.24	2.19
29	4.18	3.33	2.93	2.70	2.55	2.43	2.35	2.28	2.22	2.18
30	4.17	3.32	2.92	2.69	2.53	2.42	2.33	2.27	2.21	2.16
40	4.08	3.23	2.84	2.61	2.45	2.34	2.25	2.18	2.12	2.08
60	4.00	3.15	2.76	2.53	2.37	2.25	2.17	2.10	2.04	1.99
120	3.92	3.07	2.68	2.45	2.29	2.18	2.09	2.02	1.96	1.91
∞	3.84	3.00	2.60	2.37	2.21	2.10	2.01	1.94	1.88	1.83

〈계속〉

12	15	20	24	30	40	60	120	∞
243.9	245.9	248.0	249.1	250.1	251.1	252.2	253.3	254.3
19.41	19.43	19.45	19.45	19.46	19.47	19.48	19.49	19.50
8.74	8.70	8.66	8.64	8.62	8.59	8.57	8.55	8.53
5.91	5.86	5.80	5.77	5.75	5.72	5.69	5.66	5.63
4.68	4.62	4.56	4.53	4.50	4.46	4.43	4.40	4.37
4.00	3.94	3.87	3.84	3.81	3.77	3.74	3.70	3.67
3.57	3.51	3.44	3.41	3.38	3.34	3.30	3.27	3.23
3.28	3.22	3.15	3.12	3.08	3.04	3.01	2.97	2.93
3.07	3.01	2.94	2.90	2.86	2.83	2.79	2.75	2.71
2.91	2.85	2.77	2.74	2.70	2.66	2.62	2.58	2.54
2.79	2.72	2.65	2.61	2.57	2.53	2.49	2.45	2.41
2.69	2.62	2.54	2.51	2.47	2.43	2.38	2.34	2.30
2.60	2.53	2.46	2.42	2.38	2.34	2.30	2.25	2.21
2.53	2.46	2.39	2.35	2.31	2.27	2.22	2.18	2.13
2.48	2.40	2.33	2.29	2.25	2.20	2.16	2.11	2.07
2.42	2.35	2.28	2.24	2.19	2.15	2.11	2.06	2.01
2.38	2.31	2.23	2.19	2.15	2.10	2.06	2.01	1.96
2.34	2.27	2.19	2.15	2.11	2.06	2.02	1.97	1.92
2.31	2.23	2.16	2.11	2.07	2.03	1.98	1.93	1.88
2.28	2.20	2.12	2.08	2.04	1.99	1.95	1.90	1.84
2.25	2.18	2.10	2.05	2.01	1.96	1.92	1.87	1.81
2.23	2.15	2.07	2.03	1.98	1.94	1.89	1.84	1.78
2.20	2.13	2.05	2.01	1.96	1.91	1.86	1.81	1.76
2.18	2.11	2.03	1.98	1.94	1.89	1.84	1.79	1.73
2.16	2.09	2.01	1.96	1.92	1.87	1.82	1.77	1.71
2.15	2.07	1.99	1.95	1.90	1.85	1.80	1.75	1.69
2.13	2.06	1.97	1.93	1.88	1.84	1.79	1.73	1.67
2.12	2.04	1.96	1.91	1.87	1.82	1.77	1.71	1.65
2.10	2.03	1.94	1.90	1.85	1.81	1.75	1.70	1.64
2.09	2.01	1.93	1.89	1.84	1.79	1.74	1.68	1.62
2.00	1.92	1.84	1.79	1.74	1.69	1.64	1.58	1.51
1.92	1.84	1.75	1.70	1.65	1.59	1.53	1.47	1.39
1.83	1.75	1.66	1.61	1.55	1.50	1.43	1.35	1.26
1.75	1.67	1.57	1.52	1.46	1.39	1.32	1.22	1.00

$\alpha = 0.025$ 〈계속〉

ν_2 \ ν_1	1	2	3	4	5	6	7	8	9	10
1	647.8	799.5	864.2	899.6	921.8	937.1	948.2	956.7	963.3	968.6
2	38.51	39.00	39.17	39.25	39.30	39.33	39.36	39.37	39.39	39.40
3	17.44	16.04	15.44	15.10	14.88	14.73	14.62	14.54	14.47	14.42
4	12.22	10.65	9.98	9.60	9.36	9.20	9.07	8.98	8.90	8.84
5	10.01	8.43	7.76	7.39	7.15	6.98	6.85	6.76	6.68	6.62
6	8.81	7.26	6.60	6.23	5.99	5.82	5.70	5.60	5.52	5.46
7	8.07	6.54	5.89	5.52	5.29	5.12	4.99	4.90	4.82	4.76
8	7.57	6.06	5.42	5.05	4.82	4.65	4.53	4.43	4.36	4.30
9	7.21	5.71	5.08	4.72	4.48	4.32	4.20	4.10	4.03	3.96
10	6.94	5.46	4.83	4.47	4.24	4.07	3.95	3.85	3.78	3.72
11	6.72	5.26	4.63	4.28	4.04	3.88	3.76	3.66	3.59	3.53
12	6.55	5.10	4.47	4.12	3.89	3.73	3.61	3.51	3.44	3.37
13	6.41	4.97	4.35	4.00	3.77	3.60	3.48	3.39	3.31	3.25
14	6.30	4.86	4.24	3.89	3.66	3.50	3.38	3.29	3.21	3.15
15	6.20	4.77	4.15	3.80	3.58	3.41	3.29	3.20	3.12	3.06
16	6.12	4.69	4.08	3.73	3.50	3.34	3.22	3.12	3.05	2.99
17	6.04	4.62	4.01	3.66	3.44	3.28	3.16	3.06	2.98	2.92
18	5.98	4.56	3.95	3.61	3.38	3.22	3.10	3.01	2.93	2.87
19	5.92	4.51	3.90	3.56	3.33	3.17	3.05	2.96	2.88	2.82
20	5.87	4.46	3.86	3.51	3.29	3.13	3.01	2.91	2.84	2.77
21	5.83	4.42	3.82	3.48	3.25	3.09	2.97	2.87	2.80	2.73
22	5.79	4.38	3.78	3.44	3.22	3.05	2.93	2.84	2.76	2.70
23	5.75	4.35	3.75	3.41	3.18	3.02	2.90	2.81	2.73	2.67
24	5.72	4.32	3.72	3.38	3.15	2.99	2.87	2.78	2.70	2.64
25	5.69	4.29	3.69	3.35	3.13	2.97	2.85	2.75	2.68	2.61
26	5.66	4.27	3.67	3.33	3.10	2.94	2.82	2.73	2.65	2.59
27	5.63	4.24	3.65	3.31	3.08	2.92	2.80	2.71	2.63	2.57
28	5.61	4.22	3.63	3.29	3.06	2.90	2.78	2.69	2.61	2.55
29	5.59	4.20	3.61	3.27	3.04	2.88	2.76	2.67	2.59	2.53
30	5.57	4.18	3.59	3.25	3.03	2.87	2.75	2.65	2.57	2.51
40	5.42	4.05	3.46	3.13	2.90	2.74	2.62	2.53	2.45	2.39
60	5.29	3.93	3.34	3.01	2.79	2.63	2.51	2.41	2.33	2.27
120	5.15	3.80	3.23	2.89	2.67	2.52	2.39	2.30	2.22	2.16
∞	5.02	3.69	3.12	2.79	2.57	2.41	2.29	2.19	2.11	2.05

〈계속〉

12	15	20	24	30	40	60	120	∞
976.7	984.9	993.1	997.2	1001	1006	1010	1014	1018
39.41	39.43	39.45	39.46	39.46	39.47	39.48	39.49	39.50
14.34	14.25	14.17	14.12	14.08	14.04	13.99	13.95	13.90
8.75	8.66	8.56	8.51	8.46	8.41	8.36	8.31	8.26
6.52	6.43	6.33	6.28	6.23	6.18	6.12	6.07	6.02
5.37	5.27	5.17	5.12	5.07	5.01	4.96	4.90	4.85
4.67	4.57	4.47	4.41	4.36	4.31	4.25	4.20	4.14
4.20	4.10	4.00	3.95	3.89	3.84	3.78	3.73	3.67
3.87	3.77	3.67	3.61	3.56	3.51	3.45	3.39	3.33
3.62	3.52	3.42	3.37	3.31	3.26	3.20	3.14	3.08
3.43	3.33	3.23	3.17	3.12	3.06	3.00	2.94	2.88
3.28	3.18	3.07	3.02	2.96	2.91	2.85	2.79	2.73
3.15	3.05	2.95	2.89	2.84	2.78	2.72	2.66	2.60
3.05	2.95	2.84	2.79	2.73	2.67	2.61	2.55	2.49
2.96	2.86	2.76	2.70	2.64	2.59	2.52	2.46	2.40
2.89	2.79	2.68	2.63	2.57	2.51	2.45	2.38	2.32
2.82	2.72	2.62	2.56	2.50	2.44	2.38	2.32	2.25
2.77	2.67	2.56	2.50	2.44	2.38	2.32	2.26	2.19
2.72	2.62	2.51	2.45	2.39	2.33	2.27	2.20	2.13
2.68	2.57	2.46	2.41	2.35	2.29	2.22	2.16	2.09
2.64	2.53	2.42	2.37	2.31	2.25	2.18	2.11	2.04
2.60	2.50	2.39	2.33	2.27	2.21	2.14	2.08	2.00
2.57	2.47	2.36	2.30	2.24	2.18	2.11	2.04	1.97
2.54	2.44	2.33	2.27	2.21	2.15	2.08	2.01	1.94
2.51	2.41	2.30	2.24	2.18	2.12	2.05	1.98	1.91
2.49	2.39	2.28	2.22	2.16	2.09	2.03	1.95	1.88
2.47	2.36	2.25	2.19	2.13	2.07	2.00	1.93	1.85
2.45	2.34	2.23	2.17	2.11	2.05	1.98	1.91	1.83
2.43	2.32	2.21	2.15	2.09	2.03	1.96	1.89	1.81
2.41	2.31	2.20	2.14	2.07	2.01	1.94	1.87	1.79
2.29	2.18	2.07	2.01	1.94	1.88	1.80	1.72	1.64
2.17	2.06	1.94	1.88	1.82	1.74	1.67	1.58	1.48
2.05	1.94	1.82	1.76	1.69	1.61	1.53	1.43	1.31
1.94	1.83	1.71	1.64	1.57	1.48	1.39	1.27	1.00

$\alpha = 0.01$ 〈계속〉

ν_2 \ ν_1	1	2	3	4	5	6	7	8	9	10
1	4052	4999.5	5403	5625	5764	5859	5928	5981	9022	6056
2	98.50	99.00	99.17	99.25	99.30	99.33	99.36	99.37	99.39	99.40
3	34.12	30.82	29.46	28.71	28.24	27.91	27.67	27.49	27.35	27.23
4	21.20	18.00	16.69	15.98	15.52	15.21	14.98	14.80	14.66	14.55
5	16.26	13.27	12.06	11.39	10.97	10.67	10.46	10.29	10.16	10.05
6	13.75	10.92	9.78	9.15	8.75	8.47	8.26	8.10	7.98	7.87
7	12.25	9.55	8.45	7.85	7.46	7.19	6.99	6.84	6.72	6.62
8	11.26	8.65	7.59	7.01	6.63	6.37	6.18	6.03	5.91	5.81
9	10.56	8.02	6.99	6.42	6.06	5.80	5.61	5.47	5.35	5.26
10	10.04	7.56	6.55	5.99	5.64	5.39	5.20	5.06	4.94	4.85
11	9.65	7.21	6.22	5.67	5.32	5.07	4.89	4.74	4.63	4.54
12	9.33	6.93	5.95	5.41	5.06	4.82	4.64	4.50	4.39	4.30
13	9.07	6.70	5.74	5.21	4.86	4.62	4.41	4.30	4.19	4.10
14	8.86	6.51	5.56	5.04	4.69	4.46	4.28	4.14	4.03	3.94
15	8.68	6.36	5.42	4.89	4.56	4.32	4.14	4.00	3.89	3.80
16	8.53	6.23	5.29	4.77	4.44	4.20	3.03	3.89	3.78	3.69
17	8.40	6.11	5.18	4.67	4.34	4.10	3.93	3.79	3.68	3.59
18	8.18	5.93	5.01	4.50	4.17	3.94	3.77	3.63	3.52	3.43
20	8.10	5.85	4.94	4.43	4.10	3.87	3.70	3.56	3.46	3.37
21	8.02	5.78	4.87	4.37	4.04	3.81	3.64	3.51	3.40	3.31
22	7.95	5.72	4.82	4.31	3.99	3.76	3.59	3.45	3.35	3.26
23	7.88	5.66	4.76	4.26	3.94	3.71	3.54	3.41	3.30	3.21
24	7.82	5.91	4.72	4.22	3.90	3.67	3.50	3.36	3.26	3.17
25	7.77	5.57	4.68	4.18	3.85	3.63	3.46	3.32	3.22	3.13
26	7.72	5.53	4.64	4.14	3.82	3.59	3.42	3.29	3.18	3.09
27	7.68	5.49	4.60	4.11	3.78	3.56	3.39	3.26	3.15	3.06
28	7.64	5.45	4.57	4.07	3.75	3.53	3.36	3.23	3.12	3.03
29	7.60	5.42	4.54	4.04	3.73	3.50	3.33	3.20	3.09	3.00
30	7.56	5.39	4.51	4.02	3.70	3.47	3.30	3.17	3.07	2.98
40	7.31	5.18	4.31	3.83	3.51	3.29	3.12	2.99	2.89	2.80
60	7.08	4.98	4.13	3.65	3.34	3.12	2.95	2.82	2.72	2.63
120	6.85	4.79	3.95	3.48	3.17	2.96	2.79	2.66	2.56	2.47
∞	6.63	4.61	3.78	3.32	3.02	2.80	2.64	2.51	2.41	2.32

〈계속〉

12	15	20	24	30	40	60	120	∞
6106	6157	6209	6235	6261	6287	6313	6339	6366
99.42	99.43	99.45	99.46	99.47	99.47	99.48	99.49	99.50
27.05	26.87	26.69	26.60	26.50	26.41	26.32	26.22	26.13
14.37	14.20	14.02	13.93	13.84	13.75	13.65	1356	13.46
9.89	9.72	9.55	9.47	9.38	9.29	9.20	9.11	9.02
7.72	7.56	7.40	7.31	7.23	7.14	7.06	6.97	6.88
6.47	6.31	6.16	6.07	5.99	5.91	5.82	5.74	5.65
5.67	5.52	5.36	5.28	5.20	5.12	5.03	4.95	4.86
5.11	4.96	4.81	4.73	4.65	4.57	4.48	4.40	4.31
4.71	4.56	4.41	4.33	4.25	4.17	4.08	4.00	3.91
4.40	4.25	4.10	4.02	3.94	3.86	3.78	3.69	3.60
4.16	4.01	3.86	3.78	3.70	3.62	3.54	3.45	3.36
3.96	3.82	3.66	3.59	3.51	3.43	3.34	3.25	3.17
3.80	3.66	3.51	3.43	3.35	3.27	3.18	3.09	3.00
3.67	3.52	3.37	3.29	3.21	3.13	2.05	2.96	2.87
3.55	3.41	3.26	3.18	3.10	3.02	2.93	2.84	2.75
3.46	3.31	3.16	3.08	3.00	2.92	2.83	2.75	2.65
3.30	3.15	3.00	2.92	2.84	2.76	2.67	2.58	2.49
3.23	3.09	2.94	2.86	2.78	2.69	2.61	2.52	2.42
3.17	3.03	2.88	2.80	2.72	2.64	2.55	2.46	2.36
3.12	2.98	2.83	2.75	2.67	2.58	2.50	2.40	2.31
3.07	2.93	2.78	2.70	2.62	2.54	2.45	2.35	2.26
3.03	2.89	2.74	2.66	2.58	2.49	2.40	2.31	2.21
2.99	2.85	2.70	2.62	2.54	2.45	2.36	2.27	2.17
2.96	2.81	2.66	2.58	2.50	2.42	2.33	2.23	2.13
2.93	2.78	2.63	2.55	2.47	2.38	2.29	2.20	2.10
2.90	2.75	2.60	2.52	2.44	2.35	2.26	2.17	2.06
2.87	2.73	2.57	2.49	2.41	2.33	2.23	2.14	2.03
2.80	2.70	2.55	2.47	2.39	2.30	2.21	2.11	2.01
2.66	2.52	2.37	2.29	2.20	2.11	2.02	1.92	1.80
2.50	2.35	2.20	2.12	2.03	1.94	1.84	1.73	1.60
2.34	2.19	2.03	1.95	1.86	1.76	1.66	1.53	1.38
2.18	2.04	1.88	1.79	1.70	1.59	1.47	1.32	1.00

[표 7] 난수표

00000	10097	32533	76520	13586	34673	54876	80959	09117	39292	74945
00001	37542	04805	64894	74296	24805	24037	50636	10402	00822	91665
00002	08422	68953	19645	09303	23209	02560	15953	34764	35080	33606
00003	99019	02529	09376	70715	38311	31165	88676	74397	04436	27659
00004	12807	99970	80157	36147	64032	36653	98951	16877	12171	76833
00005	66065	74717	34072	76850	36697	36170	65813	39885	11199	29170
00006	31060	10805	45571	82406	35303	42614	86799	07439	23403	09732
00007	85269	77602	02051	65692	68665	74818	73053	85247	18623	88579
00008	63573	32135	05325	47048	90553	57548	28468	28709	83491	25624
00009	73796	45753	03529	64778	35808	34282	60935	20344	35273	88435
00010	98520	17767	14905	68607	22109	40558	60970	93433	50500	73998
00011	11805	05431	39808	27732	50725	68248	29405	24201	52775	67851
00012	83452	99634	06288	98083	13746	70078	18475	40610	68711	77817
00013	88685	40200	86507	58401	36766	67951	90364	76493	29609	11062
00014	99594	67348	87517	64969	91826	08928	93785	61368	23478	34113
00015	65481	17674	17468	50950	58047	76974	73039	57186	40218	16544
00016	80124	35635	17727	08015	45318	22374	21115	78253	14385	53763
00017	74350	99817	77402	77214	43236	00210	45521	64237	96286	02655
00018	69916	26803	66252	29148	36936	87203	76621	13990	94400	56418
00019	09893	20505	14225	68514	46427	56788	96297	78822	54382	14598
00020	91499	14523	68479	27686	46162	83554	94750	89923	37089	20048
00021	80336	94598	26940	36858	70297	34135	53140	33340	42050	82341
00022	44104	81949	85157	47954	32979	26575	57600	40881	22222	06413
00023	12550	73742	11100	02040	12860	74697	96644	89439	28707	25815
00024	63606	49329	16505	34484	40219	52563	43651	77082	07207	31790
00025	61119690446		26457	47774	51924	33729	65394	59593	42582	60527
00026	15474	45266	95270	79953	59367	83848	82396	10118	33211	59466
00027	94557	28573	67897	54387	54622	44431	91190	42592	92927	45973
00028	42481	16213	97344	08721	16868	48767	03071	12059	25701	46670
00029	23523	78317	73208	89837	68935	91416	26252	29663	05522	82562
00030	04493	52494	75246	33824	45862	51025	61962	79335	65337	12472
00031	00549	97654	64051	88159	96119	63896	54692	82391	23287	29529
00032	35963	15307	26898	09554	33351	35462	77974	50024	90103	39333
00033	59808	08391	45427	26842	83609	49700	13021	24892	78565	20106
00034	46058	85236	01390	92286	77281	44077	93910	83647	70617	42941
00035	32179	00597	87379	25241	05567	07007	96743	17157	85394	11838
00036	69234	61406	20117	45204	15956	60000	18743	92423	97118	96338
00037	19565	41430	01758	75379	40419	21585	66674	36806	84962	85207
00038	45155	14938	19476	07246	43667	94543	59047	90033	20826	69541
00039	94864	31994	36168	10851	34888	81553	01540	35456	05014	51176
00040	98086	24826	45240	28404	44999	08896	39094	73407	35441	31880
00041	33185	16232	41941	50949	89435	48581	88695	41994	37548	73043
00042	80951	00406	96382	70774	20151	23387	25016	25298	94624	61171
00043	79752	49140	71961	28296	69861	02591	74852	20539	00387	59579
00044	18633	32537	98145	06571	31010	24674	05455	61427	77938	91936
00045	74029	43902	77557	32270	97790	17119	52527	58021	80814	51748
00046	54178	45611	80993	37143	05335	12969	56127	19255	36040	90324
00047	11664	49883	52079	84827	59381	71539	09973	33440	88461	23356
00048	48324	77928	31249	64710	02295	36870	32307	57546	15020	09994
00049	69074	94138	87637	91976	35584	04401	10518	21615	01848	76938

00050	09188	20097	32825	39527	04220	86304	83389	87374	64278	58044
00051	90045	85497	51981	50654	94938	81997	91870	76150	68476	64659
00052	73189	50207	47677	26269	62290	64464	27124	67018	41361	82760
00053	75768	76490	20971	87749	90429	12272	95375	05871	93823	43178
00054	54016	44056	66281	31003	00682	27398	20714	53295	07706	17813
00055	08358	69910	78542	42785	13661	58873	04618	97553	31223	08420
00056	28306	03264	81333	10591	40510	07893	32604	60475	94119	01840
00057	53840	86233	81594	13628	51215	90290	28466	68795	77762	20791
00058	91757	53741	61613	62269	50263	90212	55781	76514	83483	47055
00059	89415	92694	00397	58391	12607	17646	48949	72306	94541	37408
00060	77513	03820	86864	29901	68414	82774	51908	13980	72893	55507
00061	19502	37174	69979	20288	55210	29773	74287	75251	65344	67415
00062	21818	59313	93278	81757	05686	73156	07082	85046	31853	38452
00063	51474	66499	68107	23621	94049	91345	42836	09191	08007	45449
00064	99559	68331	62535	24170	69777	12830	74819	78142	43860	72834
00065	33713	48007	93584	72869	51926	64721	58303	29822	93174	93972
00066	85274	86893	11303	22970	28834	34137	73515	90400	71148	43643
00067	84133	89640	44035	52166	73852	70091	61222	60561	62327	18423
00068	56732	16234	17395	96131	10123	91622	85496	57560	81604	18880
00069	65138	56806	87648	85261	34313	65861	45875	21069	85644	47277
00070	38001	02176	81719	11711	71602	92937	74219	64049	65584	49698
00071	37402	96397	01304	77586	56271	10086	47324	62605	40030	37438
00072	97125	40348	87083	31417	21815	39250	75237	62047	15501	29578
00073	21826	41134	47143	34072	64638	85902	49139	06441	03856	54552
00074	73135	42742	95719	09035	85794	74296	08789	88156	64691	19202
00075	07638	77929	03061	18072	96207	44156	23821	99538	04713	66994
00076	60528	83441	07954	19814	59175	20695	05533	52139	61212	06455
00077	83596	35655	06958	92983	05128	09719	77433	53783	92301	50498
00078	10850	62746	99599	10507	13499	06319	53075	71839	06410	19362
00079	39820	98952	43622	63147	64421	80814	43800	09351	31024	73167
00080	59580	06478	75569	78800	88835	54486	23768	06156	04111	08408
00081	38508	07341	23793	48763	90822	97022	17719	04207	95954	49953
00082	30692	70668	94688	16127	56196	80091	82067	63400	05462	69200
00083	65443	95659	18288	27437	49632	24041	08337	65676	96299	90836
00084	27267	50264	13192	72294	07477	44606	17985	48911	97341	30358
00085	91307	06991	19072	24210	36699	53728	28825	35793	28976	66252
00086	68434	94688	84473	13622	62126	98408	12843	82590	09815	93146
00087	48908	15877	54745	24591	35700	04754	83824	52692	54130	55160
00088	06913	45197	42672	78601	11883	06528	63011	98901	14974	40344
00089	10455	16019	14210	33712	91342	37821	88325	80851	43667	70883
00090	12883	97343	65027	61184	04285	01392	17974	18077	90712	26769
00091	21778	30976	38807	36961	31649	42096	63281	02023	08816	47449
00092	19523	59515	65122	59659	86283	68258	69572	13798	16435	91529
00093	67245	52670	35583	16563	79246	86686	76463	34222	26655	90802
00094	60584	47377	07500	37992	45134	26529	26760	83637	41326	44344
00095	53853	41377	36066	94850	28838	73859	49364	73331	96240	43642
00096	24637	38736	74384	89342	52623	07992	12369	18601	03742	83873
00097	83080	12451	38992	22815	07759	51777	97377	27585	51972	37867
00098	16444	24334	36151	99073	27493	72939	85130	32552	54846	54759
00099	60790	18157	57178	65762	11161	78576	45819	52979	65130	04860

연습문제 해답

1장

1. (1) 질적 자료 (2) 양적 자료 (3) 양적 자료
(4) 양적 자료 (5) 양적 자료 (6) 질적 자료

3. $k = 1 + \dfrac{\log 64}{\log 2} = 7$

5. $c = \dfrac{92 - 52}{8} = 5$

2장

1. 11, 10.5

3. 18

5. 중앙값 64.5

7. $\dfrac{23 \times 10000 + 5 \times 50000 + 1 \times 100000}{23 + 5 + 1} = \dfrac{580000}{29} = 20000$

8. $\overline{x} = \dfrac{1}{N} \sum_{i=1}^{k} x_i f_i$

$= \dfrac{1}{20}(5 \times 4 + 15 \times 3 + 25 \times 10 + 35 \times 2 + 45 \times 1) = \dfrac{430}{20} = 21.5$

9. 범위 : 38

평균은 51.5이므로 평균편차는 다음과 같다.

$MD = \dfrac{1}{10} \sum_{i=1}^{10} |x_i - 51.5| = 10.5$

11.

계급값	돗수
0.5	3
1.5	2
2.5	10
3.5	8
4.5	6
5.5	1

$\overline{x} = \dfrac{1}{30}(1.5 + 3 + 25 + 28 + 27 + 5.5) = 3$

$s^2 = \dfrac{1}{30}(0.25 \cdot 3 + 2.25 \cdot 2 + 6.25 \cdot 10 + 12.25 \cdot 8 + 20.25 \cdot 6 + 30.25 \cdot 1) - 9$

$= 1.583$

$s = 1.258$

13. $\overline{x} = 73,\ s^2 = 41$

15. 1반의 변이계수: $\dfrac{4}{80} \times 100 = 5\%$

2반의 변이계수: $\frac{5}{85}\times 100 = 6\%$

1반이 2반보다 평균을 중심으로 더 밀집되어 있다.

17. A $= \{1, 2, 3, 4, 5\}$의 평균을 $\bar{x}$, 표준편차를 s라 하면

B의 평균은 $2\bar{x}$, 표준편차는 $2s$이고

C의 평균은 $3\bar{x}$, 표준편차는 $3s$이다.

A의 변이계수= $\frac{s}{\bar{x}}\times 100$

B의 변이계수= $\frac{2s}{2\bar{x}}\times 100 = \frac{s}{\bar{x}}\times 100$

C의 변이계수= $\frac{3s}{3\bar{x}}\times 100 = \frac{s}{\bar{x}}\times 100$

따라서 A의 변이계수=B의 변이계수=C의 변이계수이다.

3장

1. e와 c 사이에 두 개의 문자가 들어가는 방법의 수는 ${}_7P_2$, e와 c를 바꾸는 방법의 수는 2, $e\square\square c$를 한 묶음으로 만드는 방법의 수는 6!이므로 구하는 방법의 수는 ${}_7P_2\times 2\times 6! = 60480$이다.

3. A는 미리 뽑고 B는 없는 것으로 생각하여 A, B를 뺀 18명에서 5명을 뽑는 방법의 수를 구한다. ${}_{18}C_5 = \frac{18\cdot 17\cdot 16\cdot 15\cdot 14}{5\cdot 4\cdot 3\cdot 2\cdot 1} = 8568$

4. ${}_4H_5 = {}_{4+5-1}C_5 = {}_8C_5 = 56$

5. i) 2, 4, 6, 8로 시작하는 세자리 자연수는 $4\times 10\times 10$

ii) 0, 2, 4, 6, 8로 끝나는 세자리 자연수는 $9\times 10\times 5$

iii) 2, 4, 6, 8로 시작하고 0, 2, 4, 6, 8로 끝나는 세자리 자연수는 $4\times 10\times 5$

따라서 총 자연수의 개수는 $400 + 450 - 200 = 650$이다.

7. 양의 정수해는 x, y, z를 한개씩 뽑아놓고 x, y, z중 5개를 뽑는 중복조합의 수이므로 ${}_3H_5$이다.

$${}_3H_5 = {}_7C_5 = {}_7C_2 = 21$$

8. $x-1 = A$, $y-1 = B$, $5-z = C$ 라하면

$$A + B + C = 15$$

$$A \geq 0,\ B \geq 0,\ C \geq 0$$

$$3H_{15} = {}_{17}C_2 = 136$$

9. 다음 등식의 양쪽에 표현된 y^k의 계수를 살펴보자.

$$(1+y)^{m+n} = (1+y)^m(1+y)^n$$

식의 좌변에서 y^k의 계수는 $\binom{m+n}{k}$ 이다. 우변은 다음과 같이 쓸 수 있으므로

$$(1+y)^m(1+y)^n = \left[\binom{m}{0}+\binom{m}{1}y+\cdots+\binom{m}{m}y^m\right]\times\left[\binom{n}{0}+\binom{n}{1}y+\cdots+\binom{n}{n}y^n\right]$$

식의 우변에서 y^k의 계수는 다음과 같다.

$$\binom{m}{0}\binom{n}{k}+\binom{m}{1}\binom{n}{k-1}+\binom{m}{2}\binom{n}{k-2}+\cdots+\binom{m}{k}\binom{n}{0}=\sum_{r=0}^{k}\binom{m}{r}\binom{n}{k-r}$$

따라서 다음이 성립한다.

$$\sum_{r=0}^{k}\binom{m}{r}\binom{n}{k-r}=\binom{m+n}{k}$$

10. $\binom{5}{1}\frac{4!}{5!}-\binom{5}{2}\frac{3!}{5!}+\binom{5}{3}\frac{2!}{5!}-\binom{5}{4}\frac{1}{5!}+\frac{1}{5!}$

11. $P(A\cup B)=P(A)+P(B)-P(A\cap B)$,

$P(A)=P(A\cup B)+(A\cap B)-P(B)=\frac{7}{9}+\frac{2}{9}+\frac{5}{8}=\frac{3}{8}$,

$P(A\cap B^C)=P(A)-P(A\cap B)$

$=\frac{3}{8}-\frac{2}{9}=\frac{27-16}{72}=\frac{11}{72}$

12. ${}_{13}C_2\ {}_4C_2\ {}_4C_2\ {}_{44}C_1\ /\ {}_{52}C_5$

13. 정사각형의 내부에 찍은 한 점이 정사각형의 밑변을 지름으로 하는 반원의 내부에 있을 때, 둔각삼각형이 된다. 정사각형의 넓이는 $2\times2=4$이고 반원의 넓이는 $\frac{1}{2}\times1\times1\times\pi=\frac{\pi}{2}$이다. 따라서 구하는 확률은 $\frac{\pi}{8}$이다.

14. $\frac{13}{18}$

15. 구하는 확률은 ${}_6C_2\times\left(\frac{2}{6}\right)^2\times\left(\frac{4}{6}\right)^4=\frac{80}{243}$이다.

16. $P(B^c|A)=\frac{P(A\cap B^c)}{P(A)}=\frac{P(A)-P(A\cap B)}{P(A)}$

$=1-\frac{P(A\cap B)}{P(A)}=1-P(B|A)$

17. $P(B|A)=\frac{P(A\cap B)}{P(A)}$, $A\cap B$는 $X_1>X_2$이고, 눈의 합이 10인 사상이므로 $A\cap B=\{(6,4)\}$이다. 그러므로 $A\cap B=\frac{1}{36}$이다. A는 눈의 합이 10인 경우를 나타내므로 $A=\{(6,4),(5,5),(6,4)\}$이다. 그러므로 $P(A)=\frac{3}{36}$이다.

따라서 $P(B|A)=\frac{1}{36}/\frac{6}{36}=\frac{1}{3}$이다.

18. $\frac{2}{5}$

19. $P(A|B)=\frac{P(A\cap B)}{P(B)}$, $P(A\cap B)=P(A|B)P(B)=0.7\times 0.3=0.21$

$P(B|A)=\frac{P(A\cap B)}{P(A)}=\frac{0.21}{0.5}=\frac{21}{50}$

20. 문제의 조건에 맞는 경우로는 다음의 14가지가 있다.

3 : (3, 5), (3, 6)

4 : (4, 4), (4, 5), (4, 6)

5 : (5, 3), (5, 4), (5, 5), (5, 6)

6 : (6, 2), (6, 3), (6, 4), (6, 5), (6, 6)

A는 노란 주사위가 3 이상의 눈이 나올 사상이고,

B는 두 주사위의 눈의 합이 8 이상이 될 사상이라 하면 다음이 성립한다.

$$P(B|A)=\frac{P(A\cap B)}{P(A)}=\frac{\frac{14}{36}}{\frac{4}{6}}=\frac{7}{12}$$

21. $P(A^c\cap B^c)=P((A\cup B)^c)=1-P(A\cup B)$

$P(A^c)P(B^c)=(1-P(A))(1-P(B))$

$=1-[P(A)+P(B)-P(A)P(B)]=1-P(A\cup B)$

따라서 $P(A^c\cap B^c)=P(A^c)P(B^c)$이다.

22. (1) $P(Q)=\frac{1}{13}$

(2) $P(K|Q)=\frac{1}{13}$

(3) $P(Q\cap K)=P(Q)\cdot P(K|Q)=\frac{1}{169}$

23. (1) $P(Q)=\frac{1}{13}$

(2) $P(K|Q)=\frac{4}{51}$

(3) $P(Q\cap K)=P(Q)\cdot P(K|Q)=\frac{4}{663}$

25. B는 노란 구슬일 사상이고, A_1는 A상자를 택할 사상이고, A_2는 B상자를 택할 사상이라 하자. 그러면 다음이 성립한다.

$$P(A_1|B)=\frac{P(B\cap A_1)}{P(B)}=\frac{P(A_1)P(B|A_1)}{P(A_1)P(B|A_1)+P(A_2)P(B|A_2)}$$

$$= \frac{\frac{1}{2} \times \frac{7}{10}}{\frac{1}{2} \times \frac{7}{10} + \frac{1}{2} \times \frac{9}{10}} = \frac{7}{16}$$

26. R은 적당한 무게를 이용할 사상, S는 스트라이크를 칠 사상이라 하자.
전확률법칙에 의해

$$P(S) = P(S|R) \cdot P(R) + P(S|R^c) \cdot P(R^c)$$
$$= \frac{1}{5} \cdot \frac{1}{3} + \frac{1}{8} \cdot \frac{2}{3} = \frac{3}{20}$$

27. A는 혈액검사 받은 사람이 이 질병을 갖고 있는 사상, B는 혈액검사 결과가 양성으로 나타난 사상이라 하자.

$$P(A|B) = \frac{P(A)P(B|A)}{P(A)P(B|A) + P(A^c)P(B|A^c)}$$
$$= \frac{0.005 \times 0.95}{0.005 \times 0.95 + 0.995 \times 0.01}$$

4장

1.

x	2	3	…	11	12
$P(X=x)$	$\frac{1}{36}$	$\frac{2}{36}$	…	$\frac{2}{36}$	$\frac{1}{36}$

3. 한 개의 주사위를 던질 때 나오는 눈은 1, 2, 3, 4, 5, 6이므로 X의 확률분포는 다음과 같다.

x	1	2	3	4	5	6
$P(X=x)$	$\frac{1}{6}$	$\frac{1}{6}$	$\frac{1}{6}$	$\frac{1}{6}$	$\frac{1}{6}$	$\frac{1}{6}$

적률생성함수는 다음과 같다.

$$M_X(t) = E(e^{tx}) = \frac{1}{6}(e^t + e^{2t} + e^{3t} + e^{4t} + e^{5t} + e^{6t})$$
$$E(X) = \frac{1}{6}(1+2+3+4+5+6) = \frac{7}{2}$$
$$Var(X) = \frac{1}{6}(1+4+9+16+25+36) - \left(\frac{7}{2}\right)^2 = \frac{35}{12}$$

4.

x	1	2	3
$P(X=x)$	$\frac{1}{6}$	$\frac{5}{36}$	$\frac{25}{36}$

$E(X) = 91/36$

5. $E(X)=1\cdot\frac{1}{4}+2\cdot\frac{1}{2}+3\cdot\frac{1}{8}=\frac{13}{8}$

$Var(X)=E(X^2)-\mu^2=\frac{47}{64}$

따라서 $E(10X+2)=10\cdot\frac{13}{8}+2=18\frac{1}{4}$

$Var(10X+2)=10^2\cdot Var(X)=42\frac{3}{16}$

7.

x	0	1	2	
$P(X=x)$	$\left(\frac{5}{6}\right)^2$	$2\cdot\frac{1}{6}\cdot\frac{5}{6}$	$\left(\frac{1}{6}\right)^2$	1

$E(X)=0\cdot\left(\frac{5}{6}\right)^2+1\cdot2\cdot\left(\frac{1}{6}\right)\cdot\frac{5}{6}+2\cdot\left(\frac{1}{6}\right)^2=\frac{1}{3}$

$Var(X)=E(X^2)-\mu^2=0\cdot\left(\frac{5}{6}\right)^2+1\cdot2\cdot\frac{1}{6}\cdot\frac{5}{6}+4\cdot\left(\frac{1}{6}\right)^2-\frac{1}{9}=\frac{5}{18}$

8. $\bar{x}=7$

평균에 관한 1차 적률 : 0

평균에 관한 2차 적률 : $\frac{1}{n}\sum x_i^2-\bar{x}^2$

$=\frac{1}{6}(4+9+36+64+121+144)-49=14$

평균에 관한 3차 적률 : $\frac{1}{n}\sum(x_i-\bar{x})^3$

$=\frac{1}{6}(-125-64-1+1+64+125)=0$

9. $F(2)=P(X\le 2)=1-e^{-4}$

$P(X>2)=1-F(2)=e^{-4}$

11. $F(x)=P(X\le x)=\begin{cases}0, & x<0\\ \frac{1}{2}, & 0\le x<1\\ \frac{5}{6}, & 1\le x<2\\ 1, & x\ge 2\end{cases}$

12. (1)

x \ y	0	1	2
0	$\frac{4}{36}$	$\frac{4}{36}$	$\frac{1}{36}$
1	$\frac{8}{36}$	$\frac{8}{36}$	$\frac{2}{36}$
2	$\frac{4}{36}$	$\frac{4}{36}$	$\frac{1}{36}$

13. (1) $E(X)=0,\ E(Y)=\frac{2}{3}$

(2) $Var(X)=\frac{2}{3},\quad Var(Y)=\frac{2}{9}$

(3) 0

(4) 0

(5) 독립 아님

14. 연속확률변수 $X,\ Y$에 대하여 다음이 성립한다.

$$\begin{aligned} E(a+bX) &= \int_{-\infty}^{\infty}(a+bx)f(x)\,dx \\ &= a\int_{-\infty}^{\infty}f(x)\,dx + b\int_{-\infty}^{\infty}xf(x)\,dx \\ &= a+bE(X) \end{aligned}$$

15. $$\begin{aligned} P(X+Y\le 1) &= \int_0^1\int_0^{1-x}f(x,\ y)\,dy\,dx \\ &= \int_0^1\int_0^{1-x}e^{-(x+y)}\,dy\,dx \\ &= 1-\frac{2}{e} \end{aligned}$$

17. X와 Y의 주변확률함수는 각각 다음과 같다.

$$h(x)=\frac{2x+3}{21},\quad x=1,\ 2,\ 3$$

$$g(y)=\frac{3y+6}{21},\quad y=1,\ 2$$

조건부확률함수는 다음과 같다.

$$f(x\,|\,y)=\frac{x+y}{3y+6},\quad x=1,\ 2,\ 3$$

18. $\int_{-1}^{1}\int_{x^2}^{1}cx^2y\,dy\,dx=\frac{4}{21}c=1$ 따라서 $c=\frac{21}{4}$ 이다.

또 $P(x\ge Y)=\int_0^1\int_{x^2}^{x}\frac{21}{4}x^2y\,dy\,dx=\frac{3}{20}$

20. 확률변수 X와 Y는 서로 독립이므로

$$f(x,\ y) = f(x)f(y)$$
$$= \begin{cases} 2x \cdot 2y = 4xy,\ 0 < x < 1,\ 0 < y < 1 \\ 0\quad, \quad 그밖에 \end{cases}$$

따라서

$$P(X^2 < Y < X) = \int_0^1 \int_{x^2}^{x} f(x,\ y)\,dy\,dx$$
$$= \frac{1}{6}$$

21. (1) X, Y가 이산확률변수라 하자. X와 Y가 서로 독립이므로 $f(x_i,\ y_j) = h(x_i)g(y_j)$가 성립한다. 따라서 다음이 성립한다.

$$E(XY) = \sum_j \sum_i x_i y_j f(x_i,\ y_j)$$
$$= \sum_j \sum_i x_i y_j h(x_i)\, g(y_j)$$
$$= E(X)\, E(Y)$$

(2)
$$Var(X+Y) = E[(X+Y)^2] - E[(X+Y)^2]$$
$$= E(X^2 + 2XY + Y^2) - [E(X) + E(Y)]^2$$
$$= E(X^2) - [E(X)]^2 + E(Y^2) - [E(Y)]^2 + 2E(XY) - 2E(X)E(Y)$$
$$= E(X^2) - [E(X)]^2 + E(Y^2) - [E(Y)]^2$$
$$= Var(X) + Var(Y)$$

5장

1. (1)

x	0	1	2	3	4
$P(X=x)$	$\frac{{}_4C_0\,{}_8C_4}{{}_{12}C_4}$	$\frac{{}_4C_1\,{}_8C_3}{{}_{12}C_4}$	$\frac{{}_4C_2\,{}_8C_2}{{}_{12}C_4}$	$\frac{{}_4C_3\,{}_8C_1}{{}_{12}C_4}$	$\frac{{}_4C_4\,{}_8C_0}{{}_{12}C_4}$

즉

x	0	1	2	3	4	합
$P(X=x)$	$\frac{70}{495}$	$\frac{224}{495}$	$\frac{168}{495}$	$\frac{32}{495}$	$\frac{1}{495}$	1

(2) $E(X) = 0 \cdot \frac{70}{495} + 1 \cdot \frac{224}{495} + 2 \cdot \frac{168}{495} + 3 \cdot \frac{32}{495} + 4 \cdot \frac{1}{495}$

$Var(X) = E(X^2) - \mu^2$

$$= 0 + 1 \cdot \frac{224}{495} + 4 \cdot \frac{168}{495} + 9 \cdot \frac{32}{495} + 16 \cdot \frac{1}{495} - \frac{16}{9} = \frac{64}{99}$$

3. 이항분포 $b(25,\ 0.1)$를 따른다.

평균 : $np = 25 \times 0.1 = 2.5$

표준편차 : $\sqrt{npq} = \sqrt{25 \times 0.1 \times 0.9} = 1.5$

5. $n = 5,\ p = \dfrac{1}{2}$인 이항분포를 따른다.

평균 : $np = 5 \times \dfrac{1}{2} = 2.5$

분산 : $npq = 5 \times \dfrac{1}{2} \times \dfrac{1}{2} = 1.25$

7. 초기하분포를 따른다.

$$P(X=1) = \frac{\binom{5}{1}\binom{3}{2}}{\binom{8}{3}} = \frac{15}{56}$$

8. $P(X=3) = e^{-m}\dfrac{m^x}{x!} = e^{-4}\dfrac{4^3}{3!} = 0.195$

9. $m = 3$인 푸아송분포를 따른다.

$$\begin{aligned} P(X \le 2) &= P(X=0) + P(X=1) + P(X=2) \\ &= e^{-3}\frac{3^0}{0!} + e^{-3}\frac{3}{1!} + e^{-3}\frac{3^2}{2!} \\ &= 8.5e^{-3} \end{aligned}$$

10. 평균 $m = n \cdot p = 400 \times 0.01 = 4$이므로 다음이 성립한다.

$$\begin{aligned} P(X \ge 3) &= 1 - P(X=0) - P(X=1) - P(X=2) \\ &= 1 - e^{-4}\frac{4^0}{0!} - e^{-4}\frac{4^1}{1!} - e^{-4}\frac{4^2}{2!} \\ &= 1 - 13e^{-4} \end{aligned}$$

11. $P(x=0) = e^{-m}\dfrac{m^x}{x!} = e^{-3} \times \dfrac{3^0}{0!} = 0.05$

12. 기하분포를 따른다. $P(X=4) = 0.875^3 \cdot 0.125$

13. 음이항분포를 따른다. $P(X=5) = \binom{4}{2} 0.6^3 \cdot 0.4^2 = 0.2074$

15. $M_X(t) = p(e^t - 1) + 1$

16. $f(x) = \dfrac{8^x e^{-8}}{x!}, \quad P(X=5) = \dfrac{8^5 e^{-8}}{5!}$

6장

1. $m = \frac{1}{12}$은 1분당 걸려오는 평균 전화 건수이고 $\theta = 12$이므로 X는 지수분포를 따른다.

확률밀도함수는 $f(x) = \frac{1}{12} e^{-\frac{1}{12}x}$이다.

따라서

$$P(X \geq 15) = \int_{15}^{\infty} \frac{1}{12} e^{-\frac{1}{12}x} dx = e^{-\frac{5}{4}} = 0.2865$$

$$P(X \leq 10) = \int_{0}^{10} \frac{1}{12} e^{-\frac{x}{12}} dx = 1 - e^{-\frac{5}{6}}$$

2. 1분당 도로를 위반한 차량수 $\frac{1}{3}$, X는 위반차량간의 대기시간이라 하면 X는 지수분포를 따른다. $f(x) = \frac{1}{3} e^{-\frac{x}{3}}$이므로

$$P(X \leq 3) = \int_{0}^{3} \frac{1}{3} e^{-\frac{x}{3}} dx = 1 - e^{-1}$$

3. X를 세 번째 전화가 걸려올 때까지 기다리는 시간이라 한다면 X는 $\alpha = 3$, $m = \frac{1}{2}$, $\theta = 2$인 감마분포를 따른다.

따라서 $P(X \geq 5) = \int_{5}^{\infty} \frac{x^{3-1} e^{-\frac{x}{2}}}{\Gamma(3)\, 2^3} dx = \frac{53}{8} e^{-\frac{5}{2}}$

4. 1분당 평균 $\frac{2}{3}$건의 전화가 걸려오고 X는 감마분포를 따른다.

$$f(x) = \frac{x^8 e^{-\frac{2}{3}x}}{\Gamma(9)\left(\frac{3}{2}\right)^9}$$

$$= \frac{2^9 x^8 e^{-\frac{2}{3}x}}{8!\; 3^9}$$

$$E(X) = 9 \times \frac{3}{2} = \frac{27}{2}$$

$$Var(X) = 9 \times \left(\frac{3}{2}\right)^2$$

$$= \frac{81}{4}$$

5. $P(X < 2.5) = P\left(Z < \frac{2.5 - 0.5}{4}\right) = P\left(Z < \frac{1}{2}\right) = 0.6915$

7. $P(X \le 220) = P\left(Z \le \frac{220 - 250}{10}\right) = P(Z \le -3)$

$= \Phi(-3) = 1 - \Phi(3) = 0.0013$

8. 1차 합격자의 최저 점수를 x라 하고 1차에 합격할 확률을 p라 하자.

$p = \frac{240}{2500} = 0.096$ 이다. 시험점수를 X라 할 때, $X \sim N(60, 8^2)$이고 $P(X \ge x) = 0.096$

$P(X \ge x) = P(Z \ge \frac{x - 60}{8}) = 0.096$ 이므로

$$P\left(Z \le \frac{x - 60}{8}\right) = 0.904$$

따라서 $\frac{x - 60}{8} = 1.3$ 이고 $x = 70.4$ 이다.

9. $P(450 < X < 500) = P\left(\frac{450 - 400}{50} < Z < \frac{500 - 400}{50}\right) = P(1 < Z < 2)$

$= \Phi(2) - \Phi(1)$

$= 0.1359$

따라서 약 14%이다.

10. $P(X \ge 60) = P\left(Z \ge \frac{60 - 54}{4}\right) = P(Z \ge 1.5)$

$= 0.5 - 0.4332 = 0.0668$

따라서 합격자수는 $1500 \times 0.0668 = 100$ 명이다.

11. $np > 5$, $nq > 5$를 만족할만큼 n이 상당히 크므로 이항분포는 정규분포로 접근한다.

$X \sim N(np, npq) = N(120, 10^2)$

$P(115 \le X \le 135) = P\left(\frac{115 - 0.5 - 120}{10} \le Z \le \frac{135 + 0.5 - 120}{10}\right)$

$= P(-0.55 \le Z \le 1.55) = P(0 \le Z \le 1.55) + P(0 \le Z \le 0.55)$

$= 0.4394 + 0.2088 = 0.6482$

13. n이 충분히 클 때 이항분포는 정규분포 $N(np, npq)$로 접근한다.

$$X \sim N(270, 15^2)$$

$P(X \le 300) = P\left(Z \le \frac{300 + 0.5 - 270}{15}\right) = \Phi(2.03) = 0.9788$

14. (1) 1.65

(2) $1 - P(Z < b) = 0.0495$, $P(Z < b) = 0.9505$, $b = 1.65$

(3) 2.54

(4) $P(Z>b)=1-P(Z<b)=P(Z<-b)$, $-b=0.81$, $b=-0.81$

15. 걸린시간이 45분 이내이어야 하므로 구하는 확률은 다음과 같다.

$$P(X\leq 45)=P\left(Z\leq \frac{5}{4}\right)=0.8944$$

16. $P(7\leq X\leq 12)=P\left(\frac{7-2}{5}\leq Z\leq \frac{12-2}{5}\right)=P(1\leq Z\leq 2)$

$$P(6\leq Y\leq k)=P\left(\frac{6-3}{3}\leq Z\leq \frac{k-3}{3}\right)=P\left(1\leq Z\leq \frac{k-3}{3}\right)$$

따라서 $\frac{k-3}{3}=2$, $k=9$

7장

1. 중심극한정리에 따라 $\overline{X}$는 정규분포를 따른다.

$$\begin{aligned}P(16<\overline{X}<20)&=P\left(\frac{16-18}{6/\sqrt{81}}<Z<\frac{20-18}{6/\sqrt{81}}\right)\\&=P(-3<z<3)\\&=0.9974\end{aligned}$$

3. $N\left(\mu,\ \frac{\sigma^2}{n}\right)$

4. $P(1.2<\overline{X}<1.5)=P\left(\frac{1.2-1.2}{3/10}<Z<\frac{1.5-1.2}{3/10}\right)=P(0<Z<1)$

$$=0.3413$$

5. 모집단이 $N(60,\ 16)$을 따르면 표본평균의 분포는 $N\left(60,\ \frac{16}{36}\right)$을 따른다.

$$P(\overline{X}\geq 62)=P\left(Z\geq \frac{62-60}{\frac{4}{\sqrt{36}}}\right)=P(Z\geq 3)=0.5-0.4987=0.0013$$

6. $P(\overline{X}\leq 297)=P\left(Z\leq \frac{297-300}{9/6}\right)=P(Z\leq -2)=0.0218$

7. 모집단이 $N(6,\ 2.5^2)$을 따르면 표본평균의 분포는 $N\left(6,\ \frac{2.5^2}{49}\right)$을 따른다.

$$\begin{aligned}P(5.75<\overline{X}<6.25)&=P\left(\frac{5.75-6}{\frac{2.5}{\sqrt{49}}}<Z<\frac{6.25-6}{\frac{2.5}{\sqrt{49}}}\right)\\&=P(-0.7<Z<0.7)=2\cdot 0.2580=0.516\end{aligned}$$

8. $E(\overline{X}) = 167, \quad Var(\overline{X}) = \dfrac{16}{64}$ 일때

$$P(166.5 \le \overline{X} \le 168) = P\left(\frac{166.5-167}{\frac{4}{\sqrt{64}}} \le Z \le \frac{168-167}{\frac{4}{\sqrt{64}}}\right)$$
$$= P(-1 \le Z \le 2) = P(0 \le Z \le 1) + P(0 \le Z \le 2)$$
$$= 0.3413 + 0.4772 = 0.8185$$

9. 모집단이 $N(478,\ 88^2)$을 따르면 표본평균의 분포는 $N\left(478,\ \dfrac{88^2}{144}\right)$를 따른다.

$$P(\overline{X} > 500) = P\left(Z > \frac{500-478}{\frac{88}{\sqrt{144}}}\right) = P(Z > 3) = 0.0013$$

10. 모집단이 $N(50000,\ 6000^2)$을 따르면 표본평균의 분포는 $N\left(50000,\ \dfrac{6000^2}{36}\right)$를 따른다.

$$P(\overline{X} \ge 52000) = P\left(Z \ge \frac{52000-50000}{\frac{6000}{\sqrt{36}}}\right) = P(Z \ge 2) = 0.5 - 0.4772$$
$$= 0.0228$$

11. 모집단이 $N(12, 4)$을 따르면 표본평균의 분포는 $N\left(12,\ \dfrac{4}{n}\right)$을 따른다.

$$P\left(\frac{10-12}{\frac{2}{\sqrt{n}}} \le Z \le \frac{14-12}{\frac{2}{\sqrt{n}}}\right) = 2 \times P\left(0 \le Z \le \frac{2}{\frac{2}{\sqrt{n}}}\right) = 0.997$$

$P(0 \le Z \le \sqrt{n}) = 0.4985, \quad \sqrt{n} = 2.97$

따라서 $n = 9$

12. $\mu = E(X) = 1,\ \sigma^2 = E(X^2) - [E(x)]^2 = 1$

표본평균 $E(\overline{X}) = 1$, 표본분산 $\mathrm{Var}(\overline{X}) = 1/49$

n이 크므로 중심극한정리에 의해 $\overline{X} \sim N(\mu,\ \sigma^2/n)$이 성립한다. 따라서

$$P(1.2 < \overline{X} < 1.4) = P\left(\frac{0.2}{1/7} < Z < \frac{0.4}{1/7}\right) = P(1.4 < Z < 2.8) = 0.0782$$

13. 같다.

15. 분당 도착하는 고객의 평균 비율은 $m = \dfrac{1}{2}$이고 $\alpha = 9$이므로 자유도 $n = 18$이다. 따라서 카이제곱분포의 표를 이용하면 구하는 확률은 $P(X \ge 9.39) = 0.95$이다.

16. $P(s^2 < 71.6) = P\left(\chi^2 < \dfrac{19 \cdot 71.6}{50}\right) = P(\chi^2 < 27.2)$

$$= 1 - P(\chi^2 \ge 27.2) \fallingdotseq 1 - 0.1 = 0.9$$

18. 모집단은 모분산이 미지인 정규분포를 하므로 t분포를 이용한다.

$$P(\overline{X} \le 13.08) = P\left(\frac{\overline{X}-16}{4/\sqrt{16}} \le \frac{13.08-16}{4/\sqrt{16}}\right)$$
$$= P(t \le -2.92) = 1 - P(t \le 2.92)$$
$$= 0.005$$

8장

1. $E(X) = n\theta$이므로 $E\left(\frac{X}{n}\right) = \frac{1}{n} \cdot E(X) = \frac{1}{n} \cdot n\theta = \theta$

따라서 $\frac{X}{n}$는 θ의 불편추정량이다.

2. $\frac{1}{n-1}\sum(x_i - \overline{x})^2$

3. $E(X) = \int_0^\infty xf(x)\,dx$

$$= \int_0^a xf(x)\,dx + \int_a^\infty xf(x)\,dx$$
$$\ge \int_a^\infty xf(x)\,dx$$
$$\ge \int_a^\infty af(x)\,dx = a\int_a^\infty f(x)\,dx = aP(X \ge a)$$

4. X : 고객이 기다리는 시간

$$P(X \ge 50) \le \frac{20}{50} = 0.4$$

5. (1) 마르코프 부등식에 의해 다음을 얻는다.

$$P(X > 900) \le \frac{E(X)}{900} = \frac{1}{3}$$

(2) 체비셰프의 부등식에 의해 다음을 얻는다.

$$P(|X-300| \le k \cdot 20) = P(300-20k \le X \le 300+20k)$$
$$= P(100 \le X \le 500) \ge 1 - \frac{1}{100} = \frac{99}{100}$$

6. $P(17 < X < 33) = P(|X-25| < 8)$

$$= P(|X-\mu| < 4k)$$
$$\ge 1 - \frac{1}{4} = 0.75$$

$$P(|X-25| \geq 12) = P(|X-\mu| \geq 4k)$$
$$\leq \frac{1}{9}$$

7. $\hat{\mu}_1$에 대한 $\hat{\mu}_2$, $\hat{\mu}_3$의 효율은 각각 $\frac{25}{27}$, $\frac{16}{27}$이다.

8. (1) $L(x\,;\,\theta) = \prod_{i=1}^{n} f(x_i\,;\,\theta) = \theta^n (1-\theta)^{\sum_{i=1}^{n} x_i - n}$

$$\ln L(x\,;\,\theta) = n\ln\theta + \sum_{i=1}^{n} x_i \ln(1-\theta) - n\ln(1-\theta)$$

$$\frac{d}{d\theta}\ln L(x\,;\,\theta) = \frac{n}{\theta} - \frac{\Sigma x_i}{1-\theta} + \frac{n}{1-\theta} = 0$$

$$\therefore\ \hat{\theta} = \frac{1}{\overline{X}}$$

(2) $L(x\,;\,\theta) = \left(\frac{1}{\theta}\right)^n e^{-\frac{1}{\theta}(\sum_{i=1}^{n} x_i)}$

$$\ln L(x\,;\,\theta) = -n\ln\theta - \frac{1}{\theta}\sum_{i=1}^{n} x_i$$

$$\frac{d}{d\theta}\ln L(x\,;\,\theta) = 0$$

$$\therefore\ \hat{\theta} = \overline{X}$$

9. $2.011 \pm 1.96\frac{0.014}{\sqrt{100}} = 2.011 \pm 0.003$

그러므로 $2.008 < \mu < 2.014$

10. $\overline{x} \pm 1.96\frac{\sigma}{\sqrt{n}} = 15.7 \pm 1.96\ \frac{2.4}{\sqrt{36}} = 15.7 \pm 0.784$

11. $\overline{x} \pm t_{0.025}(15)\frac{s}{\sqrt{n}} = 12.7 \pm 2.131 \cdot \frac{0.178}{4}$

13. $\alpha = 0.05$, $\sigma = 8$, $d = 0.8$이고, $z_{\alpha/2} = 1.96$이다.

$n \geq \left(z_{\alpha/2}\ \frac{\sigma}{d}\right)^2 = \left(1.96\ \frac{8}{0.8}\right)^2 = 384.16$인 최소의 정수를 구한다.

따라서 385개의 표본을 추출해야 한다.

15. $\overline{x} = 2.92$. $s = 0.1124$, $n = 8$이고 소표본이므로 모평균 μ의 95% 신뢰구간은 다음과 같다.

$$\overline{x} \pm t_{0.025}(n-1)\frac{s}{\sqrt{n}} = 2.92 \pm 0.09398$$

17. n이 클 때 모비율 p의 95% 신뢰구간은 다음과 같다.

$$0.4 \pm 1.96\sqrt{\frac{0.4 \times 0.6}{3000}}$$

19. 모비율 p의 95% 신뢰구간은 다음과 같다.

$$\hat{p} - 1.96\sqrt{\hat{p}\frac{\hat{q}}{n}} \le p \le \hat{p} + 1.96\sqrt{\hat{p}\frac{\hat{q}}{n}}$$

$n = 900,\ \hat{p} = \frac{540}{900} = 0.6,\ \hat{q} = 1 - 0.6 = 0.4$이다. 그러므로

$$0.6 - 1.96\sqrt{0.6 \times \frac{0.4}{900}} \le p \le 0.6 + 1.96\sqrt{0.6 \times \frac{0.4}{900}}$$

20. (2) 모분산 $\left(\frac{9 \cdot s^2}{\chi^2_{0.05}(9)},\ \frac{9 \cdot s^2}{\chi^2_{0.95}(9)}\right) \fallingdotseq (0.34,\ 1.705)$

21. $n \ge \left(\frac{z_{0.05} \cdot s}{d}\right)^2 = \left(\frac{1.645 \cdot 6}{4}\right)^2 = 6.09,\quad n = 7$

22. (1) 385
(2) 601

9장

1. $H_0 : \mu = 1800 \qquad H_1 : \mu > 1800$

검정통계량의 관측값 $z = \frac{\overline{x} - \mu_0}{\frac{s}{\sqrt{n}}} = \frac{1850 - 1800}{\frac{100}{\sqrt{64}}} = 4 > z_{0.05} = 1.645$

H_0을 기각한다. 즉 평균수명시간이 늘어났다는 공장의 주장을 믿을 수 있다.

3. 양측검정

$$z = \frac{1970 - 2000}{100/\sqrt{64}} = -2.4$$

(1) 유의수준 0.05일때 검정통계량의 관측값 $z < -1.96$이므로 H_0를 기각한다.

(2) 유의수준 0.01일때 검정통계량의 관측값 $z > -2.576$이므로 H_0를 채택한다.

5. 양측검정

$H_0 : \mu = 1 \qquad H_1 : \mu \ne 1$

$$Z = \left|\frac{995 - 1000}{20/\sqrt{100}}\right| = 2.5 > 1.96$$

따라서 H_0를 기각한다.

6. 우측검정

$H_0 : \mu = 165 \qquad H_1 : \mu > 165$

$$Z = \frac{166-165}{6/\sqrt{100}} = 1.67 > 1.645$$

따라서 H_0를 기각한다.

7. 자료로부터 $\overline{x} = 19$, $s = 3.528$이므로 다음과 같이 t검정을 시행한다.

$H_0 : \mu = 20 \qquad H_1 : \mu \leq 20$

검정통계량의 관측값 $t = \dfrac{\overline{x} - \mu_0}{\dfrac{s}{\sqrt{n}}} = \dfrac{19-20}{\dfrac{3.528}{\sqrt{10}}} = -0.896 > -t_{0.05}(9)$

$= -1.833$

이므로 H_0을 기각시키지 못한다. 즉 평균 니코틴 함량이 20mg 이하라는 주장은 근거가 없다.

9. $n = 10$인 소표본이므로 $t = \dfrac{\overline{x} - \mu_0}{s/\sqrt{n}}$의 값을 계산하여 양측검정을 한다.

$H_0 : \mu = 70 \qquad H_1 : \mu \neq 70$

$|t| = \left|\dfrac{69-70}{4/\sqrt{10}}\right| = 0.791$ 그리고 $t_{0.025}(9) = 2.262$

따라서 $|t| < t_{0.025}(9)$이므로 유의수준 5%에 대하여 H_0를 채택한다.

즉, 평균체중이 70g이라고 할 수 있다.

10. $H_0 : p = 0.1 \qquad H_1 : p > 0.1$

$$z = \frac{\left|\dfrac{50}{300} - 0.1\right|}{\sqrt{0.1 \cdot 0.9/300}} = 3.851 > 1.645$$

H_0를 기각한다. 즉 결근률은 평일보다 많다고 할 수 있다.

11. $H_0 : \sigma^2 = 100 \quad H_1 : \sigma^2 \neq 100$

$$\chi^2 = \frac{(n-1)s^2}{\sigma^2} = \frac{22 \cdot 147}{100} = 32.34,$$

$\chi^2_{0.975}(22) = 10.9823 < 32.34 < \chi^2_{0.025}(22) = 36.7807$이므로 H_0를 채택한다. 즉 수학성적의 분산은 100이라 할 수 있다.

10장

1. (1) $\mu_1 - \mu_2$의 95% 신뢰구간

$$(\overline{x}_1 - \overline{x}_2) \pm z_{\alpha/2}\sqrt{\frac{s_1^2}{n_1} + \frac{s_2^2}{n_2}} = 0.15 \pm 1.96\sqrt{\frac{0.25+0.36}{50}} = (-0.07,\ 0.37)$$

(2) H_0 : $\mu_1 = \mu_2$ $\quad$ H_1 : $\mu_1 \neq \mu_2$

$$z = \frac{\bar{x}_1 - \bar{x}_2}{\sqrt{\dfrac{s_1^2}{n_1} + \dfrac{s_2^2}{n_2}}} = \frac{0.15}{\sqrt{\dfrac{0.25 + 0.36}{50}}} = 1.358$$

기각역 $|Z| \geq z_{0.025} = 1.96$이므로 H_0를 기각하지 못한다.

3. 기존의 방법: $\bar{x} = 69.125$, $\quad s_1^2 = 16.695$

새로운 방법: $\bar{y} = 75.375$, $\quad s_2^2 = 19.123$

$$s_p^2 = \frac{(n_1 - 1)s_1^2 + (n_2 - 1)s_2^2}{n_1 + n_2 - 2} = 17.909$$

H_0 : $\mu_1 = \mu_2$ $\quad$ H_1 : $\mu_1 \neq \mu_2$

$$|t| = \left| \frac{|\bar{x} \quad \bar{y}|}{s_p \sqrt{\dfrac{1}{n_1} + \dfrac{1}{n_2}}} \right| = 2.954$$

기각역 $|t| \geq t_{0.025}(14) = 2.145$이므로 H_0를 기각한다.

즉 두 강의 방식에 따른 독해력 성적에 차가 있다고 할 수 있다.

5. (1) 왼손의 악력이 오른손보다 강하다고 할 수 없다.

(2) 왼손의 악력-오른손의 악력에 대한 90% 신뢰구간

(0.43, 6.77)

6. (1) $(-0.295, -0.045)$

(2) 높다고 할 수 있다.

7. 각 쌍에서 개발 프로그램과 기존 프로그램의 차 $d_2 - d_1$은

0.3 0.1 0.4 0.1 0.3 0.4 −0.2

이므로 그 평균과 표준편차는 다음과 같다.

$\bar{d} = 0.2$, $\quad s_D = \sqrt{\Sigma (d_i - \bar{d})^2 / 6} = 0.216$

기존 프로그램과 개발 프로그램을 사용할 때의 평균점수의 차를 $\delta = \mu_2 - \mu_1$이라 하고, 정규모집단의 가정을 하면 귀무가설과 대립가설은 다음과 같다.

H_0 : $\delta = 0$ $\quad$ H_1 : $\delta > 0$

기각역 $t = \dfrac{\bar{D} - 0}{s_D / \sqrt{n}} > t_{0.05}(6) = 1.943$

그런데 $t = \dfrac{0.2}{0.216 / \sqrt{7}} = 2.450$

그러므로 유의수준 $\alpha = 0.05$에서 개발 프로그램이 속도를 향상시킨다고 할 수 있다.

11장

1. 귀무가설을 기각하지 못한다.

3. 귀무가설을 기각하지 못한다.

5. 옳은 주장이라 볼 수 없다.

7. 정규분포를 따른 다고 할 수 없다.

9. 문제의 뜻에서, 적절한 가설은 H_0 : 교육수준은 결혼생활에 영향을 미치지 않는다. $H_1 : H_0$가 아니다. 관측돗수와 추정된 기대돗수는 각각 다음과 같다.

교육수준	결혼생활			합계
	빈약	원만	대단히 양호	
대학	72(99.528)	112(130.845)	245(198.627)	429
고등학교	65(63.8)	90(83.875)	120(127.325)	275
중학교	95(68.672)	103(90.28)	98(137.048)	296
합계	232	305	463	1000

검정통계량의 값은 $\chi^2 = \sum\sum(O_{ij} - \hat{E}_{ij})^2/\hat{E}_{ij} = 45.058$이며, 자유도는 (3-1)(3-1)=4이다. $\chi^2 = 45.058 > \chi^2(4, 0.05) = 9.487$ 이므로, 교육수준은 결혼생활에 영향을 미친다고 할 수 있다.

10. p_1, p_2, p_3, p_4를 각각 어떤 콩이 둥글고 노란색 콩일 확률, 둥글고 초록색 콩일 확률, 모나고 노란색 콩일 확률, 모나고 초록색 콩일 확률이라고 하면 귀무가설은 다음과 같다. $H_0 : p_1 = 9/16, p_2 = 3/16, p_3 = 3/16, p_4 = 1/16$ 귀무가설이 참이면 둥글고 노란색 콩은$320 \times \frac{9}{16} = 180$개 정도 나올 것이라고 기대된다. 다른 기대 도수도 같은 방법으로 구한다. 네 가지 형태로 분류했으므로 χ^2-분포의 자유도는 3이다. 부록에서 $\chi^2_{0.05}(3) = 7.81$임을 알 수 있다. χ^2값 5.56이 7.81보다 작으므로 H_0를 기각하지 않는다. 따라서, 유의수준 5%에서 멘델의 이론이 적합한 것이라고 할 수 있다.

11. 독립이라고 할 수 없다.

13. 동일하다고 볼 수 없다.

12장

1. 강한 2차의 상관관계가 있을 때 선형적인 상관관계는 없으므로 $r = 0$이다.

2. (1) 0.62223 (2) 0.93934

3. X와 Y 사이의 상관계수를 r이라 하면 $aX+b$와 $cX+d$ 사이의 상관계수는

$r(ac>0$ 일때)이므로 $3X$와 $2Y+1$ 사이의 상관계수는 r이다.

4. $\sum x_i = 1+\cdots+5=15$

$\sum y_i = 17+\cdots+9=65$

$\sum x_i^2 = 1^2+\cdots+5^2=55$

$\sum y_i^2 = 17^2+\cdots+9^2=885$

$\sum x_i y_i = 1\times 17+\cdots+5\times 9=175$

$$r=\frac{\sum x_i y_i - \sum x_i \sum y_i/n}{\sqrt{\left\{\sum x_i^2-(\sum x_i)^2/n\right\}\left\{\sum y_i^2-(\sum y_i)^2/n\right\}}}$$

$$=\frac{175-(15\cdot 65)/5}{\sqrt{(55-225/5)(885-65^2/5)}}=-1$$

5. $r=1-\dfrac{6\sum(x_i-y_i)^2}{n(n^2-1)}=1-\dfrac{6\times 36}{4(4^2-1)}=0.4$

7. $\bar{x}=4.6,\ \bar{y}=1.42,\ \beta=\dfrac{s_{xy}}{s_x^2}\fallingdotseq -0.22,\ \alpha=2.432$

그러므로 추정회귀직선은 $\hat{y}=-0.22x+2.432$

8. $\beta=r\cdot\dfrac{s_y}{s_x},\ 2=\dfrac{8}{3}\times r,\ r=0.75$

9. $\beta=r\cdot\dfrac{s_y}{s_x}$이므로 $\beta=0.7\cdot\dfrac{4}{5}=0.56$이다.

$\hat{y}-60=0.56(x-170)$이 성립하므로 $x=180$일때 $\hat{y}=65.6$kg이다.

13장

1. 최소제곱법은 실제 관측법과 추측값의 제곱합이 최소가 되도록 하는 방법으로 가장 객관적이고 과학적인 방법이다.

3. 우연변동

4. 순환변동

5. $\dfrac{3000}{2000}\times 100=150(\%)$

6. $\dfrac{20000}{4000}\times 100=500(\%)$

7. $I_L = \dfrac{2200\times 2500 + 3000\times 200 + 5000\times 150}{2000\times 2500 + 2500\times 200 + 4000\times 150}\times 100 = 112.3(\%)$

8. $\dfrac{120}{80}\times 100 = 150(\%)$

9. $M_{1993} = \dfrac{1}{3}(48+50+52) = 50$만개

$M_{1994} = \dfrac{1}{3}(50+52+53) = 51.7$만개

$M_{1995} = \dfrac{1}{3}(52+53+60) = 55$만개

참고문헌

1. Abraham, B. and J. Ledolter, Statistical Methods for Forcasting, John Wiley & Sons, Ine., New York, 1983.
2. Bhattacharyya, G.K. and R.A. Johnson, Statistical Concepts and Methods, John Wiley & Sons, Inc., New York, 1977.
3. Byrkit, D.R., Elements of Statistics, Third Edition, D. Van Nostrand Co, 1980.
4. Freund, J.E., Mathematrcal Statrstics with Applications, 7th Edition, Pearsoh Educatron, Inc, 2004.
5. Hogg, R.V. and A.T. Craig, Introduction to Mathematical Statistics, Macmillan Publishing Co., Inc., New York, 1978.
6. Hogg, R.V. and E.A. Tannis, Probability and Statistical Inference, Eighth Edition, Pearson Education, Inc., 2010.
7. Larson, H.J., Introduction to Probability Theory and Statistical Inference, Second Edition, John Wiley & Sons, Inc., 1974.
8. Mendengall, W., Introduction to Probability and Statistics, Fourth Edition, Duxbury Press, North Seltuate, Massachusetts, 1975.
9. 김우철외 7인, 통계학 개론, 영지문화사, 1994.
10. 김우철외 7인, 현대 통계학, 영지문화사, 1994.
11. 한국통계학회, 통계용어사전, 자유아카데미, 1987.

찾아보기

ㅣㅇㅣ

ㅣㅈㅣ

ㅎ

기타

저자소개

- 서울대학교 사범대학 수학교육과 (이학사)
- 서울대학교 대학원 수학교육과 수료
- 미국 University of Connecticut 수학과 석사 박사
- 현재 인천대학교 사범대학 수학교육과 교수

새 수리통계학의 이해

초판 2쇄 발행 2023년 11월 15일

지은이 오혜영
펴낸이 오판근
펴낸곳 (주) 교우
주 소 서울시 동대문구 약령시로 8 교우빌딩 2층 (주)교우
전 화 02-925-2861 / **팩 스** 02-925-2860. **편집부** 02-925-2825
홈페이지&북스토어 www.kyowoo.co.kr / **이메일** kyowoo@kyowoo.co.kr

등 록 1994년 3월 24일 제1994-000013호
ISBN 979-11-251-0294-6 (93310)

Published by Kyowoo Co., Ltd. Printed in Korea

(주) 교우는 보다 혁신적이고 참신한 도서를 다양하게 기획하고 있습니다.
책으로 펴내고자 하는 아이디어나 원고는 메일로 보내주세요.
(주) 교우는 전과정을 책임지고 최선을 다하겠습니다.

값 33,000원

교우미디어는 (주) 교우의 Imprint 사입니다.
수학정원·과학정원은 (주) 교우의 새로운 브랜드명입니다.

잘못된 책은 구입하신 서점에서 교환해 드립니다.